THE IMAGINEERS OF WAR

THE UNTOLD STORY OF DARPA, THE PENTAGON AGENCY
THAT CHANGED THE WORLD

SHARON WEINBERGER

# DARPA《ダーパ》秘史

## 世界を変えた「戦争の発明家たち」の光と闇

シャロン・ワインバーガー［著］

千葉敏生［訳］

光文社

# DARPA秘史

## ——世界を変えた「戦争の発明家たち」の光と闇

THE IMAGINEERS OF WAR
by
Sharon Weinberger


Japanese translation published by arrangement with
Alfred A. Knopf, an imprint of The Knopf Doubleday Group,
a division of Penguin Random House LLC,
thorough The English Agency (Japan) Ltd.

父、マイルズ・ワインバーガーに捧ぐ

明日の軍事力均衡を左右する未開発の兵器があるとしたら、そういう兵器を誰よりも先んじて想像できる人々と手段が必要だ。

——ジェームズ・キリアン
（ドワイト・D・アイゼンハワーの大統領科学技術補佐官、一九五六年）

もはや科学としての科学に仕える時代は終わった。むしろ科学者たちのほうを仕えさせるべき時代が来たのだ。

——ウィリアム・H・ゴデル
（ARPA副局長、一九七五年）

DARPA秘史◎目次

## パート2　戦争のしもべ

## DARPA歴代局長

| | | |
|---|---|---|
| 初　代 | ロイ・ジョンソン | 1958-1959 |
| 第2代 | オースティン・W・ベッツ | 1960-1961 |
| 第3代 | ジャック・ルイナ | 1961-1963 |
| 第4代 | ロバート・スプロール | 1963-1965 |
| 第5代 | チャールズ・ハーツフェルド | 1965-1967 |
| 第6代 | エバーハルト・レクティン | 1967-1970 |
| 第7代 | スティーヴン・ルカジク | 1970-1975 |
| 第8代 | ジョージ・ハイルマイヤー | 1975-1977 |
| 第9代 | ロバート・R・フォッサム | 1977-1981 |
| 第10代 | ボブ・クーパー | 1981-1985 |
| 第11代 | ロバート・ダンカン | 1985-1988 |
| 第12代 | レイ・コラデイ | 1988-1989 |
| 第13代 | クレイグ・フィールズ | 1989-1990 |
| 第14代 | ヴィクター・レイス | 1990-1992 |
| 第15代 | ゲアリー・L・デンマン | 1992-1995 |
| 第16代 | ラリー・リン | 1995-1998 |
| 第17代 | フェルナンド・フェルナンデス | 1998-2001 |
| 第18代 | トニー・テザー | 2001-2009 |
| 第19代 | レギーナ・ドゥーガン | 2009-2012 |
| 第20代 | アラティ・プラバカー | 2012-2017 |
| 第21代 | スティーヴン・H・ウォーカー | 2017- |

# プロローグ　銃とカネ　1961―
## ベトナムでの対反乱作戦／DARPAとは何であるか

一九六一年六月、ウィリアム・ゴデルは極秘任務を遂行するため、現金がぎっしりと詰まったアタッシェケースを持ってベトナムへと発った。[1] 彼はハワイでいったん降機するなり、出張には欠かせない小さな酒びんを入れるスペースをつくるため、現金の一部をトラベラーズチェックに替えた。それでもスペースが足りなかったので、彼はペンタゴンの機密文書を別のかばんに移し、さらにスペースを空けた。その現金一万八〇〇〇ドルは、東南アジアの共産主義と戦うジョン・F・ケネディ大統領の計画を実行するうえで重要な役割を果たすことになる機密プロジェクトの軍資金だった。

三九歳のゴデルは、いまだに海兵隊時代を偲ばせる丸刈り頭をしていたが、彼の名声はむしろ諜報の世界で築き上げられたものだった。酒豪でいたずら好き、官僚との交渉の名手だった彼は、ある日突然インド洋上の島で核爆弾を爆発させ、国家安全保障局（NSA）の新型電波望遠鏡向けのクレーターをつくったかと思えば、次の日には世界初の通信衛星を打ち上げて宇宙からクリスマス・メッセージを届けるよう大統領を説得することも平然とやってのけるような男だった。

同僚に言わせれば、彼はふらっと外国を訪れ、数カ月後には重要な合意を取りつけてひょっこりと戻ってくるような人物だった。実際、彼はトルコやオーストラリアに機密のレーダー追跡基地を設置する合意を取りつけたことがある。そして今回の目的は、南ベトナム大統領にアメリカの新しい提案を支持してもらうことだった。ＣＩＡの元職員で大統領の補佐官も務めたビル・バンディは、ゴデルについて「伝説的な辣腕工作員」と表現した。[2]

身長一八〇センチメートル弱のゴデルは、決して迫力のある風体ではないが、敵も味方も一目置くほどの存在感があった。ゴデルによって国防総省にスカウトされたリー・ハフは、「あれほどペンタゴンの廊下を大股で闊歩する姿が似合う人物はいなかった」と振り返る。[3] ゴデルはペンタゴンのなかでも飛び抜けた有名人というわけではなかったが、キーマンのひとりであることは確かだった。そして、一九六〇年代初頭になると、彼の影響力はもっぱら東南アジアへと向けられた。

ゴデルの到着したベトナムの都市サイゴンには、夏の蒸し暑さがただよっていた。人力車、自転車、バイク、車、そしてさまざまな電動の乗り物が、まるで海中を泳ぐ魚群のごとくぎゅうぎゅう詰めの道路を縫いながら走っていく。サイゴンは経済的にも文化的にも急成長を遂げている最中で、ますます多くのアメリカの軍事顧問、スパイ、外交官たちが、南ベトナムの大統領にこの新たな独立国家の運営方法を指南しようと目論んでいた。

メインストリートの歩道にはいまだにパリ風のカフェが並び、地元のパン屋のバゲットから街の巨大な別荘まで、すべてのものにフランス植民地時代の面影が残っている。長ズボンの上から着るぴったりとした絹のドレス、アオザイをまとったベトナム人女性たちが、ミニスカートを穿いた一〇代の少女たちのあいだに難なく溶けこんでいる。アメリカ軍が押し寄せて街の売春宿が繁盛し、ベトコン（南ベトナム解放民族戦線）によるサイゴンへの頻繁なテロ攻撃によって歩道のカフェから常連客たちがすっかり姿を消すのはまだ数年先の話だったが、すでにその予兆らしきものが現われていた。前年の一二月、ベトコンがサイゴン・ゴルフクラブの調理場を爆撃すると、サイゴンへのテロ攻撃の火ぶたが切られた。隣国のラオスでは、ソ連とアメリカの介入によっていっそう激化した内戦がベトナムまで広がりつつあった。さらに不穏なのは、南ベトナムの共産ゲリラであるベトコンが、ホーチミン・ルート経由で北ベトナムから武器を入手していたことだ。ホーチミン・ルートとは、ベトナムの山岳地帯やジャングル、ラオスの一部を蛇行するように進む人員や兵器などの秘密の補給路だ。

ゴデルはもう一〇年以上、ベトナムへとたびたび足を運んでいた。今回の旅が特別なのは、彼が高等研究計画局（ＡＲＰＡ）の一員としてここにやってきているという点だ。ソ連が世界初の人工衛星を打ち上げたあと、アメリカの宇宙進出を目指して一九五八年に設立されたＡＲＰＡは、二年足らずで宇宙関連の活動から手を引いていた。軍からは疎まれ、諜報コミュニティ〔各国が設置する情報機関の集合体。アメリカの場合、ＣＩＡ、ＮＳＡ、ＦＢＩなどが含まれる〕からは不信の目を向けられていたその若い組織は、必死に新たな役割を見出そうとしていた。ＡＲＰＡが宇宙で共産主義者たちと争うのは無理でも、ジャングルでなら勝てるのではないか、とゴデルは踏んでいた。

その五カ月前に大統領に就任したばかりのケネディは、新しい東南アジア対策を詰めている最中だった。彼は反共主義の南ベトナム大統領、ゴ・ディン・ジエムを支援すると決めていた。カトリック教徒のジエムは、中国の支配下でベトナムを治めていた官僚《マンダリン》家系の出身だった。ゴデルのベトナム訪問の前月、南ベトナム大統領のもとを訪問したリンドン・B・ジョンソン副大統領は、ジエムのことを「アジアのウィンストン・チャーチル」と絶賛した。四月には、ケネディ大統領が南ベトナム軍やベトナム中部高原に住む山岳民族「モンタニャール」に軍事訓練を提供するため、四〇〇名もの米陸軍特殊部隊員を軍事顧問として派遣した。ジエムは非常に信心深い男で、生涯独身を貫いたが、聖職者ではなく政治家の道を選んだ。欧米では、彼のことを理解不能な変わり者ととらえる人々がいる一方で、ゴデルのように、欠点はありつつも前途有望なリーダーと見る人も少なくなかった。

一九六〇年代初頭、南ベトナムはすでに共産ゲリラと戦闘を繰り広げていたが、それは水面下の戦いであり、当時はまだ宇宙飛行士や有名人ばかりが『ライフ』誌や『タイム』誌の表紙を飾っていた。しかし、この新たな紛争がアメリカ政府のリーダーたちの注目を集めはじめているという兆しは随所に表われていた。『ライフ』誌の一九六一年一〇月二七日号の表紙には、「ゲリラ戦に備えて訓練する米兵」という説明つきで、ジャングルのやぶの隙間から外をのぞく兵士の姿が掲載された。表紙の見出しは「ベトナム――次なる決戦の舞台」だ。このゲリラ戦にこそゴデルがベトナムにやってきた理由があった。彼がサイゴンへと運んでいた現金は、ベトナムのジャングルに潜むゲリラたちと戦う技術開発センターの設立資金二〇〇〇万ドルの頭金だった。ARPAが運営するそのサイゴンの戦闘センターは、アメリカの軍事顧問団や南ベトナム軍を支援する目的で利用される予定だったが、ゴデルはベトナムだけに専念するつもりはなかった。ARPAの「戦闘開発試験センター」は、科学技術を用いた世界的な対反乱作戦の第一歩だったのだ。

ゴデルのかばんに詰められた現金と、ジエムへの一連の提案は、その後のベトナムの運命を左右するばかりか、現代の戦争の土台さえも築く結果となった。後年パキスタン国境内に侵入してウサマ・ビン・ラディンを捜索したステルス・ヘリコプターから、無人機による世界的な殺害作戦まで、ベトナム戦争中のゴデルの実験は、その後のアメリカの戦闘方法を大きく変える軍事技術を続々と生み出していくことになる。彼のベトナムでの活動は、その多くがジエムとの面会から生まれたものだが、二〇世紀最高の、そして時には二〇世紀最悪の軍事的イノベーションを生み出したといわれている。たとえば、ゴデルはベトナム訪問から数カ月足らずで、ジャングル戦に適した新型の銃「アーマライトＡＲ-15」をベトナムへ提供した。また、彼はベトナムの人々と文化を理解すればゲリラを阻止できると信じ、社会科学者たちをベトナムに派遣した。その一方で、悪評を買った活動もある。ベトナムの農民たちを要塞化した村々へと移住させる「戦略村計画」は大失敗に終わった。同じく、ＡＲＰＡがベトナムで散布したオレンジ剤などの枯葉剤は、ベトナム人とアメリカ人の双方に無数の死者や病気をもたらしている。

最盛期、ゴデルが立ち上げたこのＡＲＰＡプログラムは、東南アジア全体で莫大な人数を雇い（タイだけでも五〇〇〇人以上）[4]、その後は中東へと活動を広げていった。その目的は本来、米軍が不慣れな地域戦争に関与しなくてすむよう、反乱の根本原因を理解し、反乱を未然に食い止める手段を開発することだった。ＡＲＰＡは新しいテクノロジーを続々と開発し、社会科学の研究を支援し、対反乱作戦に関する書籍を出版することで、将来イラクやアフガニスタンで戦う新世代の軍事指導者たちに多大な影響を及ぼした。ゲリラ戦の性質を理解しなければならないというゴデルの一途な思いは、どのひとつのテクノロジーよりも、数十年後の軍事に影響を及ぼすことになる。実際、デイヴィッド・ペトレイアス陸軍大将と、「戦略の達人」と呼ばれる彼の補佐官たちは、ＡＲＰＡの資金協力で一九六三年に刊行されたフランス軍の将官ダヴィッド・ガルーラの名著『アルジェリアの和平（*Pacification in Algeria*）』の記述をじっくりと研究した。[5] そのペトレイアスが「対反乱作戦（counterinsurgency）」という言葉を世に広める四〇年も前に、ゴデルは９・11以降でさえ類を見ないような世界規模のゲリラ戦の研究プログラムを築き上げたのだ。

　ゴデルが立ち上げた対反乱プログラムの原型は、今やイノベーションと同義に語られる未来のＡＲＰＡを形づくるうえで、想定以上の重要な役割を果たした。ベトナムの対ゲリラ活動はやがて、現代の戦場には欠かせないステルス機、精密誘導兵器、無人機などを開発するＡＲＰＡの独創的な部局「戦術技術室」の骨格となった。ＡＲＰＡを生んだのは宇宙時代だったかもしれないが、ＡＲＰＡを冷戦中の戦略議論の主役へと押し上げたのはまぎれもなくベトナム戦争だし、ＡＲＰＡの未来を形づくったのはほかのどのＡＲＰＡ職員でもなくゴデルだったといえる。

　とはいえ、ＡＲＰＡの活動は対反乱作戦だけにとどまらない。一九六〇年代初頭、ゴデルが築き上げたＡＲＰＡという謎めいた機関は、何年もたってから実を結ぶ活動の種を蒔いていた。最初の二年間、ゴデルは世界初の偵察衛星の開発という最高機密プロジェクトの隠れ蓑となる宇宙計画の立ち上げに貢献する。また、世界初の通信衛星を打ち上げるよう大統領を説得し、世界規模の核実験監視ネットワークの構築にも尽力した。六〇年代末になると、ＡＲＰＡの初期のプロジェクトのひとつから生まれたサターン・ロケットが、ニール・アームストロングらアポロ11号の乗員たちを月面へといざなった。そして、ゴデルがベトナムへと発つわずか一カ月前、ＡＲＰＡは指揮統制に関する新たな任務を託され、それが一〇年足らずで現代のインターネットの前身であるＡＲＰＡＮＥＴへと成長した。翌年、ゴデルは史上初となるコンピューター・ネットワーキング研究に個人的にサインし、自身のベトナム・プログラムの予算を割り振った。[6]

後年、ゴデルの果たした画期的な役割は記録からおおむね抹消された。彼の名前は公的資料にはほとんど出てこず、一握りの忠実な友人や天敵たちを除けば、人々の記憶からも消し去られた。ゴデルがベトナムへと個人的に持ちこんだＡＲ－15は、最終的に米軍歩兵向けの標準仕様の自動小銃Ｍ16へと進化した。現在、ＡＲＰＡ（現ＤＡＲＰＡ）は戦略的思考よりもハイテクと密接に結びつけられるようになり、ゴデルのベトナム戦争時代の残りの活動は一時の気の迷いのようなものとして片づけられている。彼の物語は、イノベーションの手本として讃えられている機関にはそぐわなかったわけだ。しかし、ＡＲＰＡの遺産を理解する本当の鍵はそこにある。人工衛星、無人機、コンピューターという多種多様なプロジェクトがたったひとつの機関に共存しえたのはなぜなのか？　それを理解することにこそ、謎を解く鍵が潜んでいるのだ。

中央情報局（ＣＩＡ）は、無数の映画やテレビ番組ですっかり有名になった米バージニア州ラングレーのとある敷地内にたたずんでいる。また、国家安全保障局（ＮＳＡ）の巨大な本部は、メリーランド州の軍事基地内にあり、有刺鉄線で厳重に取り囲まれている。対して、過去一〇〇年間でもっとも重要な軍事技術や民生用技術をいくつも生み出してきたＤＡＲＰＡは、バージニア州アーリントンのノース・ランドルフ・ストリート675番地、ごくふつうのガラス張りの建物の内側にひっそりと入居している。そのなんの変哲もないオフィスビルは、ファストフード店やディスカウント・ストアが入居する老朽化したレンガづくりの四階建てショッピング・モールの真向かいに建っている。

その地味なビルの内部、ガードマンたちのすぐ奥の壁に、ＤＡＲＰＡの五〇年以上の歴史をまとめた巨大なディスプレイがある。歴史はソ連が世界初の人工衛星「スプートニク」の打ち上げに成功した一九五七年秋に始まる。スプートニクはビーチボール大の球体で、単純なビープ音を発信しながら地球のまわりを周回しているにすぎなかったのだが、打ち上げの成功を伝えるニュース報道はどんどん加熱し、すっかり強国の余裕にひたっていたアメリカ国民の感情を揺さぶった。ソ連がもうすぐアメリカ大陸まで到達する核ミサイルを発射できるようになるという可能性を示唆していたからだ。

スプートニクの打ち上げはアメリカじゅうでヒステリーを引き起こし、早急な対策を求める国民の声が高まった。そこで、ドワイト・アイゼンハワー大統領は一九五八年初頭、内輪揉めのあいだにソ連に宇宙開発のリードを許してしまった軍に代わり、新たな宇宙開発の中央研究機関を設立することを承認した。こうして誕生した「高等研究計画局（ＡＲＰＡ）」は、アメリカ初の宇宙機関であり、ＮＡＳＡの八カ月前に設立された。一九七二年には「国防（Defense）」の頭文字である「Ｄ」を冠して「ＤＡＲＰＡ」へと改称され（一時期ＡＲＰＡに戻ったが、すぐに再びＤＡＲＰＡとなる）、年間予算三〇億ドル規模の機関へと成長し、今ではスペースプレーンからサイボーグ昆虫まで、数々のプロジェクトを進めている。ＤＡＲＰＡ本部ロビーの壁のディスプレイには、精密誘導兵器、無人機、ロボット、コンピューター・ネットワークなど、人々を驚嘆させる（時には恐怖させる）テクノロジーを開発してきた不思議な政府機関の五〇年以上の歩みがまとめられている。

国家安全保障という国家の根幹にかかわる問題について考察することで、ＤＡＲＰＡは軍に斬新な兵器を提供するだけにとどまらない数々の解決策を生み出してきた。時には戦争の性質そのものを根底からくつがえしてしまったこともあれば、戦争を未然に食い止めたこともある。通常戦力で上回るソ連に核兵器を使わずに対抗する手段を練ることで、精密誘導兵器時代の幕開けをもたらしたのもＤＡＲＰＡだし、地下の核爆発を探知する方法を模索することで、地震学の分野に革命をもたらし、重要な軍縮協定の交渉を実現したのもＤＡＲＰＡだ。また、核の指揮統制を改善する方法を模索するなかで、現代のインターネットの前身であるＡＲＰＡＮＥＴを生み出したのもＤＡＲＰＡだ。

しかし、こうした鮮やかな解決策ばかりではない。共産ゲリラの問題に取り組むため、ＤＡＲＰＡは一〇年がかりで世界規模の実験を進めたが、結局は失敗に終わった。ややもすると、こうした失敗をＤＡＲＰＡの歴史のなかの特殊な例外として片づけてしまいたくもなる。しかし本書では、ＤＡＲＰＡのベトナム戦争プログラムとＡＲＰＡＮＥＴを二本の別々の糸ではなく、ＤＡＲＰＡという機関を織りなす一枚の巨大な織物の一部としてとらえてみたいと思う。ＤＡＲＰＡの最大の成功要因は、典型的な官僚主義や科学的な査読という制約に邪魔されることなく、アメリカの重大な国家安全保障問題にかかわることができたという点にある。ＤＡＲＰＡのイノベーションの歴史は、「宇宙機関」としての短い時期ではなく、核戦争や対反乱作戦の問題へと首を突っこんだ一九六〇年代から七〇年代初頭にかけての激動の時期と密接に結びついている。このＤＡＲＰＡの未来を決定づけた二〇年間、ペンタゴンの幹部たちは、ＤＡＲＰＡが斬新な技術を開発するだけでなく、世界情勢を形づくる重要な役割を握っていると信じていたのだ。

インターネットとDARPAのベトナム戦争プログラムは、いずれも世界の重要な問題に対する解決策として提案されたものだ。前者は世界を変えるほどの成功を収めたが、後者は大失敗に終わった。このベトナム戦争と対反乱作戦という暗黒の歴史は、DARPA創設の物語には似つかわしくないかもしれないが、DARPAの遺産を紐解く重要な鍵を握っている。そして何より、DARPAの元職員たちに語ってもらうのがもっとも難しいのは、こうした影の歴史だ。失敗を恐れない姿勢を自負するDARPAだが、だからといって過去の失敗を積極的に省みる気があるとはかぎらないのだ。

DARPAの設立から五五年以上がたつが、その歴史の大部分は体系的な方法で記録されてはこなかった。一度だけ、DARPAの一五周年にあたる一九七三年にそのような試みが行なわれたことがある。当時の局長のスティーヴン・ルカジクは、DARPAのルーツと目的をより深く理解する目的で、DARPAの歴史の編纂を委託した。こうして完成した文書は機密扱いとなったため、合計六部しか作成されず、そのすべてが政府の手に渡った。[7]もともとは機密文書とする予定ではなかったのだが、新局長はあまりにも個人的な記述が多いことに驚き、完成した文書を機密扱いとして封印したのだ。[8]以来、再び日の目を見るまで一〇年以上もかかった。

人間と同じく、組織もまた物語を通じて自己を理解する。そして、これまた人間と同じく、自分にとって好都合な事実だけをピックアップするので、年月を経るにつれて物語は疑わしく、時には嘘で塗り固められていく。その点、DARPAほど豊かで、複雑で、重要で、時に奇怪な歴史を持つ研究機関はない。ベトナムのジャングルをうろつく機械のゾウであれ、特殊部隊向けのロケットベルトであれ、ＤＡＲＰＡのプロジェクトは壮大で、時には狂気の域にまで達している。こうした空想的なアイデアのなかには、身長一九〇センチメートルあまりの架空のウサギにちなんで命名されたステルス機のコンセプトのように成功したものもあるが、それ以上に失敗した例のほうが多かった。

ところがある時点を境に、ＤＡＲＰＡに委ねられる問題の幅はどんどん狭まっていき、ＤＡＲＰＡの成功と失敗、その両方のスケールが小さくなりはじめた。かつてＤＡＲＰＡがこれだけ成功したのは、組織が柔軟だったからだけではない。それは最高レベルの国家安全保障問題の解決に取り組んでいたからでもあった。その点、今日のＤＡＲＰＡは、その重要性を失う危機に瀕している。驚きのイノベーションを次々と生み出している一方で、かつてとは異なり、軍の戦い方にも国民の生き方にもほとんど影響を及ぼしていない。成功の代償が失敗であり、大成功の代償が大失敗だとすれば、成功と失敗の両方の影響を考慮することが組織の遺産を評価するうえで欠かせないといえる。しかし、肝心の影響が小さいとしたら、成功するか失敗するかはさほど重要ではなくなる。現在のＤＡＲＰＡはまさしくそのような状態に陥りつつある。どれだけ斬新なテクノロジーに資金を投じても、国家安全保障に大きな影響を及ぼす見込みは薄いのだ。

現在のＤＡＲＰＡ関係者は、こうした悲観的な評価には同意しないかもしれないし、着目すべき失敗や成功について異論があるかもしれない。しかし、本書の調査は、全国に保管されていて近年ようやく機密解除された数千ページにおよぶ文書や、元ＤＡＲＰＡ職員への数百時間というインタビューに基づいている。そして、過去の局長の大半が同じような感想を述べている。ＤＡＲＰＡはこれからも数々の問題のすばらしい解決策を生み出していくだろうが、その問題というのはもはや国家安全保障とは無関係なものになるだろう、と。ではなぜ、ＤＡＲＰＡの取り組む問題の幅はこうも狭まってしまったのか？　それを理解するには、ＤＡＲＰＡの真の歴史を検証することが大事だ。ＤＡＲＰＡのルーツは確かに宇宙開発競争にあるのかもしれないが、ＤＡＲＰＡの遺産は別のところにある。

ゴデルと彼のベトナム訪問は、ＤＡＲＰＡの最盛期とどん底の時期、その両方にとって大きな意味を持っていた。彼のベトナム訪問は、ＤＡＲＰＡという組織自体はもちろん、その最高の遺産と最悪の遺産を築くきっかけにもなった。それでも、現代のＤＡＲＰＡ関係者はゴデルの物語について口を閉ざしているし、知りもしない。彼の物語はとうの昔に忘れ去られた裁判記録のなかに埋もれ、ＤＡＲＰＡの歴史から見事に抹消されている。それは技術的なサプライズを次々と生み出すＤＡＲＰＡの物語にはふさわしくないからだ。しかし彼の物語は、国家安全保障という旗印のもと、科学や科学者たちを次々と取りこんでいくＤＡＲＰＡの内部に存在する真のひずみを浮き彫りにするものでもあるのだ。

# パート1　常識破りの兵器開発組織

# 第1章　知識は力なり

## 原爆と水爆／宇宙計画の遅れ

## 1945―1957

池田道明という丸顔の六歳の少年は、まばゆい閃光とともに核時代の幕開けを目にした。[1]彼が長崎医科大学附属病院のエレベーターを降りようとしたちょうどそのとき、コードネーム「ファットマン」という核兵器が、彼の七〇〇メートル先で爆発した。その爆弾はTNT換算二〇キロトンを上回る核出力を記録し、[2]半径一キロメートル圏内をほぼ焦土化した。彼のいた病院のコンクリート製の建物はおおむね崩れずに残ったが、院内にいた大多数の人々は亡くなった。[3]おそらく、鋼鉄製のエレベーター・シャフトが彼の命を救ったのだろう。

意識を取り戻したとき、あたりは真っ暗で、彼が最初に気づいたのは何かが燃えるパチパチという音だった。すると、煙の匂いに気づいて彼は立ち上がった。少し前まで病院の廊下があった場所によろよろと出ると、ようやく目が暗闇に慣れ、自分が土の上に立っていることに気づいた。木製の床は吹き飛ばされていた。病院の隅では、粉々になったガラスの破片のなかで看護師がうずくまり、顔じゅうから血を流していた。まるで誰かがバケツ一杯の血を頭から引っかけたように見えた。それでも、看護師は目を見開いて彼のことを見つめていた。

「警防団ば呼んでこんね」看護師はショックと怒りの入り交じった表情でそう叫んだ。あたりを見回すが、目に入るのは粉々になったガラスと剝がれた木の板だけ。彼は窓枠から這い出し、ついさっきまで水の流れる穏やかな中庭があった場所へと降りた。見上げると、そこらじゅうに倒木や炎に包まれる木々が見えた。燃え盛る木のこずえから地面へと視線を下ろすと、そこには地獄絵図のような光景が広がっていた。病院の中庭には髪の毛がチリチリになった死体が転がっていた。眼球が頰まで垂れ下がっているものもあれば、唇や肉が焼け溶けて歯や顎の骨が剝き出しになっているものもある。お腹がふつうの二倍くらいに膨れ上がったり、内臓が飛び出たりしている遺体もあった。

彼は炎上する病院の構内を抜け出し、助けを求めて本能的に街へと歩きはじめた。そこにはさらなる恐怖が待っていた。長崎の中心街は吹き飛んだ建物の破片が散乱していた。かろうじて生き残った人々は、皮膚が焼けて垂れ下がった腕をだらんと体の前に伸ばしながら歩いていた。腕の肉と体がくっつくときの痛みを避けるためだ。茫然とした彼は街路を歩き、水と助けを求めつづけたがその声は届かなかった。

その三日前、アメリカは高濃縮ウランを使用した原子爆弾「リトルボーイ」を広島に投下し、およそ七万もの命を一瞬で奪った。[4] のちに火傷や原爆症で亡くなった人々も含めれば死者の数はずっと膨らむ。もともと、長崎はインプロージョン方式のプルトニウム爆弾「ファットマン」の第一攻撃目標ではなかった。B‐29爆撃機ボックスカーは、ファットマンを小倉に投下する予定だったのだが、雲に覆われていたため第二攻撃目標である長崎へと目標を変更せざるをえなくなった。住民の一部は山がちな長崎の地形に守られたため、即死者は広島より少なかったものの、長崎の中心部は壊滅した。

爆弾に加えて、長崎上空を飛行する二機目の飛行機が科学計測機器を含むキャニスターを投下した。このキャニスターには、マンハッタン計画に関与する数名の科学者たちから日本のある著名な科学者に宛てた手紙が添えられていた。「君は数年前から、国が原爆に必要な材料を準備するための巨額の費用さえ惜しまなければ、原爆は製造可能だということを知っているはずだ」と核物理学者のルイス・アルヴァレズは記した。「アメリカで原爆の製造プラントが建設された今、この二四時間操業の工場で生産された爆弾が君の祖国で爆発するであろうことは、疑いようもあるまい[5]」

この原爆は日本のふたつの都市を壊滅させた。六歳の池田道明は幸運だった。奇跡的に無傷だった彼は、山の防空壕で一晩を明かし、最終的に母親と再会した。彼はその日に何が起きたのかまったくわからなかった。当時、長崎では空襲が日常茶飯事になっていて、住民のなかにはB－29の接近を知らせる空襲警報を無視する者もいたのだが、その日の出来事がいつもの爆撃とちがうということは彼にもわかった。「核爆弾や原子爆弾とはなんなのか、そういうものが存在することさえ知りませんでした」と彼は振り返る。「ただ巨大な爆弾が大量に降ってきたとしか思いませんでした」

長崎に投下された爆弾は、世界で爆発した三つ目の核爆弾だ。最初の核爆発は、トリニティ実験と呼ばれるもので、一九四五年七月一六日、ニューメキシコ州アラモゴードで秘密裏に実施された。アメリカ国民が原爆という新兵器について知ったのは、同年八月六日、広島にリトルボーイが投下されたあとだった。『ニューヨーク・タイムズ』紙は、「世界初の原子爆弾、日本に投下。TNT換算二〇キロトン以上に相当。トルーマン、〝破滅の雨〟を敵国に警告」という見出しとともに、核時代の幕開けを世界に報じた。しかし、日本で広島に関して報じられたのは、焼夷弾が使用されたということだけだった。

広島への原爆投下の日、ハリー・トルーマン大統領はその恐ろしい新兵器の存在だけでなく、秘密裏に行なわれていた巨大な原爆製造プロジェクトの存在も明らかにした。二年半にわたり、全米で一二万五〇〇〇人もの人々がこの機密プロジェクトに関与したのだという。多くの労働者は、それが重要な戦時プロジェクトであるということ以外、具体的な内容さえ知らなかった。「私たちは二〇億ドル以上を投じ、史上最大の科学的な賭けに出た。そしてその賭けに勝った」と大統領は述べた。[6]

そのとおりだった。長崎への原爆投下から一週間足らずで、日本の天皇は無条件降伏を宣言し、多大なる犠牲にもかかわらず「戦局必ずしも好転せず」と国民に放送で伝えた。また、天皇はより直接的に広島と長崎の壊滅的な状況を認め、こう述べた。「敵は新たに残虐なる爆弾を使用してしきりに無辜《むこ》を殺傷し、惨害の及ぶところ、真に測るべからざるに至る。しかもなお交戦を継続せむか、ついに我が民族の滅亡を招来するのみならず、ひいて人類の文明をも破却すべし」

日本の降伏から数週間後、トルーマンが述べた機密プロジェクトにかかわっていた若き物理学者、ハーバート・F・ヨークは、広島に投下された原爆リトルボーイ用のウラン濃縮が行なわれていたテネシー州オーク・リッジへと父親を連れていった。プラント内部の作業そのものはまだ機密扱いだったが、今やその存在は周知の事実となっていた。ヨークは丘の頂に立ち、二年間にわたり秘密で働いてきた眼下の施設を自慢げに指差した。「戦争はもう時代遅れになったんだ」と彼は勝ち誇った様子で父親に言った。[7] ヨークがこの発言の誤りに気づくのはそれからすぐのことだった。

原爆の威力は、日本の国民に無力感を植えつけ、アメリカの国民に一時的ながらも無敵の感覚を与えた。近い将来、この強力な兵器が翻ってアメリカを脅かすことになろうとは誰も想像していなかった。確かに、アメリカは原爆を開発することで他国を圧倒したが、ドイツは戦時中、アメリカ、イギリス、ソ連がなしえていないあるものを開発していた。誘導弾道ミサイルだ。ヴェルナー・フォン・ブラウンらの科学者チームが開発した液体燃料ロケット「V2」は、射程距離三〇〇キロメートル超、エンジン推力は連合国がそれまでに開発していたものの一八倍におよんだ。[8] 大戦中、ナチスはこのロケットを使用して英国を恐怖に陥れた。

広島と長崎の爆撃は第二次世界大戦の終結を早めたと同時に、有能な科学者や技術をめぐる新たな戦いの幕開けを促した。原爆は、「知識は力なり」の言葉どおり、もっとも深い知識を持つ国が次の戦争で優位に立つことを証明した。ソ連はドイツという敵を破るうえではアメリカの貴重な同盟国だったが、両国の利害は日本が降伏する前から食い違いはじめていた。ドイツでは、両国が早くも知識を獲得するための競争を繰り広げていたのだ。

一九四九年、二八歳のウィリアム・ゴデルは、フランクフルト中央駅の構内で立ち止まり、駅舎を覆う巨大なガラスのアーチに見入っていた。駅舎の外では、大戦中の爆撃の影響で、都市の大半がまだ瓦礫に埋まっていた。駅舎のネオルネサンス様式のデザインはもちろん、ゴデルは駅舎がほぼ無傷で戦争の惨禍に耐え抜いたことにも驚嘆していた。ドイツへの戦略爆撃は、民間人に多大な犠牲を出したものの、産業という戦争機械を止めるまでには至らなかった。

「ねえ、あんた」とアメリカ人女性が声をあげた。「この荷物を列車まで運んでよ。タバコやるからさ」

「なんなりと」とゴデルはドイツ語で答え、女性の荷物を持った。彼は少し足を引きずりながら、列車まで荷物を運んだ。それは彼が戦時中に負った障害だった。フランクフルトの彼と同年代のドイツ人男性には珍しいことではなく、ドイツは足の不自由な戦争経験者でいっぱいだった。駅はアメリカ人であふれており、その大半がドイツに駐留する軍人やその家族だった。駅構内を歩くアメリカ人はこぎれいな軍服や私服に身を包んでいたが、一方のドイツ人は粗末な服装でよろよろと構内を歩いていた。ドイツはいまだ連合国軍の統治下にあった。フランクフルトを占拠するアメリカ人の多くは、今でもドイツ人に深い怨念を抱いていた。アメリカ人がこの客室は「アメリカ人専用」だとゴデルに告げることもあった。

ゴデルは駅でアメリカ人に何か命令されることにすっかり慣れていて、女性に荷物運びを頼まれたのはかえってうれしかった。ドイツでは、彼はアメリカ人スパイではなくドイツ国防軍の元兵士ヘルマン・ブールを名乗っていたからだ。

若きゴデルがドイツ国防軍の元軍人を装っていたのは、ドイツとオーストリアのソ連占領地域、さらにはソ連へと潜入し、ロシア人やドイツ人の科学者、エンジニア、軍人たちをアメリカ側へと引き入れるためだった。彼のドイツ語はネイティブ・レベルではなかったが、アメリカ人やロシア人、そしてたいていのドイツ人もだませるくらいには流暢だった。ドイツの軍人のなかには、彼が本当はドイツ国防軍の元軍人でないとすぐに見破る者もいたが、あまり問題にはならなかった。一九四〇年代といえば、ほかにも重要な問題が山ほどあったからだ。「偽造文書、闇の資金、賄賂、美人局《つつもたせ》など、あらゆる不法行為や不道徳を駆使するハイリスクな活動だった」と彼はのちに記した。また、ロシア人の獲得については彼の単独の活動だった。「絶対につかまるな」とある将軍は彼に言った。「向こうではいっさい助けられないから」

ゴデルの活動は、ドイツ人の科学者やエンジニアをアメリカへと連行する諜報プロジェクト「ペーパークリップ作戦」の一環だった。各科学者の調査書類につけられたペーパークリップにちなんで名づけられたこのプロジェクトは、すでに最大の釣果をあげていた。フォン・ブラウンらのロケット科学者チームだ。戦争末期、フォン・ブラウンはソ連よりもアメリカ側につくほうが得策だと判断し、アメリカ軍と密に連絡を取っていた。そして一九四五年春、ソ連はミサイル、レーダー、核研究などの軍事技術を収集するため、ドイツに特殊軍事諜報チームを派遣し、彼らのロケット研究チームが拠点を置いていたペーネミュンデを占拠したものの、そこはすでにもぬけの殻だった。「耐えがたい屈辱だ」とヨシフ・スターリンは言った。「われわれはナチス軍を破った。ベルリンとペーネミュンデを占拠した。だが、アメリカはロケット技術者を奪っていった。これ以上に不愉快で許しがたいことがあるだろうか？[9]」

結局、ソ連は取るものを取って帰り、貨車いっぱいの機器類はもちろんのこと、無数のドイツ人をソ連へと連行した。技術的な専門知識を掻き集めようとするソ連の活動は、規模こそ巨大だったが、選択と集中に欠けていた。[10]「アメリカ人は頭脳を求めたが、ロシア人は頭数《あたまかず》を求めたのだ」とフォン・ブラウンは表現した。[11]

戦前のドイツで、フォン・ブラウンは宇宙旅行ロケットの開発を夢見る先駆的なグループに所属していたが、やがて軍のもと、最終的にはナチスのもとで兵器の開発に取り組むことに同意した。アメリカ亡命にあたり、彼はてっきり再び宇宙旅行の問題に取り組めると思っていたのだが、フォン・ブラウンら総勢一〇〇名以上のロケット科学者たちは、まず米テキサス州フォート・ブリスへと連行され、アメリカ人にV2ロケットの製造および運用方法を教える役回りが与えられた。アメリカは彼らにどういう待遇を与えるべきかで迷った。新型ロケットの設計資金をまるまる与えるわけにもいかないし、ましてやフォン・ブラウンの宇宙旅行の夢を叶えてやるわけにもいかない。結局、フォン・ブラウンらのチームは南部でしばらく無為の日々を送るはめになった。

しかし、ソ連に優柔不断という言葉はなかった。ソ連は収集したドイツ人のノウハウを活かして、すぐさまV2よりも飛行距離の長いロケットの設計に着手した。戦後、スターリンはあるロシア人のベテラン・ロケット科学者にこう言った。「君はこの種の機械が持つ計り知れない戦略的重要性をわかっているか？　あの小うるさいハリー・トルーマンを黙らせる猿ぐつわになるかもしれんのだ。ぜひ進めなければならない[12]」。ソ連にとって目標は明確だった。「われわれにとって本当に必要なのは、アメリカ大陸を攻撃できる精密な長距離ロケットだ」とソビエト空軍最高司令官のパーヴェル・ジーガレフは述べた。

ソ連が弾道ミサイル計画を推し進める一方で、ヘルマン・ブールに扮するウィリアム・ゴデルは別の任務に当たっていた。ソ連の軍事力に関する情報収集だ。彼は米軍が、真のニーズではなく官僚的な利害に基づいて兵器を開発しているという確信をますます深めていった。

ウィリアム・ヘルマン・ゴデルは、一九二二年六月二九日、ドイツ系移民のヘルマン・ブール・シニアとルメーナ・ブールの息子、ヘルマン・アドルフ・ヘルベルト・ブール・ジュニアとして、米コロラド州デンバーで生まれた。[13] 一九三一年にヘルマン・ブール・シニアが肺炎で亡くなると、ルメーナは保険事業を営み、第二次世界大戦まで在デンバーのドイツ領事を務めていた別のドイツ系移民、ウィリアム・フレデリック・ゴデルとすぐに再婚。翌年、ルメーナの新しい夫は義理の息子を養子として受け入れ、裁判官の提案で息子の名前をウィリアム・H・ゴデルへと正式に変更した。父と息子の関係は控えめに言っても冷ややかだった。あるとき、息子のゴデルは養父と同じ屋根の下で暮らすのを嫌がり、裏庭に小屋を建てたことさえある。[14]

高校卒業後、ゴデルはロズウェルのニューメキシコ・ミリタリー・インスティテュート、その後ジョージタウン大学の外交大学院へと進学した。初めは旧陸軍省の軍事情報部門で働いていたが、日本が真珠湾を攻撃したとき、ゴデルは海兵隊員として太平洋での初期の上陸作戦に参加していた。彼はこの戦争で二度の負傷を負った。[15] 一九四三年一月には、ガダルカナル島で手榴弾を食らい、その破片が左足の骨を粉砕し、筋肉の大部分を破壊した。彼はパープルハート章を授与され、回復のため本国へと帰還させられた。彼は生涯、装具をつけ、足を引きずって歩くこととなった。

ゴデルは海兵隊に残ることを志願し、自分が適格であることを訴えたが、一九四七年には一連の身体検査であえなく不合格となった。こうして、左足の傷も完治しないまま、彼は海兵隊を強制的に引退させられるはめになる。[16] しかし戦後、大戦中に戦略諜報局の長官を務めたウィリアム・〝ワイルド・ビル〟・ドノバン将軍が、ゴデルを軍の対ソ連情報調査スペシャリストとしてワ

ウィリアム・H・ゴデル。1958年にARPAに加わる前、伝説の諜報員として名声を築いた。海兵隊員として第二次世界大戦に参加、のちにスパイとしてヨーロッパに送られ、ドイツ人の退役軍人に扮してペンタゴンに協力してくれる外国人科学者をスカウトした。ゴデルはARPAでもっとも影響力を持つ初期の職員のひとりとなり、ARPAを東南アジアの野心的な対反乱プログラムへと導いた。

シントンに迎え入れると、彼は名声を築いた。[17]

当時は混沌の時代だったが、諜報活動にかかわる人々にとってはエキサイティングな時代でもあった。戦前、諜報は泥臭い仕事ととらえられていた。一九二九年、ヘンリー・スティムソン国務長官は、アメリカが暗号解読活動を中止する理由を説明するにあたり、「紳士は他人の郵便を盗み読んだりしない」と言い放った。真珠湾攻撃と第二次世界大戦の開戦でこの見方はくつがえされたものの、戦争が終結しても、強力な諜報システムといえるようなものは確立していなかった。しかし、第二次世界大戦で活躍した軍事工作員や諜報員の密接なコミュニティが中心となり、権力獲得のためのロビー活動を行なった。伝説的なスパイとして知られるエドワード・ランスデール空軍准将、のちにＣＩＡ長官となるウィリアム・コルビーといった男たちは、ちょうどこのころに頭角を現わした。ウィリアム・ゴデルも同じだ。

一九四七年、ハリー・トルーマンは第二次世界大戦後に生まれたこうした官僚組織の混沌にけりをつけるため、国家安全保障法に署名した。戦争は権力を求める無数の人々や組織を生み出した。トルーマンが署名した法的な再編成は、国家安全保障会議やCIAの設立、国防総省の合理化、陸軍から分離する形での空軍省の設立など、国家機関の明確化を狙ったものだったが、現実には財源をめぐって争いあう新しい組織が次々と誕生しただけであった。陸軍、海軍、そして新たに誕生した空軍が、それぞれミサイルおよびロケット研究の所有権を主張する一方で、CIAもソ連の情報を収集できる軍事技術の必要性を訴えた。

こうした新技術のなかでも最重要なのが、スターリンも指摘したとおり、大陸間弾道ミサイル（ICBM）だった。大陸間弾道ミサイルが完成すれば、軍事力という点で従来と一線を画すものになるだろう。一九五〇年代初頭、ソ連はアメリカ東海岸まで核兵器を輸送できる爆撃機を開発していたが、それでは発見、迎撃に至る可能性も高かった。アメリカのコンピューター科学者たちはすでに、レーダーどうしを結びつけ、ソ連の爆撃機の侵入を阻止するためのコンピューター・システムを懸命に開発していたが、一九五〇年代の時点では、大陸間弾道ミサイルの攻撃を阻止できる技術は確立していなかった。[18] ミサイルをレーダーで探知したとしても、対応の猶予は数秒しかなく、軍にはほとんどなすすべがなかった。まるで空中に飛んでいる弾丸を撃ち落とすようなものだ。

第二次世界大戦の終結直後、ホワイトハウスにはそういった長距離ミサイルに投資しようという熱意がほとんど見られなかった。一九四七年、連邦政府の負債の抑制を誓ったトルーマン大統領は、軍のロケットおよびミサイル・プログラムの予算を削減し、各機関が少ない財源を奪いあう状況を呈した。[19] 陸軍、海軍、空軍には独自のロケットおよびミサイル・プログラムがあり、各々のプログラムが必要な理由について、三者それぞれが薄っぺらい弁明を繰り広げた。アメリカの技術の勝利は短命だった。アメリカは莫大な予算を投じてドイツの一流技術者を集めたが、フォン・ブラウンがより複雑なロケット、そして彼の究極の夢である宇宙旅行ロケットの開発研究をペンタゴン上層部に提言すると、その提案は却下されてしまった。[20] それは彼らのキャリアのなかでも特に「憂うつ」な時代だった。[21]

しかし、一九四九年になると、ソ連は高度と搭載量の両面でＶ２ロケットを上回る新型弾道ミサイル「ポベーダ」（＝勝利）をすでに開発していた。同年八月二九日、ソ連はカザフスタンの草原地帯で初の核実験を行ない、核兵器のアメリカ独占時代に終止符を打った。その一カ月あまりあと、中国は共産主義者の手に落ち、一九五〇年六月には北朝鮮が韓国に侵攻した。武装解除を考えていたトルーマンは、突如として、ヨーロッパにおけるソ連の核開発と軍事力強化、アジアにおける共産主義者の脅威の増大という二重の危機に直面した。ワシントンの政治家たちに残された選択肢はただひとつ――広島と長崎を破壊した以上の強力な兵器を開発することだった。

一九五二年一一月一日、ハーバート・ヨークはカリフォルニア大学バークリー校の放射線研究所で地震計を見守っていた核物理学者のエドワード・テラーに電話をかけ一言、「開始時刻《ゼロ・アワー》だ」と伝えた。一四分後、テラーから折り返し電話があり、暗号で返答が返ってきた。「元気な男の子《ボーイ》だ」[22]

その「男の子」というのは、核出力一〇・四メガトンの水素爆弾「アイビー・マイク」のことだ。ついさっき、その水爆はエニウェトク環礁の薄藍色の海で爆発し、エルゲラブ島を跡形もなく消滅させせた。ノンフィクション作家のリチャード・ローズは、「目をくらますような白い火球が出現し、これは数秒のうちに直径三マイル（四・八キロメートル）以上に膨張」したと表現した。[23]テラーとスタニスワフ・ウラムが設計したその爆弾は、広島に投下された爆弾の一〇〇〇倍の威力を持つ。七年前、父親に戦争は時代遅れになったと自信たっぷりに宣言した若き物理学者のヨークは、今や科学者たちをスカウトし、新しいレベルの兵器を設計するよう依頼していた。その威力は桁違いで、一時は爆発によって大気圏に火がつき、海がまるまる蒸発してしまうのではないかという懸念さえ持ち上がったほどだ。[24]アイビー・マイクは「スーパー」と呼ばれる世界初の熱核兵器の実験だった。この新型爆弾は新世代の超強力兵器を生み出しただけでなく、大陸間弾道ミサイルの開発に最後まで反対する人々の主張をも封じ込めた。メガトン級の出力を持つ核兵器となれば、もはや精度もさして重要ではなくなった。爆発の規模が十分に大きければ、ターゲットを正確に狙う必要はないのだ。そして、この核兵器を小型化することができれば、爆撃機が核兵器を長距離輸送する必要もない。大陸間弾道ミサイルに装填すればすむ話だ。

アイビー・マイクの爆発から三日後、第二次世界大戦中に欧州で連合国軍の最高司令官を務めたドワイト・D・アイゼンハワーは、共産主義との戦いを争点とした選挙戦を繰り広げ、大差で大統領に当選した。「第二次世界大戦の教訓はたったひとつだ」と彼は断言した。「迷ったり、ためらったり、あるいは意志の弱さを見せて譲歩したりするだけでも、独裁者をつけ上がらせ、戦争そのものを招くことになる」[25]

アイゼンハワーが一九五三年一月に大統領に就任するころには、朝鮮戦争はすでに終結に近づき、彼は連邦予算の増加に危機感を抱いていた。過去二〇年間で、連邦支出は二〇倍の八〇〇億ドル超まで膨らみ、その半分以上がペンタゴンへと流れていた。[26]軍事支出を抑えるため、アイゼンハワーは「ニュー・ルック」と呼ばれる政策を制定し、通常戦力の削減を埋めあわせる安価な手段として核兵器へと目を向けた。それはロケット推進派にとっては思いがけないチャンスであった。フォン・ブラウンのチームは一九五〇年にアラバマ州ハンツビルへと移り、とうとう新型ミサイル「レッドストーン」の開発に取り組んでいた。ワシントンでは、ロケット技術がソ連まで到達する兵器としても、宇宙に人工衛星を送りこむ手段としても必要不可欠であると訴える報告書や識者たちが、アイゼンハワーのもとに押し寄せていた。空軍が出資する新たなシンクタンク「ランド研究所」は、地球を周回する人工衛星を軍事力の一種として提案する一連の報告書を作成した。[27] 当時、人工衛星はまだ存在しなかったため、それは国家主権にかかわる大問題だった。ソ連などの他国の真上を飛ぶ人工衛星は、領空侵犯とみなされるのか？

一九五四年、ソ連による奇襲攻撃の可能性について検討するアイゼンハワーの「技術的能力委員会」は、ひとつの解決策を提案した。アメリカがひとまず「宇宙の自由」を確立する口実として純粋な科学衛星を打ち上げ、そのあとで軍事衛星の道を切り開くというものだ。それぞれが別個に技術を開発するアメリカの三つの軍にとって、最大の問題はどの軍が最初に宇宙ロケットを開発するかだった。

生まれたばかりの宇宙計画をめぐって三つの軍が争っているあいだ、一九五〇年代のウィリアム・ゴデルは諜報の世界で別の戦争を繰り広げていた。ワシントンDCに戻った彼は、ペンタゴンの特殊作戦局長であるグレーブス・アースキン将軍の補佐として働いていた。[28] ゴデルは特に諜報と科学を組みあわせた特殊任務の分野の第一人者としてめきめき頭角を現わした。ペンタゴンで働く外国人科学者の獲得であれ、アメリカの南極大陸での存在感を確立する「ディープ・フリーズ作戦」の計画策定であれ（その功績により、ある凍港は「ゴデル・アイスポート」と名づけられた）、ゴデルは抜群の実行力で有名となった。

また、ゴデルは心理作戦などの分野で縄張り争いに対処するための切り札的な存在としても重宝された。心理作戦に関する政府全体の連携不足に業を煮やしたトルーマン大統領は、一九五一年、心理戦略委員会を設立し[29]、ゴデルを委員のひとりに任命した。[30]この仕事が原因で、ゴデルはCIAとたびたび小競りあいを起こすようになる。当時の公式の書簡によると、CIA長官がペンタゴンの来賓向けの式典を欠席したり、CIAが北朝鮮のアメリカ人捕虜に関する映像をハリウッドのスタジオに提供するかどうかで揉めたりと、あらゆる面でCIA職員とゴデルは衝突していたようだ。[31]こうした内輪揉めはあまりにも激しく、CIAの政策調整局長のフランク・ウィズナーは、ゴデルをCIA本部への出入り禁止にしたほどだ。[32]

こうした諍いがゴデルの身辺調査につながったのかもしれない。当時、身辺調査で掘り起こされた情報が政敵を追放する武器として使われることは珍しくなかった。一九五三年、ゴデルの養父がナチスを支持していたという報告が浮上すると、ペンタゴンの保安関係者は彼への聞き取り調査を実施した。彼は嫌疑を否定したが、同時に育ての父親と距離を置いた。「彼のことは別にどうでもよかった」とゴデル。「私が三八年に家を出て以来、母親にずいぶんと優しくしてくれた男性という以外に、彼との個人的なつながりはなかったからね」

しかし、身辺調査を受けても、政府内でのゴデルの上昇軌道に陰りは見えなかった。一九五五年、ドナルド・クォールズ研究開発担当国防次官補は、当時最高機密でその存在さえ認められていなかった国家安全保障局（ＮＳＡ）へとゴデルを引き入れた。[33] ＮＳＡは二度の世界大戦から生まれた通信諜報と暗号解読を一手に担う機関として、一九五二年に設立された。国防総省の残りの組織と同様、ＮＳＡも戦略情報の質に不満を抱えるアイゼンハワー政権から精査を受けていた。ゴデルの役割は、ＮＳＡの海外業務を正し、効果のない外国拠点を削減することだった。ゴデルにとって、ＮＳＡの任務は諜報とテクノロジーという彼のふたつの関心を結びつけるものだった。その後の未公表のインタビューで、ゴデルは自身の使命をシンプルな言葉でまとめた。要するに、彼は嫌われ役を引き受けたのだ。[34]

一九五五年、ゴデルがＮＳＡの縮小を命じられた年に、養父のナチス共鳴などに関するゴデルの身辺調査書の写しが、ＦＢＩ長官のＪ・エドガー・フーヴァーの個人的な要請でＦＢＩへと送られた。彼の目的がなんだったのかは定かではないが、その二年後、チャールズ・ウィルソン国防長官はフーヴァーに宛てて、「ゴデルがすばらしい仕事をしていると思っているようで幸いだ」と記している。[35] そのころのゴデルは、ＮＳＡのトップにまでのぼり詰めようかという勢いだった。[36]

確かにゴデルはＮＳＡですばらしい仕事をしていたかもしれないが、国防分野や諜報分野のほかの組織と同じく、ＮＳＡもまた新しい危機に飲みこまれようとしていた。クォールズ国防次官補は、ゴデルにＮＳＡの改造を命じた年、アメリカを宇宙へといざなうロケット案について審査する委員会を立ち上げた。問題は、民間のロケット計画がいっさいなく、人工衛星の打ち上げ技術を開発しているのが軍のみだったという点だ。空軍の計画は大陸間弾道ミサイルを宇宙に打ち上げるというもので、陸軍の提案は軍の兵器廠で働いていた元ナチスの科学者たちの頭脳を借りるというものだった。海軍のロケットはもっとも未熟だったが、兵器と関連性がないという利点があった。結局、委員会は陸軍のドイツ人ロケット開発チームと空軍の大陸間弾道ミサイルの案を見送り、いまだ開発中だった海軍のロケットを選んだ。「これは設計コンテストではない」とフォン・ブラウンは猛抗議した。「人工衛星を軌道へと送るためのコンテストだ。その点ではうちがかなりリードしているのに」[37]

その後の二年間で、海軍の計画は遅れに見舞われたが、フォン・ブラウンの懸念は無視された。スケジュールの遅れはアメリカの政治指導者たちにとってあまり深刻な問題ではなかった。とりわけアイゼンハワー大統領は、まだアメリカがソ連の先を行っていると信じていたからだ。

そんな一九五七年秋、ロシア西部のカプースチン・ヤールからの中距離ミサイルの発射を監視していたCIAとNSAは、ずっと重大な発射準備がカザフスタンで進められていることを知らなかった。[38]核兵器への科学的な賭けに勝利してから一二年後、アメリカ国民は、六歳の池田道明が長崎で体験したのと同じ恐怖がアメリカ大陸に刻一刻と忍び寄りつつあるという現実に直面しようとしていた。アメリカはもはや無敵ではない。戦争は時代遅れという考えは幻想にすぎなかったのだ。

# 第2章　パニック　1957—1958

スプートニクの衝撃／ヴァンガードの打ち上げ／国防長官直属組織ＡＲＰＡの設立

一九五七年一〇月四日夜、国防長官就任を間近に控えるニール・マッケロイは、アメリカの全国視察を終え、アラバマ州ハンツビルでカクテルを楽しんでいた。彼は米陸軍弾道ミサイル局の視察の一環として開かれたカジュアルなパーティで、陸軍少将のジョン・メダリスやドイツ人ロケット科学者のヴェルナー・フォン・ブラウンと談笑していた。それはペンタゴンの頂点に立つ準備として、次期国防長官やその側近たちが行なう全国訪問のひとつだった。

ここ数週間、国防長官専用のＤＣ‐６輸送機に乗り、全国を飛び回ってきたマッケロイにとって、ハンツビルはもっとも印象の薄い訪問先だったにちがいない。その間、彼は上質の酒と豪華な接待にひたりながら、核アルマゲドン時代の軍を監督するすべについて特訓を受けていた。[1]

国防長官職はマッケロイにとって大きな変化だった。前職はオハイオ州シンシナティに本社を置く消費財メーカー「プロクター・アンド・ギャンブル（Ｐ＆Ｇ）」の社長であり、彼はそれまで政府で働いた経験がなかった。アイゼンハワー大統領はビジネス界のリーダーシップが政界に新風を吹きこむと期待して、「実業家」のマッケロイをワシントンに呼び寄せたのだった。

アイゼンハワーがマッケロイを国防長官に指名すると、メディアは総じてマッケロイに批判的な報道を行なった。オハイオ州出身の彼は、「ブランド管理」という新たな分野で名声を築いていた。製品どうしが競合しないよう、適切な消費者市場に石鹼を宣伝することが重要だと幹部たちに説いた彼の書簡は有名だ。『ミルウォーキー・ジャーナル』紙は八月七日号で、「大統領が石鹼売りのニール・マッケロイをウィルソンの後継に指名」と報道。[2]また、別の記事はマッケロイの広告業界での経験を風刺し、彼が「主婦たちに石鹼を売りこむという重要な活動」を担っていたと述べている。[3]

そのマッケロイと側近たちは、今や全国で軍当局者からワインと食事の接待を受けていた。軍当局者たちは、もうすぐ上司となるマッケロイをマティーニ漬けにし、自軍の航空機、ミサイル、基地がソ連との核戦争に備えるうえでどれだけ重要かをアピールした。ネブラスカ州オマハ近郊にある戦略空軍司令部では、マッケロイらはウィスキー、氷、つまみがずらりと並んだテーブルで歓迎を受けたあと、核攻撃の開始も可能な司令室へと案内された。[4]その後、戦略空軍司令官のカーチス・ルメイ将軍が個人的にパイロットを務め、マッケロイらのために空中給油機KC－135のデモンストレーションを行なった。

ロサンゼルスの北、高地の砂漠地帯にあるエドワーズ空軍基地では、マッケロイらは大陸間弾道ミサイルの開発を担う「西部開発部門」のボスであるバーナード・シュリーヴァー中将に迎えられた。彼らは「きわめて有能」で「ゴルフをパープレイで回れる」その空軍将官とすぐに意気投合した。[5]

コロラド州の北アメリカ航空宇宙防衛司令部（NORAD）では、高級ホテル「ザ・ブロードムーア」のスイートルームが用意された。そのマウンテン・ビューの室内はスコッチとバーボンのボトルがずらりと取り揃えてあった。翌日、彼らは核戦争を耐え抜くすべについて講義を受けた。司令官は三〇〇万の市民の命と重要な軍事拠点の保護、どちらを選ぶべきか？　マッケロイの補佐官のオリヴァー・ゲイルの言葉を借りれば、「石鹼ビジネスにおける製造原価と同じくらい、恐怖が大きな部分を占めている」のがこの世界なのだ。[6]

マッケロイの最後の訪問先は、ハンツビルのレッドストーン兵器廠だった。そこはアラバマ州にあるいかにも南部らしい閑静な町で、町の経済の中心は紡績工場からロケット製造へと急激に転換しつつあった。米陸軍弾道ミサイル局司令官のジョン・メダリス将軍は、内心マッケロイにあまりいい印象を抱いていなかった。実業家の最大の問題点は、「上司の命令や気まぐれに無条件で従うイエスマンばかりが取り巻く皇帝のような存在になりかねないことだ」と彼は数年後の回顧録で記した。「すると、その人物はすべての答えを知っているという錯覚を抱いてしまう。だが、専門的な分野に関して答えがわかっていることはまずない」[7]

同じくマッケロイらも、黒々とした口ひげを蓄え、旧式の乗馬ズボン姿で有名なメダリス将軍にあまりいい印象を持っていなかった。[8] メダリスは「必要以上に押しの強いセールスマン、宣伝屋だ」とゲイルは記す。[9] ゲイルはP&G時代のマッケロイの部下であり、ペンタゴンでは彼の補佐官を務めていた。広告マンあがりのゲイルの記述は的確だった。メダリスは、ハンツビルで新生活を送りつつもナチス時代の過去をなかなか払拭《ふっしょく》できずにいるフォン・ブラウンらドイツ人ロケット科学者グループのサービスを売りこもうと必死だった。「フォン・ブラウンはV２がうまくいっていたらどうなっていただろうかといまだに悔やんでいた」とゲイルは記した。「それはドイツが戦争に負けたからではなく、彼のつくり上げたミサイルが思ったよりも成功しなかったからだ」[10]

ハンツビルに来てもなお、そのドイツ人科学者たちは軍の妨害を受け、資金に窮し、本来の目標である宇宙開発活動から締め出され、再びひたすら弾道ミサイルを開発する日々を送っていた。[11]問題は科学的ノウハウではなく、典型的な官僚の対立関係にあった。実際、一九五七年秋までに、フォン・ブラウンのグループは四段式ロケット「ジュピターC」ミサイルを開発しており、陸軍に許可さえもらえればいつでも軌道投入が可能だったのだが、その許可が与えられなかったため、大気圏を飛び出すことのないよう四段目に推進剤ではなく砂を詰めるはめになった。

メダリスにはメダリスで、新しい国防長官とその訪問を素直に歓迎できない理由があった。マッケロイの前任の国防長官は、アイゼンハワーが指名した同じく実業家のチャールズ・ウィルソン（通称「エンジン・チャーリー」）だった。彼は国防長官として国防予算の削減に熱心に取り組み、通常戦力よりも核兵器や空軍力などの先進技術を重視するアイゼンハワーの国防政策「ニュー・ルック」を忠実に実行したが、人工衛星については「科学の無駄遣い」としか考えておらず、[12]人工衛星の軍事的な目的を理解していなかった。マッケロイと同じようにウィルソンがハンツビルを訪れたとき、軍当局者たちは自分たちの活動を猛アピールしたのだが、お金にうるさいウィルソン国防長官にゲストハウスの木材の塗装費用について問い詰められただけで終わった。[13]

一九五七年秋、国防長官就任の数日前にマッケロイがやってきたとき、メダリスは新国防長官が今までとはちがう道筋を描くとは思ってもいなかった。メダリス、マッケロイ、フォン・ブラウンが飲み物を片手に社交辞令を交わしていたとき、興奮した広報担当者がある知らせを持ってやってきた。ソ連が人工衛星の打ち上げに成功し、『ニューヨーク・タイムズ』紙がフォン・ブラウンにコメントを求めていた。「一瞬、唖然としたような沈黙がただよった」とメダリスは振り返る[14]。

スプートニク打ち上げのニュースは驚きを持って迎えられたが、本来はそうなるはずではなかった。一九五五年、アイゼンハワー政権が一九五七年七月から一九五八年一二月までの国際地球観測年に合わせ、小型の科学衛星を打ち上げる計画を発表すると、負けじとソ連も独自の人工衛星の打ち上げ計画を発表した。両国の競争は常にあったが、アメリカは自国が当然有利だと思いこんで疑わなかった。まともな自動車さえつくれない国が、いったいどうやってロケット科学でアメリカに勝つというのか？　その懈怠《けたい》のあいだに、アメリカの衛星打ち上げ計画はどんどん遅れを取っていた。

ソ連の消費財産業がどれだけ欠陥だらけだとしても、軍事研究や宇宙研究に関していえば、ソ連の政治体制のほうが有利だった。独裁国家は、アメリカのような民主主義国家を苦しめる世論の圧力や官僚的な対立に巻きこまれることなく、人工衛星の打ち上げのような具体的な目標に予算を集中させられる。アイゼンハワー政権は、民間の科学者たちに促されるがまま、科学衛星の打ち上げとミサイル計画を切り離そうと考え、海軍のロケット「ヴァンガード」のほうを選んだ。両者の大本にある技術はほとんど同じにもかかわらず、である。フォン・ブラウンはホワイトハウスのこの判断に失望した。

しかし、フォン・ブラウンは次期国防長官のマッケロイを前にして、そして何より頭上を周回するスプートニクの知らせを聞いて、堰を切ったように話しはじめた。[15]「ヴァンガードは絶対に成功しないでしょう」とフォン・ブラウンは言った。「うちなら必要な材料は揃っています。どうか私たちに任せてくれませんか。六〇日間で人工衛星を組み立ててみせますから！　ぜひとも私たちに許可と六〇日間の猶予を」

「いいやフォン・ブラウン、九〇日間だ」と口をはさむメダリス。

主賓はマッケロイだったが、今や全員がドイツ人ロケット科学者のフォン・ブラウンを取り囲み、質問攻めにしていた。ソ連が人工衛星を打ち上げたというのは本当なのか？「おそらく」と答えるフォン・ブラウン。スパイ衛星なのか？「おそらくちがう。ただ、報じられている寸法と重量が正しいなら、偵察にも利用できるだろう」。今回の打ち上げの持つ意味は？「ソ連は巨大推力のロケットを手に入れたということだ」

メダリス将軍とフォン・ブラウンはそれから一晩じゅう、人工衛星の打ち上げを許可するようマッケロイを説得しつづけた。技術的な知識を持たないマッケロイは、おそらく細かい話は理解できなかっただろう。しかし、その会話が少なくとも人工衛星の打ち上げの重要性を理解するまたとない機会になったことは事実だ。[16]マッケロイにとって、一見するとソ連の人工衛星は直接的な脅威には思えなかった。重量は八〇キログラムあまり、唯一の機能といえば、地球のまわりを周回して、地上から追跡できるビープ音を発信することくらいだったからだ。

スプートニク対応の最大の鍵を握るマッケロイにとって、その日の打ち上げは楽しいカクテル・パーティの余興にすぎなかった。実際、彼の補佐官のゲイルは、世界初の人工衛星の打ち上げよりも、カリフォルニアの海岸でとったエキゾチックなシーフード料理の説明に多くの紙面を割いたほどだ。それでも、スプートニクの打ち上げは、新年を迎えるころにはワシントン全体を飲みこむほどの連鎖反応を起こそうとしていた。

数年後、ソ連の〝人工の月〟の打ち上げを知ったアメリカじゅうの人々が、たちまち恐怖と不安を持って空を見上げた、という神話がまことしやかに囁かれるようになった。「その出来事から二世代がたった今、ソ連の人工衛星に対するアメリカ国民の反応を言葉で表現するのは容易ではない」とNASAの歴史には書かれている。「一〇月五日の世の中のムードを表現する唯一の単語があるとすれば、それはヒステリーだ」[17]

実際には、打ち上げから数日間は国民的なパニックは起きなかった。一部の科学者や政策立案者を除けば、ソ連の人工衛星の重要性をすぐに理解できる者はいなかった。フォン・ブラウンやメダリスなど、科学や人工衛星の開発にかかわる人々にとっては、地球のまわりを周回するソ連の人工衛星は、アメリカの宇宙開発活動が政治によって妨害されてきたというまぎれもない証拠だったが、アメリカ国民の大半は当初、ビープ音を発信するビーチボールにただ肩をすくめるだけだった。スプートニクがアメリカ大陸を震撼させたわけではないという何よりの証拠が『ミルウォーキー・センチネル』紙にある。同紙は一〇月五日号で「今日、歴史が生まれる」という見出しをでかでかと掲げた。が、その歴史というのはスプートニクとはなんの関係もなく、当日ミルウォーキーで開催される初のワールドシリーズの試合のことを指していた。[18] スプートニクのニュースは同紙の第三面の奥深くに埋もれ、突然の打ち上げの知らせによって人工衛星について話しあうワシントンの国際会議に「衝撃が走った」と簡単に述べられただけだった。

スプートニク打ち上げ後のアメリカ政界の動きは鈍重だった。打ち上げまでの数週間、アイゼンハワーの注目は宇宙ではなく、ずっと差し迫った地上の問題へと向けられていた。裁判所の命令により、アーカンソー州リトルロックで学校教育を融合する初の試みが行なわれると、対立が激化し、大統領が連邦軍を派遣する事態にまで発展した〔公民権運動の時代に発生したリトルロック高校事件のこと。黒人と白人の分離教育が違憲と判断され、同校の融合教育が始まったが、州知事や白人が黒人の登校を阻止、黒人に軍の警護がつく騒ぎにまで発展した〕。それと比べると、ビーコンしか搭載していない人工衛星の打ち上げは、最初は世間の注目をまったく集めなかった。一〇月一〇日の国家安全保障会議で、アイゼンハワーはスプートニクの対応策を練る補佐官たちのアイデアに耳を傾けた。がん研究のような科学の「目覚ましい成果」を強調するべきか？　五〇〇〇キロメートル以上を飛行できるミサイルの打ち上げ成功を強調するべきか？　政権のなかで、直感的にソ連が把握していることを理解している人はほとんどいなかった。それは宇宙ロケットの打ち上げが持つ心理的な効果だ。統合参謀本部議長のネーサン・トワイニング将軍は、アメリカがスプートニク問題で「ヒステリーを起こす」べきではないと警告した[19]。

アイゼンハワーはスプートニクの打ち上げを政治的なパフォーマンスととらえていた。そして、彼は国民が知らない事実も知っていた。公表されている軍のロケット計画に加えて、アメリカは宇宙からビープ音を発信する銀色の球よりも戦略的均衡にとってずっと重要な意味を持つスパイ衛星を密かに開発していたのだ。打ち上げ後の数週間、アイゼンハワー政権はスプートニクをこき下ろす方針を貫いた。カーチス・ルメイ空軍大将はスプートニクを「ただの鉄の塊」と呼び、アイゼンハワーの首席補佐官のシャーマン・アダムズは宇宙開発競争に関する懸念を「天空のバスケットボール・ゲーム」と一笑した。[20]政権がソ連の功績を否定しようとすればするほど、アイゼンハワーがみすみすソ連にリードを許しているという批判材料を政敵に与えることとなった。上院民主党院内総務のリンドン・ジョンソンにとって、スプートニクはまさに天からの恵みだった。ジョンソンは回顧録のなかで、テキサス州の自身の牧場でバーベキュー・パーティを主催している最中にスプートニク打ち上げの知らせを聞いたと記している。その夜、彼は夫人のレディ・バードと外を歩き、ソ連の人工衛星を探した。「広々とした西部では、空と寄り添って生きるすべを学ぶ」と彼はのちに記した。「それは人生の一部なのだ。しかしその空が今では、どういうわけか異国のものに見えてならなかった[21]」

ジョンソンが夜空を見上げたとき、彼の目に映ったのはスプートニクではなく、それから数カ月間、あるいは数年間にわたって共和党員を叩くことができる天からの贈り物だった。「近い将来、ソ連は陸橋の上から自動車に石を投げつける子どものように、宇宙からわれわれに爆弾を落とすようになるだろう」とジョンソンは述べた。[22]

政治指導者としてのイメージを巧みにつくり上げてきたアイゼンハワーにとっては、思いがけないつまずきだった。技術的な観点からいえば、彼の考えは正しかった。ブースター技術ではソ連に少しばかり先を越されたとはいえ、アメリカには国民の知らない戦略的な優位がいくつもあった。[23]開発中のスパイ衛星技術に加えて、ＣＩＡはその前年に地球の成層圏で偵察機を飛行させはじめていた。高度二万メートル以上を飛行するロッキードＵ－２偵察機は、地上レーダーによる探知を回避しながらソ連上空を飛行し、軍事基地の写真を撮影するよう設計されていた。この航空機とその飛行は極秘事項だった。もうひとつ極秘だったのは、Ｕ－２の飛行によって「爆撃機ギャップ」と呼ばれるソ連の爆撃機の優位は存在しないことがすでに証明されていたという事実だ。そして今回、スプートニク打ち上げの知らせを受けて、アイゼンハワーは「ミサイル・ギャップ」の存在について心配しはじめた。

しかし、アイゼンハワーは頑として集団ヒステリーに飲みこまれるのを拒んだ。「人工衛星そのものに関していえば、私は一ミリたりとも不安を感じていない」と彼が記者陣に話したのは、スプートニク打ち上げのわずか数日後だった。[24] アイゼンハワー政権は、スプートニクの重要性について矛盾だらけのまぎらわしい発言を繰り返し、批判の火に油をそそいだ。アイゼンハワーはこの最初の記者会見で、「ロシア人はペーネミュンデにいたドイツ人科学者を全員拘束した」と主張した。[25] 現実には、アメリカがペーパークリップ作戦を通じて一流の科学者たちを引き抜いていたのだが、米国にいる当のドイツ人たちはジュピターCの四段目に砂を詰める段階でずっと足踏みしていた。

週を追うにつれて、スプートニクに関する冷静な記事はセンセーショナルな報道へと変わっていった。名物コラム「ワシントン・メリーゴーラウンド」で有名なアメリカのライター、ドリュー・ピアソンによれば、技術諜報の専門家たちはソ連がボリシェヴィキ革命を記念して一一月七日に月へロケットを打ち上げると予測していた。「われわれの専門家たちの見立てによると、重量八〇キログラムあまりのスプートニクを打ち上げたミサイルは、小型ロケットを三八万キロメートル先の月まで送ることも可能だという。ロシア人は先端のノーズ・コーンに赤い染料を詰め、月面に文字どおりの赤い星を描くかもしれない」とピアソンは記した。[26]

ピアソンの予測は憶測と誇大妄想の入り交じった常識はずれなものだったが、一一月三日、スプートニクの打ち上げからわずか一カ月後、スプートニク2号がライカという犬を乗せて宇宙への片道旅行へ出かけた。スプートニク2号は、近い将来、ソ連が有人宇宙飛行を実現できる証拠と考えられた（ただし、犬のライカの場合とはちがって、有人宇宙飛行では人間を地球まで無事に帰還させる手段が必要になるが）。スプートニク2号の打ち上げは、アメリカ国内のパニックと世界じゅうの動物愛好家からの抗議活動を呼んだ。[27]

スプートニクは、ハリウッド映画、SF、そして昔ながらの恐怖キャンペーンを巧みに紡ぎあげた物語へと盛りこまれていった。国民はスプートニクが大陸間弾道ミサイルの打ち上げ能力と関連していることくらいは理解していたが、「投射重量」（弾道ミサイルの有効搭載量のこと）のような専門用語の微妙な意味は理解していなかった。しかし、一連の政治的議論や社説を経て、数週間後には、スプートニクに対するアメリカ国民の好奇心や淡い不安は本格的なパニックへと変わった。アイゼンハワーは科学的には正しかったのだが、国民全体のムードを読みちがえていた。アイゼンハワー政権のスプートニク対応は混乱をきわめていたが、ひとつだけ確かなことがあった。解決策の鍵を握るのはシンシナティの石鹸売りだということだ。

マッケロイはスプートニク・ショックがピークを迎えたころにワシントンへと到着した。彼が国防長官に就任してからの数週間、軍の幹部や大統領顧問たちが続々と謁見に訪れては、それぞれが宇宙開発の担当機関について提案を行なった。当然ながら、空軍は新たな航空宇宙軍を傘下に置きたいと考えていたし、ヴァンガード・ロケットでつまずいていた海軍は、宇宙は海の延長だとかいう訳のわからない主張を繰り広げた。陸軍は月を征服したいと考えていたし、陸・海・

空の三軍からなる組織を設立するという案も出た。どの提案もそう説得力のあるものではなかったし、現在の危機を生み出した宇宙開発の不手際の解決策になるとは思えなかった。[28]

そんななか、マッケロイの心にとりわけ響いたのは、ペンタゴンに到着した直後のある会談だった。著名な原子物理学者でバークリー放射線研究所とリバモア研究所の創立者アーネスト・ローレンスと、マンハッタン計画に参加した科学者でアグリビジネス企業「モンサント」の社長でもあるチャールズ・トマスが国防長官のもとを訪れ、数時間の会談のなかで、宇宙研究を一元的に担う研究開発機関の設立を提案したのだ。[29] それは第二次世界大戦時代の政府の原爆開発プロジェクト「マンハッタン計画」の遺産を継承するアイデアだった。

マッケロイ国防長官は、P＆Gで彼自身が設立した「上流研究」組織と重なるものを感じたのか、そのアイデアを採用した。[30] 科学者たちの提案が発想の刺激になったのか、それとも彼自身が前々から温めていた考えを後押ししたにすぎないのかは不明だが、一一月七日、マッケロイは新たな立法当局の許可を得なくても研究開発機関を立ち上げる権限があるのかどうかを法律顧問に確認した。立ち上げることは可能だが、議会が同意するかどうかはわからない、というのが法律顧問の答えだった。一一月二〇日、マッケロイが議会に姿を現わすころには、彼のアイデアには「国防特別計画局」という名前がついていた。さまざまなロケット計画や宇宙開発技術のアイデアを一手に担うこの新機関は、ペンタゴンのミサイル防衛技術や宇宙計画を統合しつつ、「未来の幅広い兵器システム」も開発することになると国防長官は説明した。[31]

大統領科学諮問委員会の委員たちの多くは、マッケロイ国防長官の提案に難色を示した。アイゼンハワー大統領は、軍から軍拡を急かされるのを心配し、軍事顧問ではなく科学界の利益を代弁するような委員たちを意図的に選任していた。諮問委員会の科学者たちは、必ずしもロケット計画の統合に反対していたわけではなかったが、弾道ミサイル防衛と宇宙開発計画をひとくくりにする意義については疑問を持っていた。ある委員の言葉を借りれば、ミサイル防衛は喫緊《きっきん》の課題だったが、「火星探査に緊急性はなかった」のだ。[32]

より根本的なことをいえば、科学者たちは宇宙機関を軍の管理下に置くことに不安を抱いていた。最終的には、大統領の新たな科学顧問であるジェームズ・キリアンが支持に回ったためだろう、委員たちは黙従したが、非軍事的な宇宙計画を担うのはペンタゴンの機関ではなく民間機関であるべきだと大統領を説き伏せた。[33] そういうわけで、アイゼンハワーは新組織を承認するにあたってこう明言した。「民間の宇宙機関が新設された場合、どの［宇宙］計画が国防総省の管轄で、どの計画がその民間機関の管轄なのかを吟味するものとする」[34]

ペンタゴン内部では、国防特別計画局に対する反応は冷ややかだった。軍は自分たちの権力、縄張り、予算を脅かす存在ととらえ、すぐさま新機関へのネガティブ・キャンペーンを開始した。空軍のシュリーヴァー中将は議会に対し、新機関の設立は「途方もない誤り」になるだろうと述べた。[35] ロケット開発計画を一元的に担う機関が不要なことを証明するには、軍は独力で人工衛星を宇宙まで打ち上げられることを実証するしかなかった。こうして一二月、ヴェルナー・フォン・ブラウンがアイゼンハワーにまちがいなく失敗すると警告したロケット「ヴァンガード」にすべての注目が集まった。

一九五七年一二月五日、新しい研究機関の設立をめぐってワシントンで争いが繰り広げられている最中、フロリダ州ケープカナベラルでは、おおぜいの記者や見物人たちがヴァンガードの打ち上げを見ようと集まっていた。一〇月にスプートニクが打ち上げられたとき、ヴァンガード計画を指揮する天文学者のジョン・ヘーゲンは、海軍のロケット開発が五カ月遅れであることを認めつつも、まるで相手がテニスの試合でずるをしたとでもいわんばかりに、ソ連の突然の人工衛星の打ち上げを「非倫理的な行為」と批判した。[36] そして今、慌ただしい準備を経て、ヴァンガードTV3の発射準備が整った。しかし打ち上げ予定日、技術的な問題でカウントダウンは延々と先延ばしになり、ソ連に追いつくというアメリカの期待はジョークの種にさえなりはじめた。日本の報道記者はこのロケットを「スパッターニク」と呼び〔スパッター（sputter）はエンジンが停止するときのプスンプスンという音〕、ドイツの報道機関は「遅い」を表わすドイツ語の単語「シュペート」とかけて「シュペートニク」と表現した。すっかり待ちくたびれたワシントンDCからの取材班は、「公務員」と名づけた。「いっこうに動く様子がないし、おまけに解雇《ファイア》（点火）できない」からだ[37]〔英単語のfireには「点火する」「解雇する」という両方の意味がある〕。

翌一二月六日、とうとうカウントダウンが始まった。3、2、1、0、発射。打ち上げ場から三、四キロメートル離れた砂浜では、何百人という見物人が打ち上げを見守り、発射の炎があがると大歓声をあげた。[38] が、もくもくとあがる煙のせいで視界がさえぎられ、現場で何が起きているのかがよく見えなかった。発射台に程近い格納庫に集まった数十人の関係者には、そのときの出来事が鮮明に見えた。ヴァンガードはほんの少し浮き上がったかと思うと、爆発して巨大な火の玉に包まれ、砂の上へと崩れ落ちたのだ。まるで打ち上げ失敗を物語るかのように、人工衛星本体は爆発で三段目からそう遠くない場所へと投げ飛ばされ、米国初の宇宙進出を記念するはずだったビープ音を悲しげに発信しつづけた。

ヴァンガードの打ち上げ失敗の当日、ネーサン・トワイニング統合参謀本部議長は、マッケロイの提案する研究機関の設立に「不同意」（「猛反対」の官僚的な表現）の意思を示すきわめて珍しい覚書を発行した。ヴァンガードが文字どおり火の玉に包まれなければ、彼の意見にももう少し説得力があっただろう。マッケロイ新国防長官の意志は揺るがず、翌月、アイゼンハワー大統領は新機関の設立を正式に承認した。ただし、マッケロイはひとつの小さな修正に応じた。特殊作戦局のような似たような名前の機関との混同を避けるため、新たな部門を「高等研究計画局（ARPA）」と命名したのだ。

とはいえ、ARPAはまだ組織というよりもアイデアの段階にすぎず、新しい政府組織によって問題が解決すると考える楽観的な者ばかりではなかった。ARPA設立までの慌ただしい日々は、宇宙開発競争にとっては山あり谷ありの時期だった。一九五八年一月三一日、とうとう宇宙開発競争への参加を認められたフォン・ブラウンのチームが、ジュピターCロケットをベースとするエクスプローラー1号の打ち上げに成功し、米国初の人工衛星を軌道に送りこんだ。しかしその成功も、二月五日の海軍ヴァンガードの二度目の打ち上げ失敗によってかすんでしまった。ヴァンガードは打ち上げから一分弱で空中分解し、海のもくずと消えた。

二月七日、ARPAは二ページつづりの国防総省指令とともに正式に発足した。それは国防長官直属の独立機関を設立するという指令だったが、あえて具体的なプロジェクトや研究分野に関しては述べられず、宇宙という言葉すら出てこなかった。「当機関は国防総省内で実施される国防長官指定の研究開発プロジェクトを指揮する権限を持つ」と指令には書かれていた。[39] しかし、その数週間前のアイゼンハワー大統領の一般教書演説のなかに、ＡＲＰＡの最終目的を匂わすヒントが隠れていた。「われわれは未来の新兵器を想定した研究開発活動に対し、前向きな姿勢で臨まなければならない」[40]

# 第3章　狂気の科学者　1958

核ミサイル防御シールド／惑星間宇宙船／サターン計画

土曜日の午後七時四五分、マッケロイ国防長官の特別補佐官オリヴァー・ゲイルのジョージタウンにある邸宅のドアをノックした男は、まるで旧友の家に泊まりにやってきたかのような出で立ちだった。その男は片手にどでかいスーツケース、もう片手にかばんを握り、ゲイルがドアを開けると、満面の笑みを見せた。家の主《あるじ》がゲイルであることを確かめると、男は嬉々とした様子で「今タクシーを帰しますので」と言った。[1]

男がしばらく帰りそうにないことを察すると、ゲイルはふと不安になった。といっても自分の身の安全についてではなく、貴重な時間についてだ。その日は一九五八年一月四日。この数カ月間、議会では主にスプートニクに関する公聴会が次々と開かれ、ゲイルは週末に片づけなければならない仕事を山ほど持ち帰ってきていたのだ。

スプートニクの打ち上げから数カ月間、数々の変人、ご都合主義者、セールスマンが、原子力ロケットから本格的な月面基地まで、独自の宇宙計画やミサイル計画をゲイル経由でマッケロイに売りこもうとすり寄ってきた。彼らのお目当ては数百万ドル（時には数十億ドル単位）の税金だった。しかし、中西部で培った人のよさを振り払うのは難しく、ゲイルは渋々その男を家に招き入れた。ゲイルの家の居間に通されると、その見知らぬ男はアメリカをソ連のミサイル攻撃から守る方法について熱弁をふるいはじめた。ゲイルはたっぷり一時間、丁寧に話を聞くと、その男は完全にいかれていると判断した。結局、ペンタゴンの知りあいを紹介すると約束し、男を帰した。

ワシントンDCから五〇〇〇キロメートル近く離れた場所では、リバモアにあるカリフォルニア大学放射線研究所のハーバート・ヨーク所長が、ゲイルと同じような経験をしていた。ただし、ヨークのもとを訪れたのはどちらかというと頭のおかしな天才だった。同研究所のギリシャ人科学者、ニコラス・クリストフィロスは、ヨークの執務室に飛びこんでくるなりこう叫んだ。「奴らが攻めてくる[2]！」

ヨークによれば、スプートニクの打ち上げをソ連が攻めてくる前兆だと思いこんでいたクリストフィロスは「半狂乱」の状態だったという[3]。ロシア人が攻めてこようとしていたかどうかはともかく、スプートニクはソ連が大陸間弾道ミサイルを発射し、アメリカを無力にできるというまぎれもない証だった。クリストフィロスは居ても立ってもいられなかった。

リバモア研究所はクレイジーなアイデアを持つ科学者を受け入れる場所として有名だった。何より、その研究所はあのエドワード・テラーが熱核兵器「スーパー」を製造する目的で設立した機関なのだ。しかし、クリストフィロスはそのリバモア研究所のなかでもひときわ目立つ変人だった。アメリカで一流の核物理学者へとのぼり詰める前、彼はギリシャのエレベーター修理会社で働いていた。彼の核兵器研究所への道のりは一九四八年に始まる。彼は祖国ギリシャからカリフォルニア大学バークリー校の放射線研究所に宛てて、加速器の性能向上に関する手紙を書きはじめた。研究所の科学者たちからは「例のクレイジーなギリシャ人」呼ばわりされたが、[4] クリストフィロスはあきらめず、アメリカで特許申請し、最終的にアメリカへと移住した。彼は政府の科学者に自分が正気であることを認めさせただけでなく、まずはブルックヘブン国立研究所、次にリバモア研究所で職を得た。

クリストフィロスは大酒飲みであるだけでなく、何日間もぶっ続けで働きつづけられる野獣のような男として知られていた。講義では大げさな身ぶり手ぶりを使い、科学者でもついていけないほどのスピードで数字やアイデアを書き殴った。スプートニクとソ連が生み出した興奮と恐怖は、クリストフィロスをすっかり飲みこんだ。彼がそれまで加速器と核エネルギーにそそいでいた情熱は、今や兵器へと向けられた。彼のアイデアは壮大で奇怪なものばかりだったが、あまりに天才的だったので、周囲の物理学者たちを魅了した。科学者たちを惹きつけたのは、彼のアイデア自体は科学的に筋が通っていたが、実現するには技術的なミラクルが必要だったという点だ。そして一九五七年終盤、彼はヨークの執務室に立ち、この上なく空想的なアイデアについて説明しはじめた。

その計画というのは、ヨークののちの記述によると、「大気圏のすぐ上の地球の磁場内にとらえられた高エネルギー電子によって構成されるドーム状の防御シールド」をつくるというものだった。[5] このシールドは、その強力な電子の帯のなかを通過しようとする物体すべてをいわば丸焼きにすることで、地球を大陸間弾道ミサイルの脅威から保護するのだという。「彼の目的は壮大だった」とヨークは振り返る。「彼は私たちの頭上に通過不能な高エネルギー電子のシールドをつくり、私たちに向けて発射される核弾頭をひとつ残らず破壊してしまおうと考えたのだ」[6]

　クリストフィロスは、すでに磁気圏にとらえられた電子が存在すると予測した。この説は、数週間後に米国初の人工衛星が磁場内にとらえられた荷電粒子を検出したことによって裏づけられた（のちにこの領域は、アイオワ大学のジェームズ・ヴァン・アレンの装置によって電子の存在が確認されたことから、ヴァン・アレン帯と名づけられた）。しかし、クリストフィロスのこの提案は、現実的でないという意味で、彼の親しい同僚でさえ「バカバカしい」と評した。[7] クリストフィロスは、核爆発によってずっと大量の高エネルギー電子をこの放射線帯に注入すれば、その電子によってこの領域を通過するミサイルをすべて破壊できると信じていた。つまり、彼は自然に発生する電子帯のパワーアップ版をつくろうとしたのだ。いわばヴァン・アレン帯ならぬ「死の帯」だ。

　ヨークはこのアイデアを気に入った。最大の問題は、シールドをつくるには地球の磁気圏で核兵器を爆発させる必要があるという点だ。クリストフィロスがこのアイデアを初めてヨークに提案した一九五七年晩秋の時点では、その検証に必要な人工衛星はまだ打ち上げられておらず、原子力委員会の一部だったリバモア研究所では独自の軍事実験を実施することはできなかった。それはペンタゴンの仕事だった。

　一九五八年初頭、一匹狼の変人から、狂気の科学者、大手の軍需企業まで、誰もが先進技術のアイデアを抱えていた。『アビエーション・ウィーク』などの業界誌は、「人類の宇宙征服を加速させる空中ロケット・ステーション」、原子力航空機、月面攻撃ミサイルなどの広告で埋め尽くされた。スプートニクの打ち上げからわずか三カ月、企業は宇宙艦隊を製造する気で満々だった。一月、マッケロイ国防長官と数名のペンタゴン幹部は、業界団体「航空工業協会」主催の夕食会に参加した。夕食の目玉は、四種類の高級ワインと、先進技術を支援しないペンタゴンに対する愚痴のフルコースであった。マッケロイはワインを断ったが、彼らの懸念にじっくりと耳を傾けた。マッケロイには彼らの提案を丁重に受け流す方法があったからだ。頭のおかしな連中やご都合主義者たちはみんなＡＲＰＡに押しつけてしまえばいい。

一月、マッケロイはＡＲＰＡ局長にふさわしい人物を見繕っていた。原子物理学者のアーネスト・ローレンスは自身の秘蔵っ子であるリバモア研究所のハーバート・ヨークを推薦したが、マッケロイは経営の経験を持つビジネス界出身の人物を求めていた。同月、マッケロイはゼネラル・エレクトリック社長のラルフ・コーディナー、ゴールドマン・サックス代表のシドニー・ワインバーグと面会し、ＡＲＰＡ局長にふさわしい人物について提案を求めた。[8] マッケロイはこの会談でひとつの名前を持ち帰った。ゼネラル・エレクトリック副社長で、問題解決の名手として知られるカリスマ実業家のロイ・ジョンソンだ。主任科学者の職については、ロケット科学者のヴェルナー・フォン・ブラウンも少し検討したが、結局ヨークに決定した。[9] 初年度、ＡＲＰＡは五億ドルという巨額の予算を与えられていたが、研究所もなければ恒久的な職員もおらず、独自のオフィスさえなかった。ＡＲＰＡはペンタゴン再編という巨大戦略の一部ではなく、アイゼンハワー政権がスプートニクを真剣にとらえているということを示すための便宜的な解決策、一時的な措置にすぎなかったのだ。[10]

ＡＲＰＡ初代局長のロイ・ジョンソンは、いかにも成功した実業家らしい自信たっぷりな雰囲気を醸し出していた。五二歳のジョンソンはある新聞で「都会的でハンサム」[11]、ARPAの歴史では『『フォーチュン』誌の表紙を飾るような大物感を放っていた」[12]と評された。ARPAの初期の職員のひとり、リー・ハフによると、職員たちはその都会的な経営者に畏れおののいていたようだ。「彼は見事な日焼け肌で現われては、颯爽と歩き回っていた」とハフ。「話もうまい。数々の難局をくぐり抜け、企業の厄介な問題を解決してきた経験も持つ」[13]。二月上旬、ペンタゴンの名誉あるEリング、国防長官のわずか数部屋先の執務室に移ってきたとき、ジョンソンはアメリカの宇宙計画の最高責任者になった気分だった。電化製品や電子機器を扱う企業の幹部だったジョンソンは、科学に関して、ましてや宇宙に関しては素人同然だった。しかし、それ以上に深刻だったのは、彼が政府について、さらには政府の官僚機構について無知だったという点だ。

ジョンソンが初めてワシントンの洗礼を受けたのは、二月一三日、ARPA設立から一週間とたたない日だった。彼はペンタゴンのセダンに乗り、地元のセインツ・アンド・シナーズ・クラブが主催するマッケロイ国防長官の祝賀パーティに参加した。マッケロイの補佐官のゲイルは、国防長官を地元の社交クラブのイベントになど参加させていいものかと、内心心配していたのだが、マッケロイ自身はワシントンの社会生活になじむいいきっかけになると期待していた。ところが、ゲイルの心配は的中した。昼食会は赤面もののストリップショーに始まり、ペンタゴンの幹部たちをものまねするコントへと続いていったのだ。マッケロイはARPAのジョンソン局長と一緒にその光景を眺めながら、月のまわりを周回する宇宙船をつくるまでどれくらいかかりそうかとメダリス将軍にたずねた。将軍はこう答えた。「八年というところでしょう。開発に一年、ペンタゴンのあの能なしたちから決断を引き出すのに七年です」[14]

ゼネラル・エレクトリック副社長のロイ・ジョンソン。米国初の宇宙機関ARPAの初代局長に任命されたとき、ワシントンDCではまったくの無名だった。ARPAの有人宇宙飛行プログラムを熱烈に擁護し、ホワイトハウスや大統領の科学顧問たちとたびたび衝突。結局、2年足らずで辞職して芸術家へと転身した。

アメリカがライバルのソ連から数カ月の遅れを取っていた時代、ＡＲＰＡは米国初の宇宙機関となった。ＡＲＰＡは米航空諮問委員会や軍が一九五〇年代に開始した各々のロケット計画を寄せ集め、引き継いだ。ソ連はすでに二機の人工衛星と一匹の犬を宇宙に打ち上げていたが、アメリカはフォン・ブラウンのチームのエクスプローラー1号を打ち上げただけだった。そしてそのわずか数日後、ＡＲＰＡが設立され、民間と軍の宇宙計画を一手に担うことになった。初日の職員はジョンソン局長ただひとりだったが。

そんなＡＲＰＡに、主任科学者として新たに加わった人物がハーバート・ヨークだ。経営者のジョンソンと、物理学者のヨーク。新たな宇宙機関をめぐって権力闘争が起こるのは目に見えていた。遅刻魔として有名なヨークは、しわくちゃなスーツで、時にはスーツなしで職場や会議に現われた。彼のだらしない体型はジョンソンの磨き上げられた経営者のイメージを冒瀆するものだったが、ヨークはヨークで、ジョンソンが科学を冒瀆していると考えていた。「私は主任科学者としてあそこへ行ったが、プログラムの決定権を実質的に握っていたのは私だ」とヨークはのちに語った。[15] 一方、ジョンソンはヨークのことを「科学問題に関する私の個人的なコンサルタント」と公言した。[16]

しかし、ジョンソンとヨークの役割分担はすぐに明確になった。ジョンソンはARPAの主なスポークスマンであり、全国を飛び回って教会グループ、職業団体、学校に宇宙の啓蒙活動を行なった。[17] ヨークは科学者のヘッドハンターであり、技術スタッフをスカウトするとともに、さまざまな宇宙計画の舵取りを行なった。

一九五八年三月、ジョンソンはARPAの組織構造を正式に発表する。ヨークは「主任科学者」の肩書きを保持しつつも、連邦政府出資の非営利研究センター「国防分析研究所」から派遣されてきた二〇名あまりの科学者たちからなる技術部門を取り仕切った。[18] ARPAへのいわば出向職員である彼らは、科学的な才能の塊だった。外部機関からの契約という形を取ることで、ARPAは政府の通常の給与よりも高めの報酬を支払いつつも、フルタイムの政府職員を雇うという面倒な手続きを避けることができた。軍から派遣されてきた人々も数名いた。そのひとりがロバート・トゥルアックス海軍大佐だ。[19] 彼はCIAと空軍の極秘人工衛星プログラム「コロナ計画」を監督する正式な諜報員だった。コロナ計画もまたARPAに吸収されていた。

技術スタッフを除けば、ARPAは官僚制度とはかぎりなく無縁な組織だった。というのも、ARPAは独自にスタッフを雇用せず、軍の人材を出向させて書類仕事をこなしていたからだ。

ジョンソンの下には副局長のジョン・クラーク海軍少将がいたが、組織図の一員という点ではほかにはふたりしかいなかった。管理部長に指名されたペンタゴンのベテラン官僚、ローレンス・ガイスと、外国の有望な研究を発掘する「国外開発室」の室長に指名されたウィリアム・ゴデルだ。最初から、ARPAには独自の契約スタッフを置かないことが決められていたため、書類仕事はARPA指令と呼ばれる簡易的なメモに限られ、方針や手順はその場その場で決められた。ARPAの初期の職員のひとりであるドナルド・ヘスによれば、ジョンソンをARPA局長に迎えたことが要因として大きいという。「ロイ・ジョンソンがARPAのペースを決め、私たちはロイ・ジョンソンというバイブルにいわば従うだけだった」とヘスは述べた。[20]

実際、ARPAのもっとも揺るぎない特徴のひとつは、設立時に意図的に定められたわけではないが、官僚的な手続きを避ける能力だ。ARPAは、軍のような巨大組織なら着手までに数カ月や数年かかるようなプロジェクトにすぐさま予算を割り振ることができた。たとえば、一九五八年初頭、ジョンズ・ホプキンズ大学応用物理研究所のふたりの科学者が、衛星航法に関する斬新なアイデアを思いつき、スプートニクの発信するビープ音のドップラー偏移を測定して、スプートニクの位置を追跡しはじめた。[21]するとふと、同じ方法を逆に利用するというアイデアをひらめいた。人工衛星の軌道が既知ならば、人工衛星の発信する信号を用いて、地球上の物体の正確な位置を特定することもできる。このような衛星システムは、潜水艦発射ミサイルの厳密な位置を特定するのに役立つかもしれない。この衛星航法プロジェクトは「トランシット」と名づけられ、ARPAによりすぐさま資金が拠出された。このシステムが、数十年後のGPSの開発へとつながる。

一九五〇年代終盤のARPAの独特な地位は、偶然と必然の両方から生まれたものだ。スプートニク打ち上げ後の危機感から、ペンタゴンは計画をスムーズに遂行するための大幅な自由裁量をARPAに与えた。また、ジョンソンのような民間人を局長に迎えたことで、ARPAはごくふつうの官僚組織にならなくてすんだ。ジョンソンはARPAと国防分析研究所の科学者たちに向けてARPAの理念を述べた。「剣は火薬で置き換えられた。ライフル銃はおおむね水素爆弾で置き換えられた。今われわれが直面しているのは、水素爆弾を置き換えるものは何か、という疑問だ[22]」

水素爆弾を置き換えるものとはいったい何か？　ARPAの初代主任科学者、ハーバート・ヨークにとって、それはアメリカを核攻撃から守る手段だった。一九五八年四月、ヨークはARPAにやってきて早々、「クレイジーなギリシャ人」ことニコラス・クリストフィロスをワシントンに招き、地球全体を覆う防御シールドについて説明を依頼した[23]。前年のスプートニクの打ち上げ後、クリストフィロスが初めて大胆なミサイル防衛のコンセプトを提唱したとき、ヨークは権力のある立場にはいなかった。しかし、今やARPAの主任科学者に就任したヨークにとって、軍事衛星、ミサイル、高等研究を手がけるARPAは、防御シールドのアイデアを追求するのに打ってつけの組織だった。こうして、極秘プログラム「アーガス計画」（ARPA指令第4号）が誕生した。アーガス計画は、核兵器を地球の磁気圏で爆発させることによって侵入ミサイルを破壊する力の場が生じるかどうかを調べるための実験であり、ARPAの初期の計画のなかでは群を抜いた規模と重要性を誇るものになった。「クリストフィロスのようなアイデアを拾い上げ、

1958年3月、地球を取り巻く放射線帯を描くニコラス・クリストフィロス。「頭のおかしギリシャ人」と呼ばれた彼は、この放射線帯を荷電粒子で満たし、弾道ミサイルが通過できない防御シールドをつくることを提案。彼のアイデアはARPAの初期のプロジェクトのひとつ「アーガス作戦」へと発展し、大気圏高層での核爆発が行なわれた。結局、ミサイル防御シールドは実現しなかったが、ヴァン・アレン放射線帯の存在が裏づけられた。

支援できる組織はARPAくらいのものだろう」とヨークはのちに説明した。[24]

クリストフィロスのミサイル防御シールドほど、ヨークのARPAのビジョンを物語っているものはない。純粋科学に基づく非常に大胆な軍事プログラムこそ、ARPAが得意とする分野なのだ。ARPAの身軽さこそ、ペンタゴンの高官たちが求めていたことだった。実際、ハーバート・ローパー原子力担当国防次官補は、ARPAがアーガス計画を始動する直前、国防総省のほかの将官たちに宛てて、「近い将来、核実験の継続に不利な状況が生じる可能性がある」と記している。[25]その「不利な」状況というのは、アメリカとソ連が年内に発効させる予定の核実験の一時的な停止措置のことで、そうなればアーガス計画の実験はすべて不可能になる。ヨークはアーガス計画を自身の肝いりのプロジェクトと位置づけ、地図を凝視したあと、南大西洋の無人島であるゴフ島をみずから発射場として選んだ。[26] なぜヨークは、一見すると突拍子もないアイデアをＡＲＰＡの初期の主要計画のひとつとして推進したのか？ それはＡＲＰＡやその初期の宇宙計画の問題にとどまらず、ホワイトハウスの科学者とペンタゴンとのあいだで生まれつつある争いとも深く絡んでいた。ジョンソンはＡＲＰＡを恒久的な軍用宇宙機関として大きくとらえていたが、ヨークは科学研究を推進する暫定的な組織としかとらえていなかった。彼ののちの記述によれば、彼はアーガス計画のアイデアがおそらくうまくいかないと内心では思いつつも、「科学的に興味深い」と感じていたようだ。[27]

ＡＲＰＡがこの実験プログラムを監督し、軍用特殊兵器計画局が一九五八年の八〜九月にかけての一〇〇日間に三回の核実験を行なう準備を整えた。実験を遂行するため、海軍は九隻の艦船と四五〇〇人の人員からなる第88任務部隊を極秘で編成した。[28] 計画は、三段式弾道ミサイル「Ｘ－17Ａ」を用いて、艦船から大気圏高層へと低出力の核兵器を打ち上げるというものだった。最初から最後まで前代未聞の作戦であり、実験の準備期間も通常の一年以上ではなくわずか数カ月しかなかった。また、海上の艦船からの史上初の核兵器の打ち上げであり、大気圏内で実施された史上唯一の極秘連続核実験でもあった（一九四五年のトリニティ実験は単独）。第88任務部隊の機密を保持するため、海軍は作戦に参加する艦船のために巧妙な作り話を用意する必要があった。この史上初の実験でミサイルを発射することになった水上機母艦「ノートン・サウンド」は、太平洋の辺鄙な場所で特殊ミサイル作戦の「予備実験」に参加するという名目で大西洋艦隊から離れた。しかし実際には、南大西洋上の指定された核実験エリアへと向かっていたのだ。

八月二五日と二六日、本番に向けたリハーサルとして、「ポゴ」というコードネームのもと、ノートン・サウンドから練習用ロケットが打ち上げられた。そして、とうとう八月二七日の午前二時二〇分、ノートン・サウンドは荒れる海上で一発目のミサイルを打ち上げた。ほかの艦船や上空を周回する航空機は、実験の様子を見守り、爆発の影響を記録するため、そばに控えていた。ミサイルを監視する船の乗員たちは、万が一ミサイルが早めに爆発した場合に備えて強力な保護ゴーグルを着け、夜空を見つめていた。観測機では、片方のパイロットがたっぷり六〇秒間は保護ゴーグルを着用しつづけるよう指示された。最悪の事態が起きた場合、そのパイロットに航空機を操縦させるためだ。X-17Aが打ち上げられると、全員がかたずをのんで状況を見守った。

三六秒後、ミサイルは高度三〇キロメートルを通過し、しばらくして爆発した。その様子を船上で観察していた人々は雲の向こうに閃光をとらえた。観測機のパイロットのひとりは、水平線からおよそ四〇度上方に「巨大な光の玉」が見えたと報告した。予想どおり、核爆発によってオーロラが発生した。荷電粒子が元の低エネルギー状態に戻る際に放出する光子によって生じたものだ。それから三〇分間、その場にいた人々は、まるで夜空に投影された万華鏡のように次々と形を変えていく緑や青の鮮やかな模様をうっとりと見つめ、写真に収めていった。かくして、クリストフィロスの独創的な頭脳は絶景を生み出した。が、これが本当に防御シールドの役割を果たすのだろうか?

八月三〇日と九月六日、もう二回の実験が行なわれ、ARPAから見るかぎりはこちらも成功裡に終わった。一九五八年一一月三日づけの大統領への極秘の覚書で、大統領の科学顧問のジェームズ・キリアンは、アーガス作戦のことを「おそらく史上もっとも目を瞠る歴史的な実験」と絶賛した。[29] キリアンの言葉はたちまち公の場でも繰り返されることになる。一九五九年三月一九日、『ニューヨーク・タイムズ』紙はこの極秘の核実験について明かし、見出しで「史上最高の実験」と断言した。[30] この記事はアーガス作戦に世界的な注目を集め、その変わり者の発案者、クリストフィロスは一躍世間の脚光を浴びた。

誰がアーガス作戦の詳細をリークしたのかは今もって不明だ。[31] キリアンの後任の大統領科学顧問、ジョージ・キスチャコフスキーは、ヴァン・アレン研究所の誰かではないかと疑い、ヨークは海軍の科学関係者を疑った。しかし、結局はどうでもいいことだっただろう。クリストフィロスの防御シールドはついぞ実現しなかったからだ。実験自体は称賛の嵐を浴びたが、地球の磁場は弱すぎて、巨大なシールドとして使えるほど長く電子を保持しておけないことが証明された。〝死の帯〟はあまりにも早く崩壊してしまうのだ。防御シールドが政治的にも技術的にも実現不可能だと判明してもなお、ヨークは防御シールドのアイデアを追求したことを冗談交じりで擁護した。「しかしながら、敵対するふたつの超大国があって、このシールドが実際に役立つ別の地球、別の惑星が宇宙のどこかにあるかもしれない」と彼は記した。[32]

アーガス計画の開始直後、ヨークは別の常識はずれな（見る人によっては大胆な）プロジェクトを承認した。惑星間宇宙船だ。ロスアラモス国立研究所の元核兵器設計者、セオドア・テイラーが考案した壮大な「オリオン計画」は、ヨークの記述によれば、数千、数万回の核爆発を動力とする宇宙船のアイデアだ。一九五八年夏、ＡＲＰＡは宇宙船オリオンの基本設計作業の資金としてゼネラル・アトミックスにおよそ一〇〇万ドルを提供することに同意した。ロイ・ジョンソン局長は個人的には疑問を感じつつも、この計画を黙認した。彼は議会に対し、一年前に初めて提案されたとき、オリオンは「突拍子もない」アイデアだと思ったが、「今ではそこまで突拍子もないとはいえない」と述べた。[33]

しかし、実際にはまるきり突拍子もないアイデアだった。科学的には実現可能だったが、オリオンを打ち上げるだけでも二〇〇回程度の核爆発が必要になる。オリオン計画に参加した物理学者フリーマン・ダイソンの息子、ジョージ・ダイソンの説明によれば、オリオンは「二〇階建てのビルに相当する高さの卵形の宇宙船」であり、「衝撃吸収用の脚がついた重量一〇〇〇トンのプッシャー・プレートを持つ」という。[34] ジョンソンは議会で、核爆発の衝撃波を受けたプッシャー・プレートが、宇宙船を前進させるバネのような働きをすると証言した。いちばん厄介なのは、「乗員を死亡させることなく」それを実現するという部分だった。[35]

宇宙船オリオンのもっとも明白な問題点は、何百回もの核爆発によって宇宙船を発射させること自体がまったく現実的でないという点だ。もし宇宙船が墜落すれば、大規模な放射能汚染が発生する。仮に墜落しなかったとしても、宇宙船の打ち上げと推進に用いられる核爆発が、たちまち核の灰を降らせるだろう。科学者たちの推定によると、一回の宇宙ミッションにつき、地球上では放射線レベルの増加によって一〇人程度が亡くなるという。[36]

空軍はその後も数年間、オリオン計画を支援しつづけたが、ARPAはわずか一年半で支援を打ち切った。結局、宇宙船オリオンは縮尺模型止まりだった（話によると、ジョン・F・ケネディ大統領は五〇〇個の核弾頭を見て「驚愕」したという）。[37] オリオン計画は、核分裂と核融合が惑星間旅行のもっとも現実的な手法だと信じる人々から熱狂的な支持を集めたものの、一九五八年八月、アメリカとソ連が大気圏内の核爆発の禁止に同意すると、防御シールドと原子力宇宙船の夢は泡と消えた。

激動の設立一年目、ARPAはそれよりもずっと大きな論争に巻きこまれていた。誰が最終的に宇宙開発を取り仕切るのか？　一見すると政権を牛耳っているのは政界入りした実業家たちに見えたが、アイゼンハワー大統領が耳を傾けていたのはむしろ自身の科学顧問たちの意見だった。彼らは国家宇宙機関としてのARPAの役割は暫時的なものにすぎないと考えていて、民間機関の新設を要求していた。当時未解決だったのは、ARPAが軍用宇宙において長期的な役割を果たすのかどうか、そして仮に果たすとすればその範囲はどこまでなのか、という疑問だった。ロイ・ジョンソン局長は科学者ではなかったが、技術やその応用については直感的に理解していた。ソ連がスプートニクを打ち上げられたのは、エンジン推力の向上に力をそそいだからだ。ジョンソンは有人宇宙船のような巨大なものを軌道上に送るには、強力なロケットが必要なことを理解していた。ARPAはすでに「機動式回収可能宇宙船（MRS-V）」（ARPA職員は「ミセスV」と発音していた）というスペースプレーンを提案しており、ジョンソンはこのスペースプレーンのブースターの開発資金を提供するのが次のステップだと考えた。

ARPA側の主張する歴史によれば、ARPAのふたりの技術スタッフが七〜九基のエンジンをクラスター化する（束ねる）ことで一五〇万ポンド（約六八〇トン）の推力を生み出すというアイデアを思いつき、ジョンソンがそのアイデアをフォン・ブラウンのチームに提案し、資金提供を持ちかけた。[38] フォン・ブラウンはクラスター・ロケットの発案者について言葉を濁している。

「私たちはクラスターが実現可能だと固く信じていた。誰が口火を切ったのかというのは、恋愛がどちらから始まったのかという問題と少し似ている」と彼はのちに述べた。誰が最初にクラスター・ロケットのアイデアを提案したのであれ、ジョンソンはペンタゴンやホワイトハウスの誰に相談することもなく、フォン・ブラウンのチームに超強力ブースターの開発資金を提供することを決めた。そのようなロケットが完成すれば、理論上、MRS-Vを宇宙へと送りこむことができるだろう。

一九五八年八月一五日、ARPAはフォン・ブラウンの新たなロケット計画「サターン」を承認し、このクラスター式のブースターは偵察衛星のような高重量の軍事機器を打ち上げるのに使われると説明した。このサターンの公式説明を信じる者はいなかった。特にARPA主任科学者のヨークは、ジョンソン局長の最大の目的が有人宇宙飛行におけるARPAの将来的な役割を強化することだとわかっていたし、有人宇宙飛行をARPAやほかの国防機関ではなく民間機関に委ねるというホワイトハウスの明確な方針に、局長が反対していることも十分に承知していた。ARPAがそれまでで最大の難問に直面すると、ジョンソンはサターン計画に固執するようになった。

一九五八年一〇月一日、ARPAは科学衛星プログラムを新設のアメリカ航空宇宙局（NASA）に移譲するよう命令を受けた。NASAはアイゼンハワーの科学顧問たちがかねてから求めていた民間機関であった。科学衛星をNASAに譲り渡すことは、ジョンソンにとって痛くも痒くもなかった。「比較的繊細な衛星の打ち上げは無惨な失敗や苦労の連続」だったからだ。しかし、宇宙における軍事活動となれば話は別だった。アイゼンハワーはそれもNASAの役割だと明言したが、ジョンソンは今までどおりペンタゴン、とりわけＡＲＰＡの役割として残すべきだと訴えた。「有人宇宙飛行計画が軍事的な意味で必要だと国防総省が判断したなら、その活動を民間機関に対して正当化しなくてすむようにするべきだ」とジョンソンは議員たちに述べた。[41]これはアイゼンハワーが科学顧問たちと一緒に練り上げた法案と真っ向から対立する主張だった。

ヨークを含めた大統領の科学顧問たちとジョンソン局長との対立は、ＡＲＰＡに亀裂を生みはじめた。その一方で、ＡＲＰＡのことをなるべく早く始末しなければならない天敵ととらえていた軍もジョンソンを敵視した。ＡＲＰＡの初期の歴史を綴った『高等研究計画局（*Advanced Research Projects Agency*）』には、設立から数カ月間のＡＲＰＡについてこう記されている。「内部の敵に苦しめられ、外部からの大きなプレッシャーにさらされながら、まったく新しい分野において手探り状態で活動を行なっていた」[42]。初期のＡＲＰＡは外部の政府組織と戦っていただけではない。権力やビジョンをめぐるヨークとジョンソンの対立を見ればわかるように、内部闘争にも見舞われていた。こうした闘争を経てできあがったＡＲＰＡは、後世の多くの人々が主張するように明確な意図を持って築かれたわけではなく、実は内部や外部との競争から生まれた偶然の産物だったのだ。

# 第4章　打倒ソ連

## 1959―

SCORE／宇宙からのクリスマス・メッセージ／偵察衛星／宇宙開発の移行

ソ連がスプートニクを打ち上げた翌週、ウィリアム・ゴデルはハワイのオアフ島で、米国の盗聴拠点を管理する国家安全保障局（ＮＳＡ）の急激な拡大に歯止めをかけるべく奮闘していた。それから五〇年近くがたち、情報公開法のもとでようやく開示された編集済みの最高機密文書によれば、ゴデルは一九五七年にアイゼンハワー大統領の命令で創設された「ロバートソン委員会」の幹部のひとりとしてＮＳＡの暗号部門を訪れていた。[1] ゴデルのハワイ訪問は、極東におけるＮＳＡの活動について調べる包括的な調査の一環であり、委員会は拡大を続けるＮＳＡの通信傍受拠点に対する「劇的な予算削減」を提言する予定だった。[2]

スプートニクは、ほかの国家安全保障当局と同じくＮＳＡの不意を突き、早急な諜報改革が必要だと唱えるアイゼンハワーの主張を裏づけた。[3] 当時、ゴデルはＮＳＡで二年間を過ごしていたが、そんなときに突然、新設されたＡＲＰＡの上級職を打診された。ゴデルは科学者ではなかったが、初代局長のロイ・ジョンソンも同じく科学者ではなかったし、どちらにせよＡＲＰＡは科学研究を実施するのではなく監督する組織だった。ゴデルの指名理由や職務内容については、当時からずっと謎に包まれていた。ゴデルが諜報機関の要職を見送られ、そのいわば残念賞としてARPAの職を打診されたという噂もあったが、彼の職務内容や直属の上司については定かではなかった。「どうやって彼がARPAにたどり着いたのかはよくわからない」とARPAの最初期の職員、ドナルド・ヘスは語る。[4]

のちにゴデル自身も、ARPAへの異動が誰の差し金だったかはわからないと述べた。彼はNSAの長官職か副長官職に自分の名前が候補として挙がったことを知っていたが[5]、ARPAの仕事のオファーが舞いこんできたとき、ARPAに移管される予定だった極秘の偵察衛星プログラムに参加するチャンスだとばかりに飛びついた。元海兵隊員のゴデルが指名されたのは、さまざまな面でしごく当然の選択であった。彼はNSA時代、複雑な科学技術プロジェクトを監督した経験があったし、戦時中にドイツ人科学者たちを獲得した経験もある。彼と親交の深いリー・ハフは、「ゴデルは科学者のスカウトに長けていた」と振り返る。[6]

ARPAの初期の職員たちが裏づけているとおり、ゴデルは諜報コミュニティを代表してARPAの一員になることを打診されたのだという。[7]ゴデル自身の記述によれば、彼と彼の補佐官はARPAへの異動についてロイ・ジョンソン局長と会って話しあうよう言われたようだ。「ソ連がかかわっているとすれば、われわれの諜報機関もかかわってしかるべきだ」とゴデルは記した。[8]結果的に、ゴデルの獲得はARPAに幸いした。当初、国外開発室の室長として、そして諜報コミュニティに対する窓口としてARPAに加わったゴデルは、組織に思いもよらない影響を及ぼした。ゴデルは先進技術にも一流の科学にもほとんど興味のない軍事戦略家だったが、彼の存在がなければ、ARPAが一九六〇年代まで生き延びることはなかったかもしれない。

ＡＲＰＡの主任科学者のハーバート・ヨークと局長のロイ・ジョンソンは犬猿の仲だったが、ゴデルとジョンソンはまさしく「一目惚れ」の関係だった。[9] 海兵隊員あがりの諜報員は、経営者あがりのＡＲＰＡ局長と思いのほか共通点が多かった。ふたりとも技術プロジェクトの運営方法を知っている生まれながらの頭脳派だったし、危機の解決を託された部外者ならではの神秘的なオーラも持ちあわせていた。ジョンソンはゼネラル・エレクトリックでずばずばと問題を解決してきたし、ゴデルは世界じゅうの紛争地域へと派遣され、外国政府の協力を取りつけてきた。ジョンソンは大胆なアイデアを推し進めるゴデルの豪腕を買っていたし、ゴデルはジョンソンのビジョンや闘志に感心していた（それが裏目に出ることもあるとは認めていたが）。[10]

ゴデルは就任直後から、アメリカがソ連との技術開発競争と同じくらい、国民とのイメージ戦争にも巻きこまれていることを理解していた。ＡＲＰＡが本格始動した一九五八年初頭、ＡＲＰＡは軍が何年も前から手がけてきたロケット計画を引き継いだが、スプートニクと同じような興奮を生み出せそうなものはひとつもなく、アメリカはソ連についていくだけで精一杯だった。宇宙開発競争はいわばプロパガンダ戦争であり、しかもアメリカがソ連に大敗している状況だった。ゴデルはソ連と宇宙犬からほんの一時でもニュースの見出しを奪う何かがほしかった。アメリカは何か大きなものを宇宙に打ち上げる必要があったのだ。

先を行くソ連への対抗策をゴデルが見つけたのはサンディエゴだった。ジェネラル・ダイナミクス社の航空機事業部門「コンベア」の幹部が、ミサイルをまるごと軌道上まで打ち上げるというアイデアをＡＲＰＡに打ち明けたのだ。当時、コンベアは空軍と協力し、液体燃料方式の大陸間弾道ミサイル「アトラス」を開発していた。アトラスの重要な特徴のひとつは、驚きの射程と搭載量を実現する軽量設計だった。アトラスのバルーン・タンクは極薄のステンレスでつくられており、燃料が入っていないと自重で崩壊してしまうほど繊細なため、燃料が空のときはタンクを窒素ガスで加圧する必要があった。このミサイルには大量の備蓄があったが、なかでも10Bというナンバーがつけられたモデルは特別だった。「それは初期の量産モデルのひとつだったが、あらゆる重要パラメーターに関して名ばかりではなく最高の性能値が並んでいた」とゴデルは記す。[11]

コンベアは、燃料とノーズ・コーンに多少の修正を加えれば、そのミサイル（エンジニアたちの言葉を借りれば「繊細な野獣」）を軌道投入できると信じていた。一見すると、たいした提案には思えなかった。すでに、フォン・ブラウンのチームが開発したエクスプローラー号の打ち上げにより、人工衛星の軌道投入に成功していたからだ。しかし、コンベアの提案は、ロケットに搭載した衛星ではなくミサイル全体をまるごと宇宙に送りこむというものだった。言葉どおりにとらえるなら、それは世界最大の人工衛星ということになるだろう。もちろん、ミサイルは二週間くらいで軌道をはずれ、そのわずかばかりのペイロードとともに大気圏で燃え尽きることになる。ペイロードとはロケットが軌道上まで運ぶ貨物のことで、通常のロケット開発ではペイロードが重要になる。一般的に、ロケットがいったん軌道まで到達すると、ペイロードはエンジンや推進剤を搭載する段とは切り離される。アトラスのペイロード自体は微々たるものだったが、たとえ一時的にでもミサイル全体をまるごと軌道投入することで、ゴデルとジョンソンは国民がその大きさに着目してくれることを期待した。このPR作戦に大成功の予感を感じ取ったゴデルは、ジョンソンにアイデアを持ちかけた。ジョンソンはそのアイデアをおおいに気に入り、コンベアを訪問した際、ミサイルに自分の名前をチョークで書きこんだ。[12]

このプロジェクトは「SCORE」と命名された。正式には「中継機の軌道投入による信号通信（Signal Communications by Orbiting Relay Equipment）」の略だったが、この計画への参加を許可された一握りの人々にとっては、「ソ連の行きすぎを是正する会（Society for the Correction of Soviet Excesses）」の略だった。なぜなら、そちらのほうが重要な目標だったからだ。大陸間弾道ミサイルの宇宙への打ち上げは、人工衛星技術に関する国民の無知を逆手に取り、心理戦でソ連に勝つための大胆なパフォーマンスだった。「表向きの目的は、宇宙の平和的利用に対する米国の関心を示すことだった」とゴデルは記す。「しかし現実には、バカでかくて重い物体を宇宙に送りこむことで、小うるさい報道機関や、ペイロードの少なさやロケットの打ち上げ失敗について不満を並べる議会を黙らせるためのプロパガンダだったのだ[13]」

ヨークはこのアイデアに猛反対した。「誰かが〝世界最大の人工衛星〟だといえば、どこかの誰かが〝バカ言うな、それはちがう〟と言うだろう。実際には［ペイロードが］四〇キログラムあまりの巨大な箱物にすぎない」とヨークはのちに説明した。[14] ドナルド・クォールズ国防副長官も、「高度な科学というより売名行為に近い」と考え、アイデアに批判的だった。[15] ヨークはあまりにも見え透いていてプロパガンダにさえならないと考えていた。「ジョンソン局長は、このリバモア研究所の若僧［ヨーク］は世論というものをまったく理解していないとでも言いたげだった。彼自身が世論を理解していたかどうかはともかく、私が理解していないと思っていることは確かだった」とヨークは振り返る。そして、「ジョンソンは意気揚々とこのSCOREプロジェクトに乗り出した」のだという。[16]

ジョンソンとゴデルがこのアイデアを直接アイゼンハワー大統領に持ちかけると、彼はアイデアを気に入った。ジョン・フォスター・ダレス国務長官も同様だった。SCOREに関する話しあいに出席した大統領科学顧問のひとり、ジェローム・ウィーズナーは猛反対したが、結局はダレスの熱意が大統領に通じた。ただし、アイゼンハワーはひとつだけ条件を課した。PRという弱気な手段に賭ける以上、是が非でも成功させること。「秘密厳守だ。必要最小限の人にしか知らせるな。少しでも情報がリークしたら、プロジェクトは即刻中止だ」とアイゼンハワーはゴデルに忠告した。[17]

アイゼンハワーの厳命により、SCOREプロジェクトは極秘裏に進められたため、国民だけでなく、ロケットの打ち上げにかかわる数百人のエンジニアや技術者までペテンにかける必要があった。この極秘作戦を遂行するため、ゴデルは銀行強盗のジョン・デリンジャー〔一九三〇年代前半に銀行強盗を重ね、FBIから「社会の最大の敵」と言われた人物〕の足取りを突き止めたことで有名な元FBI捜査官、ダン・サリバンをARPAのセキュリティ・マネジャーとして雇った。[18]もし打ち上げに失敗した場合、ペンタゴンはSCOREプロジェクトの存在を知らなかったと言い張れるよう、空軍の通常の「アトラス」ミサイル打ち上げの一環であるという表向きのストーリーが用意された。「機密保持誓約書に署名させられた八八人だけがその存在を知っていた」とARPAの歴史にはつづられている。この八八人は「クラブ88」と呼ばれた。[19]

ゴデルによれば、アトラスに科学機器を搭載するというのはアイゼンハワーの発案だった。おそらく自身の科学顧問たちへの配慮だろう。そこでゴデルが目をつけたのは、ニュージャージー州フォート・モンマスにいた、ペーパークリップ作戦で連れてきたドイツ人科学者グループであった。ドイツ人ロケット開発者たちはアラバマ州ハンツビルにいたが、通信工学者たちは東海岸へと送られていた。「彼らはその少し前、ある通信パッケージをなんらかの物体に載せて打ち上げる計画を支援するようＡＲＰＡに求めていた」とゴデルは記す。[20]彼は通信機器がアトラスに搭載されると悟られることなく、彼らの通信機器に資金提供することは難しくないと判断した。

　彼らが開発し、大手電機メーカー「ＲＣＡ」が製造した軍の「通信パッケージ」は、実際には音声通信を記録、受信、送信するだけのかなり単純なつくりだった。[21]この音声中継はふたつの目標を実現するだろう。ひとつ目は、アメリカが大気圏外から音声メッセージを放送した世界初の国となり、アメリカに心理的な勝利をもたらすこと。ふたつ目は、宇宙からの通信が地球の磁気圏に存在する高エネルギー粒子によって劣化するかどうかを確かめること。しかし、そうなるとひとつの疑問が持ち上がる。いったいどのようなメッセージを宇宙から中継するべきか？　ゴデルはアイゼンハワーの側近のアンドリュー・グッドパスターに対し、大統領本人のメッセージを録音するよう提案したが、グッドパスターは反対した。「君もよくわかっていると思うが、大統領はこの件にいっさい関知したくないと思っている。メッセージの内容は君に任せる」とグッドパスターはゴデルに告げた。[22]その結果、通称「プルーピー」ことウィルバー・ブラッカー陸軍長官が、宇宙から送信される人類史上初の声の主を担当することになった。[23]

　ＳＣＯＲＥプロジェクトは準備に八カ月間を要し、時間がたてばたつほど秘密にしておくのが難しくなった。打ち上げのわずか四八時間前、クラブ88のメンバーはミサイルの先端の丸いノーズ・コーンを鋭利なものへと交換する予定になっていた。ここまで来れば、少しでも技術的な知識を持つ人なら何かがおかしいと気づくだろうが、仮に疑いを抱いたとしても、打ち上げ前に真相を確かめる時間的余裕などないだろう。通常、ミサイルが海に向かう場合、主エンジンへの燃料供給を遮断する機構が使われるが、クラブ88のメンバーのひとりが最後の最後でこっそりとその機構をオフにした。

すると、土壇場でひとつだけ問題が生じた。打ち上げの最終準備について説明を受けていたアイゼンハワー大統領が、宇宙からのメッセージをやはり自分の声にしたいと言いだしたのだ。しかしその時点で、陸軍の通信機器はアトラスのノーズ・コーンに搭載済みだった。打ち上げ責任者（やはりクラブ88のメンバー）は、ゴデルに二択を迫った。ペイロードをいったんすべて降ろすか、それとも遠隔でメッセージを録音し直すか？　前者の場合、打ち上げを見守るために集まったおおぜいの記者に怪しまれるだろう。後者にもリスクがないわけではない。新しいメッセージは無線で通信機器まで送信されることになるが、周波数さえ合わせれば誰でもメッセージを聞くことができてしまう。ジョンソン局長はゴデルに判断を任せた。「プロジェクト・マネジャーは君だ」と彼は言った。[24]

ゴデルは、大統領の音声をオープンな無線周波数で送信し、カプセル内部の録音済みメッセージと置き換えるほうが、ペイロード全体を物理的に取り出すよりも危険が少ないと判断した。「こうして、午前二時に誰もラジオをつけていないことを願って、大統領の音声を送信し、不運なブラッカー長官の音声を消去した」とゴデルは振り返る。[25]あとは、誰もミサイルが宇宙に向かっていると気づかないうちに、録音済みのメッセージを空に打ち上げるだけだ。

一九五九年一月二一日、打ち上げを見守るために報道機関が集まるなか、数人の記者が異変に気づいた。NBCテレビのニュース記者のジェイ・バーブリーは、事情をすでに知っていた。彼はトイレの個室に身を潜め、相手に見つからないよう両足を持ち上げながら、空軍の将官と今回の計画に携わる〝工作員〟のひとりが、打ち上げ計画と大統領のメッセージについて話すところを盗み聞きしたのだ。バーブリーは、「NBCの親会社であるRCAがやってきて」、極秘ミッションについて告げ、さらには大統領のメッセージまで再生してくれたと自慢げに記している。[26]彼が打ち上げ前にこの話を放送しなかったのは、極秘情報をリークすることよりもスクープ逃しを恐れたからだ。もし計画を明かせば、打ち上げは中止され、作戦そのものの存在が否定される。しかし黙っておけば、大統領のメッセージが放送されたとき、ホワイトハウスで独占報道ができるだろう。

表向きには、アトラスは大西洋ミサイル射場の管轄する飛行ルートを通り、海上に落下することになっていたが、刻一刻と時間が過ぎるたび、実験の奇妙さがますます際立っていった。[27]クラブ88の面々は、通常であれば射場の安全性を確保するために使われるトランスポンダーがないことなど、アトラスのさまざまな改造について必死で言い繕う必要があった。あまりにも巧妙な偽装工作だったので、最後の最後になっても、実験の監督者や発射ボタンの担当者はアトラスが宇宙に向かうことを知らなかった。

ロイ・ジョンソン局長がVIP席に座って打ち上げを見守る一方、ゴデルは発射制御モニターの前に仁王立ちしていた。少しでも問題が起きれば、ミサイルの破壊命令を出すのは彼の役目だ。

当然、数カ月間の作業はもとより、彼とジョンソンの名声も泡と消えてしまうだろう。午後六時二分、ミサイルは打ち上げられ、誰もがかたずをのんで見守った。突然、ミサイルは事前に知らされていた針路を逸れた。しかし、クラブ88の面々は最後まで茶番を演じ、何もしなかった。安全管理責任者はミサイルが海に向かっていないことに気づき、破壊ボタンに手を伸ばしたが、まわりの人々に取り押さえられた。のちにゴデルは、ミサイルが大気圏外に向けて空を上昇していった最初の一八〇秒間は、「人生でいちばん長い時間」だったと振り返った。[28]

成功だった。一握りの人々を除いては、誰もその人工衛星の真の目的に気づかなかった。翌日、ケープカナベラル空軍基地の通信センターがアイゼンハワー大統領の最初のクリスマス・メッセージを受信した。「こちらはアメリカ合衆国大統領です。驚異的な科学の進歩によって、今、私の声は宇宙を回る人工衛星からみなさんのもとへと届けられています。私のメッセージはごくシンプルです。この独特の手段を通じて、地球の平和や世界の友好に対するアメリカの願いを全人類に届けたいと思います」

ミサイルが軌道に乗り、メッセージの放送に成功したという知らせがホワイトハウスに届くと、アイゼンハワーはその夜の外交晩餐会でＳＣＯＲＥプロジェクトの成功を発表することに決めた。晩餐会のあとの緊急記者会見で、ホワイトハウスは放送された音声の録音版を記者たちの前で再生した。テレビやラジオのニュース番組が再放送した音声ではなく、宇宙からの大統領の声を実際に聴いた人はほとんどいなかったし、宇宙からの実際の音声は最後のほうが「聞き取り不能」だったが[29]、いずれもたいした問題ではなかった。結局、ＳＣＯＲＥプロジェクトはゴデルが約束した心理的勝利をもたらしたのだから。

SCOREプロジェクトに猛反対していたヨークもホワイトハウスの科学者たちも、結果的にはまちがっていた。軌道上を回るロケットの総重量に対する「ペイロード」の本当の意味など、一般市民にとってはどうでもいいようだった。新聞には「米国が世界最大の衛星を軌道に投入」[30]「わが国の衛星は巨大!」[31]といった見出しが並び、『ライフ』誌は打ち上げを記念するフォトエッセイや裏話、スパイ映画ばりのドラマを続々と掲載した(ゴデルの存在は伏せられたままだったが)。アイゼンハワーのメッセージが宇宙から放送された翌日、それまで数カ月間、休みなしでSCOREプロジェクトに取り組んでいたゴデルは、夜に久しぶりの休みを取ってNSAのホリデー・パーティに出席した。この数カ月間どこにいたのかと訊かれたゴデルは、冗談でこう答えた。「ホワイトハウスへのクリスマス・メッセージを書き起こしていたのさ」[32]

SCOREプロジェクトは成功だったが、民間の宇宙機関を求める科学者たちと、ARPAを軍用宇宙機関として存続させたいと考えるジョンソンとのあいだにある大きな溝は埋まるどころか、むしろいっそう広がった。ヨークが宇宙からのクリスマス・メッセージに無関心なら、ジョンソンはヨークの惑星間宇宙船にまったく興味がなかった。しかし、一九五八年末、ジョンソンとヨークとの対立は新たな局面を迎える。ヨークがペンタゴンの国防研究技術局長という新たな役職を打診されたのだ。この役職はARPA局長よりも位が上だ。ヨークの新たな役職について発表する記者会見のわずか数時間前に決定を知らされたジョンソンは、当然ながら激怒した。

ARPAはいまだに国防長官直属の組織だったが、役職では今やヨークのほうがジョンソンよりも上になった。また、ジョンソンとニール・マッケロイ国防長官との関係もとりわけ親密とは

核物理学者のハーバート・ヨーク。ARPAの初代主任科学者だった彼は、ビジネスマンのロイ・ジョンソンが局長に任命されたことに憤慨した。彼はかねてより軍の宇宙開発の最高指揮官に憧れていたが、1958年12月にペンタゴンの国防研究技術局長に任命され、ついにその夢を叶えた。彼はARPAを監督する立場になると、ARPAから宇宙開発活動を奪った。

いえなかった。そして、この発表のわずか二週間前、ＡＲＰＡ設立に深くかかわったドナルド・クォールズ国防副長官が心臓発作で急死したこともジョンソンに追い討ちをかけた。ジョンソンの地位を一気に飛び越してしまったことについて、「なんとも気まずかった」とヨークは語った。[33]

気まずかったかどうかはともかく、ヨークは真っ先にＡＲＰＡの心臓部分である「宇宙計画」をむしり取りにかかった。ＡＲＰＡは宇宙開発の暫定的な解決策にすぎず、彼の新しい機関こそがペンタゴンを代表する宇宙問題の長期的な解決策になるとヨークは考えていた。いわば〝宇宙計画の総監督〟となったヨークの目的は、堅実なプロジェクトを推し進め、軍の提案する月面基地のような常軌を逸したアイデアを排除することだった。実際、陸軍の誘導兵器および特殊計画部長のドワイト・Ｅ・ビーチ少将は、一九五九年の議会でこう述べている。「われわれは最終的に地球上や宇宙の標的に対して使用できる月面上の兵器システムについて検討しなければならない。ロシア人が先に月面に到達するところなど想像したくもない」[34]。ヨークはこうした狂気を食い止められるのは自分しかいないと考えていた。「アメリカ国家のための月面占拠にノーを突きつけられるのは、軍よりも上位の人物だけだ。そして、それは知的な意味で信頼できる人物でなければならない」と彼は述べた。「当時の状況は混乱をきわめていた」[35]

一九五九年五月二七日、『ニューヨーク・タイムズ』紙は「堅実な宇宙計画を欠くペンタゴン」という見出しで、ジョンソンではなくペンタゴンの国防研究技術局長に昇進したヨークが宇宙開発の総責任者になったことを報じた。[36] ジョンソン局長は、マッケロイ国防長官の補佐官であるゲイルに宛てた個人的な手紙にこの記事を同封し、こう記した。「クォールズ副長官は生前、ＡＲＰＡが宇宙関連のあらゆる問題で国防総省を代表することを認めていた。今回の事態には私

上院の委員会に臨むハーバート・ヨークとロイ・ジョンソン。表向きは共同戦線を張っていたが、ARPAの将来をめぐってたびたび衝突。とりわけ、ヨークはARPAのサターン計画を中止し、NASAに移管した。失望したジョンソンはARPAを辞職。1969年、サターン・ロケットはアポロ11号の打ち上げに使われ、人類初の月面到達を実現した。

自身も混乱している」[37]。ジョンソンがARPAの主張を擁護するために故人の言葉まで持ち出してくるというのは、設立して間もない機関にとっては危ない兆候だった。

一九五九年六月、ARPAを去ってからわずか半年後、ヨークはジョンソンに対し、もはや軍事的な根拠がないとして、ジョンソン肝いりのプロジェクトである「サターン」ロケットの支援を中止すると告げた[38]。ヨークは原子力宇宙船なら支援したかもしれないが、ジョンソンがサターンを口実に宇宙開発を継続することには反対だった。ジョンソンが猛抗議すると、ヨークは中止こそ見送ったものの、今度はサターン計画を新組織のNASAに移管させると主張した。それでもジョンソンの怒りは収まらなかった。「サターン計画がペンタゴンからNASAに移管する日は、アメリカが軍用宇宙分野で二流国家に甘んじることを決定づけた日として歴史に刻まれるかもしれない」とジョンソンは議会で述べた[39]。しかし、ジョンソンが悲劇ととらえたものをヨークは勝利ととらえていた。彼はのちに、サターン計画とフォン・ブラウンのチームのＮＡＳＡ移管は、「私のペンタゴン在籍中の最大の功績」だったと記した。[40]

ヨークはジョンソンとホワイトハウスの関係がますます悪化する様子を横目で少し愉しんでいた。そのころ、ゴデルはふたりの板挟みにあっていた。現実派の彼は、ジョンソンがホワイトハウスに立ち向かってもまず勝ち目はないとわかっていた。サターン計画は生き延びたが、一転してＮＡＳＡのプロジェクトとなり、大統領はジョンソンを非難した。辞職を覚悟していたジョンソンは開き直った。「サターンの開発はロイ・ジョンソンの最大の貢献だった。彼はそれをほぼ全員の命懸けの努力、血のにじむような努力を通じて成し遂げたのだ」とゴデルはのちに述べた。[41]

ペンタゴンの宇宙開発の総監督に抜擢されたヨークにとって、次なる当然の疑問は、「そもそもＡＲＰＡを存続させる意味はあるのか？」というものだった。ＡＲＰＡの廃止を求める声はすでに多くあがっていた。[42] なかでもバーナード・シュリーヴァー空軍大将は、本来ＡＲＰＡの活動は軍が行なうべきものだと主張したし、ＡＲＰＡをヨークの新組織に吸収させるべきだと訴える者もいた。[43] 一九五九年の時点で、ＡＲＰＡの宇宙開発計画は軍事衛星と偵察衛星を残すのみとなり、それさえもいつまで続くのかわからない状態だった。そんな数少ないＡＲＰＡの宇宙開発計画のなかでももっとも重要視されたのが、一連の人工衛星の打ち上げ計画である「ディスカバラー」プログラムだった。その目的は宇宙で生命維持装置をテストすることだったが、ゴデルはディスカバラー計画の真の目的を知るＡＲＰＡでも数少ないひとりであった。

一九五九年四月一三日、ＡＲＰＡ副局長に昇進したばかりのウィリアム・ゴデルは、カリフォルニア州ヴァンデンバーグ空軍基地の発射場から三キロメートルほど離れた木製の特別観覧席で、おおぜいのジャーナリストたちとともに立っていた。アメリカとソ連の新たな宇宙開発競争に世間の目が釘づけになるなか、ロケットの打ち上げはどんなものであれトップニュースになることまちがいなしの重大イベントだった。ジャーナリストたちがカップにコーヒーをつぎ、何列ものタイプライターや電話機のあいだをせわしなく歩き回るなか、ゴデルはロッキード製の人工衛星「ディスカバラー2号」の打ち上げについて説明を始めた。ディスカバラーは宇宙で「環境カプセル」をテストするための純粋な科学ミッションだと彼は述べた。「この環境カプセルは生命維持装置と呼ぶこともできる」とゴデルは記者のひとりに説明した。[44]

すべては真っ赤な嘘だった。ジョンソンとヨークが宇宙探査をめぐって熾烈な争いを続けるあいだ、ゴデルは極秘の偵察衛星を隠蔽するための巧妙な作り話を練り上げていた。ディスカバラーは、ソ連内陸部の写真を撮影するCIAと空軍の共同人工衛星プログラム「コロナ計画」の隠れ蓑にすぎなかった。生命維持装置の研究というのは、集まった記者たち、さらにはソ連を欺き、打ち上げの真の目的を隠すための表向きのストーリーだった。実のところ、ディスカバラーは世界初の偵察衛星だったのだ。

宇宙からの写真撮影は、一九五九年当時はまだ奇抜なアイデアの域を出なかった。しかし、空軍はすでに五年間、ランド研究所の提案したコンセプトに基づき、偵察衛星WS－117L（コードネーム「パイド・パイパー」）[45]を密かに開発していた。[46]ランド研究所の提案とは、人工衛星にカメラを搭載し、ソ連の真上に差しかかったところで軍事施設の写真を撮り、フィルムを投棄して、地球に戻ってきたところを航空機で回収するというもので、技術的にはかなり困難だったが、もしも成功すれば、ソ連の決定的な画像が手に入り、両国のミサイル・ギャップをめぐる疑問は解決するだろう。U－2偵察機でもソ連内陸部の写真は撮影できたが、撃墜される危険性があるため、制約が多かった。一方、人工衛星なら航空機のような領空侵犯の誹《そし》りを受けることなくソ連の真上を飛行できる。[47]

しかし、コロナ計画は秘密にしておく必要があった。そこで考えられたのが環境カプセルという作り話だ。動物までもが偽物だった。ディスカバラー2号のカプセル内部には四匹のネズミが乗せられたという話になっていたが、実際にはそれは生命の兆候を再現する小さな電気機械装置だった。機械のネズミを用いる決定がなされたのは、以前の打ち上げで二組の生きたネズミが死亡し、アメリカ動物虐待防止協会の怒りを買ったためだ。ある打ち上げでは、ネズミがケージに噴霧された塗料を摂取したせいで、打ち上げ前に中毒死してしまった（技術者たちはネズミが死んでいるのではなく眠っていると思い、ネコの鳴きまねをしながらカプセルを叩いてみたが反応はなかった）。[48] 生命維持装置の実験でネズミが死んだとなればシャレにならない。そこで四月一三日の打ち上げでは、ペンタゴンは機械のネズミを選んだ。[49] それは賢明な選択だった。ゴデルが記者たちに伝えたように、カプセルを回収できる可能性は「微々たるもの」だったからだ。しかし実際には、アメリカはカプセルを回収する気で満々だった。カプセルはネズミではなくフィルムを搭載するよう設計されていたからだ。

四月一三日の現地時間一二時四五分、ディスカバラー2号は打ち上げられた。見物人たちは、機械のネズミを乗せたミサイルが太陽の方向へと向かって上昇し、空につかの間の航跡を描く様子を見守った。打ち上げは成功し、ＡＲＰＡは二時間後に喜びの記者会見を開いた。[50] しかし翌日、

ＡＲＰＡはカプセルの回収計画に失敗したと発表。計画では、一定の時刻と場所でカプセルを投下し、ハワイで空軍が回収する予定だったのだが、地上管制官が〝ヘマ〟をし、まちがったタイミングでカプセルの投下信号を送信してしまった。[51] カプセルがソ連に落下するという最悪のシナリオは免れたが、二番目に最悪のシナリオが起きた。カプセルがソ連から程近い北極圏内のノルウェー領スピッツベルゲン島付近に落下してしまったのだ。しかも、この島には一九二〇年の条約で認められたロシア人の炭鉱集落があった［一九二〇年のパリ会議で調印されたスヴァールバル条約のことで、ノルウェー領でありながら同島での条約加盟国の経済活動が認められている］。

カプセルの回収作戦は今や伝説となっている。打ち上げ作戦を指揮したある空軍の将官によると、空軍はスピッツベルゲン島の町ロングイェールビーンで落下するカプセルを見たという「ふたりの男」を見つけた。[52] 万が一ソ連がカプセルを回収すれば、計画の重要な情報が洩れてしまう。慌てた空軍は回収作戦を開始した。通称「ヘラジカ」ことチャールズ・マティソン空軍大佐は、ディスカバラー計画の真の目的について詳しく知らなかったが、みずから回収作戦を実行することを決意した。彼は民間航空機に飛び乗ってノルウェーの首都オスロに向かい、ノルウェー空軍の将軍を説得してスピッツベルゲン島へと飛んだ。空軍の名を上げるチャンスだと感じたマティソンは、すぐさま状況を報告し、雪に残った轍から考えてソ連がすでにカプセルを回収したようだと伝えた。その後、リチャード・フィルブリック大佐の率いる空軍の正式な回収チームがスピッツベルゲン島に向かい、現地住民にカラークレヨンを渡して、目撃した物体を絵に描いてもらった。「住民たちは金色のカプセルに薄い色の吊り索、その先につながるオレンジ色と銀色の一般的なパラシュートを描いた。完全に一致していた」[53]

ゴデルも、ボードーの空軍基地から捜索を開始するためにノルウェーへと派遣されたが、目撃情報を信じなかった。「作戦は失敗する運命にあった」と彼は記した。[54] 現地の人々には空から降ってくるカプセルを追跡する手段がないし、人もまばらな離島でたったひとつのカプセルを見つける人がいるとは思えない。ノルウェーのその島では、電気さえほとんど整備されておらず、ましてや外に出て空を見上げる人など絶対にいない。「カプセルは、マストドン〔数万〜数千万年前に生息していたゾウ類の動物〕の時代から一度も溶けていない炭塵まみれの雪と氷の山のなかに埋もれてしまったのかもしれない。もしそうだとすれば、次の氷河時代まで発見されることはないだろう」とゴデルは結論づけた。以来、カプセルは発見されていない。

それから一二回の打ち上げを経て、ようやく一九六〇年八月一八日、ディスカバラー14号のフィルムを空軍の輸送機C－119によって回収することに成功した。数時間後、宇宙から撮影した世界初の地球の写真を見ることができた。それはソ連最東端にあるミス・シュミッタ空軍基地の粗い画像だった。[55] 同じ週、数カ月前にソ連上空で画像を収集していて撃墜されたU－2偵察機のアメリカ人パイロット、ゲーリー・パワーズがモスクワで有罪宣告を受けた。こうして、衛星偵察の時代が幕を開けた。

ＡＲＰＡはペンタゴンの宇宙機関として、表面的には偵察衛星プログラムを掌握していたものの、その運営は複雑をきわめていた。二〇一二年になってようやく機密解除されたコロナ計画の正式な歴史によると、ＡＲＰＡが資金面でコロナ計画の表向きの要素、つまりディスカバラーの開発を主導し、ＣＩＡがコロナ計画の真の目的のほうを主導していた。[56] 少なくとも書類上では、ロイ・ジョンソン局長は指令書に署名していたし、ホワイトハウスがARPAを単なる財布係とみなしていたという公式の記録はない。

ロケット開発の主導権をめぐる争いは、CIAにとっては傍迷惑な余興だった。空軍とCIAは、ロケット打ち上げの財布の紐を握るARPAが、独自の宇宙帝国を築き上げ、有人宇宙飛行のための生物医学的な研究という建前を、「NASAプログラムに対する拮抗勢力」として利用しようとしていると考えていた。つまり空軍とCIAは、ARPAがその予算の大部分を占めるコロナ計画の資金を用いて、宇宙開発における自身の役割を正当化しようとしていると考えたわけだ。空軍は別の機関が人工衛星計画を取り仕切ることを決してこころよく思っていなかったが、CIAも味方につけると、コロナ計画を「妨害」しているとしてARPA幹部を徹底的に叩きはじめた。[57]

こうした対立はすぐに終結する。ARPAの主任科学者だったヨークがARPAを監督するペンタゴンの新しい役職につくと、そのヨークの提案により、一九五九年九月一八日、マッケロイ国防長官がARPAの軍用宇宙計画を軍へと正式に移管することを承認した。ARPAの宇宙開発計画は、のちにGPSの土台となる「トランシット」も含め、すべて軍へと返還された。ARPAとジョンソン局長にとって、軍用宇宙計画の支配はARPAの要であり、何よりその最大の存在意義でもあった。アメリカを宇宙にいざなう組織として鳴り物入りのスタートを切ったARPAは、今や崩壊寸前で、ジョンソンにさえ何もなすすべがなかった。大統領科学顧問のジョージ・キスチャコフスキーは、新しい宇宙計画を発表する記者会見がペンタゴンで開かれたあとのジョンソンの様子について、こう記している。「彼は激怒している。きっとARPA局長を辞職するだろう」[58]

一九五九年一一月、ジョンソンはＡＲＰＡ局長を辞職して「プロの芸術家」になることを発表した。[59]彼はＡＲＰＡ、ホワイトハウス、宇宙政策に幻滅した。軍は有人宇宙探査計画を手放し、ＡＲＰＡは宇宙開発そのものを完全に手放した。ＡＲＰＡの残る活動、弾道ミサイル防衛は、宇宙旅行と比べればまったく魅力に欠けた。それでも、ペンタゴン上層部は先端研究のためにＡＲＰＡを存続させると述べ、ジョンソンの後任に著名な科学者のチャールズ・クリッチフィールドを指名した。

クリッチフィールドは年俸四万ドルのコンベア社社員としてワシントンにやってくる予定で、彼自身はコンベア関連の契約への関与をいっさい忌避することになっていた。形式上、政府は彼に年俸一ドルを支払う予定だった。この「一ドル契約」は、企業と政府が密に連携していた第二次世界大戦時代のなごりともいえるものだが、戦争が遠い過去になった今、議員たちはこうした契約にますます疑念を深めていった。議会が利害相反の懸念を指摘すると、クリッチフィールドは局長職を辞退し、ＡＲＰＡは再び局長不在となった。[60]

本来、ＡＲＰＡは危機の真っ只中に生まれた応急的な解決策だった。そして一九五九年の終わりが近づくにつれて、その短いながらも激動の生涯を終えようとしていた。わずか二年足らずで、ＡＲＰＡは米国初の宇宙機関という肩書きをまとい、先進技術に関するプロジェクトを積極的に推し進めてきた。それでも、勝ち戦よりは負け戦のほうが多かったし、いまだにオフィスも専属職員も持ちあわせていなかった。ＡＲＰＡが一九五九年で絶命せずにすんだのは、一〇〇パーセントではないにせよ多分にゴデルのおかげだろう。彼はＡＲＰＡがホワイトハウスや科学者たちとの関係づくりに失敗したことを理解していた。「われわれは［科学者たちの］扱いをまちがえた」とゴデルは未公表のインタビューで認めた。「彼らのプライドをつぶしてしまったのだ」[61]

ＡＲＰＡを去る直前、ロイ・ジョンソンはマッケロイ国防長官に宛ててＡＲＰＡの未来に関する覚書を記し、先端研究を推進する手段としてぜひＡＲＰＡを存続させるよう訴えた。[62] しかし、宇宙開発を手放した今、ＡＲＰＡは何をすべきなのか？　ミサイル防衛や推進剤の開発など、小さな研究分野はまだいくつか残っていたが、一流の科学者やリーダーの関心をつなぎとめるものは何もなかった。しかし、ゴデルにとっては宇宙も科学も眼中になかった。そのベテラン諜報員が目をつけたのは、月ではなくベトナムのジャングルだった。

# 第5章 ジャングル戦 1950―1962

ウィリアム・ゴデルの物語／対反乱作戦「アジャイル計画」／新局長との確執

一九五〇年、ウィリアム・ゴデルはグレーブス・アースキン海兵隊少将の隣に立ち、ベトナムのある尾根を見渡していた。野営地から煙がもくもくと上がっている。アースキンは同行していたフランス人の将軍のほうを向き、あの尾根に野営しているのはどこの部隊かとたずねた。

「ベトミンだ」と司令官は答えた。[1] ベトミンとはフランス軍と戦っている共産勢力のことだ。

「ではなぜあそこに大軍を送って、奴らを返り討ちにしないのか？」とアースキンは問い詰めた。

「それはできない。あそこに大軍を送れば、ベトミンはジャングルに姿をくらますだけだ」とフランス人将軍は答えた。「ここにいれば奴らの居場所がわかる。ちがうかね？」

第二次世界大戦中、硫黄島の戦いで第3海兵師団を率いた経験もあるアースキン少将は、「吐き気がするほど怒っていた」とゴデルは振り返る。「その夜、彼は珍しく深酔いした」

ゴデルとアースキンは、ハリー・トルーマン大統領が承認した包括的な視察調査団「メルビー＝アースキン派遣団」の一員としてベトナムにいた。その目的は、ベトナムへの経済援助について検討することだった。この視察について、アースキンと共同でこの派遣団を率いたアメリカ人外交官のジョン・メルビーは、フランス軍がアメリカをベトナムへと引き入れるために用いた「一種の恐喝」と表現した。[2] 米軍がフランス軍を支援しなければ、共産勢力はフランスの選挙で勝利し、NATOから離脱するだろう。この策略は成功し、のちにトルーマンはフランス軍による共産勢力の制圧を支援すると宣言した。四年後、ドワイト・D・アイゼンハワー大統領はこの枠組みをベトナム以外にも拡大することになる。一国が共産主義者の手に落ちれば、「ドミノ倒し」が起こるからだ。「ひとつ目のドミノが倒れれば、最後のドミノがあっという間に倒れるのは目に見えている」[3]

しかし、ベトナムが大半を占めた一九五〇年の四カ月間の視察調査は、のちのちアメリカが泥沼に陥っていく不吉な前兆を示していた。派遣団の面々は一様に戦地の状況に衝撃を受け、ベトナムへの理解不足を痛感した。メルビーは、行間の詰まった用紙一〇ページぶんもの電報をワシントンに返し、「大使館の職員にベトナムの言葉が話せる者はひとりとしていなかった」と報告した。[4] 経済援助の決定はアメリカをじわじわと破滅に追いこむ「大きな過ち」だとメルビーは見ていた。

ゴデルの記憶も同じくらい暗澹《あんたん》としている。[5] 彼はこの視察で、現代技術を備えたフランスやアメリカの地上部隊をベトナムに派遣しても勝ち目は薄いと確信した。フランス軍と同じ泥沼に引きずりこまれるのを避けたいなら、アメリカはフランスと別の道を行くしかないだろう。同時に、ゴデルは冷戦の脅威が密かに高まりつつある東南アジアに興味を持った。ペンタゴン上層部の計画立案者たちはソ連の核戦力や通常戦力ばかりに目を奪われていたが、ゴデルは東南アジアや中東などの地域で小規模なゲリラ戦が勃発する可能性のほうが高いと踏んでいた。したがって、アメリカは核兵器を使用したり、ヨーロッパでソ連と交戦したりせずに、戦争に勝利するすべを学ぶ必要があった。それも、自国の軍隊をいっさい派遣することなく。[6]

一九五〇年代、ゴデルは東南アジアを頻繁に訪れては、タイ、フィリピン、ベトナムの要人と親交を深めた。その関係はあまりに親密で、彼らの子どもたちが夏にバージニア州のゴデルの自宅に泊まりに来たり、アメリカの学校に長期間通学したりすることもあったくらいだ。[7] また、ゴデルは米国随一の対反乱作戦の専門家で、アジアでの経験が豊富なエドワード・ランスデールとも密に連携した。[8]

広告マンあがりの空軍士官であるランスデールは、CIAの職員として、フィリピンでゲリラ勢力と戦うラモン・マグサイサイ大統領を支援したことで名声を築いた。彼はアメリカ広告業界の知恵とCIAのトリックを独創的に組みあわせ、現地の迷信につけこむ心理作戦を展開した。たとえば、彼は共産ゲリラを待ち伏せ、血を抜き、首に牙の跡を残し、死体を仲間に発見させることで、アスワング（吸血鬼）に対する農民の恐怖を掻き立てるようマグサイサイ政権を説得した。[9] こうした作戦が、すでに支援の弱まっていたゲリラ勢力の鎮圧に役立ったのかどうかは不明だが、史上最高の諜報員というランスデールの名声を揺るぎないものにしたことはまちがいない。[10]

一九五四年、ランスデールはCIAのサイゴン軍事作戦部の部長に任命されると、さっそくゴ・ディン・ジエム新首相の側近グループへと入りこみ、フィリピンで培った心理戦争の手法を再現した。彼は共産勢力の敗北を予知する占い師の予言をもとにした暦を印刷するよう命じたほか、[11] 一九五五年の国民投票でジエムが元皇帝のバオ・ダイに勝利するお膳立てを整えた。[12] ジエムの投票用紙をアジアで喜びを表わす赤色、バオ・ダイの投票用紙を暗い緑色で印刷したのだ。ランスデールが選挙を揺り動かす（または操る）繊細ながらも効果的な道具と見ていたものを、ジエムは巨大なハンマーへと変えた。彼が得票率九八・二パーセントを獲得したと発表すると、大々的な不正の憶測が飛び交った。ランスデールは唖然としたが、特に何もしなかった。

ランスデールとゴデルは、東南アジアの共産ゲリラ対策に関して同じような考え方を持っていた。ジエム大統領は残酷なやり口と独裁主義的な傾向で多くの国民の反感を買っていたが、たとえ欠陥だらけの政府であっても、ふたりは政府への支持を築くことでゲリラを打破するべきだと信じていた。ふたりにとってジエムは、数々の欠点はあるにせよ、自分たちと似たような反共精神の持ち主であり、アメリカがちょっとだけ背中を押してやれば開花する刺激的なリーダーに見えた。残酷な抑圧政策や目に余る腐敗の証拠はありながらも、ふたりはジエムこそがベトナムの希望の星だと確信していた。ランスデールがジエムのことをあまりにもしつこく「ベトナムのジョージ・ワシントン」や「ベトナム建国の父」と呼んだもので、あるときジエムは「パパ」と呼ぶのは勘弁してほしいとランスデールをたしなめた。[13]

ゴデルもまたその南ベトナム大統領に同じくらい魅了されていた。ランスデールが手配したジエムとの会談のあと、当時の特殊作戦担当国防次官補のゴデルは、ジエムへの一九五六年の手紙で支援を約束した。「貴殿の国の問題についてはこれからもおおいに関心を持って取り組んでいきますし、最大限の支援をお約束いたしますので、どうぞご安心ください」[14]

ゴデルがＡＲＰＡへと引き入れられるのは、この手紙から二年後のことだった。当初、ＡＲＰＡの仕事はもっぱら科学技術と宇宙に関するもので、東南アジアとは無縁にも思えた。ところが一九五九年になると、ＡＲＰＡは局長も明確な目標も失うことになる。今やペンタゴンからＡＲ

PAを監督する立場となったハーバート・ヨーク国防研究技術局長は、一時的な措置としてオースティン・W・ベッツ陸軍准将を局長に据えた。彼は科学に疎いとはいえ実に勤勉な将軍で、国防長官府では誘導ミサイル部門を指揮していた。「君がARPAの局長だ」とヨークがベッツに告げると、ベッツは敬礼して一言こう返した。「イエス・サー！」[15]

ヨークはベッツに具体的な指示を出した。何もしないこと。ヨークから「管理人」と呼ばれたベッツ新局長は、ARPAがそう長くないことを察した。[16]「私の一年間の在任中、われわれは将来の巨大プログラムの土台となるようなことは何もしなかった」と彼は短い局長時代を振り返った。「ハーバート・ヨークは私に無難な舵取りを求めた。重要な計画に関してとにかく波風を立てないようにね[17]」。当時の唯一の例外がゴデルだった。「彼のアイデアは少し常識はずれだったが、彼自体は非常に聡明な男だった」と振り返るベッツ。[18]そして、ゴデルの常識はずれなアイデアがARPAの行方を左右することになる。

一九六〇年初頭、ARPAが忘れられかけていたころ、ウィリアム・ゴデルの国防総省特殊作戦局時代の元同僚のひとりが、新時代の戦争について陸軍士官たちと激論を繰り広げていた。一九五〇年代終盤、ゴデルの同僚だった陸軍中佐のサミュエル・ボーガン・ウィルソンは、機密作戦で自分自身や他者を危険にさらす嫌いがあるとしながらも、ゴデルを意欲的で精力的な男として認めていた。ふたりは通常戦とは異なる兵器、手法、訓練が必要なエドワード・ランスデールの対ゲリラ戦のビジョンに刺激を受けた。対ゲリラ戦でもっとも重要なのは、米兵が紛争に加わらず、現地の軍に自分で自分の仕事をさせるという点だった。

気づけば、アメリカはベトナム、キューバ、レバノンといった世界各地で小規模な紛争に巻きこまれ、現地の政府に戦い方を助言していた。当時ノースカロライナ州フォート・ブラッグのアメリカ陸軍特殊戦学校の教務責任者だったウィルソン中佐は、東南アジアなどの政府軍と協力してゲリラ運動と戦う軍事顧問たちの活動の呼び名を考えていた。「われわれは自分たちの活動を表現する呼び名を考えていた。誰もが理解できるブランドネームのようなものをね」とのちに中将まで昇進したウィルソンは振り返った。[19]

ある夜、ウィルソンとフォート・ブラッグ陸軍基地の同僚たちは、呼び名を考えようと密かに激論を交わしていた。「対ゲリラ戦」というのがそれまでの定番の用語だったが、ウィルソンは少しイメージとちがうと感じていた。かといって「対レジスタンス」もしっくりと来ない。アメリカ軍は、特に第二次世界大戦中のように、〝レジスタンス〟側につくことが多かったからだ。「反革命」という単語は共産主義者たちがすでに使っていた。午前二時、ウィルソンがとうとう黒板へと歩み寄り、「対反乱（counterinsurgency）」という言葉を殴り書いた。その瞬間、部屋にいた男のひとりが叫んだ。「決まりだ。さあ帰ろう」[20]

同年、ゴデルは東南アジアにおける対反乱作戦のアイデアをペンタゴンの国防研究技術局長のヨークに売りこんだ。[21]今やARPAを監督する身となったヨークは、ゴデルが東南アジア地域を回り、現地との共同研究開発計画について模索することを認めた。こうしてヨークの後ろ盾を得たゴデルは、冷戦の将来的な戦場になりそうな地域へと調査に出かけた。一九六〇年一〇月から一二月にかけて、彼はアジアを回り、タイの軍用ブーツからフィリピンの気象研究センターまで、あらゆるものを視察していった。こうした一見すると些細な問題の背後には、ずっと大きな疑問がそびえていた。なぜ共産勢力は東南アジア地域で地盤を築いているのか？　アメリカにできる対抗策とは？

こうした視点で作成された機密報告書では、東南アジア地域の将来的な紛争に対するアメリカの無防備ぶりが指摘された。アメリカと友好関係を結ぶ政府に寄贈されたアメリカ製の高度な兵器には、アメリカ人の機械整備士が欠かせなかったので、そうした兵器の多くが未使用のまま放置されていた。また、アメリカには現地の共産主義イデオロギーの影響に対抗するためのアイデアが欠けており、「現地の暴動、テロ、ゲリラ作戦に対抗する全般的な軍事力を高めるための研究活動が必要だ」とゴデルは記した。[22]

少し前に終結した朝鮮戦争や、アジアのほかの地域で起こりつつある紛争を見ると、アメリカはヨーロッパの従来型の戦争や核戦争に対しては万全の軍事計画を立てているが、アジアですでに起きている紛争に対してはまったく無防備である、とゴデルは指摘した。「アメリカは現在われわれが巻きこまれている類の戦争に勝つことに十分な注目を払ってこなかった。この種の戦争では、自由主義諸国側は非常に現実的な大敗のリスクを抱えており、形ばかりの勝利をもぎ取る能力さえ欠いている」と彼は結論づけた。[23]

ゴデルは視察から戻ると、タイ、ベトナム、フィリピンのジャングルでゲリラと戦うための手法や技術を開発するＡＲＰＡの実験施設をアジアに開設することを提案した。彼の計画は、誰のＡＲＰＡのビジョンよりも壮大だった。彼は東南アジア諸国の軍が持つ能力を伸ばすことで、米軍を戦地に派遣しなくてすむようにしたいと考えたのだ。ＡＲＰＡが宇宙開発以外の活動に精を出してくれることを喜んだヨークは、迷わずゴーサインを出した。

一九六一年一月、ジョン・F・ケネディが新大統領に就任したとき、東南アジアの危機は深刻をきわめていた。ラオスは内戦の真っ只中で、南ベトナムにおけるベトコンの反乱は拡大、ソ連最高指導者のニキータ・フルシチョフは「独立戦争」への支援を誓った。そんななか、ゴデルの同僚で指導者でもあるエドワード・ランスデールの報告書がケネディの目にとまった。[24] ベトナム視察から戻ってきたばかりのランスデールは、ベトコンが年内に南へ大規模な攻撃をしかけると結論づけた。ランスデールによる戦地の状況説明を読むなり、大統領は「今までで最悪の状況だ」と述べた。[25]

一九六一年一月二八日、当時准将だったランスデールは、ベトナムの状況をケネディや政府高官たちに説明するため、ホワイトハウスへと招かれた。[26] スパイや極秘作戦の世界が大好きだった大統領は、すぐにランスデールを気に入った。ケネディはそのわずか一年前、ジェームズ・ボンドの生みの親であるイアン・フレミングと夕食をとり、『ライフ』誌の一九六一年のプロフィールで彼の著書『ロシアから愛をこめて』を愛読書として挙げていた。[27] それを考えれば、一部の有力な軍事顧問や外交顧問たちから疑問の声があがったにもかかわらず、ケネディ大統領がランスデールの対ゲリラ戦の説明に納得したのもうなずける。[28] 大統領はランスデールを大使としてベトナムに送り返したかったが、国務省が反対したため、ランスデールはペンタゴンの特殊作戦局長の職に収まった。

ランスデールはペンタゴンの新たな役職を活かし、再びゴデルと緊密に連携しながら、ジエム体制を支援しつづけた。一九六一年五月一一日、ホワイトハウスは「南ベトナムの共産主義支配を回避するための行動計画」を承認。[29]とりわけこの政策は、ＡＲＰＡの対反乱戦闘センターの設立に大統領のお墨付きを与えるものだった。[30]同月、ランスデールはハーバート・ヨークの後任の国防研究技術局長、ハロルド・ブラウンに対する極秘の覚書で、「インドシナ環境で使用する斬新で高度な兵器や軍事機器を直接取得、開発、テストする」ための人材を集めるよう要請した。「この件に関して最短時間でベトナム軍に初期支援を提供できる少数精鋭のチームを現地に派遣する計画を軍とともに今すぐ立てはじめなければならない」[31]

翌月、ＡＲＰＡ指令第２４５号が署名され、「戦闘開発試験センター」および「アジャイル計画」の軍資金として五〇万ドルが計上された。アジャイル計画とは、東南アジアにおけるゴデルの対反乱研究計画を表わす総称であり、すぐさま予算規模でＡＲＰＡ第三のプロジェクトへと成長することになるが、ホワイトハウスからの注目度という点ではそれ以上に重要なプロジェクトだった。アメリカの宇宙進出という旗印のもとに設立されたＡＲＰＡは、今や対反乱作戦という分野に突き進もうとしていた。

後年のインタビューで、ゴデルはアジャイル計画にはふたつの目的があったと話した。ひとつは南ベトナムのような現地政府にゲリラとの戦い方を指南すること。もうひとつは従来型の軍隊には頼らず、アメリカ人の関与をなるべく限定的なものにすることだ。アジャイル計画は「米軍部隊の大規模な投入を伴わない政策の選択肢」を提供するためのアイデアであり、その究極の目標は「別の誰かに戦わせるか、自分たちで戦うにしても大規模な関与は避ける」ことだった。[32]

一九六一年初頭、ゴデルはＡＲＰＡの権力の空隙を突き、ベトナムでＡＲＰＡの新たな役割をつくり出していた。彼はランスデール直属の部下として、一般職員はもちろんＡＲＰＡの局長でさえ詳細を知らない極秘任務を遂行していた。[33] 研究開発機関が対ゲリラ戦を担うというのはいささか奇妙な話だが、ゴデルはそれをチャンスととらえていた。何しろ、ＡＲＰＡは水面下で活動する若くて資金力のある機関だ。宇宙開発時代には〝闇予算〟、つまり秘密の金で活動していた豊富な経験もある。

すると一九六一年五月二五日、ケネディ大統領は米ソの宇宙開発競争をまったく新たな次元へと押し上げる大胆な目標を打ち出した。「この国は、六〇年代の終わりまでに人類を月面に着陸させ、地球へと無事に帰還させるという目標の実現に取り組むべきだと思う」とケネディは発表した。[34] ＡＲＰＡのゴデルの同僚たちにとって、大統領の発表はほろ苦いものだった。やがて人類を初めて月面に送りこむことになるサターン・ロケットは、ＡＲＰＡの初期のプロジェクトのひとつだったからだ。宇宙開発競争はいまだに米ソ冷戦のど真ん中にあったが、宇宙はもはやＡＲＰＡの戦場ではなくなっていた。代わりに、ゴデルはアジャイル計画の頭金が詰まったアタッシェケースを携え、対反乱センター設立のためにベトナムへと向かっていた。ＡＲＰＡはそれから一〇年間にわたってこの活動を継続し、やがて世界規模の科学プログラムへと拡大していくことになる。

一九六一年六月八日、ゴデルは現金と大量のプレゼントを持ってサイゴンに到着した。彼は行く先々で会う高官やその家族たちに渡せるよう、いろいろな贈り物をかばんに詰めこんでいた。女性向けの紫檀の宝石箱に、二〇本はゆうに下らないパーカー・ジョッターのシャープペンシル。しかし、ジエム大統領には特別なプレゼントを用意していた。高級な金メッキライターを装った隠し撮りカメラだ。それは金箔でカモフラージュした高速シャッターと広角レンズを装備した巧妙な品物だった。16ミリのフィルムを充塡し、タバコに火をつけながら密かに相手の写真を撮ることができる。ジエムならこういうスパイ道具を喜んでくれるだろう。彼と会うのが楽しみだ。ゴデルはジエムのことをよき友人と思っていて、何度となく楽しい夕食や会話をともにした。しかし、ジエムのほうはゴデルに恐怖を抱いていたらしい[35]。

現金入りのアタッシェケースを携えてサイゴンに到着すると、ゴデルはその足で大統領官邸に向かった。それはフランス植民地時代の壮大ななごりで、磁器や木製のパネルが部屋を飾っている。ベルベットと絹の刺繡が施された張りぐるみの椅子は、湿気でカビが生えないよう常に手入れが欠かせない。すると、定番の白いシャークスキンのダブルスーツを着たジエムが、外国人向けの応接間へと入ってきた。両隣にはふたりの補佐官がいる。ひとりはベトナム諜報機関のトップのもとで働くチュオン・クアン・ヴァン。もうひとりのメガネをかけた人物は、ジエムが補佐官として信頼するブイ・クアン・チャック陸軍大佐だ。

ゴデルがジエムへのプレゼントとして用意した金メッキの隠し撮りカメラは好評で、誰もが隠しレンズの巧妙さを絶賛した。だが、そのプレゼントは序章にすぎなかった。面会の真の目的は、南ベトナム軍がベトコンを打倒するための戦術や技術を研究、開発、テストするＡＲＰＡの「戦闘開発試験センター」設立について、ジエムのお墨付きを得ることだった。ゴデルの頭のなかにはすでに無数のアイデアが浮かんでいた。たったひとつのガソリンタンクで何時間も飛行できる動力グライダー（「空飛ぶフォルクスワーゲン」[36]）。サトウキビ原料のアルコールを動力とし、二〇人以上を乗せて水深数センチメートル程度の浅い水域を航行できる蒸気船。ジャングルを切り開く枯葉剤。さらには、ベトコンの食料源であるキャッサバだけを狙い撃ちする「ホルモン型除草剤」。それから、ジャングルに潜むベトコンを捜し出す軍用犬のアイデアもあった。

ジエム大統領はすべてのアイデアに賛成したわけではなかった。特に、軍用犬のアイデアは一笑し、ジャングルの暑さや病気ですぐに死んでしまうだろうと述べた。それでも、犬のアイデアもいちおう検討してみると言い、ゴデルのほかの計画にも意欲を見せた。彼はゴデルの提案する戦闘開発試験センターの設立を認め、サイゴンのバクダン埠頭にあるフランス軍の古い兵舎をARPAに提供した。また、ジエムはARPAと共同運営される同センターのベトナム人責任者としてチャック大佐を任命した。

ジエム大統領は戦闘センターこそ気に入ったようだが、ゴデルのほかの重大な提案には疑問を唱えた。ゴデルは、共産ゲリラの侵入を受けやすい村々から、「戦略村」と呼ばれる要塞化した集落へと、数十万人単位のベトナム農民を移住させたいと考えていた。こうした戦略村は、竹槍つきの壁や濠といった物理的な防壁や、戦闘センターの開発するセンサーやアラームによって要塞化される予定だった。そうすれば、ベトコンは村々に侵入して食料の強奪、体制支持者の殺害、新兵の誘拐を行なうことはできなくなるし、政府は交戦に巻きこまれた農民たちを怒らせることなく、好きなだけベトコンの野営地を攻撃および破壊できるだろう。

ゴデルの移住案は決して新しいものではなかった。一九五九年、ジエムは英領マラヤにおけるイギリス軍の経験を参考に、政府に忠実な農民とベトコン支持者を分離する小規模な移住プログラム「アグロビル計画」を独自に試したことがあった。[37] 共産ゲリラが村々に忍びこんでいるとすれば、〝忠実〟な村民を防衛可能なエリアに集中させるのが最善策だ。そうすれば、軍は村民に紛れることができなくなったゲリラ兵たちを一網打尽にすることができる。

アグロビル計画は、腐敗と無能によってすぐに崩壊してしまった。新しい村の建設は農民の労働力に頼っていたが、農民には作物の収穫をほったらかしにしてまで無償で働くメリットがなかった。一方、資金に余裕のある農民は役人に賄賂を渡して無償労働を免除された。こうして、やがて計画全体が破綻してしまったのだ。アグロビル計画に失敗したばかりのジエムは、当然ながら新しい移住計画に難色を示した。しかし、ゴデルがベトナム国内を回り、新たな戦略村の候補地や村の防御策を検討することは許可した（ジエムは少なくとも一度、国境警備に関するプレイクへの視察でゴデルに同行している）。ゴデルはチュオン・クアン・ヴァンとともに視察に出かけ、村のリーダーたちにプレゼントと現金を配り、情報と協力を集めていった。

ゴデルが六月の視察を終えるころには、戦闘開発試験センターは運営を開始していた。スタッフはまだ少なく、米軍の士官が三名、下士官兵が四名、ベトナム人職員が二三名で、ほかに二名の科学者が一時的に派遣される計画だった。[38] 六月二八日、ゴデルはアメリカに帰国すると、すぐさま戦闘センターと戦略村をワシントンの政策立案者たちに売りこみはじめた。国務省の高官で国家安全保障会議のメンバーだったロバート・ジョンソンは、ゴデルが一九六一年七月に外務職員局で行なった対ゲリラ戦支援の話についてこう報告している。「ゴデルは、マラヤの作戦に沿った農民の一時的な移住政策なら、アグロビル計画のような問題に直面することなく目的を達成できるだろうとジエムに提案した。ジエムは興味を持ったようだ[39]」

一九六一年六月から八月まで、およそ五〇〇回のベトナムの全国視察を経て、ジエムはようやく戦略村計画に納得するに至った。一九六二年初頭になると、ジエム大統領は対反乱作戦の要衝となるメコンデルタおよび中部高原に沿った大規模な移住計画に同意した。[40]一九六二年八月までに二五〇〇を超える戦略村がつくられ、一九六三年九月までに農村人口の約九割を戦略村に集中させるという壮大な目標が掲げられた。[41]

ベトナム戦争に関する国防総省の内部調査書「ペンタゴン・ペーパーズ」によると、「英国諮問団」代表のロバート・トンプソンが戦略村計画を提案し、一九六一年一二月にジエムを説得したとされる。[42]しかし、トンプソンが現われた時点で、ゴデルはすでに数カ月がかりで根回しを行なっていた。ゴデルの一九六一年夏のベトナム視察に同行したチュオン・クアン・ヴァンは、本当の功労者が誰なのかを明言している。ヴァンは一九六四年、ゴデルを調査するアメリカ人当局者に対してこう語った。「私たちが政府に［戦略村の］アイデアを植えつけられたのは、たったひとりの男のおかげだ。それはゴデル氏、そして彼のチームだ」。そのとき、ヴァンは刑務所のなかにいた。そしてゴデルもすぐに同じ運命をたどることになる。

ワシントンでは、ケネディ大統領がベトナムの状況に頭を悩ませていた。大統領は対ゲリラ戦の支持派の影響を大きく受けていたが、ベトナムの状況悪化は、すぐにでも部隊を派遣するよう求めていたロバート・マクナマラ国防長官などの人々にとって、格好の主張材料になった。状況を明らかにするため、ケネディはマクスウェル・テイラー将軍と補佐官のウォルト・ロストウをベトナムに派遣した。この判断が、ベトナム戦争へのアメリカの早期介入を決定づけるターニングポイントのひとつとなる。こうして派遣された「テイラー使節団」は、一九六一年一〇月中旬、軍事的な選択肢について大統領と話しあう重要な国家安全保障会議のほんの数日後にベトナムに到着した。この会議で、統合参謀本部は四万人の部隊を派遣すれば十分に「ベトコンの脅威を一掃できる」とほのめかしていた。[43]

テイラーと数名の諮問団がサイゴンに到着したのは、ちょうど従来型の軍隊の派遣を求める声が高まっているときだった。使節団には、対反乱作戦の専門家であるエドワード・ランスデール准将や、ＡＲＰＡ職員のジョージ・ラチェンスといった面々がおり、もともとベトナムにいたゴデルも到着した使節団に加わった。使節団の雰囲気はのんびりとしたもので、和気藹々《あいあい》とさえしていた。テイラーは平服姿だったし、ゴデルとランスデールはテイラーとロストウを相手に毎日テニスのダブルス戦を楽しんだ。数週間の視察中、ゴデルはゲリラ戦に特化した技術や戦術を開発することの重要性をテイラーに印象づけるべく、さまざまな策を凝らした。テイラーらに戦闘センターの開発した軍用犬や各種センサー、そして商用車を装う武装車両「Ｑトラック」を披露することもあれば、テイラーやロストウと一緒にベトナムの河川の上空を飛び、サイゴンへと向かう南ベトナムのボートがベトコンの攻撃をどう受けているかを説明することもあった。ゴデルはＡＲＰＡがベトコンをおびき出すための囮《おとり》としてＱトラックやＱボートを使おうとしていることを説明した。

Ｑトラックという名称は、第一次世界大戦でイギリス海軍やドイツ海軍が敵の軍船を罠にはめるために初めて使用した囮船「Ｑボート」にちなむ［Ｑボートは Q シップともいい、「Ｑ」は英国海軍が囮船を表わすために使用していた識別コードに由来］。Ｑボートはいわば「ヒツジの皮をかぶったオオカミ」であり、一見すると弱々しい商船のように見えるが、実は重武装をしており、何気なく近づいてきた軍船を攻撃する。[44] 同じように、武装車両であるＱトラックは、ベトコンがたびたび標的にしていた南ベトナムの弾薬補給トラックそっくりの外見をしている。ＡＲＰＡ戦闘開発試験センターを設立するための最初の訪問の際、ゴデルは持参した現金で偽の補給トラックをつくっていた。[45]フランス軍の古い軍用車両の装甲材料を再利用し、南ベトナム軍が補給車両としてよく使用していた日本製の二トン半トラックの内側に溶接したのだ。Qトラックはベトコンの戦士をときどき罠にはめるだけでなく、攻撃の性質や頻度に関するデータ収集にも用いられる予定だった。のちに、ゴデルはこう振り返った。「使節団はこうした目新しいアイデアに感心していたが、内心テイラー将軍は子どもだましだとも思っていた。通常どおりの重火器を装備し、通常どおりの編隊を組んだ、通常どおりの部隊のほうが、よっぽどうまく戦えると考えていたのだ」[46]

テイラーはARPAの開発した技術を気に入ったものの、彼に対反乱作戦を売りこむというゴデルの思惑は失敗に終わった。視察は「ほとんど形式的なものにすぎなかった」とゴデルは記した。使節団はすでに答えを用意していたからだ。第二次世界大戦で名をあげたテイラーは、「フランスやイギリスの地下組織がフランスやドイツの戦いで彼の率いる第82空挺師団を大きく手助けしたことを指摘されても、ゲリラ戦に対してはせいぜい半信半疑といった様子だった」とゴデル。「彼は、片手を後ろで縛られたとしても、第82空挺師団ならベトナムの問題をたちどころに解決できるとも信じこんでいた」[47]。奇襲攻撃をしかけては、ジャングルへとサッと姿をくらます大人数のゲリラ兵を相手に、従来型の部隊で応戦するのは難しい、とテイラーを説き伏せようとしても無駄だった。「君がなんと言おうと、二重、三重の包囲網で解決できない問題などないのだよ」とテイラーは答えた。[48]彼は従来型の部隊こそが唯一の解決策だと信じて疑わなかったのだ。

テイラーは、対反乱作戦の第一人者であるランスデールの言うことにはもっと聞く耳を持たなかった。ランスデールによると、彼の唯一の関心は、「アメリカの英知」を結集して、南北のベトナムを分離する「電子障壁」をつくるとともに、ラオスとカンボジアを通過する補給路を断つことだったという。[49] ベトナム視察から戻ると、ランスデールはケネディ大統領に報告を行なったが、大統領はすでに別の決断を下していた。「手を引いてほしい」と大統領はランスデールに告げた。「別のことを頼みたい」。[50] その別のことというのはキューバだった。大統領はフィデル・カストロと共産主義者たちを権力の座から引きずり下ろすための極秘計画「マングース作戦」をランスデールに託した。こうして、ゴデルがベトナムの対反乱作戦の窓口となった。ケネディ大統領はゴデルのアジャイル計画を認め、ベトナム軍向けの新型軽量ライフルなど、一部の機器を個人的に承認した。[51]

一九六一年の夏と秋、バージニア州フェアファックス郡の人工貯水池バークロフト湖に程近いゴデルの自宅には、まるで００７映画でさまざまなスパイ装備を開発するQの研究室を再現したような光景が広がっていた。ゴデルは対反乱作戦向けの機器のなかでも、比較的害のなさそうなものを自宅に持ち帰り、テストしていた。あるとき、ゴデルとの協力を命じられた海軍士官のラリー・サヴァドキンが、ベトナムで使えると思い、アバクロンビー&フィッチのスポーツ用ウォーター・シューズを買ってきた。[52] 兵士がベトナムの水上を移動するのに役立つと考えたゴデルは、湖で娘にシューズを試してもらった。娘は「水の上を歩けるウォーター・シューズ」「神様の靴」と言って喜んだが、はるばるベトナムに持っていくまでもなく役立たないことが一目でわかった。水上で一歩足を踏み出すたび、二歩下がってしまうのだ。「ぜんぜん思いどおりにならないの」とゴデルの長女、キャスリーン・ゴデル゠ゲンゲンバッハは振り返った。

もちろん、ゴデルの自宅に持ち帰れないＡＲＰＡの発明品も数多くあった。石を装う地雷、携帯用の火炎放射器、高熱の激しい爆風でジャングルの草木を焼き払うサーモバリック兵器。ゴデルはさまざまな技術や兵器を試し、ジャングルで使えそうなものを見極めようとしていた。ゴデル自身は、ジェット機やヘリコプターのような先進技術を発展途上国に提供してもほとんど意味がない、というのが彼の基本的な主張だった。ジェット機は発展途上国には扱いが難しいし、ゲリラ戦ではあまり役立たない。ヘリコプターは戦闘員ではなく要人の輸送にばかり使われていた。本当に必要なのは、ジャングル戦に適した単純な武器だったのだ。

当初、ゴデルはアジャイル計画の部局をまるで自分の機密作戦本部のごとく運営していた。彼は「神様の靴」を買ってきた海軍士官のサヴァドキンや、サイゴンでアジャイル計画を指揮した海軍大佐のトマス・ブランデージなど、みずからＡＲＰＡにスカウトした第二次世界大戦時代からの長年の相棒たちでチームを固めた。彼はどこからでも技術を集めた。たとえば、彼はＡＲＰＡの資金でオーストラリアに行き、ジェットエンジン式の小型無人機を購入し、サイゴンにいるブランデージに渡した。[53] それはベトナムに配備された初の無人航空機となった。

一九六一年七月、ゴデルはランスデールに文書で戦闘センターの計画に関する最新状況を報告し、さまざまなプロジェクトを提案した。南ベトナム兵向けの折りたたみ自転車。航空機からベトコンの戦士たちに噴霧し、犬に追跡させる「持続性匂い識別物質」。また、尋問に使用する戦闘レコーダーや政府のメッセージを放送するための拡声器など、心理作戦用の道具も数多くあった。さらには、「ベトコンとの戦いにモンタニャールを活用する手段」といった調査プロジェクトも含まれていた。[54] モンタニャールとは、ベトナム中部高原で暮らす先住民族グループのことで、にわかにＣＩＡや軍の関心を集めつつあった。

夏にかけて、ゴデルはアメリカとベトナムのあいだを頻繁に行き来し、個人的に政府や政府系勢力に武器を届けた。たとえば、共産ゲリラから村を守るための民兵組織をつくったカトリック司祭で中国人難民のグエン・ラック・ホア（ホア神父または「戦う司祭」という呼び名で有名）に武器を渡した。[55] そして一〇月には、ベトナム人兵士やアメリカの軍事顧問たちに新兵器を披露するため、一〇挺を超えるＡＲ‐15ライフルをベトナムへと持ちこんだ。ゴデルは、ＡＲ‐15のほうが今までの武器と比べてジャングル戦に適していて、ベトナム兵にベトコンと戦う自信を与えられるだろうとジエム大統領に説明した。ジエムはいたく感動し、「私が知りたいことはひとつだけだ。いつ空挺師団に配れる？」とたずねた。[56] 銃器設計者のユージン・ストーナーが設計した新型ライフルＡＲ‐15はたいへん軽量で、「小柄なベトナム人でも後ろにひっくり返ることなく撃つことができる」とゴデルの視察の記録にまとめられている。[57] 現場から好意的な反響を得ると、ＡＲＰＡは一九六一年一二月に一〇〇〇挺のＡＲ‐15ライフルを追加発注した。[58]

一九六一年秋になると、新設の戦闘開発試験センターは本格稼働し、多種多様な武器や技術をベトナムに届けていた。そのなかには、あまりにも機密性が高く、「予算外」の資金で開発されたものもある。つまり、ＡＲＰＡの帳簿に正式な会計記録がないということだ。たとえば、「ビッグ・イヤー」（＝地獄耳）というデバイスは、エンジン音を拾って早期に警告を知らせるバッテリー式のマイクだ。木々から垂れ下がるジャングルの植物を装ったこのセンサーは失敗に終わった。バッテリーが一、二週間しかもたないのだ。[59] 失敗はさておき、ゴデルはこうした小規模なプロジェクトを利用して、ジエム大統領により野心的な技術プログラムを売りこんだ。「ある電子監視システムが一回でも戦略村の保安に役立ち、有刺鉄線の囲いにぶら下げた大量のブリキ缶よりも効果的だと確信すると、大統領はそのプログラムを別の監視技術へと広げることにも納得した」とゴデルは記す[60]。

その秋、ゴデルのもっとも大胆で物議を醸す対反乱プロジェクトのひとつが始動した。彼が七月にランスデールに送った提案リストのなかに、ベトコンの食料源であるキャッサバを狙い撃ちできる除草剤のアイデアがあった。そのホルモン型除草剤はまだ理論の域を出なかったが、ゴデルは広葉植物に空中散布する枯葉剤も開発したかった。「ARPAは米国で数カ月以内に枯葉剤を開発するよう進言する」と彼は記した[61]。

枯葉剤のアイデアは、アジャイル計画の多くの側面と同様、英領マラヤにおけるイギリス軍の経験を参考にしたものだ。マラヤでは、ゲリラ兵がジャングルの茂みに隠れて鉄道や道路を攻撃していた。ゴデルはベトナムでも、枯葉剤を使ってベトコンが潜伏しているジャングルを切り開きたいと考えていた。一九六一年九月のゴデルの戦闘開発試験センターに関する報告書によると、ARPAはすでに枯葉剤を航空機や車両から散布する初期の実験を行なっており、その最初の結果が出るのを待っているところだった。計画どおりに行けば、ラオスやカンボジアとの国境付近へと枯葉剤の使用を広げる予定だった。そうすれば、主要な道路や水路沿いの見通しがよくなるだろう。しかし、マラヤの枯葉剤が主に敵の隠れ場所をなくすために使われていたのに対し、ベトナムの枯葉剤にはより野心的な目的があった。待ち伏せ攻撃もひとつの懸念ではあったが、自給自足作物の栽培や略奪がベトコン戦士たちを支えているという点も大きな懸念であった。その点、枯葉剤を使えば、共産ゲリラから貴重な食料源であるジャガイモやキャッサバを奪うことができる。つまり、枯葉剤の目的はゲリラたちを餓死させることだったのだ。

ジエム大統領は作物の破壊を重視し、市販の枯葉剤と、四機のヘリコプター、六機の固定翼機を要求した。ゴデルは秋の視察に関する報告書で、ARPAは二万ガロンの枯葉剤をすでに調達し、さらに八万ガロンを調達しようとしていると記した。一一月までになんとしても作物を破壊する必要があったため、ゴデルは枯葉剤作戦にナパーム弾も加え、作物の破壊をスピードアップすることを勧めた。作物の破壊という繊細な作戦ゆえ、ゴデルは作戦が「ベトナム政府の強い要望によって」行なわれる点を強調した。[62]

一九六一年初頭にARPA局長に就任したジャック・ルイナは、ベトナム戦争にますます関与していくARPAの状況を、恐怖半分、困惑半分の気持ちで眺めていた。ルイナは少なくとも肩書き上ではゴデルの上司だったが、実際にゴデルが仕えていたのはホワイトハウスやペンタゴン上層部だった。一九六一年当時、国防研究技術局長としてARPAを監督しており、のちに国防長官までのぼり詰めたペンタゴン職員のハロルド・ブラウンでさえ、ゴデルと彼の活動が謎のベールに包まれていたと認めている。「まるでスパイだ」とブラウンは彼を表現した。[63]
ゴデルとルイナはお互いに会うのを避けるほど水と油の存在だった。電気工学の博士号を持つルイナは、ARPAを科学機関にしたいと考えており、アジャイル計画やベトナム戦争への関与を内心こころよく思っていなかった。一方、ゴデルはゴデルで、局長とは絶対に会うなとチームの面々に釘を刺していた。あるとき、アジャイル計画のプログラム・マネジャーだったウォーレン・スタークは、ルイナが部屋に入ってくるなりドアの後ろに身を隠したこともある。[64] ルイナはベトナム戦争の進展にまるで興味がなかった。「私はハロルド・ブラウンにアジャイル計画を押しつけられたのだ」とルイナは振り返る。「彼は問答無用で〝やれ〟と言った。だが、私は珍品迷品のオンパレードのようなプロジェクトがどうしても好きになれなかった」[65]

それでも、ＡＲＰＡ局長のルイナは、名目だけでもベトナムの活動を監督する義務があった。一九六二年初頭から中盤にかけて、ベトナムを訪問したとき、彼はジエム大統領と個人的に会った。その時点で、枯葉剤計画は着々と進んでいたのだが、ジャングルを切り開くという目標とゲリラたちを餓死させるという目標が明らかにぶつかりあっていた。ルイナはジエムにこう言われたのを覚えている。「君たちはまちがいを犯した。私たちが頼んだのは、作物の破壊だけだ」[66]

科学者のルイナはジエムの発言の意味がわからなかったし、あまり興味もなかった。「私は作戦に関与していません。政府のやっていることは私とは無関係です」とルイナは答え、ジエム大統領を納得させようとした。[67]しかし、ジエムはルイナ局長の批判をやめなかった。「待ち伏せはさして重要ではない」とジエムは言った。「重要なのは作物を破壊することだ」。彼はベトナムの地図を取り出し、ベトコンが支配している作物のエリアを見せた。

「どれがどの作物なのか、どうしてわかるのですか？」とルイナは大統領に訊いた。

「私にはわかっている」とジエムは答えた。

実際のところ、ジエムはどの作物がベトコンのもので、どの作物が村民のものなのか、わかっていなかった。が、ジエムにとってはどうでもよかったのだろう。枯葉剤があれば中央政府は食料供給を支配できる。そしてその支配力こそジエムが求めていたものだった。ジエムは、アメリカの支援が得られるなら喜んでアメリカの対反乱作戦に興味のあるそぶりを見せた。しかし内心

1961年、南ベトナム大統領のゴ・ディン・ジエムはARPAの研究活動と戦闘開発試験センターの設立を個人的に承認した。左上の写真は、ジエム大統領にARPAのプロジェクトを案内する戦闘開発試験センター所長のブイ・クアン・チャック大佐。左下の写真は、ARPAの枯葉剤散布システムを視察するジエム。右下の写真は、軍用犬プログラムについて話をするARPAの現地ユニット代表のヴィート・ペドーネ。訓練を積ませた犬を戦場に派遣し、ジャングルに潜伏するベトコンを捜索させるプログラムだった。ジエムは1963年に死去するまでARPAの活動を熱烈に支援した。

では、自分のやり方でベトナムを治め、ゲリラたちと戦うと心に決めていたのだ。
ルイナにとってジエムとの会話は、技術的なプロジェクトであると同時に政治的なプロジェクトでもあるアジャイル計画への不安を裏づけただけだった。彼はベトナムでのARPAの活動に科学的な根拠を見出せなかった。彼は四〇年以上あとのインタビューで、ベトナム戦争への関与には反対であるというのが彼の「政治的立場」だったと認めた。「アジャイル計画のせいでジャックは体を壊してしまった」とゴデルはのちに振り返った。[68]
ハーバート・ヨークの弟子だったルイナは、国家安全保障に仕える科学機関をつくろうとしたが、ゴデルは科学者が仕える国家安全保障機関をつくろうとした。このふたつの相反するビジョンをめぐる争いが、ARPAの未来を特徴づけることになる。

# 第6章　平凡な天才　1961—1963

ケネディ時代／ジェイソン・グループ／ミサイル防衛「ディフェンダー計画」／核実験探知「ヴェラ計画」

「奴にはこっぴどくやられた」[1]

一九六一年、ソ連最高指導者のニキータ・フルシチョフとのウィーン会談が物別れに終わると、落胆したジョン・F・ケネディ大統領は『ニューヨーク・タイムズ』紙記者との秘密の会談でそう語った。新大統領のケネディは、その首脳会談が自身の野心的な外交政策のビジョンを示し、リーダーとしての強さを見せつける絶好の機会になると期待していた。しかし、アメリカのキューバ侵攻に失敗したピッグス湾事件の直後に開催されたその首脳会談で、フルシチョフは若きケネディ大統領を公然とあざ笑い、分断都市ベルリンをめぐる戦争をほのめかした。

一九六〇年の大統領選挙で、ケネディは斬新な外交政策のアプローチを公約に掲げて共和党に勝利した。彼はソ連がミサイルや核兵器力でアメリカを上回っているといういわゆる「ミサイル・ギャップ」を政治的な武器として振りかざした。ミサイル・ギャップの有無や規模については、ワシントンで激論が交わされていたが、ケネディはこう主張した。「どの数値が正しいにしても、われわれの生存が懸かっているギャップが存在することはまちがいない」[2]

しかし、いざ大統領に就任すると、ケネディは状況が想像をはるかに上回るほど複雑なことをすぐさま悟った。ケネディが選挙中にミサイル・ギャップの存在を信じていたのか、はたまた政治的に好都合な道具ととらえていたにすぎないのかは不明だが、彼が大統領に着任するやいなや政治的な風景は一変した。[3] 翌数カ月間で、U－2偵察機からの画像に加えて、初めてフィルム回収に成功したコロナ衛星からの画像が届くと、ミサイル・ギャップの幻はすっかり晴れた。ケネディがホワイトハウス入りして二週間あまりあと、ロバート・マクナマラ国防長官はオフレコだと思いこみ、ミサイル・ギャップなどないと国民にうっかり明かしてしまうはめになった。[4]

ケネディはおそらく、大統領になって初めてアイゼンハワー前大統領が退任演説で述べた言葉の意味を深く理解したのだろう。アイゼンハワーは「軍産複合体」の持つ影響力について警告するとともに、「科学技術のエリートたちの囚人」にならないよう国民に注意を促した。アイゼンハワーの警告は将来を暗示するものだった。軍はソ連との緊張関係を巧みに利用して、米国初の弾道弾迎撃ミサイル・システム「ナイキ・ゼウス」を配備するよう新政権に圧力をかけていた。これは核弾頭搭載の長距離ミサイルを発射し、敵の大陸間弾道ミサイルの十分近くで爆発させて破壊するという計画だったのだが、技術的に高性能なものではなく、レーダーの専門家たちは侵入ミサイルを十分な精度で追跡して確実に撃墜することは不可能だとわかっていた。しかし、そうした意見は政府高官の耳には届いていなかった。

ＡＲＰＡ局長に就任した直後、ジャック・ルイナはロバート・マクナマラ国防長官がミサイル防衛に関する概要説明を求めていることを知った。宇宙開発計画こそ奪われたＡＲＰＡだったが、まだミサイル防衛の研究には携わっていた。そんななか、ミサイル防衛が突如として政治的な脚光を浴び、マクナマラ長官がミサイル防衛の基本を学びたいと考えたようだった。ルイナは一日がかりになると忠告したが、マクナマラは「好きなだけ時間をかけてかまわない」と告げた。[5] そこで、ルイナは丸一日をかけ、ナイキ・ゼウスのような地上配備型のミサイル防衛システムの技術的問題について説明していった。ルイナはその説明会を「地球は丸い」と命名した。文字どおり、地球は丸いという説明から始まったからだ。地球は球形なので、地上のレーダーでは数千キロメートル以内のミサイルしか探知できない。つまり、迎撃ミサイルを発射するまでの時間的猶予がほとんどないことになる。

感謝祭の前日である一一月二二日、ルイナと数人の政府の科学者たちが、ミサイル防衛についてケネディ大統領に説明するためホワイトハウスに招かれた。会合のメンバーは、ＡＲＰＡ局長のルイナ、国防研究技術局長のハロルド・ブラウン、大統領科学顧問のジェローム・ウィーズナーのみで、マクナマラ国防長官は呼ばれなかった。[6] 三人ともナイキ・ゼウスには批判的で、失敗を確信していた。会合は数時間におよび、そのあいだケネディはナイキ・ゼウス計画についてとめどなく細かい質問を続けた。見かねた大統領の弟のボビーが、そろそろ時間だと言って話をさえぎった。ケネディの別荘があるマサチューセッツ州ハイアニスへと発つ時間が迫っていたのだ。「ヘリコプターが待っている」と彼は大統領に言った。「今すぐ乗ってくれないと、感謝祭に間に合わない」[7]

すると、大統領は科学者たちのほうを見て、「話の続きがしたいので、感謝祭のあとハイアニスまで来てくれないか？」と言った。誰が大統領にノーと言えるだろう？

感謝祭の翌日、彼らはハイアニスへと飛んだ。現地では、全国的な核シェルター計画も含め、ケネディが核安全保障の問題について補佐官たちと慌ただしく話しあっていた。[8]今回はマクナマラも呼ばれていたが、ケネディはすでにナイキ・ゼウスについて決断を下していた。「計画は進めるべきではないと思う。マック、君はどう思う？」とケネディはマクナマラに訊いた。[9]

「ええ、やめましょう」とマクナマラ国防長官は答えた。

ルイナによれば、それがナイキ・ゼウスの最期だったという。こうして、もっと有望な案を考える役回りがＡＲＰＡに巡ってきた。ＡＲＰＡの科学者たちは、好きなだけ常識破りな解決策を出してかまわないと言われた。すると彼らは、一刻の時間も無駄にすることなく、反重力、ＳＦばりの殺人光線、ウォルト・ディズニーの愛らしいキャラクターの名前にちなんだミサイル防衛ネットなど、さまざまなアイデアを追求していった。二年前に消滅寸前にまで追いこまれたＡＲＰＡが、突如としてケネディ政権の核議論の主役へと躍り出たのだ。

ジャック・ルイナにはお気に入りのジョークがある。小便器の前での偶然の出会いがなければ、自分は学界で陽の当たらない人生を送っていただろう、というものだ。そのポーランド出身の科学者が、今やＡＲＰＡの局長となり、枯葉剤から核アルマゲドンまで多彩な議論に巻きこまれているのだから、人生とはわからないものだ。マサチューセッツ工科大学の工学教授時代、彼が男性トイレの小便器で用を足していると、隣に別の教授がやってきた。その教授は、イリノイ大学にルイナの専門分野であるレーダー追跡の研究をしているグループがあるから、ぜひ話をしてみるべきだとルイナに勧めた。

ルイナは助言に従い、最終的にイリノイ大学へと招かれた。そこで、彼は物理学者のチャルマーズ・シャーウィンと出会った。シャーウィンはそれから程なくして空軍の主任科学者となり、ルイナをペンタゴンの上級職に推薦した。空軍の次官補職である。ワシントンに到着すると、ルイナはリムジンに迎えられ、部下の中佐から挨拶を受けた。彼はペンタゴンの巨大な執務室へと案内され、ふたりの秘書を紹介された。陸軍に召集されたものの伍長止まりだったルイナにとって、それはまさにカルチャーショックだった。陸軍で会ったことのある士官は最高でも少佐で、しかも彼は歯科医だった。[10] そんなルイナが今ではしがない学者からペンタゴンの幹部へと大出世を遂げたのだ。

すぐにルイナは新しい役職につき、今や国防研究技術局長となったハーバート・ヨークのもとで働くことになった。ARPAを監督する立場となったルイナは、ARPAの問題点を悟った。「ARPAが弱体化してしまったのは、ヨーク博士を敵に回したせいだ」とルイナはARPAの上級幹部に語った。[11] 誰もショックを受けなかった。ヨークがARPAを支援していなかったのは、彼の宇宙帝国を脅かすライバルだったからだ。そこでヨークが考えたのは、すっかり旧知の仲となっていたルイナをARPAの局長に据えることだった。

こうして一九六一年一月二〇日、ジョン・F・ケネディが大統領に就任したその日、ルイナはARPAの第三代局長となった。気づけば、三七歳の電気工学者は、幅広い権限と自由裁量を持つ軍事技術機関の局長へとのぼり詰めていた。彼が引き継いだのは、作物の根絶から天候の制御まであらゆる活動に従事する機関だった。それは不思議な活動ばかりだったが、ルイナにとっていちばん不可解だったのは、ウィリアム・ゴデル副局長が手がけるベトナムの対反乱作戦「アジャイル計画」だった。アジャイル計画は注目度が高く、ホワイトハウスの支持を得ていたので、中止するわけにもいかなかった。そこで、ルイナは徹底無視を決めこんだ。

ARPAの東南アジアでの活動は膨れ上がっていたが、ARPAの予算の大部分は初期の宇宙機関時代からのなごりのプロジェクトへと流れこんでいた。たとえば、弾道弾迎撃ミサイル防衛プログラム「ディフェンダー計画」や、包括的な核実験探知研究プログラム「ヴェラ」などだ。ほかにも、推進剤の開発といった小規模な研究プロジェクトは残っていたが、科学者や軍から見てひどく重要なものはなかった。一九六一年当時のARPAはよちよち歩きの三歳で、特に目立った実績もなければ、ミッションさえもなかった。つまるところ、誰もやりたがらない科学技術プログラムの寄せ集めにすぎなかったのだ。そんな状況を一変させたのがケネディ大統領だ。彼は核戦争という世界でもっとも重要な問題をARPAの科学者たちに託した。ルイナがもし男子トイレに行く前にもう一杯だけコーヒーを飲んでいたら、「私の人生は大きくちがっていただろう」と彼は振り返る。[12] いや、世界も大きくちがっていただろう。彼の監督のもとで開始されたARPAのプログラムが、軍縮の方向性を変えることになるのだから。

金額という点でいえば、一九六一年当時のARPA最大のプログラムは、アメリカを大陸間弾道ミサイルから守る技術を開発する「ディフェンダー計画」だった。設立時のARPAはミサイル防衛研究を託されていたが、ロイ・ジョンソン局長時代にはほとんど無視されていた。しかし一九六一年、大陸間弾道ミサイルの登場により、ミサイル防衛は大統領やペンタゴンにとって喫緊の課題になりつつあった。ルイナは対反乱作戦のようなごちゃごちゃとした人間の問題には興味がなかったのだが、ＡＲＰＡの弾道ミサイル防衛や核実験探知といった活動には即座に興味を持った。「国家の重要な政策問題と深く関係するプログラムは、弾道ミサイル防衛研究計画とヴェラ研究計画のふたつだけだった」と語るルイナ。彼が純粋な科学研究と考えていなかったＡＲＰＡのベトナム活動はすっかり省略されている。「そのほかの研究計画は、国防長官や大統領が気を揉むようなものではない」[13]

とはいえ、政権が棚上げしたばかりの「ナイキ・ゼウス」プロジェクト以上のミサイル防衛システムを開発できる保証はなかった。大陸間弾道ミサイルはまだ比較的新しいものだったし、大陸間弾道ミサイルから国家を守るための理論的コンセプトも生まれたばかりだった。当時の最新の技術を使っても、たった三〇分間で地球を一周してしまうミサイルを追跡して撃墜する方法はなかった。ＡＲＰＡのディフェンダー計画にはさらに大きな難題があった。「アメリカ全土を防衛できる」技術の開発を目標にしていたため、ミサイルを閉じこめる宇宙ネットといった常識破りで滑稽なコンセプトまで提案される始末だった。[14] 先進的な技術を想像する必要があったＡＲＰＡは、すぐに想像力を暴走させた。一九五九年、ＡＲＰＡが「ミサイル迎撃研究のガイドライン策定プログラム（ＧＬＩＰＡＲ）」という包括的な調査プロジェクトに取り組んでいることが明らかになると、「反重力、反物質、放射線を利用した兵器」を検討しているとして嘲笑を買った。[15]

一九六一年になると、ＡＲＰＡは全予算の半分、年間およそ一億ドルをミサイル防衛プログラムに費やしていたが、ルイナによるとミサイル防衛プログラムは「とてつもない混乱」に陥っていたという。ＡＲＰＡのもとには弾道ミサイルを撃墜するための奇抜な提案が殺到し、ある職員によればその八割近くがまったくの「狂気」だったという。[16] この狂気を象徴しているのが、「弾道ミサイル・ブースト段階迎撃（Ballistic Missile Boost Intercept）」、略して「ＢＡＭＢＩ」というかわいらしい名前のプログラムだ。基本的には、早期の打ち上げの段階でミサイルを迎撃してしまうというアイデアだったが、時間を追うごとに、ＢＡＭＢＩは野心的なプロジェクトから狂気のプロジェクトへと昇華していった。たとえば、地球のまわりを周回する戦闘基地（巨大な武装衛星）を利用して、ペレット弾をちりばめた巨大なネットを発射し、敵のミサイルの弾頭に穴を開けるという案がそのひとつだ。[17]しかし、アメリカ自身の衛星やミサイルがこのネットを回避する方法は誰にもわからなかった。ハーバート・ヨークはこの人工衛星の大群を「狂気の科学者の夢」と呼び、当然ながらその責任を前局長のロイ・ジョンソンに負わせ、彼の最後の悪行のひとつがＢＡＭＢＩをＡＲＰＡに押しつけたことだと主張した。[18]

　ルイナもＢＡＭＢＩが中止すべき「狂気のアイデア」だという意見に賛成だった。[19]「ＢＡＭＢＩは変人たちをぞろぞろと呼び寄せた」とルイナはのちに振り返った。[20]それでも、ＡＲＰＡ局長に就任した当初は、少なくとも建前上は議会に対してＢＡＭＢＩプロジェクトを擁護せざるをえなかった。テキサス州選出の民主党下院議員でＡＲＰＡ批判の急先鋒だったジョージ・マホンは、ＢＡＭＢＩの説明を聞くなり、「いくらなんでも非現実的すぎるのでは？」と目を丸くした。「確かに少し非現実的ではあります。ただ、多くのものはそうです」と答えるルイナ。「金星の探査も二〇年前ならまちがいなく非現実的すぎると言われていたでしょう。しかし今になってみれば、簡単にあきらめてしまうほど非現実的とはいえません[21]」

　ＢＡＭＢＩ計画の推進派、特に空軍内の推進派を追い払うのには二年かかったが、最終的にはルイナが勝利した。一九六三年、彼はＢＡＭＢＩの中止を議会に報告。ＢＡＭＢＩ計画は現実的でないだけでなく、ペンタゴンの年間予算にほぼ匹敵する年間五〇〇億ドル規模の運営費がかかってしまう。仮に開発できたとしても、軍全体が実質的に職を失うはめになるだろう。[22]

ＢＡＭＢＩは、ＡＲＰＡが多くの技術分野で維持しなければならないぎりぎりのラインを浮き彫りにした。アイデアが平凡すぎれば追求する価値がなくなってしまう。そもそも、軍のナイキ・ゼウスよりもずっと効果的な技術的解決策を考案するのがＡＲＰＡの役目なのだから。さりとて、ＢＡＭＢＩのように非現実的すぎる解決策だと、ＡＲＰＡはＳＦの世界にお金を投じているという誹りを受けるはめになる。ＡＲＰＡが最終的に行き着いたのは、「ＡＲＰＡターミナル防衛」、略してＡＲＰＡＴというアイデアだった。この計画では、極超音速の迎撃兵器を搭載した無人の「母艦」を上空およそ二万メートル上空で待機させる。地上レーダーが侵入してくる弾頭を追跡し、レーダー・システムを欺くためのデコイ（囮）と本物の弾頭を見分けて、その情報を母艦に伝える。すると、母艦は矢の形をした迎撃兵器の大群を弾頭付近へと放つ。[23]ＡＲＰＡでミサイル防衛プログラムを指揮していたオーストリア生まれの物理学者、チャールズ・ハーツフェルドは、ＡＲＰＡＴのことを「やや常識はずれ」だと表現した。[24]二〇〇〇万ドル近いコストがかかるとはいえ、「やや常識はずれ」な程度だというのは、ＡＲＰＡの大多数の計画よりは有利だった。

こうした提案の最大の問題は、単純にあまり有効でないという点だった。いずれもコストがかかりすぎるか、非現実的すぎるか、その両方だった。ＡＲＰＡに必要なのは、科学的に大胆なアイデアと技術的にバカらしいアイデアとを区別する方法だった。その判断を仰ぐため、ルイナは極秘に活動する一流科学者グループへと目を向けた。

一九五八年初頭、マンハッタン計画に参加した物理学者のジョン・ホイーラーとユージン・ウィグナー、経済学者のオスカー・モルゲンシュテルンが、国家安全保障に関する科学研究所、いわば科学者向けのミニARPAの設立を呼びかけた。[25]「プリンストン大学の三人」と呼ばれた彼らは、ソ連によるスプートニク打ち上げの直後からこのアイデアをアピールする積極的なPR活動を繰り広げ、『ライフ』の誌面にまで登場した。ARPAはお抱えの研究所を持つことに興味がなかったが、ハーバート・ヨークはホイーラーを筆頭とする夏期研究プログラム「プロジェクト137」を支援することに同意し、五万ドルの少額契約を締結した。[26]

ARPA設立から数カ月後、プロジェクト137は四〇名近い科学者たちを集め、若い世代を国家安全保障の世界に引きこむというささやかな目的のもと、アイデアを練っていた。その第一回の会合では、さまざまな提案がなされた。つがいを見つける昆虫の特殊な能力を参考にした化学センサー技術。極低周波を用いた核武装潜水艦との通信手段。[27]また、粒子ビームを用いた弾道ミサイルの破壊というアイデアもあった。「高速粒子を使用することにより、まずチャネルを直線的にし、抵抗物質の大部分を押しのけながら進むほど内部のガスを加熱することができれば、爆発的なエネルギーをすばやく遠距離まで照射することができる」とホイーラーは記した。[28]

ホイーラーがプロジェクト137の結果を発表するころには、研究所設立のアイデアは大幅にスケールダウンしていた。そこで今度は、彼は科学者向けのミニARPAの設立を提案した。学者たちと一時的に契約する組織だ。しかし、ホイーラーが学界を離れて新組織のトップに立つことを望まなかったこともあって、このアイデアもボツとなった。[29]一九六〇年、ARPAの臨時局長だったオースティン・W・ベッツ陸軍准将は、プロジェクト137を「サンライズ計画」という科学者たちの年次会合として継続することを決定する。[30] その目的は、特定の科学技術分野について研究することではなく、主に学界出身の若い科学者たちを国家安全保障の問題へと引きこむことだった。

そのメンバーには錚々たる物理学者たちの名前が並んだ。エンリコ・フェルミの元教え子のマーヴィン・〝マーフ〟・ゴールドバーガーが代表となり、メンバーにはのちにノーベル賞を受賞する若き物理学者のマレー・ゲルマンやスティーヴン・ワインバーグもいた。メンバーたちは夏に数週間の会合を開き、ARPAにその結果を報告する。のちにメーザー［誘導放出の性質を通じてマイクロ波を増幅または発生させる装置］の開発でノーベル賞を受賞するチャールズ・タウンズの支援を得て、ARPAに有能な技術者の多くを提供していた国防分析研究所の監督のもと、グループが結成された。サンライズ計画は一九六〇年夏に初めて会合を開いたが、ゴールドバーガーの妻の提案で、ギリシャ神話のイアソンとアルゴナウタイの物語にちなんで「ジェイソン」へとすぐさま改称された[31]［イアソンを英語読みするとジェイソンとなる］。

ジェイソンズと呼ばれたこのグループのメンバーたちは、当初から科学顧問たちのなかでも異彩を放っていた。彼らはふつうの学者では絶対に知りえない極秘情報へのアクセスを認められていたし、政府系の科学者ではないのでプロジェクトを自由に批判することもできた。ARPAの資金提供を受けつつも、このグループは独自の裁量を持ち、メンバーも自分たちで選んでいた。彼らは優秀で、愛国心に満ち、おまけにお金に貪欲だったので、ジェイソンは「金羊毛」という皮肉なニックネームを得ることとなった[32]［金羊毛はギリシャ神話に登場する宝物のひとつで、イアソンがコルキスの王から奪い取る」。また、彼らは秘密主義でもあった。ジェイソン・グループのメンバーの名前は決して公表されず、メンバーであることを口外した科学者はグループのひんしゅくを買った。

当初、ジェイソン・グループは主にARPAのミサイル防衛プロジェクト「ディフェンダー計画」に取り組み、物理学とテクノロジーの交わる問題に精を出していた。最初の夏、彼らはソ連が高高度で先制核爆発を実施し、大陸間弾道ミサイルが生み出す煙を隠すことで、早期警戒衛星の〝目をくらませる〟可能性について検討した（結局、その懸念は大げさすぎるという結論になったが）[33]。ルイナはたちまちジェイソン・グループと彼らの活動を気に入り、「真の部隊」と絶賛した[34]。

ジェイソン・グループは独創的なアイデアを検討することもためらわなかった。とりわけ、高エネルギー電子シールドをつくりだすアーガス計画の生みの親であり、国立研究所からジェイソン・グループへとスカウトされた数少ない科学者のひとりであるニコラス・クリストフィロスの熱い想像力と才能は、疑心暗鬼で知られるジェイソン・グループの面々をも魅了した。クリストフィロスは殺人的な勤務スケジュールと発想力で同僚の科学者たちを驚かせたかと思えば、今度はジェイソン・グループの定期的な会合場所であるカリフォルニア州ラホヤのバーに出かけ、深夜までどんちゃん騒ぎを繰り広げた。

地球全体を覆う防御シールドのアイデアが半ば白紙状態になってからも、クリストフィロスはアメリカをソ連の攻撃から守るためのアイデアを出しつづけ、しかも彼のアイデアはひとつ追うごとに異様さを増していった。あるときなど、アメリカの爆撃機がソ連の攻撃を回避できるよう、アメリカ大陸を横断する滑走路まで提案したが、ARPAの初期の歴史では「冴えない」アイデアと酷評された。[35] しかし、彼は少しもひるまず、アメリカに侵入してくるソ連の大陸間弾道ミサイルを破壊する荷電粒子ビーム兵器へと発想の矛先を向けた。バック・ロジャース［アメリカのSFコミックに登場する主人公］やストレンジラブ博士を彷彿とさせるこのアイデアは、いかにもクリストフィロスらしかった。科学的には見事だが、技術的には信じられないくらい複雑だったのだ。

こうしてプロジェクト137の夏期研究から生まれた粒子ビームに目をつけたのが、運営一年目のARPAだった。[36] この粒子ビームはコードネーム「シーソー」と名づけられ、クリストフィロスの大量殺戮技術の仲間入りを果たした。粒子ビームは一九六〇年代初頭のルイナ時代のARPAを象徴するプロジェクトとなり、ARPAとジェイソン・グループとのユニークで末永い関係を特徴づけた。一時期、ARPAは粒子ビーム兵器と「死のレーダーのサブシステム」に三億ドルを費やす計画だった。当時にしては天文学的な金額だ。[37]

シーソーはジェイソン・グループのプロジェクトではなかったが、ジェイソン・グループは成果を評価し、機密報告書で新たな研究の道筋を提案するなど、シーソー・プログラムに欠かせない存在となった。多くの科学者たちと同じく、ルイナも気づけばそのギリシャ人物理学者にすっかりメロメロになっていた。彼はクリストフィロスを「空想的」な人物と評した。彼には自分のアイデアが常識破りだという認識がまったくなかったからだ。「彼はほとんどの人ができるとは思わないような実験をすることをまったく恐れていなかった」とルイナ。「つまり、彼はなんでも跳ね返してしまう全長八キロメートルのネットを打ち上げるという考えにも、まったく躊躇を見せなかった。巨大なネットを打ち上げればすむ話じゃないか、という具合にね[38]」。クリストフィロスの想像力は現実という檻に閉じこめられてはいなかった。その想像力と鋭い知性の組み合わせこそが、ルイナやジェイソン・グループの面々を惹きつけ、ミサイルを破壊する粒子ビームという発想をもたらしたのだ。

粒子ビームは高エネルギー荷電粒子の集中的な光線からなり、粒子が標的に衝突すると、エネルギーが伝わって標的が破壊される。クリストフィロスは大気中を進む荷電粒子ビームを提案したが、これには莫大なエネルギーとともに、ビームを一点に集中させつづける離れ業が必要になる。ジェイソン・グループの面々が楽しんだのはこういう異質なタイプの物理学だ。ARPAはクリストフィロスの働くリバモア研究所に資金提供し、これまた彼の計画の一環である「アストロン」という核融合炉を使用してシーソーの研究を行なった。そして、ジェイソン・グループはシーソーの評価に深く関与した。当然ながら、彼らは技術的な難問を棚にあげ、毎回プロジェクトの継続を支持した。ARPAの歴代局長のひとり、エバーハルト・レクティンはジェイソン・グループの評価について、「まったく同じ科学者が、前年とは正反対の結論を証明する場合もあった」と驚いた。「シーソーというのは実に見事な命名だ。〝現実的〟から〝非現実的〟へと毎年シーソーのように評価が揺れ動くのだから」と彼は冗談を言っている。[39] レクティンはシーソー計画全体の妥当性に疑問を抱いていたが、結局はほかのARPA局長と同じく支持した。

シーソーは無数の現実的なハードルに直面した。ビームを生成するためのトンネルは何百キロメートルという長さが必要になる。そのようなトンネルの建設には法外なコストがかかるし、ビームを生成するだけの高い電力レベルを生み出せる電力供給装置をつくる方法は誰にもわからなかった。ことによれば、まるまるひとつの送電網でも足りないくらいの電力が必要になるかもしれない。「シーソーは迷案だというのがＡＲＰＡの総意だった」とＡＲＰＡ元職員のケント・クレサは振り返る。「あまりにも高コストで難しすぎた[40]」

ある年、クレサはシーソーに関するジェイソン・グループの研究を支援するのはこれで最後にしようと決意した。ビームに大気中を進ませることの科学的な難しさだけでなく、まるまるひとつの都市を守れるシステムの構築にどれだけの予算がかかるかを考えてもらえば、自分たちの提案がいかにバカげているかに気づいてもらえるだろうとクレサは踏んでいた。「それさえ考えれば、世界じゅうをひっくり返しても、アメリカ全土を防衛できるだけのお金などないとわかる」と彼は言った。

いちばんの問題は、研究グループのメンバーにクリストフィロスがいたことだった。クレサがシーソー計画にとってまちがいなく「とどめ」になりそうな問題を持ち出すたび、クリストフィロスが複雑怪奇な解決策をひねり出してくるのだ。「するとほかの面々は決まって〝確かにすばらしい解決策だ〟と口を揃えた」

トンネル掘削のコストという問題に直面すると、「もっと効率的な方法がある」とクリストフィロスは断言した[41]。核兵器でトンネルを掘るのだという。

「坐薬をイメージしてほしい」とクリストフィロスは言った。「そいつを岩に突き刺す。岩のなかにめりこんでいくと、岩が融解し、完璧な管が形成される。岩が融解するだけの高温が保たれるよう押しこみつづければいい。どんどん押してやるだけですむのだ」

クリストフィロスの発想は核の坐薬だけにとどまらなかった。もうひとつ、ソ連の三〇〇〇発のミサイルを撃ち落とす粒子ビームの電力をどう調達するのか、という問題があった。アメリカにそれだけの電力が存在するのか？　「ニックには解決策があった。その瞬間は一生忘れない」と回顧するクレサ。「彼はこう言ったのだ。〝五大湖の地下で核爆発を起こせばいい〟と」

それは湖の水を一連の穴から一五分間で排水し、その水を発電機に通し、核爆発によって開いた巨大な空洞へと落としこむというアイデアだった。唖然とするクレサをよそに、クリストフィロスは五大湖の水量と発電量を計算しはじめた。「発電機を内部に設置しておいて、戦争が始まったら五大湖の水を一気に排水する。これで必要なエネルギーが確保できるというわけだ」とクレサは彼の提案について述べた。「クリストフィロスは必要なエネルギー量を計算した。足りそうだった。部屋にいたジェイソン・グループの面々は一様にうなずき、〝なんてことだ。うまくいくかもしれない〟と言った」[42]

しかし、シーソー計画はただの一発のビームも発射しないまま終了した。[43] 大量殺戮ビームが開発されることはついぞなかったし、巨額の予算がつくこともなかった。ARPAが提供を予定していた三億ドルも結局は手に入らなかった。しかし、シーソー計画はARPAの最長不倒プロジェクトとなり、少なくとも一九七〇年代半ばまでは継続された。誰もがクリストフィロスは天才であり、彼のアイデアはたとえ非現実的でも科学的な価値があると認めていたが、その一方でルイナも含めた全員が粒子ビームに実現の見込みはないと考えていた。シーソー計画は誰に聞いても失敗そのものだったが、初期の局長たちは、一九六〇年代のARPAの精神を象徴する「大胆で科学的に興味深い」研究として、シーソー計画を長年擁護しつづけた。「見返りはないだろう。そもそも現実的でない」とルイナは述べた。「だが、一流の人材が割り当てられているし、このプロジェクトから生まれつつある知識も多い。それに、研究所の雰囲気のなかで研究活動を行なう自由もある」[44]

シーソーのようなプロジェクトはひとつの根本的な疑問を投げかけた。ＡＲＰＡは国家安全保障に重点を置く科学機関なのか？　それとも科学に重点を置く国家安全保障機関なのか？　ジャック・ルイナ局長がゴデルのアジャイル計画を嫌悪したのと同じように、ゴデルは国家安全保障とのかかわりが薄いルイナ肝いりの研究プロジェクトを軽蔑していた。ゴデルの批判の最大の矛先は、ＡＲＰＡがディフェンダー計画の一環として資金提供する電波望遠鏡「アレシボ天文台」に向けられた。建前上、アレシボ天文台は弾道ミサイル防衛の関連研究のために利用されるということになっていたが、ルイナから一般職員まで、ＡＲＰＡの誰もが実は国家安全保障とはなんの関係もないことを認めていた。実際には、学者たちが電離層の研究に使用する高度な科学施設にすぎなかったのだ。

ディフェンダー計画を指揮するチャールズ・ハーツフェルドは、科学者の立場からアレシボ天文台を擁護することに必死だったので、ＮＳＡの当局者から天文台を極秘の盗聴実験に使用したいと持ちかけられると、当初は断るほどだった。ＮＳＡは月面に反射した信号を傍受できるかどうかを検証するため、アレシボ天文台を使用したいと考えていた。[45]アレシボ天文台は機密研究のための施設ではないと彼は主張したが、おそらくゴデルの要請ですぐに妥協した。[46]その後、アレシボ天文台が研究の理想的な場所でないことがわかると、ゴデルは寛大な（とはいえややショッキングな）オファーを持ちかけた。ＮＳＡのためにインド洋のセーシェル諸島で核兵器を爆発させるというのだ。「それは核爆発を使用した計画で、ＡＲＰＡは残留放射能を最小限に抑えること、その後のアンテナの設置に適した形状のクレーターをつくることを約束した」とNSAの暗号学者のネイト・ガーソンは振り返る。「結局、この案はボツとなった」[47]

NSAがセーシェル諸島で核爆発を実施するというゴデルのアイデアを追求しなかったのには、ひとつの理由がある。ARPAの別のプロジェクトにより、そのような核実験は政治的に実行不可能になろうとしていたからだ。

一九六一年にケネディが大統領に就任したとき、米ソは一九五八年に合意した核実験の一時的な停止措置を守っていたが、核実験の再開に向けた政治的圧力が両国で高まっていた。物理学者エドワード・テラーなどの核実験の賛成派は、条約ではソ連の不正を防げないと主張した。『ライフ』誌のエッセイで、テラーと彼の同僚のアルバート・ラターは国民に向けて持論を展開した。「風味豊かなツナ・マカロニ」のレシピとエアーウィックの家庭用消臭剤の広告にはさまれる形で掲載されたそのエッセイは、ソ連のリードを食い止めるためにも核実験が必要であると主張した。さらには、放射線で人間の遺伝子の突然変異が起こったとしても、そう悪いことばかりではないとまで言ってのけた。致命的なのは、ソ連が不正をしたとしても、アメリカにそれを見抜く手段がないという点なのだという。「不正する側と禁止する側が戦えば、まずまちがいなく勝つのは不正する側なのだ」とふたりは記した。[48]

テラーがこうした大胆な主張を繰り広げられたのは、一九六一年当時、ソ連の極秘の核実験（特に地下核実験）を探知することが可能なのかどうかについて意見の一致がなかったからだ。両国とも核実験による地鳴りを検知できる地震計を所有していたが、地震のような自然現象と地下の核爆発とを確実に区別する方法はなかった。つまり、核実験を実施したとしても、今のは核実験ではなく単なる地震だと言い張ることができたのだ。この問題は米ソ間の核実験禁止協定の交渉において重要な意味を持つことになる。この論争は条約の交渉にとって非常に緊迫した話題となり、ケネディとフルシチョフはアマチュアの地震学者に転身したというジョークまで飛び交うほどだった。[49]

しかし、テラーの主張に納得する者ばかりではなかった。一九五九年末、ＡＲＰＡはＣＩＡと空軍の機密核実験探知ネットワークへの対抗勢力として、「ヴェラ」というコードネームの核実験探知プロジェクトを託された。[50] ＡＲＰＡにその仕事が回ってきたのは、アイゼンハワー大統領が自身のスパイたちを信頼しておらず、ＣＩＡやその関係機関とは独立した評価を求めていたからだ。ＡＲＰＡの初期の活動は失敗に終わったが、軍縮に興味を持つケネディの当選によって、「ヴェラ」核実験探知プログラムに新たな関心と予算が向けられたのだ。一九六一年当時、ヴェラには三つの部門があった。地下核実験を探知する「ヴェラ・ユニフォーム」、大気圏での核爆発を探知する「ヴェラ・シエラ」、宇宙から核実験を探知するセンサーを搭載した人工衛星を打ち上げる「ヴェラ・ホテル」の三つだ。[51]

一九六一年、ＡＲＰＡはアメリカ内外の学術的な地震研究に資金をつぎこみはじめた。当時、学術的な地震研究は停滞していた。ＡＲＰＡでヴェラ・プロジェクトを指揮したロバート・フロッシュは、ＡＲＰＡ局長のロバート・スプロールとともに最先端の地震観測施設を訪れたときのことをよく覚えている。まるで掩体壕《えんたいごう》のようなその地下構造物は、振動の測定に使われていた。ふたりはまるでタイムカプセルから出てきたかのようなショックを浮かべ、施設から歩み出た。

中では地震学者たちがペン記録計と原始的な検流計（電流を測定するためのアナログ機器）を使用していたのだ。ヴェラ・プロジェクトはその状況を変えるべく、ほとんどの科学分野では想像もできない規模の資金を地震学に投入しはじめた。フロッシュによれば、地震と核実験を区別するという軍の切実なニーズこそが、地震学を二〇世紀へと引きずりこんだのだ。あるとき、彼はペンタゴンからお金を受け取ることを拒否した「フォーダム大学のふたりのイエズス会士を除く世界じゅうの全地震学者」に資金を提供していたという。

　地震学と核実験探知の両方を前進させるフロッシュの野心的なアイデアとは、ソ連の地震の圧倒的大多数を特定する画期的なシステムを構築し、微震と核実験をめぐる水掛け論に終止符を打つというものだった。この「大規模地震計アレイ（ＬＡＳＡ）」プロジェクトは、モンタナ州の東半分、直径二〇〇キロメートルにわたって埋められた二〇〇カ所の地震観測装置からなる大規模な核実験探知システムであり、ソ連を監視するためには、同じような巨大観測所を世界じゅうに十数カ所以上建設する必要があった。イギリスにあるような小規模な地震計アレイはいくつかあったが、ＬＡＳＡと同じ規模や範囲の地震計アレイは存在しなかったし、それで本当に探知能力が改善するのかどうかも不明だった。空軍はこのアイデアに猛反対したし、フロッシュいわく地震学者たちは「ややぶっ飛んだ」アイデアととらえていたようだ。[52] しかし、フロッシュはＡＲＰＡの柔軟性を実証するチャンスだと考えた。「アイデアを思いついたら、承認に二年間、契約に三年もかける必要はなかった」と彼は述べた。

　ＡＲＰＡ上層部はこのプロジェクトを承認した。最終的には、およそ一四の公共事業協同組合［アメリカでは、採算性の低い地方を中心に、水道、ガス、電気などの公共サービスを提供する協同組合が存在する］

や数十人のモンタナ州の地主と交渉する必要があったが、地主たちは自分の私有地に核実験の探知機器を設置されるのを嫌がった。フロッシュはある朝、地震観測施設を設置しようとする作業員を見かけた地主からARPAに苦情が入ったのを覚えている。「昨日、家に座って朝食を食べていたら、誰かが私の土地を掘っているのが見えた」と地主は訴えたらしい。「朝食中に私の土地をうろちょろするのはやめてもらいたい」[53]

LASAの驚くべき点は、この規模の施設がわずか一年半で完成したことだとフロッシュは言う。同じ規模の政府系プロジェクトが完了するのに、ふつう数年はかかることを考えれば、ありえないようなスピードだ。すべての地震データを収集して分析するセンターが必要になると、ARPAは最終的にモンタナ州ビリングス中心部の賃貸物件を間借りし、地震計アレイからのデータを一台のIBMコンピューターに転送した。「われわれはビリングスの店舗スペースに店を構え、奥の部屋にコンピューターをしつらえて、地震計アレイの分析センターにした」とフロッシュは述べた。[54]

ARPAは科学者たちが運営する世界じゅうの地震観測所にも資金を提供しはじめた。その地震観測網の目的は、軍の機密システムを置き換えることではなく、単に核実験探知の科学研究を拡大することだった。それでも、今までの核実験禁止協定において、何が理論的に監視可能で何が監視可能でないかを政治的リーダーたちに独占的に助言してきたCIAや空軍にとって、ARPAの地震観測網は強力なライバルだった。当然、CIAと空軍はARPAのことを「無能集団」呼ばわりしたし、もっと悪くいえば「公共の問題にまで首を突っこむ」無能集団とみなした。[55]

このARPAのプロジェクトは「世界標準地震観測網」と呼ばれ、その規模と範囲はまさしく巨大だった。この新しい観測所は、結果を紙に記録する代わりに七〇ミリフィルムへと変換するので、持ち運びや科学者どうしの共有が簡単にできる。これが地震学者たちにとってひとつ目の画期的な点だった。もうひとつは、米アラスカ州からオーストラリアのタスマニア島まで広がる地震観測所の空前の範囲だ。その多くが地球の最果てや僻地で占められていた。イタリアのトリエステでは登山家が地震計の設置に協力したし、犬ぞりや人力車が活躍した場所もあった。南極では装置が氷塊の内部で凍ってしまうというアクシデントにも見舞われた。[56]

ＡＲＰＡの初期の歴史をまとめたリー・ハフによると、初期の地震計アレイ設置への同意を取りつけられるかどうかは、ゴデルらのチームの手にかかっていた。彼らはタイからイランまで世界各地に散らばり、ＡＲＰＡの新システムについて交渉を始めた。「ゴデルはすでに、ソ連周辺にさまざまな盗聴器のネットワークを築いた豊富な経験を持っていた。彼はみずから各国に赴き、ＮＳＡのためにそれをやってのけた。その手の仕事に関しては、彼は文句なしのベテランだったのだ」

当時、インドであれイランであれ、ほかの国に地震観測所の設置に同意してもらうのは概して難しくなかった。言ってみれば、ＡＲＰＡは相手国が運用する地震観測所の無償設置を申し入れていたわけで、現地の科学者に必要なのは観測所の運営とデータの共有に同意することだけだった。最終的に、観測網は六〇カ国以上、およそ一二五カ所の観測所で構成されることになる。観測所の件でＡＲＰＡに協力した連邦機関「米国沿岸測地測量局」の科学者、ジョン・ピーターソンは、「当時は物事を進めるのが今よりもずっと簡単だった。書面による合意だけですんだのだ」と述べた。[57]

ＡＲＰＡが世界規模の核実験探知ネットワークを築くにつれて、機密研究と公開研究とのあいだにある緊張は深まっていった。このことは軍縮や国策にとって重要な意味を持ちつつあった。空軍とＣＩＡは自身のセンサー網から得られたデータを頑として公開しなかった。「誰もが彼らは秘密主義すぎると思っていた。要求されたデータはいつも差し出すのだが、帳簿は決して公開しようとしない」とルイナは言った。[58]核実験探知の分野でもっとも嫌われている人物が、核実験探知を手がける機関「空軍技術応用センター（ＡＦＴＡＣ）」で働いていた科学者のカール・ロムニーだった。ロムニーは核実験探知に関する米国の第一人者で、多くの人々から聡明と評されたが、その一方で評論家たちからは核実験禁止協定の前進を妨げている人物として非難を受けていた。ＡＲＰＡに移る前にロムニーのもとで働いていた地震学者のジャック・エヴァーンデンは、「ロムニーは決してデータの改竄《かいざん》を試みたりはしなかったが、データを意図的に曲解した」と主張した。[59]

意図的だったかどうかはともかく、機密データの最大の問題は、ルイナいわく「誰もデータに反論できない。できるのはデータを疑うことだけ」という点だ。この機密データの問題点が顕在化したのは、一九六二年、アメリカが一連の地下核実験の一環として「アードバルク」実験を実施したときだった。核砲弾向けに開発された核出力四〇キロトンの核爆弾「アードバルク」は、地下の核爆発に関する信頼性の高い地震データを生み出した。するとロムニーは、きわめて重要な国家安全保障問題に関する自分の考えがずっとまちがっていたことにふと気づいた。彼はそれまで、小規模な地下核実験と地震を区別するのは難しく、よって核実験禁止条約に実効性を持たせるのは不可能ではないにせよ難しいと主張していた。しかし、アードバルク実験のデータが得られると、彼は重要なポイントを誤解していたことを知った。[60] 一九六二年七月三日、ロムニーは微震と小規模な核実験の区別は思いのほか難しくないかもしれないと発表した。[61] それを聞いたマクナマラ国防長官は激昂し、ペンタゴンにプレスリリースを発表させるはめになった。なぜなら、もし新しいデータがリークすれば（その可能性はおおいにあった）、政府が「核実験禁止条約における監査の問題を和らげる情報を隠蔽していた」とみなされかねないからだ。[62]

ルイナはこの失敗を「うっかりミス」と呼んだが、[63] ロムニーが必死に独り占めしていた機密データにほかの科学者がアクセスできれば、おそらく防げていたミスでもあった。ルイナは三ページつづりの書簡で、「データを解釈する人物がひとりしかいなく、データを評価したり実験を再現したりする人々がほかにいないと、往々にしてこういう失敗が起こる」と記し、その原因を極端な秘密主義に求めた。[64] 核実験禁止条約の交渉で重大な役割を果たした原子力委員会のグレン・シーボーグ委員長によれば、ARPAの活動はようやくケネディ大統領の心を揺さぶりはじめた。ケネディはARPAの核実験探知研究に注目し、その結果に基づいて条約の交渉方法を決めたのだ。「ヴェラ・プロジェクトは、一九五九年から一九六一年にかけてアメリカの専門家たちが考えていたよりも核実験の探知能力が高いことを示したようだ」とシーボーグは条約交渉に関する回顧録で記した。[65]

一九六三年一〇月七日、ルイナがARPAを去った一カ月後、ケネディは大気圏内、宇宙空間、水中における核実験を禁止する部分的核実験禁止条約に署名した。そのわずか数日後、宇宙空間における核実験を探知するARPAの人工衛星「ヴェラ・ホテル」が初めて打ち上げられた。結果は誰が見ても大成功であり、反対派たちがまちがっていたことが証明された。[66] 条約では地下核実験は禁止されなかったものの、どういう形であれソ連との条約を締結できたのはＡＲＰＡの活動の賜物であった。「部分的核実験禁止条約が締結された理由は三つある」とＡＲＰＡ次期局長のロバート・スプロールは述べた。「ひとつはケネディ氏が求めたから。ひとつはソ連が求めたから。そしていまひとつはＡＲＰＡが上院の承認を可能にしたからだ。そして、この三つともが必須条件だった[67]」

一九六三年を迎えるころには、ＡＲＰＡのヴェラ・プログラムはすっかり諜報コミュニティの対抗勢力として確立し、大気圏内や地下の核実験探知が可能だと証明することで、部分的核実験禁止条約の締結を実現した。また、ヴェラはその後の数年間で、科学としての地震学にも同じくらい絶大な影響を及ぼした。世界標準地震観測網の測定データが集まり、学者間で共有されはじめると、地震学者のリン・サイクスは、ＡＲＰＡが資金提供する観測所のデータを用いて、海底地震の位置をより正確に突き止められるようになった。それまで、地震学者たちは地震が海底全体で起こると考えていたが、サイクスは中央海嶺に沿って起こることを証明できた。それまでおおいに物議を醸していたプレート・テクトニクス理論を、ＡＲＰＡの観測網のデータによって立証できるようになったわけだ。[68]

一九六八年、サイクスは同じ地震学者のブライアン・アイザックス、ジャック・オリバーとともに、プレート・テクトニクス理論の普及のきっかけとなった記念碑的な論文「地震学とニュー・グローバル・テクトニクス（Seismology and the New Global Tectonics）」を発表。この論文は、大陸プレート内部および大陸プレート間で地震波が交わる様子を示したデータなど、ARPAの地震観測網から収集された長年の観測結果に大きく頼っていた。[69] サイクスはこう述べている。「ヴェラ・プロジェクトはほぼ一瞬にして、ほとんど支援の集まらない退屈な科学分野を、新たな資金、専門家、学生、興奮が続々と押し寄せる分野へと変貌させたのだ」[70]

一九六〇年代初頭の軍縮政策がそうだったように、時には科学と政策が手を結ぶこともある。一方で、科学と政策の足並みが揃わず、技術だけでは問題を解決できないと実証されることもある。一九六三年の部分的核実験禁止条約の締結以降、さらなる交渉への意欲は薄れた。一九六三年にケネディが死亡して以来、次期大統領のリンドン・ジョンソンは包括的核実験禁止条約への関心をほとんど示すことはなかった。[71] それからおよそ三〇年後の一九九二年になってようやく、アメリカは前年のソ連に続いて地下核実験の一時停止を宣言。そして一九九六年に包括的核実験禁止条約が締結されたあとも、上院は条約の批准に反対しつづけた。それでもヴェラ・プロジェクトは、部分的核実験禁止条約の締結、そしてその後の包括的核実験禁止条約の交渉について、技術的にも政治的にも大きく貢献したとして、広く評価されている（多少の時間はかかったが）。そしてその過程で、「地震学に革命を巻き起こした」とリー・ハフは締めくくった。

他方、ARPAがミサイル防衛の分野で残した遺産は、それと比べるとはるかに薄っぺらい。NSAが一時的に興味を持ったアレシボ天文台は、確かに科学施設としては一流だったが、軍事面ではこれといった貢献をしていない。「シーソー」と呼ばれた大量殺戮粒子ビームは、ペンタゴンにとって特に価値を生み出すことはなかった。そして、ARPAが推し進めた指向性エネルギー兵器によるミサイル防衛計画は、その数十年後、ロナルド・レーガン大統領時代に打ち出された空想的な防御シールドというアイデアの種を蒔く結果となった。ＡＲＰＡが軍事面で残した唯一の成果といえば、ＢＡＭＢＩプロジェクトのミサイル防衛ネットのような「狂気」のアイデアを葬り去り、ナイキ・ゼウスのような失敗確実のプロジェクトを中止させたという点くらいだろう。

それでも、ＡＲＰＡが核の分野で行なった活動は、新しい科学と先進技術を生み出し、政治的な変化を実現した。一九六六年からＡＲＰＡで核実験探知活動に従事し、のちに局長までのぼり詰めたスティーヴン・ルカジクによれば、ＡＲＰＡの活動は技術と国家安全保障の分野における「勝利」を象徴するものだった。勝因は科学と政治が手を結んだことだと彼は言う。弾道ミサイル防衛と核実験禁止条約はホワイトハウスの最重要事項であり、両分野でのＡＲＰＡの科学的進歩がぴったりと足並みを揃えた。ＡＲＰＡの活動によって、核実験の立証が科学的に可能であり、ミサイル防衛が技術的に不可能であることが証明されたのだ。「ＡＲＰＡが成功したのは、われわれが天才だったからではない。われわれは平凡な天才だったにすぎない。むしろわれわれの国に、核実験禁止、核拡散防止条約、弾道ミサイル防衛条約、そして理論化された核兵器や巡航ミサイルの制限へと踏み出す準備が整っていたからだ」[72]

つまり、平凡な天才たちがひとつの科学分野全体に変革を巻き起こし、軍縮の扉を開いたのだ。それはＡＲＰＡの科学者たちに好きなことをする自由があったからではなく、その平凡な天才たちが国家の重要な問題に取り組んでいたからだ。では、平凡な天才ではなく非凡な天才の力を借りたとしたら、ＡＲＰＡはいったい何を成し遂げられるのだろう？

# 第7章　非凡な天才

## 1962―1966

### キューバ危機／「行動科学」と「指揮統制」／ARPANET誕生の真実

「たいへんなトラブルが起きた」[1]。一九六二年一〇月一六日の朝、ジョン・F・ケネディ大統領は弟で司法長官のロバート・ケネディにそう告げた。

数時間後、弟のケネディはU‐2偵察機が撮影したキューバの写真をじっと見つめていた。彼は打倒フィデル・カストロを目指す関係者たちとともにホワイトハウスに座りながら、「ソビエトのちくしょうめ」と言った[2]。

写真にはソ連のミサイル発射装置の明白な兆候が見て取れた。CIAは部屋の半分以上を埋め尽くすほどの巨大コンピューターを使って、配備されたミサイルの正確な寸法や能力を計算した[3]。結論は不吉なものだった。射程は二〇〇〇キロメートル弱。わずか一三分間でワシントンまでミサイルが到達する。この発見は二週間近い危機を引き起こした。キューバをめぐる対立が強まると、米軍はデフコン2を宣言。これは核戦争開始の一歩手前の警戒レベルだ。

軍や民間の司令官たちが分刻みで情報を求めるなか、部隊の割り振りなどに関する情報をリアルタイムで処理するため、空軍の「IBM　473L」といったコンピューターが紛争中に初めて使用されていた。軍の指揮統制に関するペンタゴンの最高機密報告書によると、キューバ・ミサイル危機は、コンピューター上の作戦データが「参謀本部の指揮官たちにますます認知されており」、「データ出力を求める非公式の要求が増加している」ことを実証した。[4] しかし、コンピューターがますます使われるようになっても、その情報を軍司令官どうしで共有するのには時間がかかった。当時は、接続したコンピューター間で情報をやり取りするというアイデアはまだ存在していなかった。

一三日間、交戦の一歩手前の状態が続いたあと、ソ連はキューバからミサイルを撤去することに同意した。こうして核戦争はなんとか回避されたが、両国の対立は指揮統制の限界をも浮き彫りにした。複雑をきわめる現代の戦争では、情報をリアルタイムで共有できないかぎり、核戦力を効果的に統制することはできない。そんななか、軍の大半の幹部も知らないまま、ひとりのしがない科学者がこの問題を解決するべくペンタゴンにやってきていた。彼がのちに考案する解決策は、ARPAでもっとも有名なプロジェクトとなり、軍の指揮統制だけでなく現代のコンピューティングにまで革命を起こすこととなる。

J・C・Rというイニシャル、また友人にはリックという呼び名で通っていたジョゼフ・カール・ロブネット・リックライダーは、ペンタゴンで多くの時間を隠れるように過ごしていた。ほとんどの官僚が国防長官との物理的な距離で自分たちの価値を測るペンタゴンのなかにあって、リックライダーは内側の窓のないの棟のひとつ、Dリングにある執務室を割り当てられると安堵した。ここなら、ウィリアム・ゴデルと顔を合わせずにゆっくりと仕事に精進できる。[5] ゴデルは全員の仕事に首を突っこみ、ひどいときにはリックライダーをくだらないベトナム関連プロジェクトに引きずりこもうとするのだ。

　あるときなど、ベトナムの村々で集団催眠を利用し、南ベトナム政府への支持を高めるという案を評価してほしいと頼んできた。リックライダーはそのアイデアを提案した企業との初回の会合をなんとか抜け出したが、提案を評価するようしつこくせがまれると、とうとうアジャイル計画の責任者に丁寧ながらも単刀直入な返事を書いた。「大胆だという理由だけで否定的なことを言うつもりはないのですが――」とリックライダーは記した。「これだけは言わせてください。催眠に携わる人間や組織の適性を徹底的に調べ、もしまだ行なわれていないとすれば、医学や心理学の分野で認められた国家当局にきちんと活動を監視させるべきかと存じます」[6]。ＡＲＰＡはリックライダーの懸念を重く受け止め、催眠ビジネスから手を引いたようだ。

　仕事に邪魔が入ることはほかにもあった。あるとき、軍の請負業者がミニロケット弾を発射する銃を見せるためにふらりとやってきた[7]。これもベトナム戦争をヒントにした発明品だった。それは四九口径のミニロケット弾を発射する半自動式拳銃で、ベトナム戦争での使用を目指してＡＲＰＡがアメリカ国内でテストを実施していた。しかしどういうわけか、その人物はリックライダーの部屋で銃を試そうと思ったらしい。「銃が暴発し、部屋はめちゃくちゃになった」と彼は振り返る。それから、闇予算の隠れ蓑としてのＡＲＰＡの役割も彼を悩ませた。あるとき、リックライダーは彼自身も真の目的を知らない機密プロジェクトに資金を提供させられるはめになった。数年後、彼は「ラファイエット広場に穴を掘るため」に資金を提供したとだけ述べた。おそらく、そのホワイトハウスの敷地近くで行なわれた機密プロジェクトのことを言っているのだろう。[8]

こうしたたび重なる邪魔を除けば、リックライダーはおおむね自分の仕事に専念していた。彼にとっては好都合なことに、当時のＡＲＰＡ職員の大半は、彼がいったい何をしているのか正確に知らなかったし、理解もしていなかった。表向きには、彼はＡＲＰＡでふたつの研究活動に従事していた。ひとつは「行動科学」の研究で、彼はＡＲＰＡ内で催眠の権威と見られていた。もうひとつは「指揮統制」という漠然とした名前の分野の研究であり、やたらと高価で今や不要となった防空コンピューターを管理していた。しかし、彼がＡＲＰＡにやってきた背景には、もっと壮大な目標があった。それは人間とコンピューターの対話方法を変えるという目標だった。

コンピューター業界では、リックライダーはダジャレ好きで大胆なアイデアをこよなく愛するお茶目な人物として知られていた。[9] 他方、まだコンピューターの世界とは無縁だったＡＲＰＡでは、人当たりはいいが物静かな人物として知られていた。当時、ＡＲＰＡの上級財務管理者を務めていたドナルド・ヘスは、「彼は自分以外の仕事には首を突っこまなかった」と述べている。「まるで近寄ってくるなと言わんばかりだった」[10]

しかし、この指摘は半分しか正しくない。確かに、リックライダーは世間話に加わらなかったが、それは催眠のようなくだらない話題の議論に巻きこまれたくなかったからであって、彼が秘密主義だったからではない。実際、ヘスの記憶によれば、リックライダーはペンタゴンとポトマック川のあいだ、フォーティーンス・ストリート橋近くのマリオット・ホテルで開かれた会合にＡＲＰＡ職員を招待したことがある。リックライダーは部屋に機器を設置し、未来の人々がどうコンピューターを使って情報にアクセスするかを説明した。ヘスによれば、人々が台所でコン

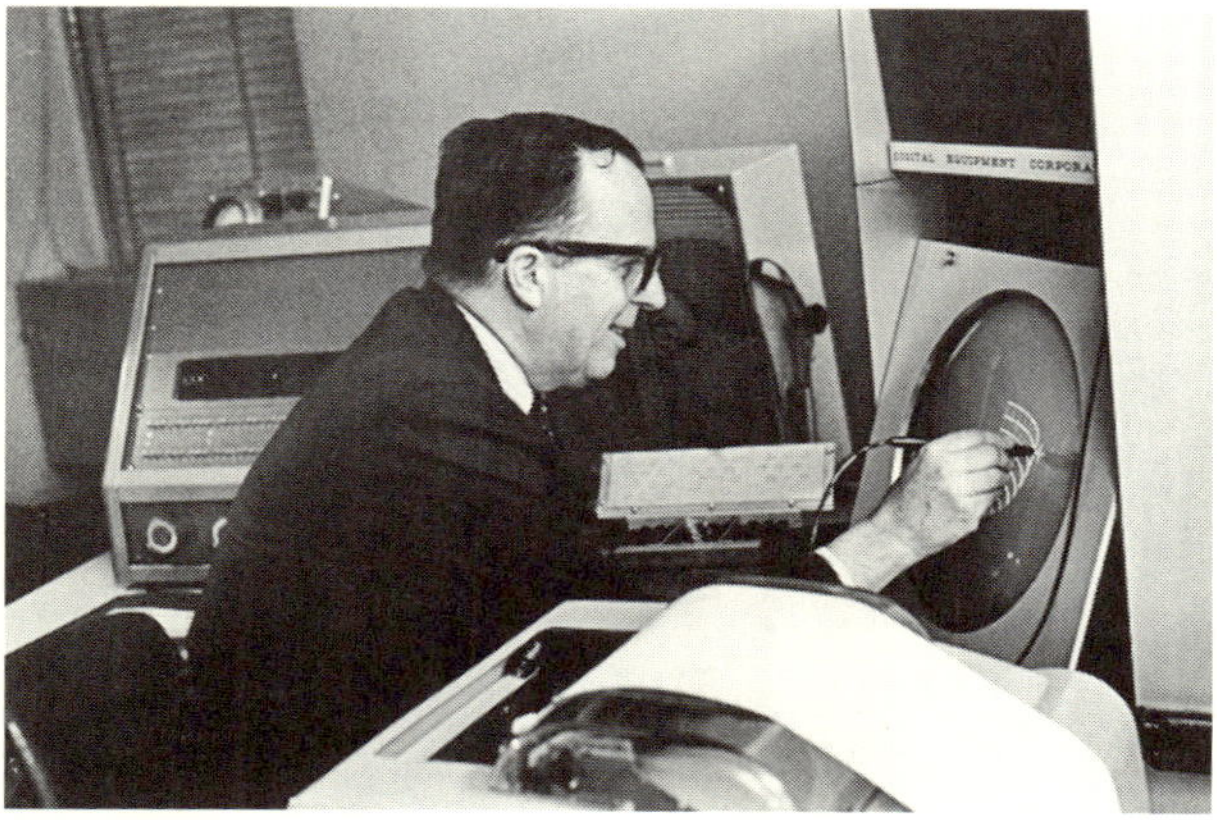


ライトペンでコンピューターを操作するJ・C・R・リックライダー。1962年に指揮統制研究を取り仕切るためにARPAにやってきた彼は、インターネットやパーソナル・コンピューティングの分野を開拓。彼が思い描いた「人間とコンピューターの共生」というビジョンは、「人間の脳では決して思いつかないようなことを考え、現在の情報処理装置ではとうてい不可能な方法で処理を行なう」ことを実現するものだった。

ピューター端末を使い、ネットワークでレシピにアクセスするというビジョンが披露されたという。このリックライダーの「救世主的」なビジョンを実現する技術が登場するのは何年も先だったが、彼はインタラクティブ・コンピューティングの先駆者として、まずは人々にコンセプトを理解してほしかった。[11]彼は誰もがコンピューターを持ち、コンピューターと直接対話し、コンピューターどうしが縦横無尽につながりあっている未来の世界を垣間見せようとした。彼はパソコンや現代のインターネットがこの世に現われる何十年も前に、そのデモンストレーションを行なってみせたのだ。

　リックライダーの控えめながらも強烈な存在感がコンピューター・ネットワーキング、ひいては現代のインターネットの基礎を敷いたという点については、ほとんど議論の余地はない。最大の疑問はその理由だ。

ＡＲＰＡは軍事機関だったので、当然レシピのやり取りのためだけにコンピューター・ネットワークを開発したわけではない。しかし、一九九〇年代になると、インターネットは核戦争に耐えうる軍事通信システムを開発するＡＲＰＡの研究から誕生したという説がまことしやかに囁かれるようになっていた。[12] こうした噂に対し、ＡＲＰＡの資金提供を受けた科学者たちは、コンピューター・ネットワークは民間への応用を意図して開発されたと反論した。[13] だが、真実はもっと複雑であり、インターネットの起源を一九六〇年代初頭のペンタゴンが抱いていた戦争（限定戦争と核戦争の両方）への関心と切り離すことは不可能だ。戦争というニーズがなければ、たぶんインターネットは生まれていなかったろうし、少なくともＡＲＰＡで生まれることはなかっただろう。ＡＲＰＡにおけるコンピューター・ネットワーキングの起源をたどるには、ペンタゴンがそもそもリックライダーのような人物を雇用した理由を理解しておく必要がある。すべての発端は洗脳にあった。

「息子よ！　私の息子よ！　ああ、神様[14]」

一九五三年、メリーランド州アンドルーズ空軍基地のエプロンに立っていたベシー・ディケンソンは、三年ぶりに見る息子が飛行機から降りてくるなり、叫び声をあげた。しかし、それはつかの間の再会だった。メディアから「山の少年」とも表現された二三歳のエドワード・ディケンソンは、敵国に協力したとしてすぐさま軍法会議にかけられることになる。[15] 彼は北朝鮮に残留し、共産主義者たちと運命をともにすることを選んだ二十数名の朝鮮戦争捕虜のひとりだったが、すぐに改心してアメリカに帰国した。彼らは最初こそ歓迎を受けるも、たちまち反逆者の烙印を押された。軍法会議で被告側弁護人は、バージニア州クラッカーズ・ネックという嘘みたいな名前の町［英語の「クラッカー（cracker）」には田舎や山奥の貧乏白人を指す侮辱的な意味もある。肉体労働で首が赤く日焼けしている姿から「レッドネック」とも呼ばれる］で生まれた彼は純粋な田舎者であり、捕虜の期間に共産主義者から「洗脳」を受けたのだと主張した。八人の士官たちからなる陪審員はまったく納得せず、彼に有罪を宣告。結局、彼は一〇年の懲役刑を受けた。

一九五〇年代初頭当時、「洗脳」は新しい用語で、最初にこの言葉を広めたのは、人間の心をも動かすこの危険な兵器について記したスパイあがりのジャーナリスト、エドワード・ハンターだった。共産主義者たちは長年洗脳の研究をしていたが、朝鮮戦争がひとつのターニングポイントになったとハンターは主張した。一九五八年、彼は下院非米活動委員会に対し、洗脳戦術によって「アメリカ人捕虜の三人にひとりが情報提供者や宣伝活動員としてなんらかの形で共産主義者たちに協力した」と述べた。そして、共産主義者たちは心理戦争でアメリカを大きく引き離しており、「彼らの新兵器の目的は人々や都市を無傷で征服することにある」とも主張した。[16]

一九五九年にリチャード・コンドンのベストセラー小説『影なき狙撃者』が刊行されると、洗脳は人々の想像を一気に掻き立てた。この小説は、有名一家の息子が戦争捕虜となり、暗殺の訓練を受けた潜伏スパイとしてアメリカに帰国するというストーリーだ。こうした筋書きの人気は根強く、現代のテレビドラマ・シリーズ『ホームランド』でも、アルカイダによって〝転向〟させられたアメリカ人戦争捕虜が描かれている。

こうした洗脳事件の真実がどうあれ、人間の心をめぐる争いは一九五〇年代後半のペンタゴンの真剣な議論の対象となっていた。アメリカとソ連はイデオロギーの戦争だけでなく心理的な戦争も繰り広げていた。物理学や化学と同じように行動科学も軍事に活かしたいと考えたペンタゴンは、スミソニアン協会の諮問グループに最善の行動指針を提案してもらおうと考えた。こうして一九五九年、多大な影響力を持つスミソニアン協会の「心理学および社会科学研究グループ」が設立され、ペンタゴンに長期的な研究計画を助言する運びとなった。この諮問グループの報告書全体は機密だったが、グループ代表のチャールズ・ブレイは「人間の行動を国防に利用する技術に向けて（Toward a Technology of Human Behavior for Defense Use）」という論文で一部の発見を公表し、ペンタゴンが心理学分野において果たす幅広い役割について説明した。「長期にわたる未来の戦争では、〝特殊戦争〟、ゲリラ作戦、潜入が行なわれるようになるだろう」とブレイは記した。「わが国の部隊や国民の転覆が図られ、捕虜たちは〝洗脳〟を受けるだろう。軍は混乱した一般市民の回復と団結を促すとともに、敵国の市民を味方につけるべく万全の準備を整える必要がある」[17]

冷戦中、軍はたちまち心理学に愛情をそそぐようになった。「一九六〇年代初頭になると、国防総省は社会科学の研究予算の大部分、年間およそ一五〇〇万ドルを心理学に費やしていた。これは第二次世界大戦前の軍の研究開発予算全体を上回る」とこの分野について調査したオレゴン大学の現代アメリカ史の専門家エレン・ハーマンは記した。[18] もちろん、ペンタゴンの関心とスミソニアン協会の諮問グループの提言は、洗脳だけにとどまらなかった。ブレイによると、その応用は「説得や動機づけ」から、「人間と機械、科学者とコンピューターを結びつけるシステム」としてのコンピューターの役割まで、広範囲におよんだ。

最終的に、スミソニアン協会の諮問グループは、ペンタゴンの国防研究技術局長に対し、行動科学とコンピューター科学の両方を含めた包括的なプログラムを実施するよう提言した。この提言を受け、ペンタゴン上層部はふたつの別個の任務をＡＲＰＡに課した。ひとつは行動科学に関する任務で、これには洗脳の心理学から社会の定量的モデリングまであらゆるものが含まれる。もうひとつは指揮統制に関する任務で、こちらはコンピューターに重点を置いたものだ。ペンタゴンはＡＲＰＡの指揮統制と行動科学に関する任務を別個のものとして扱ったが、スミソニアン協会の諮問グループの記録によれば、彼らはふたつの分野が密接に関連しあっていると見ていたことがわかる。対話の相手が機械なのか人間なのかという点がちがうだけで、人間の行動を科学するという点では同じだったのだ。このふたつの活動の面倒を同時に見るとすれば、コンピューターに興味のある心理学者以上の適任者はいないだろう。一九六一年五月二四日、ブレイはマサチューセッツ州の企業「ボルト・ベラネク・アンド・ニューマン」に勤めていた心理学博士のリックライダーに手紙を送り、ＡＲＰＡの「行動科学評議会」の代表職を打診した。「お察しのことと思いますが、この役職は吉と出る可能性も凶と出る可能性もおおいにあります」と諮問グループのブレイは記した。加えて、「非常に厄介で疲れる」仕事であり、当時の大半の官職と同じく、給与も一万四〇〇〇〜一万七〇〇〇ドルとさほど高くはなかった。[19]

リックライダーのもともとの専門分野は、音の知覚に関して研究する音響心理学だったが、彼はマサチューセッツ工科大学のリンカーン研究所でアメリカをソ連の爆撃機の攻撃から守る方法について研究するうち、コンピューターに興味を持つようになった。そこで、彼は「半自動式防空管制組織（ＳＡＧＥ）」システムの開発にかかわった。ＳＡＧＥは、二三カ所の防空基地を接続し、アメリカが攻撃を受けた際に連携してソ連の爆撃機を追跡する冷戦時のコンピューター・

システムであり、コンピューターが人間のオペレーターと連携し、ソ連の爆撃機の攻撃に対する最善の対応策を計算する。一言でいえば核アルマゲドンに対する意思決定ツールであり、映画『ウォー・ゲーム』から『ターミネーター』まで数十年間にわたり、地球を滅亡させるコンピューターというポップカルチャー定番のコンセプトを生み出してきた。

現実には、SAGEが本格的に配備されるころには、大陸間弾道ミサイルの出現によってSAGEシステムは時代遅れ同然となっていた。それでも、SAGEの開発に携わったリックライダーのような科学者たちは、コンピューターの見方を大きくくつがえした。SAGE以前のコンピューターは、主にパンチカードを用いてプログラムをひとつずつ入力し（バッチ処理）、計算を行なって、その結果を吐き出す巨大なメインフレーム・コンピューターだった。人間が毎日コンピューターの前に座って対話するなど、ほとんどの人には理解しがたい光景だった。しかし、SAGEの登場により、オペレーターは初めて情報を視覚的に表示する個別の端末の前に座り、ボタンとライトペンを使ってその端末を直接操作できるようになった。つまりSAGEは、ユーザーが直接命令を与える「インタラクティブ・コンピューティング」と、複数のユーザーが一台のコンピューターを操作できる「タイムシェアリング」を初めて実現したものだったのだ。

SAGEの経験をもとに、リックライダーは巨大な部屋に入ってパンチカードを入力し、機械に数値を処理させるのではなく、誰もが机上の個人端末を通じてコンピューターと対話するような未来を思い描いた。つまり、リックライダーは現代のインタラクティブ・コンピューティングの原型を思い描いていたわけだ。一九六〇年初頭のコンピューターといえば、大学の研究所や政府の施設に設置され、特殊な軍事目的に使用される物珍しい巨大生物だった。そんな時代に、ひとりのユーザーがひとつの目的でコンピューターを使用するバッチ処理を廃止し、遠くの端末の前にいるユーザーが一台のコンピューターの資源にアクセスして、ほぼ同時に別々の機能を実行できるようにするというのは、まさしく革命的なアイデアであった。リックライダーの一九五七年の論文「真に聡明《セージ》なシステム――思考するマン・マシン・システムの実現に向けて（The Truly SAGE System; or, Toward a Man-Machine System for Thinking）」は、この新しいアプローチについて概説する最初の声明のひとつだった。[20] この論文を機に、彼はコンピューティング分野の変革を目指す科学者の代表格となった。

一九六〇年、リックライダーはこの考えをもう一歩進め、インターネット誕生へと至る記念碑的な論文を発表した。「人間とコンピューターの共生（Man-Computer Symbiosis）」というそのシンプルなタイトルの論文が、平凡なコンピューター科学者の著作ではないことは、冒頭の文章を読めば一発でわかる。「イチジクはイチジクコバチという虫によってのみ受粉する」と彼は記した。「イチジクコバチの幼虫はイチジクの子房のなかに棲み、そこで食料を得る。こうして、イチジクとイチジクコバチは密接な相互依存の関係を保っている。イチジクはイチジクコバチなしでは繁殖できないし、イチジクコバチはイチジクなしでは餓死してしまう。つまり、両者は単なる生存のための関係ではなく、生産的で実りあるパートナー関係を築いているのだ。このように、〝種の異なるふたつの生物が密接した関係のなかで、さらには一体的な関係のなかでともに生きること〟を、共生と呼ぶ[21]」

この人間と機械の共生は、バッチ処理コンピューターが支配する当時の状況とは根本的に異なるものだったし、思考するコンピューターに希望を託していた人工知能の絶対信者の発想ともかけ離れていた。リックライダーは、真の人工知能が誕生するのは一部の人々が思うよりもずっと未来の話であり、それまでに人間と機械が共生する過渡期がやってくるのではないかとにらんでいた。彼は「広帯域の通信回線によって端末どうしが接続され、専用回線サービスによって端末と個々のユーザーが結ばれる」ようなコンピューター・ネットワークが利用される未来を思い描いていた。

また、軍事的な応用もリックライダーの頭のなかでは優先順位が高かった。何より、彼はSAGEから発想を得たわけだし、彼の論文では軍司令官のニーズについても指摘されている。しかし、彼のビジョンはそれよりもずっと幅広く、彼は論文内で迅速な意思決定を必要とする経営者や、蔵書どうしが関連づけられている図書館なども例に挙げている。リックライダーは、自分が説明しているのは何かひとつの具体的な応用ではなく、人間と機械のまったく新しい対話のしかたなのだという点を読者に理解してほしかったのだ。個人端末、タイムシェアリング、ネットワーキングなど、彼の論文は現代のインターネットの基礎を実質的に網羅していた。しかし、その時点ではまだビジョンにすぎなかった。彼のビジョンを実現するには、誰かが土台となる技術を開発しなければならなかった。一九六二年にリックライダーが打診されたARPAの役職は、給料も低ければ、おまけにストレス満載だった。当時のARPAはやっと四歳になったばかりの無名機関であり、職員はみな臨時雇いで、数年後には退職するものと考えられていた。それでも、彼は一年間の雇用契約に同意した。彼が思い描くコンピューター・ネットワーキングのビジョンを実現する絶好のチャンスだと信じて……。

一九六〇年、リックライダーのコンピューター・ネットワーキングに関する声明が発表された年、カリフォルニア州ランド研究所のアナリスト、ポール・バランは、「信頼性の低いネットワーク・リピーター・ノードを使用した信頼性の高いデジタル通信システム（Reliable Digital Communications Systems Using Unreliable Network Repeater Nodes）」と題する論文を発表した。彼はこの論文で、冗長な通信ネットワークを利用し、先制攻撃を受けたあとでも米国が核兵器を発射できるようにするというアイデアを提案した。彼の記述には、リックライダーと同様、現代のインターネットの構造と多くの共通点が見られた。

数十年後、人々がインターネットの起源について考察を始めると、インターネットの創始者をめぐる論争が勃発した。しかし、インターネットの起源をひとりの人物やアイデアに求めることには問題がある。一九六〇年代、コンピューターのネットワーク化について考えた人々は数多くいたのだ。よって、真に問うべき疑問は、「そのアイデアを具体的な現実に置き換えられる立場にいたのは誰か？」というものだろう。ランド研究所はそのひとつの候補だ。研究機関というよりはシンクタンクに近いとはいえ、ＡＲＰＡと同様の柔軟性があった。空軍が幅広い国家安全保障の問題をランド研究所に投げると、研究所のアナリストたちが軍の融資を惹きつけられそうな解決策を比較的自由に提案していった。たとえば、ランド研究所のアナリストが世界初の偵察衛星を理論化したおかげで、空軍はコロナ計画を追求することができた。また、ランド研究所は知的活動の大幅な裁量を職員に委ねていたことでも知られる。たとえば、二〇世紀最高の核理論家のひとりであるハーマン・カーンは、全面核戦争について考察し、風刺の恰好の標的となった。

しかし、バランが考えていたのは核戦争の実践的な解決策だった。一九六〇年、リックライダーが記念碑的な論文「人間と機械の共生」を発表したその年、バランはランド研究所の同僚と共同で、核攻撃を受けた際の通信システムの回復力を検証するシミュレーションを実施した。「われわれはさまざまな度合いの冗長性を持つ魚網のようなネットワークを構築した」と彼は『ワイアード』誌のインタビューで振り返った。「すべてのノードを最小数の回線で結ぶネットワークを冗長性レベル1と呼んだ。その二倍の数の回線で結んだものが冗長性レベル2。以下、3、4と続く。そして、われわれはそのネットワークにランダムな攻撃をしかけた」[22]

通信ネットワークをノードの集合として思い描いてみてほしい。ふたつのノード間に接続がひとつしかなく、その接続が核攻撃で破壊されれば、もはやそのノード間で通信するすべはない。しかし、ノード間の接続が複数あれば、一部のノードが取り除かれたとしても代替の通信経路が存在することになる。バランが考えたのは、「どれくらいの冗長性があれば十分なのか？」という疑問だ。バランらは攻撃のシミュレーションを通じて、レベル3程度の冗長性があれば、核攻撃を受けてもネットワーク内のふたつのノードのあいだの通信が途絶える可能性はきわめて低いと結論づけた。「敵が標的の五割、六割、七割、あるいはそれ以上を破壊したとしても、ネットワークは依然として機能するだろう」と彼は述べた。「非常に堅牢だ」[23]

バランはのちに、米ソ両国が核兵器に関して保っていた即時発射態勢に対する懸念を払拭することが目的だったと説明した。核攻撃に耐え抜く能力があるとなれば、理論上、一方が先制攻撃をしかける誘惑がなくなるので、より確固たる抑止力が働く。「初期のミサイル制御システムは物理的に堅牢でなかった」と彼は語った。「そのため、一方が相手の行動を誤解し、先制攻撃をしかけるという危険な誘惑が存在していた。戦略兵器の指揮統制システムの生存能力が高まれば、アメリカの報復機能が攻撃を耐え抜き、依然として機能することが可能になる。これは今までよりも安定した状況だ」[24]

このアイデアが機能するためには、ネットワークは移動距離に応じて信号が劣化するアナログではなく、デジタルでなければならない。実に大胆で斬新なアイデアだ。最大の問題は、ランド研究所自身にそういうシステムを構築する能力がないという点だった。バランは、ランド研究所のRANDは「研究非開発（Research And No Development）」の略だと冗談を言ったほどだ。[25]

ランド研究所はネットワークを構築できなかったが、空軍ならできた。そして、空軍の幹部はバランのアイデアに興味を持った。ところが、開発が始まる前、役所の組織再編によってプロジェクトは国防通信局へと委ねられた。それはアナログの世界で足踏みしているペンタゴン内の冴えない官僚組織だった。バランは失敗するくらいなら中止したほうがまだましだと考えた。「私はプロジェクト全体からプラグを抜いた。やる意味がなかったからだ。〝どこか有能な機関が現われるまで待とう〟と私は言った」[26]。その有能な機関というのがARPAだった。

リックライダーは、ふたつの超大国がキューバのミサイルをめぐって一触即発の状態になったその月、ARPAに到着した。ペンタゴン上層部にとって、ARPAの指揮統制活動が核兵器に関するものだというのは明白だった。当時のARPA副局長のウィリアム・ゴデルによれば、ARPAの新しい任務は二四時間滞空して警戒に当たる軍の〝核アルマゲドン〟航空機（コードネーム「ルッキング・グラス」）に代わるものを検討することだった。[27] ペンタゴンのハロルド・ブラウン国防研究技術局長は、核兵器の指揮統制に関する問題解決をARPAに委ねたつもりだった。指令を出したブラウンは、彼の補佐官のひとりでベル研究所の数学者であるロバート・プリムの影響を受けたという。プリムは核兵器の指揮統制に関する技術に傾倒しており、その研究が最終的に「ＰＡＬ」と呼ばれる核兵器の安全装置の開発へとつながった。ブラウンは軍の開発ペースに不満を抱いていて、ＡＲＰＡならもっと効果的なシステムを開発してくれるという期待をこめて、ＡＲＰＡに指揮統制の研究を託したのだった。[28]

より効果的な核兵器の制御システムの開発は、一九六二年秋の時点では大きな課題だった。開発に着手してからわずか数週間後、リックライダーは空軍が後援する指揮統制システムに関する会議に出席した。バージニア州ホットスプリングスで開催されたその会議では、キューバ・ミサイル危機が議題の中心を占めていた。しかし、会議は誰も独創的なアイデアを出せないまま中途半端に終了した。ワシントンＤＣに戻る列車の車中、リックライダーとマサチューセッツ工科大学のロバート・ファノ教授が会話を始めると、すぐに同乗していたおおぜいのコンピューター科学者たちが会話の輪に加わった。リックライダーは自身のビジョンを広めるチャンスだと思った。より効果的な指揮統制システムを構築するには、まったく新しい人間と機械の対話の枠組みが必要だったからだ。

リックライダーは、ペンタゴンが核兵器の指揮統制に関心を持っていることは十分に承知していた。彼のコンピューター・ネットワーキングに関する初期のプログラム記述書のひとつでは、核兵器の制御に使用される初期の「国家軍事指揮システム」の一部を担うコンピューターどうしを接続する必要性が訴えられていた。[29] しかし、彼にはもっと大きなビジョンがあった。リックライダーはＡＲＰＡ局長のジャック・ルイナ、ハロルド・ブラウン国防研究技術局長の補佐官のひとりのユージン・フビニと会ったとき、インタラクティブ・コンピューティングのアイデアを売りこんだ。彼は指揮統制を改善させる技術だけに着目するのではなく、人々のコンピューターの使い方を一変させたかった。バッチ処理から離れ、タイムシェアリング、そしていずれはネットワーキングを実現させたいと考えたのだ。「戦闘の真っ最中にプログラムを書かなければならないとしたら、誰が戦闘を指揮できるというのか?」とリックライダーは皮肉交じりに問いかけた。[30]

ARPAの研究を統括することになったリックライダーは、指揮統制は単に核兵器を制御するコンピューターの開発よりも重大な問題であることを説明しようと決意した。ペンタゴンの幹部と会い、指揮統制の話題が出るたび、リックライダーは会話をインタラクティブ・コンピューティングへと誘導した。「私は、国防長官府の男たちが私のことを指揮統制室のトップだと考えはじめていることに気づいた。しかし、私はできるかぎり彼らにインタラクティブ・コンピューティングという言葉を使わせた」と語るリックライダー。「最終的には、それが私の仕事だと思ってくれたようだ[31]」

ペンタゴンの幹部たちは、リックライダーの話をよく理解していなかったが、面白そうだとは感じていた。だから、ルイナ局長は彼の研究を認めていたし(少なくともリックライダーが切れ者だということは認めていた)、細かい部分はあまり気にしなかった。「国防長官が私に会いたいと言うとき、その用件がコンピューター科学であることは一度もなかった」とルイナは言う。「決まって弾道ミサイル防衛や核実験探知に関する用件だった。そちらのほうが重大な問題だったのだ。リックライダーの研究は小規模だったが、興味深いサイド・プロジェクトだった[32]」

エンジニアのルイナは、リックライダーのもうひとつの任務、年間予算わずか二〇〇万ドルばかりの行動科学研究には輪をかけて興味が薄かった。ルイナは行動科学という学問分野そのものをフロイト的な思索にすぎないと考えていた。「この二〇年間、行動科学の分野で、人類に新しい概念、考え方、重要な貢献をもたらすような画期的な出来事は果たしてあったかね？ あったとすれば、それは政府の契約によるものなのか？ それとも、政府の契約になど頼らずとも人間へのすばらしい洞察力を発揮できるトルストイのような小説家がもたらしたものなのか？」とルイナはリックライダーに問いかけた。「彼は考えてみると言ったが、後日戻ってきて、特に行動科学の目新しい成果は見当たらなかったと言った。〝そうそう、行動科学プログラムについて私が心配する点はそこなのだ〟と私は答えた」[33]。結局、リックライダーは行動科学研究の予算の大部分を社会科学関連の活動ではなく、人間とコンピューターの対話の研究に費やした[34]。そして、ルイナにとってはそれで満足だった。

ＡＲＰＡにやってきたとき、リックライダーはＡＲＰＡを天才と平凡な官僚の共存する組織だと感じた。ＡＲＰＡは東南アジアの活動に関与しはじめたばかりで、その活動は依然としてほぼ秘密裏に行なわれていた。リックライダーが懸念を抱いたのはこの点だった。「ＡＲＰＡにはスパイ組織的な一面があった」と彼はのちのインタビューで振り返った[35]。彼にとってもっと厄介だったのは、その活動を指揮するゴデルが「常に私の研究を監督しようとしてくる」ことだった。「彼の行動は得体が知れなかった。だから不安でたまらなかった」と彼は言う。しかし、リックライダーはおおむね放置されていた。当時のＡＲＰＡはまだ若い組織で、行動の指針となるような前例も少なかったからだ。ルイナ局長は形式的な制度にすぎなかった「ARPAプログラム評議会」をすでに廃止していたので、リックライダーのような新人たちは仕事をしながら独自のルールを築き上げていった。それがのちにARPAの最大の特徴を生み出す。プログラム・マネジャーには、ペンタゴンの全体的な目標とほとんど関係ない研究プログラムを立ち上げる大幅な裁量が認められているのだ。

リックライダーの当面の課題は、SAGE防空システム用につくられた新型コンピューターのプロトタイプ、通称「白い巨象」に対処することだった。[36]正式名称を「AN/FSQ-32」というその高価なシステムは、少し前にペンタゴンが中止を決定したSAGEのアップグレード版コンピューターのプロトタイプだった。一九六〇年になると、ペンタゴンの最大の懸念はソ連の有人爆撃機から大陸間弾道ミサイルの脅威へと移っていた。[37]もはや不要となったそのコンピューターは、開発請負業者「SDC」(ランド研究所のスピンオフ企業)に関連するコストもひっくるめて、ARPAへと半ば強引に押しつけられた。リックライダーいわく、このコンピューターは「偉大な資産」だったが、バッチ処理専用だった。[38]タイムシェアリングの伝道者であるリックライダーにとって、バッチ処理は無駄でしかなく、リックライダーが指揮統制研究のために割り振られた八〇〇万ドルの予算のうち、その白い巨象だけで六〇〇万ドル近くを食い尽くしてしまう始末だった。プロジェクトを中止するわけにもいかなかったので、彼はそのSAGEコンピューターを、同じビジョンを持つコンピューター科学者からアイデアを募る手段として利用することにした。彼はこのコンピューティングの「先進研究拠点」へと少しずつ予算を回していった。

そうした契約のなかでもとりわけ野心的だったのが、マサチューセッツ工科大学への二〇〇万ドルの補助金から始まった「ＭＡＣプロジェクト」だ。ＭＡＣプロジェクトは、人工知能、グラフィックスから、タイムシェアリング、ネットワーキングまで、インタラクティブ・コンピューティングのあらゆる要素を網羅するプロジェクトで、ＡＲＰＡの定める目標に資金を使うかぎり、マサチューセッツ工科大学には大幅な自由裁量が認められた。また、名声よりもビジョンを重視したリックライダーは、スタンフォード研究所のダグラス・エンゲルバートなど、無名の科学者たちにも積極的に資金を提供した。リックライダーがあちこちと契約を結び終えたころには、彼の先進研究拠点は東海岸から西海岸まで広がり、マサチューセッツ工科大学、カリフォルニア大学バークリー校、スタンフォード大学、スタンフォード研究所、カーネギー工科大学、ランド研究所、ＳＤＣといった錚々たる機関が名を連ねていた。

一九六三年四月、ＡＲＰＡに来てわずか半年後、リックライダーはＡＲＰＡの資金援助する人々に宛てて、「銀河間コンピューター・ネットワークの関係者各位」と題したのちのち有名になる覚書を送った。それはＡＲＰＡの資金提供を受ける研究者たちが、共通の目標に向かって進む同志であるということを伝える一種のジョークだった。「究極の問題は、ＳＦ作家たちが論じているものと実質的には同じだ。まったく無関係な〝知的〟生命体どうしがコミュニケーションを開始するにはどうすればよいか？」。続けて、この六ページつづりの覚書では、彼のビジョンがはっきりと述べられた。「それでも、統合的なネットワークの運用機能を開発するのは興味深く、重大な問題だと私は思う」と彼は続けた。「私が漠然とイメージするこうしたネットワークを機能させることができれば、少なくとも四台の巨大コンピューター、六〜八台の小型コンピューター、各種ディスク・ファイルや磁気テープ装置、そして言うまでもなく遠隔端末やテレタイプ端末がすべて連動することになるだろう」[39]

この覚書は彼のインタラクティブ・コンピューティングのビジョンをもっとも鮮明に表現したものであり、一九六三年時点で重要なのはビジョンだった。なぜなら、リックライダーが構築していたのはコンピューター・ネットワークそのものではなく、研究の基礎の部分だったからだ。しかし、初期の研究の具体的な成果がないというのは、ひとつのリスクでもあった。ペンタゴン内部にはコンピューターの将来性をきちんと理解している人物はほとんどいなかったからだ。一九六三年にルイナがARPAを去ると、ニューヨーク州イサカにあるコーネル大学出身の科学者で、ルイナの後任の局長となったロバート・スプロールは、リックライダーのプログラムを危うくすべて中止しかけた。ARPAの最盛期、つまり宇宙開発計画を掌握し、五億ドルもの予算を与えられていた初年度以降、ARPAの予算は年々減少の一途をたどり、一九六〇年代中盤には二億七四〇〇万ドルへとほぼ半減していた。[40]スプロールはARPAの予算をさらに一五〇〇万ドル削るよう命令されると、すぐさまこの二年間であまり成果のあがっていないプログラムを探しはじめた。案の定、リックライダーのコンピューター研究は削減の最有力候補となり、新局長のスプロールはプロジェクトの中止を検討した。

すると、リックライダーは持ち前の冷静さで中止の危機に対応した。「わかりました、それでは、中止を決定する前に、いくつか研究所を訪問して私どもの活動を見学してはいかがですか?」とリックライダーは提案した。[41]スプロール局長はリックライダーに連れられ、国内の主要なコンピューター・センターを三つ四つ回った。彼はいたく感動し、資金提供の継続を決めた。

数十年後、「インターネットを葬りかけた」男という評判についてどう思うかと問われると、スプロールは笑ってこう答えた。「異議なし」[42]

一九六四年にリックライダーがARPAを去るころには、コンピューター科学研究から「指揮統制」という言葉が抜け落ち、「情報処理技術室」という新たな名称で置き換えられていた。こうして、コンピューティングという側面が強化され、旧来の核研究というアイデンティティを脱ぎ捨てることとなった。リックライダーが行なった投資はすでに大小さまざまな実を結んでいた。マサチューセッツ工科大学では、ARPAが資金提供するタイムシェアリング・システムによって、トム・ヴァン・ヴレックという学生の記述した最初の電子メール・プログラム「MAIL」が生まれた。スタンフォード研究所では、それまで無名だったエンゲルバートが、ユーザーとコンピューターの直接の対話を実現するライトペンなどのさまざまなツールを試した結果、最終的に小さな木製の箱に落ち着いた。彼はその装置を「マウス」と名づけた。

リックライダーがARPAを去ると、すでにコンピューター・グラフィックスの研究で名声を築いていた新進気鋭のコンピューター科学者、アイバン・サザランドが彼の後任についた。しかし、当時サザランドは二六歳の陸軍中尉にすぎず、しかもほかに適任者がいないために雇われただけだった。全員臨時雇いというARPAの独特の制度のせいで、ポストを埋めるのが難しくなっていた。政府の給料は低く、その時点では学者の臨時的任用に関する規定もなかった。しかし、サザランドには選択肢がなかった。「当時軍人だった私は、いきなり〝ペンタゴンに行ってこの職につけ〟と命じられた」[43]

サザランドはリックライダーの足跡をたどろうとしたが、気がつけばコンピューター科学者たちの反発にあっていた。彼はカリフォルニア大学ロサンゼルス校（ＵＣＬＡ）の三台のコンピューターを使ってネットワークを構築しようとしたが、同校の研究者たちはなんのメリットも見出せなかった。大学の教授たちはコンピューターをネットワーク化することで、コンピューターの貴重な資源が奪われるのを危惧していた。当時ＵＣＬＡの大学院生だったスティーブ・クロッカーは、コンピューターの使用時間をめぐってたびたび争いがあったのを覚えている。「あるとき大げんかになり、警察にふたりを引き離してもらうはめになった」と彼は語った。[44] ＡＲＰＡがＵＣＬＡで初のコンピューター・ネットワーキング・プロジェクトを実施しようとしたときも、似たような抵抗にあった。クロッカーによると、同校のコンピューター・センターの所長は、「ＡＲＰＡに急かされてスケジュールどおりに何かをつくるのは、大学の本来のあるべき姿ではない」として、ＡＲＰＡとの契約を打ち切ることを決めたのだという。

サザランドはこの頓挫したコンピューター・ネットワーキング・プロジェクトを「私の重大な失敗」と呼んだが、[45] 実際には失敗というよりも、未来を先取りしすぎたのだった。サザランドが去った直後、副局長のロバート・テイラーがすぐに情報処理技術室を引き継いだ。テイラーは名声ではサザランドやリックライダーに劣っていたものの、ビジョンとやる気はあった。一九六五年、テイラーはペンタゴンのＥリングにあるＡＲＰＡ新局長のチャールズ・ハーツフェルドの執務室を訪れ、地理的に分散した拠点どうしを結びつけるコンピューター・ネットワークのアイデアを打ち明けた。ハーツフェルドは前々からコンピューターに強い興味があった。シカゴ大学の大学院生時代、彼は著名な数学者で物理学者、ジョン・フォン・ノイマンの講義に出席したとき、砲撃射表の計算をスピードアップさせるために開発された第二次世界大戦時のコンピューター「ＥＮＩＡＣ」の話を聞き、人生が変わったのだという。その後、ＡＲＰＡではリックライダーと親しくなり、脳とコンピューターの共生に関する彼の布教活動に同じくらい影響を受けた。

「私は早くからリックライダーの門弟になった」と彼は振り返る。[46]

テイラーが提案していたのは、数年前のリックライダーのような小規模な実験ではなかった。彼は全国を結ぶ正真正銘のコンピューター・ネットワークを構築したかった。それは前代未聞の試みであり、まったく新しいテクノロジー、大規模な投資、研究者への働きかけが必要になる。

「予算はどれくらい必要かね？」とハーツフェルドは訊いた。

「ひとまず一〇〇万ドルというところでしょう」とテイラー。

「よし、交渉成立だ」

それで終わりだ。インターネットの前身となるコンピューター・ネットワーク「ＡＲＰＡＮＥＴ」の開発予算が承認されるまで、わずか一五分の出来事であった。[47]

インターネットの創始者をたったひとりに絞るのは不可能かもしれないが、ランド研究所のポール・バランの完璧なアイデアが現実のものとなることなく終わったのに対し、リックライダーがワシントンで自身のビジョンを実現できたのは、一九六〇年代のＡＲＰＡの独特の立場を象徴するものだった。ＡＲＰＡＮＥＴは一九六〇年代前半のＡＲＰＡで数々の要因が奇跡的なまでに合致した結果として誕生した。重要ではあるが漠然とした軍事問題への取り組み。できるだけ広い視野で問題に取り組む自由裁量。そして何より、軍事問題との関係を保ちつつも、国防総省の狭い関心に閉じこめられない斬新な解決策を見出す非凡な研究リーダー。人間の心に関する冷戦時のパラノイアに基づく活動は、いつしか核兵器の安全性に対する懸念へと姿を変え、やがてはパソコン時代の到来を予感させるインタラクティブ・コンピューティングへと生まれ変わった。それは不思議な旅だった。

ＡＲＰＡＮＥＴと核アルマゲドンとの関係性については、真実は入り組んでいる。ＡＲＰＡＮＥＴは核兵器の指揮統制システムとして開発されたわけではないが、核による人類滅亡やソ連の支配に対する冷戦時の恐怖が開発の発端となったことは確かだ。核兵器の指揮統制に対するハロルド・ブラウンの関心、ゲリラ戦やプロパガンダに対するスミソニアン協会の諮問グループの懸念、人間と機械の共生に関するリックライダーのビジョン――そのすべての要因がコンピューター・ネットワーキングの誕生に寄与したといえる。のちのインタビューで、ポール・バランはインターネットの構築を大聖堂の建設にたとえた。「数百年間のあいだに、人々が次々とやってきては古い土台の上にひとつブロックを積み重ね、〝私が大聖堂を建てた〟と言う。翌月、また古い土台の上に別のブロックが積み重ねられる。するといつか歴史家がやってきて、〝この大聖堂を建てたのは誰だ？〟とたずねる。ピーターがこっちにいくつか石を置き、ポールがもう何か石を置いた。よくよく注意しなければ、いちばん大事な仕事をしたのは自分だと思いこんでしまう。しかし現実には、誰の貢献の前にもその前の人の仕事がある。すべてがほかのすべてとつながっているのだ」[48]

ＡＲＰＡのもっとも有名なプロジェクトであるコンピューター・ネットワークを手がけた機関の局長として、ルイナは功労者をたったひとりに絞りこむことの難しさを理解していた。後年、ルイナはインターネット開発における彼の役割についてインタビューを受けるたび、同じ主旨の言葉を何度も繰り返している。彼にはリックライダーが何をしているのかまったく見当がつかなかった。ただ、何かすばらしいことをしているとは思っていたそうだ。「私がインターネットに対して行なった唯一の貢献は、インターネットの開発に貢献した男を雇ったことだけだ」[49]

ルイナの発言は、インターネット開発の道を切り開いた研究について、より大きな真実を物語っている。コンピューター・ネットワーキングは、一九六〇年代のＡＲＰＡにとって大きな時間や予算を占めるものではなかったのだ。リックライダーが開発を続けられたのは、彼が水面下で活動していたからだ。[50] ＡＲＰＡの最大の実績と称されるＡＲＰＡＮＥＴの皮肉な点とは、それがＡＲＰＡの活動のずっと大きな照準であるベトナム戦争の影に隠れながら成長していったという点なのだ。一九六二年、リックライダーがアメリカのコンピューター研究を着々と積み上げ、インターネットやパーソナル・コンピューティングの土台を敷いていたとき、ＡＲＰＡの別の部門が東南アジアの悲惨な戦争の土台を密かに敷いていた。

一九六〇年代初頭のＡＲＰＡには、軍事問題に取り組むための大幅な自由裁量が認められていた。そのことがコンピューター・ネットワーキングや核実験探知に関する豊かな研究を下支えしていたのは事実だが、他方、ＡＲＰＡは東南アジアで同じくらい野心的な、とはいえはるかに悲惨な結末をもたらす活動に勤しんでいた。翌一〇年間、ＡＲＰＡのベトナム戦争活動は、ＡＲＰＡ自身に深い影響を及ぼすことになる。ベトナム政府への反乱を鎮圧するというＡＲＰＡの大胆なビジョンは、数十年後にアフガニスタンやイラクで息を吹き返す膨大な量の研究成果を生み出し、やがてアメリカの戦争手法そのものを一変させるテクノロジーをつくり出していくことになる。

# 第8章 ベトナム炎上 1961―1965

枯葉剤／戦略村／AR－15／ふたりの大統領の死／ゴデル収監

一九六一年終盤になると、アメリカはARPAとともにますますベトナム戦争にのめりこむようになっていた。一九六一年一〇月に東南アジアへと派遣されたテイラー使節団は、部隊の増援と南ベトナム政府への支援を勧告し、着々と戦争の土台を敷いていた。ケネディ政権は東南アジアの共産主義打倒に本腰を入れはじめ、ワシントンではこの目標を達成する最善の手段をめぐって激しい論戦が交わされた。その結果、支援の大部分を秘密裏に行なうことが決定された。

歴史家のスタンリー・カーノウは、ベトナム戦争史に関する著書のなかで、「どんどんエスカレートしていく米軍のベトナム戦争への関与は秘密にされた。半分はジュネーブ協定に違反するからであり、もう半分はアメリカ国民を欺くためだ」と記している。[1]ジュネーブ協定は、外国の軍事顧問の人数も含め、外部からのベトナム関与に数々の制約を課していた。当時、ベトナムでジャーナリストをしていたカーノウは、一九六一年終盤にサイゴンのホテルから、数十機のヘリコプターを甲板に載せた空母が港に停泊しているのを見たと述べている。彼が一緒にお茶を飲んでいた米軍のスポークスマンにその光景を指し示すと、相手は一言こう返した。「私には何も見

ARPAのベトナム戦争中の活動拠点。サイゴンにあるフランス軍の旧兵舎内に設けられた。ベトナムの陸軍と共同で運営された戦闘開発試験センターや、ARPAの研究開発現地ユニットの本部として使われた。ARPAは10年以上にわたり、枯葉剤計画から心理作戦まで全活動をこの場所から指揮していた。

えない[2]」

ＡＲＰＡがアジャイル計画の名のもとで行なったベトナムでの活動は、こうした極秘の関与増大の重要な部分を占めており、ＡＲＰＡの現地支局では科学技術と対反乱作戦が前代未聞の融合を遂げた。食料供給のコントロール、山火事の実験、村のまるごと移転など、ＡＲＰＡのアジャイル計画は、対反乱作戦に関する世界初の大規模な科学実験を行なっていた。その最初で最大の実験のひとつが枯葉剤であり、ウィリアム・ゴデルが個人的に陣頭指揮をとっていた。一九六一年秋、ＡＲＰＡは固定翼機や「ヘリコプター用殺虫剤液体散布装置（ＨＩＤＡＬ）」搭載の改良型ＵＨ－１ヒューイを用いて散布実験を開始する。この段階では、まだ実験用の土地でさまざまな化学薬品をテストすることに主眼が置かれていた。ゴデルは、ペンタゴン、国務省、ホワイトハウスの上層部に送られた一九六一年九月の機密報告書で、「このプログラムは心理的な悪影響に厳正な配慮をしたうえで、ベトナム政府の強い要望によって行なわれている。現地の地域や村の長たちもプログラムに協力している」と記した[3]。

この実験は少なくともゴデルの頭のなかでは成功だったようで、ジエム大統領自身もキャッサバや稲を破壊する化学薬品を求めはじめた。[4] 最初の作戦では、枯葉剤の散布に四機のH-34ヘリコプターと六機のC-19航空機が必要だった。事態は一刻を争った。すでに晩秋を迎え、一部の稲はもう収穫段階に入っているだろう。そこで、報告書では空中から穀物畑へのナパーム弾の投下も提言された。計画はまず、「Dゾーン」という一六〇〇キロメートルにおよぶ区画を対象に、食物を破壊するのではなく、ベトコンが身を潜める下生えを取り除くことから始まった。[5] 枯葉剤の散布は最高機密だったため、最高幹部による決定が必要だった。こうして一九六一年一一月三〇日、ケネディ大統領は密かにベトナムでの枯葉剤使用を承認した。[6]

　五日後の一九六一年一二月四日、ゴデルはメリーランド州フレデリックのフォート・デトリックにある「米国陸軍化学部隊生物学研究所」の科学者、ジェームズ・W・ブラウンを呼び、ARPAの機密枯葉剤実験の開始について話しあった。実験の場所は、のちの覚書では「友好国」としか述べられていない。ゴデルは、作物の破壊作戦が承認されたことと、事前に選ばれたエリアに枯葉剤を散布し、続いてナパーム弾で葉を焼き尽くすことを説明した。ブラウンの役目は、初期の散布作戦を指揮し、散布が終了したら南ベトナムの政府当局が行動を開始するための準備を整えることだった。この作戦が機密なのは明白だった。ゴデルはブラウンに対し、現地の政府当局に化学薬品や保護対策について情報を求められたら、「知らない」の一点張りで通すよう指示した。この会合について記した機密の報告書によれば、ブラウンは相手に何も教えてはならないことになっていた。[7]

　一九六二年一月七日、サイゴンで日が暮れようとしているころ、タンソンニャット空軍基地に三機の「C－123」航空機が着陸した。頑丈な短距離双発輸送機C－123は、簡易的な滑走路でも離着陸が可能なことから、とりわけ機密作戦で力を発揮した。当初、ホワイトハウスは軍用機の痕跡をすべて消し去り、民間機を装って飛行することを検討した。結局、この案はボツになったが、それでも作戦は機密扱いとなった。航空機は発見を逃れるため、紫色のスカーフやアメリカの極秘作戦との深いつながりで知られる華やかな軍司令官、グエン・カオ・キの率いる対反乱作戦の精鋭部隊が普段使用しているエプロンに警備つきで駐機された。[8]

乗員は機密作戦について説明を受け、行き先や任務を決して明かさないという誓約書に署名していた。この航空機は単純に「戦術空軍輸送隊（臨時1）」と命名され、のちに「ランチハンド作戦」というコードネームで呼ばれるようになる。念入りな安全対策を講じるのは当然のことだった。[9]ある朝、何者かによって航空機が破壊され、ベトナム人警備員の首が切られているのを米軍の乗員が発見したのだ。それでも、ベトナム到着から一週間足らずで、航空機はビエンホアとブンタウを結ぶ国道15号線上空で作戦を開始した。散布装置を搭載した航空機は木々の上すれすれを飛行しながら、真下の森に向けて一定のペースで枯葉剤を散布していった。機内の枯葉剤の容器には、化合物の種類を示す色つきの縞模様が入っていた。その最初の航空機の容器に入っていた縞模様は紫色で、この「パープル剤」はジクロロフェノキシ酢酸とトリクロロフェノキシ酢酸の二種類の除草剤を半分ずつ配合していた。そのほかにも、ピンク剤、グリーン剤、ブルー剤、ホワイト剤、そして最終的にベトナムでもっとも広く用いられたオレンジ剤もあった。[10]

多くの面で、アジャイル計画はゴデルの一人舞台だった。彼は完全無視を決めこんでいたARPA局長のジャック・ルイナさえもすっ飛ばし、「対反乱特別研究班」を通じてペンタゴンやホワイトハウスの上層部に直接報告を行ない、我が物顔でアジャイル計画を取り仕切った。しかし、ゴデルには非常に明確なビジョンがあった。彼は数々のプロジェクトの存在意義を「兵器システム」アプローチという言葉で説明した。どの兵器や技術ひとつをとっても、それ自体が目的ではなく、南ベトナム軍にみずから戦わせるという具体的な目的を念頭に置いて選ばれたのだという。「たとえば、パトロール犬や枯葉剤を開発したり使用したりするのは、ベトナム軍を立派な要塞から引っ張り出し、敵と積極的に戦わせるためなのだ」と彼は記した。[11]

ゴデルのアジャイル計画は、そのすべての要素が絡みあっていた。まず、枯葉剤で食料源を断つとともに、ベトコンが潜伏するジャングル内の下生えを一掃する。次に、ジャングル内に潜伏するベトコンと戦うための最新技術（新型の軽量銃など）を南ベトナム軍に提供する。最後に、この戦略の要ともいえる戦略村計画を通じて、農家を安全な場所に移住させ、ベトコンから村の強奪、新兵の獲得、食料の確保の機会を奪う。少なくとも、計画上はそうなっていた。

東南アジアにおける移住計画は、一九四〇年代に共産ゲリラと相対した英領マラヤ（マレー）の悲劇的な歴史までさかのぼる。マラヤの国防事務次官だったロバート・トンプソンは、多岐にわたる対ゲリラ作戦を練った。ゲリラに降伏を呼びかける「口うるさい《ラウドマウス》」航空機のような一連の心理作戦。ゲリラの潜伏場所を奪う枯葉剤作戦。そして、ゴデルらがベトナムで提案することになる戦略村の小型版だ。

空軍諜報員のエドワード・ランスデールがフィリピンの教訓をベトナムに持ちこんだように、トンプソンのような対反乱作戦の専門家たちはマラヤの教訓をベトナムに持ちこんだ。フィリピンと同じく、マラヤもゲリラを打倒した成功例のひとつとして、魅力的な事例研究の対象となった。しかし、ふたつの地域には重大な相違があった。マラヤの場合、共産主義者たちは華僑の人々であり、マレー人とはまったく異なる集団だったので、移住後に華僑の人々を新しい村々から締め出すのは比較的簡単だった。しかしベトナムの場合、政府に忠実な農民とベトコンを簡単に見分ける方法がなかった。もうひとつの重大なちがいは規模だ。マラヤの共産ゲリラはおそらく一万人にも満たなかったが、ベトコンは一九六二年時点で最低でも八万人を超えていた。[12]

戦略村計画はどのような観点から見ても大がかりな事業であった。[13]南ベトナムの農村人口を新しく建造した村々に移住させるとなれば、政府が政策をきちんと説明し、村の建造や防衛に必要なインフラや安全対策を提供する必要があった。アメリカ側は、村民たちがベトコンから身を守ってほしいと考えていて、安全な場所へと喜んで移住してくれると思いこんでいた。しかし、ベトナムの現実ははるかに複雑だった。南ベトナム政府は「サンライズ作戦」という名称のもと、一九六二年三月にビンズオン省で戦略村の建設を開始。自分の農地から遠く離れた戦略村に進んで移住する農民はほとんどいなかったが、南ベトナム政府は強引に移住を進め、農民の実際の暮らしなど何も知らないジエムの弟ヌーに指揮を任せた。[14]秋までに、三二二五の戦略村が建造され、「総人口の三分の一以上がすでに完成した戦略村で暮らしている」とサイゴンの政府は発表した。[15]

しかし、ＡＲＰＡはこの数字がベトナムの複雑な現実と食い違っていることを当初から理解していた。農村部の治安に関するＡＲＰＡの一九六二年の報告書には、「戦略村とは心のありようであって潜入不能な要塞のことではない」と記されている。[16]別の言い方をすれば、戦略村という ものの明確な青写真はなかったのだ。それは南ベトナム政府が資源という形で戦略村のために提供したものがほとんどなかったからだ。しかし、具体的な部分は不明瞭でも、目標だけは明確だった。先ほどのARPAの報告書は、戦略村のことを「政府が人民を正式に統制するための機構」と露骨に表現している。さらに、「全員が全員の顔とその活動を知っていて、よそ者や怪しい活動が一発で見つかってしまう」ような戦略村こそが「効果的」だとも述べている。[17]

南ベトナム政府は大成功をアピールしていたが、アジャイル計画の関係者は信じていなかった。強制労働、農民の不満、人気《ひとけ》のない村々に関する報告が、サイゴンの戦闘開発試験センターを通じてワシントンへと次々にあがっていた。[18] 一九六二年、ベトナム語が話せる人類学者で、ARPAのアジャイル計画に参加するためにランド研究所に雇われたばかりのジェラルド・ヒッキーは、クチを含めた南ベトナムの戦略村をいくつか視察しはじめた。戦略村の状況は決して順調とはいえなかった。農民は要塞づくりの強制労働で畑仕事の時間を奪われ、不満を抱いていた。一部地域では農業生産高が激減し、もともと生活に汲々としていた人々にとって、ただ働きは大打撃となった。竹槍や警報装置で入念に防備された戦略村に入りこむため、とりわけクチ周辺のベトコンは地下道を掘った。

しかし、ヒッキーがクチ戦略村の正式な完成を祝う〝芝居じみた〟式典に出席したときには、そんな現実とはまったく異なる光景が広がっていた。戦略村は大急ぎで清掃され、村民は家にとどまるよう指示された。その張りぼて村に到着したジエムの弟ヌーは、シガレット・ホルダーを手に持ちながら、住民不在のその式典を取り仕切った。住民たちは式典への出席を拒否されるくらい信頼されていなかったのだ。[19] 戦略村計画に関するヒッキーの報告書はかなり否定的で、ワシントンでは軍民どちらのリーダーたちも顔をしかめた。ヒッキーは多数のペンタゴン幹部を相手に報告を行なったが、なかでもハロルド・ブラウンはヒッキーらが説明しているあいだに椅子をくるりと回し、文字どおり背を向けた。ある海兵隊の将官は机に拳を打ちつけ、農民たちを何がなんでも戦略村計画に協力させるようランド研究所のコンサルタントたちに告げた。[20]

一九六二年四月、ベトナムで戦略村計画が破綻しはじめると、ARPAはランド研究所と契約し、ワシントンDCでセミナーを開催した。[21]対反乱作戦に関する世界の第一人者たちを集め、マラヤ、フィリピン、ケニア、アルジェリアでの経験を持つ陸軍士官たちの知恵を借りた。そのなかには、フランス人士官のダヴィッド・ガルーラや空軍のエドワード・ランスデールなど、対反乱作戦の代名詞といわれるような人物も含まれていた。彼らはたっぷり四日間をかけ、強制移住を含むさまざまな手法でゲリラを制圧した経験について話しあった。彼らは楽観的だった。アルジェリアでは、女性たちが移住先の「変化に富んだ社会生活」を気に入っていたとガルーラは話した。ほかの出席者たちも、マラヤやケニアの移住成功を称えた。ワシントンDCの対反乱作戦の専門家たちには、ベトナムの現状などまるで見えていないようだった。

ワシントンの当局者たちにとっては耳の痛い話だったかもしれないが、対反乱作戦の肝心要であるベトナムの戦略村は、開始早々に音を立てて崩壊を始めていた。アジア研究の専門家ローレンス・グリンターは、ARPAのある請負業者のアーカイブに埋もれていた未公表の戦略村分析のなかで、こう記している。「それが一九六一年以降の対反乱活動の重要な側面だったという点は否めない。そして、その活動が無惨に失敗したことは疑いようもない」[22]

一九六三年秋、ジエム政権への全般的な反対が高まり、南ベトナムの反乱の規模と範囲が増すなか、アジャイル計画はあらゆる面で崩壊しつつあった。エドワード・ランスデールのような対反乱作戦の専門家は、ジエムを支持していたが、ジエムの弟ゴ・ディン・ヌーが黒幕であることに気づかなかった。[23]人当たりのよいジエムが南ベトナム政府の表の顔だとすれば、ヌーはいわば裏の顔であり、大統領のもっとも近しい相談者および権力者として、水面下で活動していた。フランスで教育を受けた自称知識人のヌーは、表舞台に顔を出さないことから、欧米の顧問たちにとっては不気味な存在だった。アヘン好きで哲学者を名乗るヌーは、ジエム政権の準軍事組織に対して事実上の支配権を握っていた。

ヌーの管理する戦略村はまさにめちゃくちゃな状態で、メコンデルタ一帯には、屋根のない小屋や破壊された有刺鉄線が目立つがらんとした村々が点在していた。まるでとっくの昔に囚人が逃げ出して廃墟同然となった刑務所のようだった。[24]さらに、南ベトナム軍に軍用犬を投入するというような、ゴデルのほかのアイデアの多くも行き詰まっていた。パトロール犬は、南ベトナム軍の兵士がベトナムのうっそうと茂る熱帯雨林で効果的に戦えることを期待し、ゴデルが導入したアジャイル計画の初期のプロジェクトのひとつだったが、ジエムの警告どおり、多くの犬たちはジャングルにうまく適応できず、病死したり食料になったりした。[25]きわめつけは枯葉剤だ。散布は秘密裏に行なわれるはずだったが、すぐに秘密が暴露し、アメリカが作物に毒をまいているという恰好の批判材料を北ベトナムやソ連に与えることになった。しかも、それは事実だった。[26]

枯葉剤に懸念を示すアメリカの高官もいた。ペンタゴンのエンジニアのシーモア・ダイチマンは、サイゴンにあるARPAの敷地内で枯れ木や褐色の植物が目立つことに気づいた。オレンジ剤が入っていた空き容器は植民地時代の低層の建物に保管されていたので、蒸発した枯葉剤によってARPAのオフィス周辺の植物が死滅したのだ[27]。あるとき、戦闘開発試験センターを指揮するベトナム人のチャック大佐が、容器を販売しはじめてトラブルに見舞われた[28]。容器が危険だったからではなく、利益を独り占めしたためだ。誰も枯葉剤の使用が健康に及ぼす影響のことをあまり気にしなかった。ダイチマンはペンタゴンでゴデルに会うと、「枯葉剤を摂取した人々にどういう影響が出るのかわかっているのですか?」と彼にたずねた。すると、ゴデルは激怒して罵り言葉を吐き、こう言い捨てたという。「ARPAは戦争に勝とうとしていた。それがARPAの役割だ[29]」

ゴデルのプロジェクトのなかには、予想外の政治的な問題に発展したものもあった。ゴデルがベトナムに持ちこんだ半自動小銃「AR-15」は、南ベトナム軍にとって役立つことを証明するはずだった。軽量かつ低反動のAR-15は、第二次世界大戦時代の「M1ガーランド」や、当時のアメリカ陸軍の標準仕様のライフル銃「M14」よりもジャングル戦に適しているとされた。こうして一九六二年、米国特殊部隊やベトナム軍の兵士に少数のAR-15が配備された。のちに、ゴデルは「陸軍の目玉を指で突いてやりたかった」と認めた[30]。陸軍の上層部が新しいライフル銃の使用を拒んだのだ。

ARPAの初期の現地報告書によれば、実験は大成功に見えた。「AR-15がベトナム軍向けの基本的な肩撃ち銃として適していることが証明された」と一九六二年八月の現地報告書には記されている。「現在ベトナムで発生しているタイプの紛争に関しては」、AR-15のほうが検証されたほかの兵器と比べて「あらゆる点で勝《まさ》っている[31]」。この報告を受けて、在ベトナム米国軍事支援顧問団は二万挺のAR-15を要求した。同じく、ペンタゴンのシステム分析グループは、A

RPAの結果を用いて独自の調査を発表し、「AR－15のほうが検討された多くの要素で明らかに勝っている。M14のほうが優れている面はない。したがって、戦闘ではAR－15のほうが武器として優れているといえる」と結論づけた。[32] ところが、ワシントンのAR－15の推進派がこの前向きな報告を根拠に、米軍兵士たちにもこの銃を購入するようペンタゴンに迫ると、ホワイトハウス、議会、ペンタゴンから猛烈な反発があがった。陸軍は購入する武器を勝手に決められたくなかったし、陸軍の上層部はAR－15の殺傷性がM14に及ばないと考えていたのだ。[33]

陸軍は一九六三年に独自の報告を行ない、M14のほうが優れた武器であると結論づけた。それから三年間、評論家たちから中立性に欠くと非難された陸軍は、ペンタゴンや議会のAR－15推進派と戦ったが、最終的にはAR－15を購入せざるをえなくなった。それでも、陸軍は球状火薬を使用した弾薬など、もともとの設計にあれこれと修正を指示した。この修正は、のちに銃撃戦の最中に弾詰まりを起こして批判を浴びた。議論は一進一退を繰り返した。兵士たちは弾詰まりや銃の定期的な掃除に不満を漏らしたし、AR－15推進派は勝手に改造を行なった陸軍を批判した。そうこうするうちに、ベトナム共和国軍に適したライフル銃をいち早く提供するという本来の目的はどんどん先延ばしになった。ペンタゴンで勃発した官僚どうしの内紛のせいで、AR－15が南ベトナム軍の兵士に大量配備されたのは六年後の一九六八年、テト攻勢のあとだった。本来、ゴデルはゲリラ兵と戦う南ベトナム兵士を支援するためにAR－15を投入しようとしたのだが、彼のアイデアは米軍に新兵器を配備するべきかどうかというまったく無関係な議論に足止めを食らってしまったのだ。最終的に、アメリカの三つの軍すべてがAR－15（正式名称、M16）を採用し、ARPA幹部はことあるごとに成功をアピールしたが、ゴデル自身の評価はまったくちがった。「目に余るほどの大失敗だった」と彼は語った。[34]

ＡＲＰＡ局長のジャック・ルイナが「珍品迷品」と嘲笑したアジャイル計画由来の技術のなかには、成功したものもあったが、対反乱作戦という目標全体にとって効果的だったのかどうかは釈然としない。それは南ベトナム政府の腕による部分が大きかったからだ。ジエムの独裁政権は身内びいきに侵され、腐敗と無能に押しつぶされていた。そして、政権の合法性も、南ベトナムの仏教徒などに対する残酷な弾圧によって汚されていた。

ワシントンでは、ジエム大統領や対反乱作戦の擁護派に対する我慢の限界が近づきつつあった。オペレーションズ・リサーチ〔科学的な方法や用具を用いてシステムの最適な運用法を決定する技法。第二次世界大戦中に米英の戦略、作戦、武器などに適用されて効果をあげた〕でならしたロバート・マクナマラ国防長官は、対反乱作戦にまったく賛同できなかった。少なくとも、一九六三年にはベトナム関連の問題からおおむね手を引いていたランスデールが提案するような作戦に賛成する気にはなれなかった。また、サイゴンでは、米軍の司令官たちが縄張りに土足で踏みこんでくるＡＲＰＡにますます不満を募らせていた。ＡＲＰＡはベトナムで作戦を指揮する軍の司令官たちではなく、ペンタゴンのハロルド・ブラウン国防研究技術局長の直属だったのだ。陸軍の公式の歴史を読むと、軍がＡＲＰＡを不要なライバルとみなしていたことがうかがえる。「軍はＡＲＰＡの現地ユニットに不信の目を向けていた」[35]

こうして、ＡＲＰＡは設立直後の一九五八年や一九五九年と似たような状況に追いこまれた。ウィリアム・ゴデルの奔走で、ＡＲＰＡはアメリカ政策における中心的な役割を得たものの、気がつけば再び、拡大するＡＲＰＡ帝国の滅亡を望む敵たちにまわりを取り囲まれていた。今回は宇宙ではなく、ベトナムで……。

一九六三年一一月一日、現地時間午後四時半、ジエム大統領は駐サイゴン大使のヘンリー・カボット・ロッジ・ジュニアにパニック状態で電話をかけた。クーデターが発生し、大統領官邸で銃撃が発生したのだ。アメリカの見解は？

「情報不足でなんとも申し上げられません」とロッジは答えた。「銃撃があったことは聞いておりますが、まだ事実関係が不明です。それに、今ワシントンは午前四時半ですので、アメリカ政府が見解を発表できる状況ではないのです」

「だが、おおまかな方向性くらいならわかるのでは？」とジエムは半狂乱状態で訊いた。[36]

ジエム南ベトナム大統領がそのアメリカ人大使を疑うのには理由があった。彼はそもそもアメリカ人というものを信用していなかったし、アメリカがそのクーデターを支援していることになんとなく感づいていたからだ。南ベトナム軍内の反乱者たちはサイゴンを掌握すると、たちまち大統領官邸へと迫っていった。ワシントンからベトナムを初訪問したチャールズ・ハーツフェルドらＡＲＰＡ関係者たちは、サイゴン中心部の「カラベル・ホテル」の屋上のバーから夜遅くまでクーデターを見守り、ときどきマシンガンのトレーサーが見えるとひょこっと身をかがめた。[37]

その夜、大統領官邸が包囲されると、ジエムと弟のヌーはドル紙幣入りのアタッシェケースを抱えて地下の秘密トンネルから脱出し、サイゴン市内のチョロン地区という中華街で助けを求めた。

ワシントンでは、ジエムの支持者たちが別の問題を抱えていた。アジャイル計画の守護神であり、過去二年間、東南アジアの対反乱作戦では蚊帳の外に追いやられていたエドワード・ランスデールが、空軍を辞めさせられたのである（ピッグス湾事件の大失敗のあと、ランスデールはキューバ共産政府の転覆を企図したマングース作戦を指揮するも、キューバ指導者のフィデル・カストロ暗殺に失敗した）[38]。クーデターの知らせがゴデルの耳に届いたのは、彼のキャリアとARPAの運命を大きく左右するある会合の直前だった。

ARPAの極秘のベトナム作戦の資金を監督するペンタゴン官僚のジョン・ワイリーは、ARPAで現金の支給を担当していた海兵隊少佐のウィリアム・コーソンに電話をかけた。その朝、ワイリーはコーソン、ゴデルとどうしても会いたい理由があった[39]。奇妙なことに、ワイリーはペンタゴンでの会話を拒み、近くのツインブリッジ・マリオット・モーターホテルで会おうと言い張った。そこはペンタゴンから車でわずか五分という立地や、ポトマック川やワシントン記念塔を望む眺望のよさから、軍関係者には人気の会合場所だった。しかし、ベトナムの機密プログラムの資金について深刻な会議を行なうような場所ではなかった。そんな場所で会おうと言うなんておかしいと思ったが、コーソンはペンタゴン幹部の要求に逆らわないことにした。

コーソンは謎の人物だった。彼は一九六二年六月にゴデルの特別補佐に任命され、ARPAの任務をこなしつつも、国防総省とCIAの共同の対反乱作戦委員会の秘書官も務めていた[40]。彼はARPAという組織やその活動を軽蔑しているようだった。彼は一緒に仕事をしている国防総省の科学者たちのことを「ハゲタカ」だと思っていた[41]。彼らの開発している枯葉剤やゲリラ兵の追跡装置は、反乱の根本原因の解決にはほとんど役立っていなかったからだ。対反乱作戦の提案について話しあう会議では、提案されたARPAの調査をことごとく否定し、「絶対に失敗する」と一笑した。CIAと特殊部隊の共同活動について検討するという提案に対しては、こんな皮肉を返した。「この提案は、エリザベス・テイラーとリチャード・バートン〔いずれも多数の結婚歴がある俳優で、一九六四年にふたりは結婚〕に結婚のアドバイスをする結婚カウンセラーを雇うのと同じくらい、ARPAにとっては価値があるだろう」[42]

ARPAでは、コーソンは「A級」工作員に指定されていた。スパイの世界では、A級工作員は、情報提供者への報酬の支払いなど、特殊用途の現金を必要とする作戦の資金調達に任用されていた。コーソンの場合、ARPAの極秘の東南アジア活動に関連する現金を支給する役目を任された。[43]彼はのちに、「支払い係」としての役割以外、自身の役割についてはほとんど知らされていなかったと主張した。

翌年、コーソンはゴデルとワイリーに一連の前払い金を支給し、「ARPA関連活動」という漠然とした名目で領収証を受け取った。その後、ベトナムなどから帰国すると、ゴデルは正式な経費報告書を提出する。すると、前払い金が取り消されたという印に現金の領収証が破棄される。このシステムはしばらくうまくいっているように見えたが、一九六三年一一月上旬、突然マクナマラ国防長官が現金勘定の完全な会計報告を要求したのだ。[44]監査人たちはA級活動の記録を精査しはじめると、現金の不足を発見した。ARPAの現金の管理を担当するワイリーは、大問題に発展すると察知した。何人もが刑務所行きになるような問題に。

金曜日の朝、雨が降りしきるなか、ワイリーはペンタゴンのリバー・エントランスでコーソンを拾い、愛車のポンティアックでマリオット・モーターホテルへと向かった。ホテルの朝食エリアに着くと、ふたりのあいだに気まずい沈黙がただよった。三〇分後、ゴデルがARPAのセダン型公用車に乗って到着しても、雰囲気は変わらなかった。ゴデルがベトナムのクーデターのことで頭がいっぱいなら、ワイリーは現金勘定のことでパニックを起こしていた。ゴデルとワイリーは現金の状況について話しあいはじめたが、コーソンには何がなんだかわからなかった。「諜報業界の人間と同席すると往々にしてこうなる」とコーソンは振り返った。「会話が英語だということはわかるし、一つひとつの単語の意味は理解できるのだが、何を話しているのかさっぱりわからなかった[45]」

問題は現金の帳尻をどう合わせるかだった。ゴデルは現金を管理するワイリーの態度にどんどんイライラしていった。「問題があるなら、今すぐ上司のところへ言って報告すればいい」とゴデルはとうとうワイリーに嚙みついた。「大問題、深刻な問題があるなら、今すぐ優秀な弁護士を雇うべきだ[46]」

ワイリーは煮えきらない態度のまま、ひとりでその場をあとにし、コーソンとゴデルは同じ車でペンタゴンへと戻った。帰りの車中、ゴデルは現金がどれくらい不足しているのかとコーソンにたずねた。つまり、最近の東南アジア訪問でいくら前借りがあるのか? コーソンはおよそ三〇〇〇ドルの未払い金があると答えた。昼食後、ゴデルはコーソンとともに、腕時計のバンドから婚約指輪まで幅広い商品を取り揃えるペンタゴン内の民間ジュエリー・ショップを訪れた。店主と知りあいだったゴデルは、二〇〇〇ドル分の個人小切手を現金に換え、自身の執務室の金庫から残りの一〇〇〇ドルを取り出し、コーソンとの貸し借りを精算した。ゴデルはこれで一件落着だと思い、再びベトナムの深刻な状況に意識を向けはじめた。

サイゴンでは、ジエムと弟のヌーがチョロン地区にあるフランス統治時代の教会に助けを求めていた。ふたりは国外脱出の手はずが整ったものと信じて、クーデターのリーダーが送りこんだ装甲兵員輸送車に乗りこんだ。そして、車が軍の本部へと戻る最中、ふたりは銃弾を浴び、何度も刺された[47]。すぐさま彼らの切断遺体の写真がニュースで報じられた。一九六三年一一月二日、ふたりの無惨な死の知らせがホワイトハウスに伝わると、ケネディ大統領は「ショックと狼狽の表情を浮かべて部屋から飛び出した」という[48]。ホワイトハウスがクーデターのゴーサインを出した可能性はあったが、誰に聞いても、ふたりの死を聞いたときのケネディの驚きぶりは演技ではなかったようだ。

ジエムを深く信じていたゴデルにとって、彼の死は個人的な大打撃だった。そして、数日後の一九六三年一一月五日、ロバート・マクナマラ国防長官から命令が下された。A級工作員は現金をすべて返却し、精算の手続きを行なうこと。続いて、抜き打ち監査が行なわれた。監査人が執務室にやってきたとき、ワイリーは出直すよう要求したが、拒絶されると、不足している現金を補うため、四〇〇〇ドル分の個人小切手を手渡し、財布から一〇〇ドル札紙幣を一枚だけ取り出した。監査はたちまち犯罪捜査へと発展した。捜査員たちが次に目を向けたのは、ほとんど断りなく機密作戦に現金を使いまくっていたゴデルだった。それまでペンタゴンの特殊作戦局は、まともな承認を受けずに機密作戦に現金をどんどんつぎこむゴデルを叱責していたものの、それ以上の問題に発展することはなかった。そのゴデルが今やFBIの捜査の矢面に立たされていた[49]。

ゴデルはFBIの捜査官と監察官に支離滅裂な回答を続けた。彼はのちに、たび重なるベトナム訪問や現金の取り扱い方法に対する混乱がその原因だったと語った。また、監査人にアジャイル計画の事情を話すのがためらわれたとも裁判中に語った。彼は自分の活動が監査人から「きわめて専門的に定義された極秘の諜報活動」だと悟られないようにしようと必死だった。「この活動がアジャイル計画と結びつけられるのは避けたかった」[50]

一九六三年一一月二二日、アジャイル計画の方向性を変えるもうひとつの事件が起きた。テキサス州ダラスでの自動車パレードの最中、ケネディ大統領が暗殺されたのだ。ベトナムでアジャイル計画の幅広い活動が実行できたのは、水面下の戦いに懸ける大統領の熱意があったからだ。ケネディが暗殺された金曜日の夜、ARPA局長のロバート・スプロール、補佐官のロバート・フロッシュおよびチャールズ・ハーツフェルドの三人は、暗い夕食をともにした。国じゅうが大統領の死を嘆いていて、フロッシュの記憶によると、ふだんはおしゃべりな三人の男がその夜ばかりは黙々と夕食をとり、ときどき思い出したように「大統領が撃たれた」という言葉を繰り返したという。[51]この夕食に同席していなかったのがウィリアム・ゴデルだ。彼はそれから数カ月足らずでARPAの職を追われ、詐欺の罪で刑事告発される運命となる。

金曜日の夜遅く、バージニア州アレクサンドリアの連邦裁判所で、陪審員たちが審議を終了した。[52]ウィリアム・ゴデル元ARPA副局長の事件の裁判が始まったのは、一九六五年五月、ちょうど米軍の部隊が南ベトナムに大挙して押し寄せはじめたころだった。それはまさしくARPAの対反乱活動が未然に防ごうとしていた事態だった。米軍が紛争に直接関与しなくてすむよう、南ベトナム軍に戦闘準備を整えるというアジャイル計画の本来の存在意義は失われてしまった。ARPAやゴデルの手に負えない巨大な出来事が、この目標をすっかり飲みこんでしまったのだ。対反乱作戦は今や通常戦争へと発展していた。

当初、ゴデルの刑事裁判は政府資金の横領という単純な事件と考えられていたが、審議は一週間近くも長引き、陪審員たちは不安になりはじめていた。審議は行き詰まり、陪審員たちは判事から注意を受けた。判事はその日の午後早く、「これは重大な事件です」と告げ、早く評決を出すよう陪審員たちに促した。「本裁判は、被告側と検察側の双方に多大な時間と労力と費用をもたらしています[53]」

陪審員たちはすでに三週間も裁判所で証言を聞きつづけていた。その日早く、電力に不具合が生じ、電灯が点滅を始めた。その晩のうちに評決に達しなければ、裁判所の近くのホテルで一泊するはめになる。誰も着替えや歯ブラシを持ってきていなかったし、全員が家に帰りたがっていた。[54]

バージニア州で陪審員たちが審議するあいだ、国の反対側、カリフォルニア大学バークリー校では数万人の学生が集まり、ノーマン・メイラーなどの活動家を迎えて「ベトナム・デー」という反戦討論集会を繰り広げていた。メイラーは「灼熱のベトナム」というスピーチで、ベトナム戦争とジョンソン政権を非難した。「ベトナムはあまりにも静まり返りつつあった。夏のハーレムより熱いものがひとつだけあるとすれば、それは稲田への空襲とベトナム人へのナパーム弾の投下だった」。ゴデルの裁判が行なわれていたころ、東南アジアの紛争は国民の注目を集めはじめたばかりだった。陪審員の審議の前週、ベトコンは二カ月以上にわたる地上戦の一時中断を破り、『タイム』誌の五月二一号の表現を借りれば、「モンスーン季の激しいスコールに先立つ遠方の雷」のごとく攻撃を開始した。[55] そのころ、アメリカの空軍力を存分に活かした「ローリング・サンダー作戦」により、北ベトナムへの空爆も激しさを増していた。

判事はしきりに証言をベトナム戦争から切り離そうとした。これは詐欺事件であって、アメリカの東南アジア関与についての裁判ではない、と判事は主張した。しかし、ゴデルはベトナムの機密活動の資金を横領した罪に問われていたので、ふたつの問題を完全に切り離すのは難しかった。政府は、ゴデルとその共同被告人のジョン・ワイリーが巨額の前払い金を受け取り、そのあとで共謀して偽の経費報告書を提出し、現金を懐に収めたと主張した。一見すると単純な嫌疑だが、証言はどんどん複雑で理解しづらいものになっていった。陪審員たちは二年以上にわたる一連の金融取引（その大半が現金取引）について説明を受けたが、そうした現金のやり取りを紐解くのは不可能に近かった。ＡＲＰＡはいわば秘密工作員に現金を支出するためのシステムを用いていた。「これは特殊作戦、つまり諜報などの特別な活動を支えるためのシステムで、議会の支出記録に残るのは諸々の理由で望ましくなかった」とゴデルは裁判で説明した。[56]裁判は数週間にもおよび、陪審員たちはライターを装った隠し撮りカメラや、ベトナム大統領のゴ・ディン・ジエムとの面会、大規模な移住政策の策定についての話を延々と聞かされることになった。

ゴデルの友人たちは詐欺の嫌疑には無理があると考えていた。ゴデルは五人の娘と妻を持ち、バラ色のキャリアを歩んできた。そんな彼がたった数千ドルのために何もかも犠牲にするとはとうてい考えられなかった。ＡＲＰＡ初代局長のロイ・ジョンソンは裁判で、「彼ほどすばらしい男に会ったことはない」とゴデルを擁護した。[57]そこまで彼を高く評価していなかった関係者たちでさえ、嫌疑は不当だと考えていた。「ビル・ゴデルがそんなつまらない金にこだわるわけがない！」と元同僚のケネス・ランドンは断言した。「彼が五〇万ドルを持って失踪したというなら、いかにも彼らしいと感心するだろうが。ビル・ゴデルはいつでもビッグに物事を考えるタイプだったから[58]」

一方、ゴデルと一緒に裁判を受けた五八歳のペンタゴンの財務官僚、ジョン・ワイリーの知りあいたちは、それと比べると手厳しかった。ワイリーは豪華なボートや高級車好きで鳴らしていたからだ。裁判の前の数カ月間、彼は急に精神的な不調を訴えて入院したが、一カ月間の治療の末、裁判に耐えうると宣告された。裁判中、ワイリーは終始うつろな表情で足下を見つめつづけていたが、ひとたび法廷から出ると急に元気になったという。結局、ワイリーはいっさい証言をしなかった[59]。

ワイリーの嫌疑は明白だった。一九六三年にペンタゴンの監査人が調査を行なうと、彼がARPAの勘定から現金を引き出してヨットの購入に充てていたことが判明した。しかし、ゴデルの場合、彼が資金を個人的に着服したことを示す証拠がほとんどなかった。むしろ、問題はゴデルが彼の主張する使途どおりに現金を使ったのかという点だった。要するに、「武装Qトラックに二〇〇〇ドル」とかいうような、彼の説明する現金取引に信憑性があるかどうかの一点に尽きた。のちに元FBI捜査官のロバート・ハンセンやCIA職員のオルドリッチ・エイムズといったスパイの被告側弁護人を務めて名をなした検察官のプレイトー・カチェリスは、ベトナムではなく単なる現金に関する裁判だったと主張した。「ふたりの男が小銭を儲けようとしただけのことだ」とカチェリスは振り返った[60]。

判決当日の午後一〇時前、陪審員長が判事にメッセージを伝えた。三名の女性(全員主婦)、九名の男性(地元の小企業の管理職や事務員)からなる計一二名の陪審員はとうとう結論を下した。ワイリーは横領および詐欺に関して有罪。ゴデルは横領に関しては無罪だが、偽証およびワイリーとの共謀に関しては有罪。ゴデルの家族や友人たちから見れば、陪審員団が横領に関しては彼を無罪としたにもかかわらず、彼にとって許しがたいはずのワイリーと共謀したとして有罪宣告を下したのは、まったく筋が通らない話だった。こうして、ふたりは懲役五年の宣告を受けた。

翌年、ゴデルが必死で食い止めようとしたベトナム戦争への軍の関与は急激にエスカレートしつづけた。ペンシルベニア州の連邦刑務所のなかから、ゴデルは増えつづける死亡者数を恐怖とともに見守っていた。彼が対反乱作戦用に開発した枯葉剤などの道具は、起こるはずのなかった通常戦争向けの兵器として転用されていた。ベトナム戦争を通して、もっとも主流の枯葉剤であるオレンジ剤が一〇〇〇万ガロン以上ベトナムに散布され、数万人の米国軍人、そしてそれをはるかに上回るベトナム人が発がん性化学物質にさらされた。[61] オレンジ剤は枯葉剤計画の代名詞となり、多くの人々にとってはその欠陥だらけの戦時活動を象徴する言葉となった。[62] ゴデルがベトナムにもたらしたもののなかで、もっとも深刻な影響をもたらした負の遺産が枯葉剤であった。[63]

ゴデルは自分の活動がすべて失敗に終わったという無念の思いを抱いたまま、ARPAを去った。[64] 彼は反乱が戦争へとエスカレートするのを食い止められなかったし、通常戦力がベトナム戦争に投入されるのを防ぐこともできなかった。「アジャイル計画の目標は、当時の状況のなかで戦争に勝利し、最終的に遺産を築くこと、つまり〝次回〟に使える解決策のモデルを築くことだった」とゴデルは言う。しかし、そうはならなかった。ケネディが亡くなると、外国の関与を未然に防ぐ対反乱作戦というアイデアも一緒に消えてしまった。しかし、ゴデルが考案し、ケネディが実現し、ジエムが支援したアジャイル計画は、ケネディとジエムの死、ゴデルの収監によって終了するどころか、むしろベトナム戦争と同じように肥大化した。「私たちはテクノロジーで戦争に勝とうとした」とゴデルは語った。一〇年後、ARPAが委託したインタビューで、アジャイル計画の成功点を挙げるよう言われると、ゴデルはたった一言こう答えた。「ない」[65]

アジャイル計画は失敗したが、ゴデルはチャールズ・ハーツフェルドなどの多くの教え子たちに、科学の道具を戦争に活かしたいという欲求を植えつけていた。もうすぐARPA局長となるハーツフェルドは、ゴデルなきあとも、彼の遺産を受け継ぎ、アジャイル計画を拡大しつづけた。かつての恩師の有罪判決について、ハーツフェルドが発した言葉は、「そういうこともあるさ」だけだった。[66] しかし、ARPAやアジャイル計画に対するハーツフェルドのビジョンは、それまでのどの局長よりも大きかった。彼は世界を巨大な実験室ととらえていたのだ。

# 第9章　巨大実験室　1965—

対反乱作戦の世界展開／人間と政治の研究／通信技術の研究／大統領の保護「STAR」／国境警備と電子障壁システム

一九六五年七月二八日の記者会見で、リンドン・ジョンソン大統領はベトナムの米軍を一二万五〇〇〇人まで増員すると発表。その年、月間の召集人数は三万五〇〇〇人におよんだ。「これはふつうとは異なる種類の戦争だ」とジョンソンは述べた。「行軍もなければ厳粛な宣戦布告もない。時には無理もない悲痛を抱えた南ベトナム市民が南ベトナム政府への攻撃に加わっている。だからといって、これが実は戦争なのだという本質を見失ってはならない。この戦争を主導しているのは北ベトナムであり、扇動しているのは共産中国だ。その目的は南ベトナムを征服し、アメリカの力を打ち破り、アジアの共産主義支配を広げることだ。この戦争には非常に大きなリスクがかかっている」

そしてそのリスクは、ジョンソン政権から見ればますます世界に広がっていた。一九五九年のキューバ革命でフルヘンシオ・バティスタ政権が失脚し、フィデル・カストロが実権を握ると、その後一〇年間、第三世界で反乱が活発化した。東南アジアからラテンアメリカ、中東、アフリ力まで、さまざまな反乱者たちが強力な中央政府と戦い、その多くが勝利をもぎ取った。社会的公正、マルクス主義、共産主義、そして単純に独立――旗印がなんであれ、アメリカが支援する政権に楯突く反乱者たちは、ワシントンの当局者からは根絶の必要な病気とみなされた。

と同時に、ARPAの活動もベトナムの外へと拡大していった。アジャイル計画はもはや東南アジアのゲリラ戦に限った活動ではなくなった。公聴会の場で、ARPA当局者たちはARPAの任務を対ゲリラ戦の世界的な実験室をつくるという観点から説明するようになった。一九六五年の公聴会で、テキサス州選出下院議員のジョージ・マホンはARPAプログラムの説明を引用しつつ、「ARPAは実験室環境で国家や個人の行動をシミュレーションし、比較しようとしている」と指摘した。[1]

「国家の行動を実験室でシミュレーションする現実的な方法があるというのですか?」とマホンは信じられない様子でARPA局長のロバート・スプロールにたずねた。

「そう思います」と自信満々で答えるスプロール。

スプロールは個人的には半信半疑だったが、一九六五年に彼の後任のARPA局長に昇進したチャールズ・ハーツフェルドは、この世界的なビジョンを信じていた。戦争と科学はハーツフェルドの人生において重要な一部であり、彼は科学が戦争に影響を及ぼす力を持っていると固く信じていた。

ハーツフェルドは、ユダヤの伝統を受け継ぎながらも、二〇世紀初頭にウィーンで反ユダヤ主義が台頭したことでカトリック教徒へと改宗したオーストリアの名家に生まれた。[2] 一九三八年、ハーツフェルドが一〇代のころ、オーストリアがドイツに併合されると、一家は難民によくある遠回りのルートをたどってハンガリーのブダペストへと逃げ、最終的に著名な物理学者であるハーツフェルドのおじが住んでいたアメリカへと行き着いた。そこで、ハーツフェルドはおじの足跡をたどって科学の道をこころざした。大学院を選ぶにあたり、彼はハーバード大学にも合格したのだが、一九四五年、マンハッタン計画に参加したエドワード・テラーやエンリコ・フェルミがいたシカゴ大学を選択した。しかし、大学院を卒業すると、彼は科学研究の実施よりも指揮のほうに興味を持つようになる。「私はモーツァルトではなく、おそらく生粋《きっすい》のトスカニーニだったのだろう」と彼は記した。[3]

一九六一年五月、ハーツフェルドは政府系の科学者として働いていたとき、当時のＡＲＰＡ局長ジャック・ルイナから電話をもらい、ＡＲＰＡのミサイル防衛活動関連の職について話しあうため、ＡＲＰＡへと招かれた。それから二日間、彼は弾道ミサイル防衛から対反乱作戦まで、ＡＲＰＡのさまざまな研究活動について説明を受けた。彼は複雑で巨大な問題に技術的な解決策を応用するという考えが気に入ったし、ウィリアム・ゴデルの「そびえ立つ知性」にも魅了された。[4]それでも、彼が職を引き受けると決めたのは、ヨーロッパへの出張中、ソ連の支配する東ドイツがベルリンの壁を築こうとしているという噂を聞いたときだった。「それは宣戦布告に等しいと思った」と彼は言う。[5]

アメリカに帰国するなり、彼はルイナに電話してＡＲＰＡの職を引き受けると伝えた。大胆で聡明、一方で高慢だったハーツフェルドは、ＡＲＰＡの予算の半分を占めるミサイル防衛プログラム「ディフェンダー」を指揮した。彼はすぐさま次長に昇進し、ＡＲＰＡの対反乱作戦、ミサイル防衛、コンピューター科学といった活動を監督する。正式に局長となったのは一九六五年だが、その前年には実質的にARPAを取り仕切る存在となっていた。[6] 強烈なオーストリア訛《なまり》と一流科学者の家系に生まれたハーツフェルドは、政界のドンさながらの自信をただよわせていた。彼はまさしく最盛期のARPAを象徴していた。ARPANETがそうだったように、ARPAは成功するときは大成功し、世界を変えた。しかし、失敗するときも大失敗し、やはり世界を変えた。時には悪い意味で。「ARPAで手がける価値があるのは大きな問題だけだ」と彼は言った。「小さな問題は官僚たちに任せておけばいい」[7]

ハーツフェルドはどの分野でもビッグに物事を考えた。ミサイル防衛の分野では、すでに必要な技術は揃っていると豪語し、防衛システムの配備を訴えた。「ざっと一〇〇億ドル、あるいは一二〇億ドルか一四〇億ドルばかしあれば、まあまあのものができると思う。五年間に分割すれば、たいした支出ではない」と彼は言った。[8] しかし、彼がARPAを引き継いだ時点で、ミサイル防衛への関心はすでに薄れていたし、新たな核実験禁止条約の制定も差し迫っていないことから、ARPAの核実験探知活動への関心も薄れていた。[9]

しかし、ハーツフェルドは当初からアジャイル計画に惹かれていた。[10] 彼いわく、自身の個人的な歴史に訴えかけるものがあったらしい。「私はさまざまな形の戦争について考えることに人生の大半を捧げてきた。決して楽しくはないが、それが私の運命なのだ」と彼は後年のインタビューで振り返った。「戦争について考えることは非常に重大な問題だと思った。〝自分の手は汚したくない〟と言うのは簡単だ。だが、私がやらないとしたら、誰がやる?」。ジャック・ルイナのような一部のARPA局長は、アジャイル計画の煩雑さが好きになれなかった。「私はそれを愛するすべを学んだのだ」とハーツフェルドは語った。[11]

ハーツフェルドはベトナムで、科学的な専門知識を対反乱の問題に応用できる場所を見つけた。彼はアジャイル計画に没頭し、時にはベトナムに赴いて自分のアイデアを試すこともあった。彼は海外での対反乱活動について、「そういう実地調査の類は楽しかった」と振り返った。「私は思想家タイプというより実践家タイプだ。つまり、自分のすることについてあれこれと考えるのが好きなのだ。世界を変えるような物事を実行するのは快感だった。興奮したし、楽しくてたまらなかった[12]」

ハーツフェルドにとって、ベトナムは科学的なアイデアを試せる場所だった。あるとき、彼はヴェラ・プロジェクトを率いるロバート・フロッシュと協力し、ＡＲＰＡの核実験探知分野の経験をゲリラ戦に活かそうと考えた。ＡＲＰＡには核爆発のような地下の出来事を探知してきた豊富な経験がある。ベトナムは核兵器を保有していないが、ゲリラ兵たちは地下で独自の戦争を繰り広げていた。ベトコンが補給、移動、潜伏用に広大なトンネル網を築いていたのだ。こうした地下トンネルを発見するのは不可能に近かった。そこでハーツフェルドは、病気の木々を探してトンネルを発見するというアイデアをひねり出した。

「問題は、ある場所にトンネルを掘ると、その周囲の木は病気になるのか、なるとすれば外から見てわかるかという点だった」とハーツフェルドは説明した[13]。「私たちはアメリカの主にバージニア州で実験を行ない、木々の赤外線写真を撮っては調べていった。するとまちがいなく、木の根っ子を貫通するようなトンネルを掘ると、木は不調をもよおし、その様子が赤外線で見える。健康な木々とは異なって見えるのだ。大成功だと私たちは確信した」。そこで、ＡＲＰＡは赤外線トンネル探知システムをベトナムに持っていき、アイデアの実地検証を試みた。「私たちは南ベトナムの木々の赤外線写真を撮った。すると、ベトナムの木々の三分の一が病気と判明したではないか。なるほど、アイデアはすばらしい。だが、使い物にはならない[14]」

ハーツフェルドは歴史と政治に興味があったが、いちばん興味があったのは科学の力で世界を変えることだった。その過程で、彼はアジャイル計画を、現地の部隊を支援する対ゲリラ戦活動から、アメリカの通常戦力を強化し、さらには大統領を守るための世界規模のプログラムへと拡大していった。「私たちは問題に取り組むだけではなく、解決することを期待されていた」と彼は自身の哲学について語った[15]。ハーツフェルドの指揮のもと、アジャイル計画は史上もっとも野心的で、時にはもっとも不可解な世界規模の対反乱研究プログラムへと発展し、世界じゅうの国々を実験台に変えていった。「私の活動はどんどん大規模になり、まるで別物へと変わっていった。そして、そのすべてが成功したわけではない[16]」

ウォーレン・スタークが対反乱作戦の「世界的な実験室」を指揮することになったきっかけは、ワシントンで開かれたあるカクテル・パーティだった。ハーバード・ビジネス・スクールを卒業したスタークは、若きジョン・F・ケネディの一九六〇年の大統領当選に刺激を受けた多くの若者のなかのひとりだった。「国があなたのために何をしてくれるかではなく、あなたが国のために何をできるかを考えてほしい」という彼の就任演説は、彼にとって、少なくともワシントンにとって文字どおりの行動要請であった。スタークは国のために何ができるかわからなかったが、名門大学の出身で、ビジネス経験があり、第二次世界大戦では志願兵を務めたこともある。そこで彼はワシントンDCに行き、何ができるのか探ってみることにした。

彼のハーバード大学の人脈はおおいに功を奏した。彼はワシントンの社交界を巧みに利用し、すぐさま割のよさそうな仕事を獲得した。駐コスタリカ米大使から大使館での米国国際開発庁の職を打診されたのだ。興奮したスタークはフロリダ州にいる妻に電話をかけ、家も家具もみんな売り払うよう伝えた。家族全員で未知の国コスタリカに引っ越すつもりだったからだ。ただし、ひとつだけ問題があった。まずは最高機密情報の取扱許可（セキュリティ・クリアランス）を取得しなければならなかった。取得プロセスには数カ月間かかることもある。

一九六三年初頭、取扱許可が下りるのを待ちながら、ワシントンの社交界で交流を続けていると、スタークは家族ぐるみのつきあいがあった旧友のラリー・サヴァドキンからパーティに招待された。彼は華々しい経歴の持ち主だ。第二次世界大戦中、駆逐艦「メイラント」へのドイツ軍の爆撃で頭部を負傷した。もう少し安全な場所を求めて、彼は潜水艦「タング」へと移ったが、今度は日本の船団を撃沈する台湾海峡での極秘作戦の最中に、みずから放った魚雷が戻ってきて命中し、タングが沈没してしまった。数少ない生存者のひとりだった彼は、日本で捕虜として悲惨な日々を送った。そのサヴァドキンは一九六〇年代初頭、ARPAでウィリアム・ゴデルとともに対反乱作戦に従事していた。彼がスタークをゴデルに紹介すると、海兵隊出身のゴデルはハーバード大学でMBAを取得した聡明な若者を一目で気に入った。スタークがコスタリカ行きの計画をゴデルに打ち明けると、ゴデルは別の提案を持ちかけた。「実はラテンアメリカにオフィスを開設しようと考えている」とゴデルはスタークに告げた。「私のコンサルタントにならないか？」[17]

「正直、ラテンアメリカについては詳しくない」とスタークは答えた。「カリブ海以外、行ったこともないし」[18]。スタークはARPAについてもよく知らなかったが、機密情報取扱許可を待つ身だった彼は、ゴデルのコンサルタントを務めることに同意した。彼の最初の仕事は、ラテンアメリカに関する政治報告書をまとめることだった。彼は大急ぎでリンカーン・ゴードン駐ブラジル米大使が記したラテンアメリカ関連の著書を買ってきた。「大部分は丸写しだった」と彼はのちに認めた。「自分でも少し調査を行ない、報告書をまとめると、ゴデルはいたく喜んでくれた。するど彼は、ARPAの彼のグループに加わらないかと私に持ちかけた。ARPAのことはほとんど知らなかったので、あまり興味はないと答えたが、それでも繰り返し誘ってきた。おかげで彼と会うたびに気まずい思いをさせられたよ」

そこで、スタークは逆に取引を持ちかけてみた。「先に機密情報取扱許可を出してくれたほうに行こうと思う」。ゴデルにとっては朝飯前のようだった。一週間後、スタークは最高機密へのアクセス許可を取得する。ゴデルがいったいどうやったのかはさっぱりわからなかったが、スタークはようやく政府の仕事を獲得したのだ。

ペンタゴンにあるARPA本部では、アジャイル計画が急速に拡大していた。一九六二年のキューバ・ミサイル危機のあと、ペンタゴンは反乱が世界的な問題であり、世界規模のプログラムが必要だと判断した。対反乱作戦へのペンタゴンの支出額は、一九六〇年の一〇〇〇万ドルから一九六六年の一億六〇〇〇万ドルまで増加し、その大部分がARPAへと流れていた[19]。ARPAが後援している活動の一部は公開されていたが、ARPAの国外支局の存在そのものは極秘で、議会の聴聞会の公式記録では、ARPAが関与している国名はベトナムとタイを除いて黒塗りとされていた。

ＡＲＰＡは、ベトナム向けの機器をテストできるジャングルがあるパナマに小さな支局を開設していたが、対反乱作戦用の技術をテストするのに打ってつけの場所といえばなんといってもタイだった。タイはアメリカの同盟国であり、ベトナムと同じく共産ゲリラの台頭に直面していて、環境条件もベトナムに近い。タイのゲリラ活動は民族や経済の分断を突くことのできる北東部に集中していた。アメリカにとって、タイのゲリラ活動は自国の戦術や技術を試す恰好の実験場だった。タイはベトナムと地理的な共通点も多く、商業と戦争の両面で活躍する水路網や濃密なジャングルがある。ＡＲＰＡのタイ支局は数百人の職員を抱えるまでに成長し、ＡＲＰＡの世界的な対反乱作戦ネットワークの中心拠点の役割を果たすことになる。同地域でアジャイル計画の研究活動の大部分を指揮したスタークは、「タイは、最終的にベトナムで実行されるプロジェクトの研究活動を行なうためのいわば実験室だった」と説明した。[20]

ＡＲＰＡに到着したとき、スタークにはやる気と熱意はあったが、彼自身も認めるとおり、その活動の中心地である東南アジアの知識はまるでなかった。そこで、彼はちょっとした空き地からでも離陸できるＡＲＰＡ所有の航空機「カリブー」やヘリコプターに乗ってタイじゅうを足繁く回り、農村部の生活をじかに確かめた。彼は電気や水道の通っていない農村部の状況にショックを受けた。あるとき、彼は別のＡＲＰＡ職員とともに現地のホステス・バーを訪れた。そこは、時間ぎめでタイの女性と一緒に過ごすことのできる場所だった。彼は下心からではなく、何も知らないタイの文化について教えを請うため、一時間分の料金を支払った。[21]

スタークをはじめ、ＡＲＰＡの上級幹部たちは東南アジアについて無知なことを認めていたが、アジャイル計画の背景には規模という点で壮大なビジョンがあった。[22] ＡＲＰＡは最終的に、世界じゅうの反乱との戦いのモデルとして利用できる世界規模の人間、政治、場所のデータベースをつくろうとしていたのだ。このモデルの「人間と政治」にあたる部分は、「遠隔地域紛争情報センター（ＲＡＣＩＣ）」というプロジェクトとして形になった。このプロジェクトの目的は、「最先端の調査、学際的な分析や研究、具体的な技術情報要件を導き出すことのできる、幅広い分野の軍事的および社会学的情報を網羅した情報システムを確立すること」だった。[23]

また、「場所」や物理的環境、あるいは「軍事環境の生物生態学的分類」については、「デューティ」と呼ばれるプログラムのもとで研究が行なわれた。その目的は、米国が対反乱作戦を実行しなければならない可能性がある地域の地理情報や環境情報のデータベースを作成することだ。ＡＲＰＡのロバート・スプロール局長は、一九六五年の議会で、「適切なアプローチで世界の厳選地域の環境データを収集すれば、予測に役立つ一般的結論が導き出せるかもしれない」と説明した。「私たちが外注している調査によれば、ジャングルの条件、気象条件、水文学的特性などは、おおよそ一二種類の一般的カテゴリーに分類できるようだ。さらなる調査によってそれが裏づけられれば、私たちのベトナムでの経験を参考にして、ある種の機器や素材を別の場所の同様のジャングルに活かせるかどうかを判断できるはずだ[24]」

当然、「デューティ」プログラムは、ＡＲＰＡのオレンジ剤や枯葉剤に大きな影響を受けていた。スタークはある覚書のなかで、「枯葉剤の効果に関して〝理由〟の部分を明らかにし、その情報を予測手順へと置き換えようとするなら、植生の生態学的・生理学的研究が必要なことは明白だ」と記し、環境データの収集と分類が必要なことを説明した。[25]つまり、ＡＲＰＡは場所や人間に関するモデルを構築しようとしていたのだ。ラテンアメリカのジャングルを一掃したければ、

ＡＲＰＡは現地の植物にとって最適な除草剤を特定することができるだろう。山岳地帯でゲリラと戦っているなら、どの機器が高地に最適かがわかる。カストロ派の共産主義者たちがはびこる地域で民心獲得作戦を展開したいなら、社会運動のデータベースが参考になるだろう。

このデータベースの開始点は、ＡＲＰＡが比較的自由にデータを収集し、機器をテストできるタイだった。タイの戦争実験室としての最大の魅力のひとつはそのジャングルだった。そう考えると、タイがまずジャングル内の通信の実験場として使われたのも合点が行く。プロジェクトは大統領の弟のロバート・ケネディの言葉に始まった。スタークによると、あるとき対反乱特別研究班の会議の議長を務めていたロバート・ケネディが、憤懣やるかたない様子でこうたずねた。「地球と月のあいだで無線通信ができるのに、なぜジャングル内だと数百メートルの距離でも通信ができないのか？」[26]

その答えは減衰だ。うっそうと茂る湿った草木のなかを電波が伝わっていくと、その強度が失われる。アメリカの軍事顧問であれ南ベトナムの兵士であれ、ベトナムのジャングルで活動する兵士たちにとって、これは重大な問題だった。その解決策として提案されたのが、「東南アジア通信研究（Southeast Asia Communications Research）」、略して「ＳＥＡＣＯＲＥ」プロジェクトだった。その目的は、タイでの一連のデータ収集実験を通じて通信の問題を解決することだった。

一見すると、ＳＥＡＣＯＲＥはＡＲＰＡにおあつらえ向きのプロジェクトに思えた。ジャングル内の無線通信という根本的な軍事的問題があり、そして熱帯雨林が引き起こす減衰という具体的な科学的課題があった。しかし、ＳＥＡＣＯＲＥは初めからトラブルの連続だった。基本的に、ＡＲＰＡはパナマで開始された米国陸軍のプログラムを東南アジアへと移植した。一九六二年、一年半の研究期間と二五〇万ドルの予算で開始されたSEACOREプロジェクトは、みるみるコストが膨らみ、期間も延びていった。SEACOREを評価したARPAのコンサルタントは一九六四年、「ほとんど成功の見込みなし」と結論づけた。[27]

こうした否定的な評価にもかかわらず、プロジェクトは七年間も続けられ、実験施設がまるごとタイに移転することになった。ARPAは成功する見込みのない通信実験を行なうため、タイのジャングルに架空の村までつくった。そこまでして得られた最善の提案は、三頭のゾウの背中に半波長ダイポール・アンテナを設置するというもので、「これでゾウの通り道に沿ってずっと効率的なアンテナ機能が保たれるだろう」と評価された。[28] アイデア自体は斬新だったが、アメリカとベトナムの両軍にとってあまり現実的ではなかった。そこでひねり出されたのは、高い木の上にアンテナを設置するという単純な解決策だった。

ベトナムや世界じゅうで使われた高周波無線の開発など、一定の改善もあったが、SEACOREプロジェクトの最大の遺産は、数々の刊行物や年次報告書だった。「SEACOREは、タイの軍事通信の研究機能の向上など、いくつかの小さな成果を残したが、タイの軍事通信機能そのものにはさほど影響を与えていないし、ジャングル環境内での通信の技術水準に大きな貢献はしていない」とARPAの歴史にはまとめられている。[29]

小規模なプロジェクトはもう少しうまくいった。その一例は、ARPAが心理作戦チームのために開発した「日光プロジェクター」だ。その名のとおり、日光プロジェクターは鏡（この場合はひげ剃り用の鏡）を使用して映画フィルムに日光を集め、スクリーンにフィルムを映し出す映写機だった。この種の丈夫な装置は、小さな村々に気軽に運びこみ、政府のプロパガンダ映画の

戦時中、ARPAはタイをベトナム向けの技術をテストする実験室として利用した。ARPAが設立したタイの戦闘開発試験センターは、ベトナムのセンターと同様、対反乱作戦で使えるさまざまな装置を開発。上の写真はARPAが開発した「心理作戦ボックス」。タイの村々で反共プロパガンダ映画を放映するための日光プロジェクターだ。電気ではなく日光を使ってフィルムを投影するこの丈夫な装置は、現地の厳しい環境に耐えられる設計になっており、ARPAのジャングル戦の常套手段ともいうべきものだった。

上映に用いることができる。アメリカの心理作戦チームは実際、一九六五年にある小さな村でこの装置をテストした。結果は芳しくなかった。日光を集中させすぎてフィルムが焦げ、穴が開いてしまったのだ。

しかし、タイのプログラムすべてが失敗だったわけではない。メコン川の監視システムは貴重な光明だった。このプロジェクトの目的は、メコン川に沿ったゲリラ兵や密輸入者の流れを取り締まる包括的な手段を考案することであり、ARPAはタイ当局に船、レーダー、訓練を提供した。[30]もうひとつの成功したプロジェクト「ジャンク・ブルー・ブック」は、船の愛好家と軍人の両方のあいだである種の伝説となった。一九六二年に刊行された最初のジャンク・ブルー・ブックには、

1960年代中盤、タイの反乱は北東部に集中しており、共産ゲリラはメコン川を使ってたびたびラオスとの国境を越えていた。タイ軍にボートなどを提供するARPA後援のメコン川監視システムは、ARPAの東南アジア活動の数少ない成功例とみなされた。上の写真のレーダー基地と数隻のボートは、シーモア・ダイチマンがプロジェクトで果たした重要な役割に敬意を表して、ジョークで「ダイチマン艦隊」と呼ばれた。

南ベトナムの水路を航行するさまざまな種類の民間の船がすべてカタログ化された。その後、ＡＲＰＡはタイ版も刊行した。チャールズ・ハーツフェルドによると、この本の目的はジャンク船〔中国で古くから使われてきた角型の帆を持つ木造帆船〕をその建造地域と関連づけることで、特定の船が敵国からのものかどうかを見分けられるようにすることだった。

ハーツフェルドは少年時代に好きだったカタログ本『世界の軍艦』にかけて、ジャンク・ブルー・ブックのことを『南シナ海のジャンク船』と呼んだ。[31] 軍が密輸入者やゲリラ兵を見分けるために使う予定だったジャンク・ブルー・ブックは、歴史の一コマを記録した貴重な資料として、今でも船の愛好家たちに愛用されている。
　こうした数少ない成功は別として、スタークは東南アジアの社会や文化に対する理解不足が、軍やＡＲＰＡの大きな足かせになっていることに気づいた。ＡＲＰＡの職員はスターク自身も含めて科学者や政策通ばかりで、東南アジアの経験や文化的知識などほとんどなかった。スタークがタイの通りを歩いていると、タイの子どもたちが彼に向かってよく「鳥の糞みたいな外国人《キー・ノック・ファラン》」と叫んだ。するとスタークは「鳥の糞みたいなタイ人《キー・ノック・タイ》」とやり返したという。[32]
　タイ北東部では、スタークはＡＲＰＡの「農村部保安システム・プログラム（ＲＳＳＰ）」を監督していた。[33]これは、大規模な組織や活動の一つひとつの部分に着目するシステム分析の手法を、取り締まりから経済開発まで対反乱作戦のあらゆる側面に活かすというプログラムである。ペンタゴン流のシステム分析の手法がタイ人に教えられ、時には滑稽な結果を生んだ。手のこんだスライドを使った説明で知られる米軍士官たちは、ＲＳＳＰについて説明する際、このプロジェクトのさまざまな構成要素をギリシャ神殿の柱にたとえた。ギリシャ神殿は、国防分析研究所のロゴなどにも使われていたくらい、彼らのお気に入りのシンボルだった。タイ人たちはアメリカ人をまねようとしたが、ギリシャ神殿はタイではなじみの薄いシンボルだったため、システム分析の各要素を描くのにニワトリの図を用いた。[34]
　しかし、ＲＳＳＰの運営者はタイでの経験に乏しく、ひとつの社会を操作可能な一連の変数へと単純化するのはあまりにも非現実的だと気づいた。ＡＲＰＡのある元上級幹部は、このプログラムを「滑稽」で「あまりにもお粗末」と一笑した。[35]ＡＲＰＡの職員も必死でシステム分析の言葉遣いをまねようとしたが、結果はタイのニワトリとさほど変わらなかった。あるとき、スタークはタイに関する概要報告の場で、プログラム全体の仕組みを説明しようとした。「私は巨大な紙を取り出して、中央に村の保安と書き、周囲に小さな円をたくさん描いた。二〇ばかしのプログラムがあったと思う。私はそれらのプログラムの関連性や全体のなかの位置づけについて説明した」と彼は振り返る。「すると相手は感心した。〝見事に筋が通っている〟と彼は言った[36]」「いいや、本当はひとつも筋など通っちゃいないさ」とスタークは内心思った。彼はこのプログラムをゴミだと思っていたが[37]、ARPAの上層部はそうは思わなかった。上層部は彼を上級幹部へと昇進させ、ホワイトハウスでリンドン・ジョンソン大統領と並んで写真を撮らせた。

ARPAのプログラムには専門家の手助けが必要だったので、スタークは一九六七年、科学の専門家へと目を向け、社会科学者を含めた一流の諮問委員会を招集した。彼はARPAのプログラムを評価し、改善策を提案してもらうため、専門家たちを一週間のタイ視察へと招いた。あるとき、イェール大学の著名な経済学者が、タイの村々に見られる家の大きさや衣服の品質の差について一〇分間ほどかけてとつとつと解説しはじめた。ARPAのタイ駐在の人類学者、ボブ・キッカートは、何がその差を生んでいるのかと問われると、目をぐるりと回して一言、「お金」と答えた[38]。ちなみに、タイ文化について生の知識を持つ数少ないARPA職員のひとりだった彼は、ビルマとの国境に程近い辺鄙な村で一年間を過ごすうちに酒浸りとなり、ARPAを辞めた。

状況はさらに悪化した。あるときスタークは、ARPAの天才諮問団であるジェイソン・グループに、対反乱戦略の検討を依頼した。ジェイソン・グループは非公式的にとはいえベトナムの活動に関与しており、戦場で使えそうな画期的な技術を提案していた。が、その多くは使い物にならなかった。たとえば一九六六年、かつて地球規模の防御シールドを提案したジェイソン・グループのメンバーのひとり、ニコラス・クリストフィロスは、友人のジョン・S・フォスター・ジュニア国防研究技術局長にある提案を行なった。それは、並走する二機のヘリコプターのあいだに六〇~九〇メートル程度のワイヤーを吊し、隠れた兵器や弾薬を発見するというアイデアだった。[39] ヘリコプターはベトコンが潜伏していそうな場所の上空を飛行し、強磁性物質の存在によって引き起こされるワイヤーのインダクタンスの周波数変化を測定して、隠れた兵器を発見するというカラクリだった。ハーツフェルドは興奮した。彼はフォスター宛てに短い覚書を記した。「この手法なら実行可能だし、追求する価値がある」[40]。フォスターは同意した。「さらなる検討に値するユニークなアプローチだ」[41]

しかし、クリストフィロスのアイデアについて報告を受けたARPAのプログラム・マネジャーは、斬新なアイデアであることは認めたものの、「ヘリコプター間でワイヤーを吊すのは、技術的に困難であることに加えて、パイロットに許容しがたい危険をもたらすだろう」と指摘した。[42] このクリストフィロスのアイデアはテストされたようだが、当然ながら実戦では活用されなかった。[43]

ジェイソン・グループは大半が物理学者だったが、スタークは一流の頭脳を持つ彼らなら東南アジアの対反乱プログラムに関しても何か名案をひねり出してくれるかもしれないと思い、一九六七年夏、ケープコッドで開かれた一連の戦争関連の会議に彼らを招いた。[44] 彼らは次々とアイデアを出したが、使えそうなものは皆無だった。[45] 物理学者のマレー・ゲルマンは、ゲリラ兵の耳を削ぐといったさまざまな保安戦術の効果を検証してみてはどうかと何気なく提案した。その後、この「耳削ぎ」発言を収めた議事録が報道機関に漏れ、ジェイソン・グループに対する大学構内のデモへと発展した。[46] そのわずか二年後、ゲルマンはクォーク理論でノーベル賞を受賞し、物理学で一流だからといって必ずしもその他の分野でも一流だとはかぎらないことを実証した。

ベトナムの状況が日増しに悪化していくと、科学や科学者が本当に役立つのかはっきりとしなくなった。むしろ、科学や科学者たちが状況を悪化させていることがたちまち明らかになる。ＡＲＰＡの対反乱作戦は、現地政府が共産ゲリラと戦うのを後押しすることで、米軍が戦闘に直接関与しなくてすむようにするという考えが前提にあった。しかしベトナムの場合、無能で腐敗した政府への援助が、かえって反乱の火に油をそそぐ結果となっていた。対反乱作戦が本格化するにつれて、ベトコンは新兵を次々と獲得して膨れ上がっていった。しかし、そのころにはもう、ＡＲＰＡの注目は東南アジアのその先へと移っていた。

一九六三年六月三日午後、ルーホッラー・ホメイニーは、イランの神聖なる都市ゴムにあるフェイズィーエ神学校へと向かって、真っ暗な道を進んでいた。道中で後ろにおおぜいの学生たちを引き連れたホメイニー師は、群衆から熱烈な歓迎を浴びた。ただし、そこには電気がなかった。それまでの数カ月間、政府は聖職者の権力を弱めることを目的とした世俗化運動「白色革命」を本格化しており、ホメイニー師の演説を予期した当局が、ゴム市内への電力供給を遮断していた。当時、彼の講義はカセットに録音して取引されるほど人気を集めていたのだ。それでもホメイニーは演説を行なった。マイクを発電機に接続して。

タイミングも抜群だった。当日は、イスラム教シーア派が預言者の孫イマーム・フサインの死を偲ぶ宗教行事「アーシュラー」が行なわれていた。それまでの数カ月間で、ホメイニー師は西洋の操り人形とみなされていたイラン国王に対する批判を強めていたが、その日の演説はまさしく重大な転換点となった。[47] 一九五三年、CIA主導のクーデターにより、民主的選挙で国民の圧倒的な支持を得て当選したモハンマド・モサッデク首相が失脚すると、それ以来パフラヴィー国王がイランを支配してきた。ホメイニーはそのイラン国王に対し、直接攻撃を加えることを決意していた。「なんという救えない人間だ」とホメイニーは国王を直接名指しで批判した。「真の蜂起が起きたとき、あなたの友人と呼ばれる人々はひとり残らず手のひらを返すだろう。あなたはそれにお気づきでないようだ[48]」

ホメイニーがこの演説の直後に逮捕されると、多くの抗議活動と逮捕者を生んだ。国王の支配、そしてホメイニーの人気は、宗教や階級によるイラン社会の分断を鮮明にした。この状況を悪化させたのは、外国の干渉に対する国家主義者たちの懸念だった。ベトナムやほかの国々と同様、イランでも反乱の渦は広がっていった。そして、ARPAはそれを機会ととらえた。

一九六三年一二月、ランド研究所はARPAからの委託で、「イランの限定戦争に対する支援能力」なる機密報告書を発行した。[49] この報告書は、ソ連によるイランの直接侵略またはゲリラ支援の可能性について考察した結果、米国はイラン自身の防衛能力を高めることに専念するべきだと結論づけた。翌年、ARPAは初の中東支局となる「ARPA研究開発中東支局」を正式に発足させた。レバノンのベイルートに拠点を置く中東支局は、建前上、現地政府と協力して現地国の研究開発能力を強化することを目的としていたが、その本当の照準はベイルートではなくイランに向けられていた。ベイルートはプログラムの運営に好都合な場所にすぎなかったのだ。

「プロジェクト運営の主な照準はイランである」と、あるペンタゴン職員はARPA中東支局について説明する極秘の覚書に記した。[50]その理由として、イラン指導部がARPAの提案しているタイプのプロジェクトに対して受容的であることが挙げられた。タイがベトナム向けの対反乱技術をテストする「穏やかな面」だったのと同じく、イランは中東向けの新たな対反乱作戦の実験場となった。イランには、アメリカにとって友好的な政府、現代化の途上にある軍、草の根レベルの反乱と、すべての条件が揃っていた。先述のペンタゴン職員は、「イランには、遠隔地域の紛争のさまざまな側面を研究するための実験室としての魅力が存分にある」と指摘した。

こうして、イランが次なる開拓地となった。イランは、国家の正当性、国内の情勢不安、ソ連の干渉に対する漠然とした懸念といった課題に直面するアメリカ同盟国のひとつだったからだ。しかし、極秘の覚書によれば、中東への拡大は当初からのアジャイル計画の目標のひとつだったようだ。

ARPAのイラン最大のプロジェクトのひとつは、対反乱作戦に深く関与していたイラン帝国ジャンダルメリー（地方警備隊）との協力であった。一九四二年、ニュージャージー州警察長官のH・ノーマン・シュワルツコフ・シニアは、「ニュージャージー州警察を雛形にして」ジャンダルメリーを再編するため、イランへと派遣された。[51]一九九一年の「砂漠の嵐」作戦で米軍部隊を指揮したH・ノーマン・シュワルツコフ・ジュニアの父親である彼は、クルディスタンやイラン領アゼルバイジャンにおける部族の反乱を鎮圧した対反乱部隊へとジャンダルメリーを再編した立役者とされる。[52]

ARPAは南ベトナム軍にベトコンの動きを探知するセンサー技術を提供しようとしたが、それと同じ方法論や技術を今度はイランに応用しようとした。しかしイランの場合、国境への侵入は武器の密輸よりもむしろ違法薬物の市場と深くかかわっていた。「最大の問題はアヘンの密輸だった」と振り返るハーツフェルド。「私はこの問題にそうとうな時間を費やした」[53]

数年間にわたり、ARPAは地震計を用いた侵入検知器、断線により侵入を検出するワイヤー、熱センサーなど、侵入防止技術の使い方をイラン軍に教えるために資金を投じた。主な対象はジャンダルメリーだったが、国王の悪名高い秘密警察「SAVAK」も含め、イランのほかの保安当局に対してもデモンストレーションを実施した。ハーツフェルドによれば、当時の麻薬密輸の定番の手法のひとつが給水トラックだったという。トラックの中央部分に水を積み、その両側にアヘンを隠すのだ。ARPAは、赤外線センサーを使えば、アヘンが積まれていることを示すトラック内の温度差をとらえられることを実証した。[54]しかし最終的に、ARPAはイラン政府からヘロイン密輸の探知活動を中止するよう告げられた。「麻薬密売の親玉へとあまりにも近づきすぎたからだ」とハーツフェルドは回顧録で振り返った。「それで活動は終了した」[55]

ARPAの密輸撲滅プログラムの最大の問題点は、ARPAのイランでのほとんどの活動と同様、イラン政府の解決したがっている問題がアメリカと同じだと仮定していたことだ。しかし、イラン政府は腐敗や機能不全に満ちていた。国王の家族がアヘンの取引に関与していたと考えられており、国王自身、一九六九年にアヘン用のケシの栽培禁止を撤廃した。機密解除されたアジャイル計画の報告書によれば、ARPAと活動をともにするイランのほかの集団と同じく、ジャンダルメリーはアメリカの提案にめったに従わなかったという。それでも、ARPAは数年間、空中や地上、そして沿岸地域に沿った監視技術の使い方をジャンダルメリーに粘り強く教えつづけた。ＡＲＰＡのある報告書は、この監視活動のことを「些末で不振にあえいでいる」と表現し、イラン人がいっさい協力してくれないと不満をこぼした。[56]

レバノンでは、ＡＲＰＡは「地域変革要因」プロジェクトという名称のもと、ベイルート・アメリカン大学に資金を提供した。大学はＡＲＰＡの支援を受け、レバノンの宗派調査から学生の政治意識までありとあらゆる調査を実施した。レバノンの宗派調査は、宗教に基づいて権力が割り振られているレバノンではきわめてデリケートな話題だった［当時、レバノンでは宗派の人口比に基づいて議席を配分しており、しかも議席配分の根拠となる国勢調査は一九三二年に行なわれたものが最後だったため、不満があがっていた。一九八九年のターイフ合意以降はイスラム教とキリスト教で六四議席ずつと定められた］。大学はＡＲＰＡの補助金を特定の軍事的目標と結びついたものではなく、基礎研究への支援と解釈していた。

しかし、ハーツフェルドは中東支局が軍に貴重な情報を提供すると考えていた。「アラブ諸国で頻発していた当時の小規模な反乱の実情について理解が深まった」と彼はレバノン支局について語った。[57] たとえば、あるときＡＲＰＡはベイルートで、ベイルート・アメリカン大学に資金提供し、同地域のイスラム家系の文書記録を分析する「途方もないプロジェクト」を実施しようと考えた。「少なくとも一〇〇〇年前まで、とにかくすべてのことが書かれている」とハーツフェルドは語った。「私たちはその記録を掘り起こそうと考えたのだ」。その目的は、系図に潜在的な対立や反乱のサインが隠れていないか確かめることだった。「誰と誰が争う可能性が高いかを見抜いたり、早めに予測したりできないだろうか？　未来の反乱の原因はなんだろう？　どの家系に原因がある？　そう考えるのがひとつの方法だ[58]」

ＡＲＰＡは中東でその野望に見合うほどの実績をあげられなかった。建前上、ベイルート支局は中東と北アフリカのすべての国をカバーしていたが、実際にＡＲＰＡがプログラムを実行したのはイラン、レバノン、エチオピアのみだった。ワシントンに提出された正式な報告書には、高等研究計画局の名が聞いて呆れるような成功例ばかりが挙げ連ねられていた。「われわれは先日、エチオピア軍がもう自給自足を行なわなくてすむような野戦食の開発に成功した」とある報告書は興奮気味につづっていた[59]。

ＡＲＰＡの活動に大義があったのかどうかは不明だが、アジャイル計画の関係者でさえ、中東支局には大きな目的が欠けていると感じていたようだ。それでも、中東支局は新たな地域へと活動を広げていった。ハーツフェルドは数年間、たび重なる訪問を続けた末、インドの軍当局と研究開発パートナーシップを結んだ。一九六二年、共産中国とインドのあいだで係争中の国境地域をめぐって紛争が勃発し、主に山岳地帯で戦いが繰り広げられた。インドは高地での戦いについて多くのことを学んでいたので、ハーツフェルドはインドの経験から教訓を引き出せるのではないかと考えた。結局、ホワイトハウスは同地域で高まりつつある緊張を憂慮し、パートナーシップを破棄した。それは急拡大するアジャイル計画にとっては数少ない敗北となった[60]。

ＡＲＰＡの職員の多くは、中東に関して東南アジア以上に無知だった。あるとき、ＡＲＰＡの上級財務管理者のドナルド・ヘスは、中東の活動に関する予算要求について話しあうため、連邦議会に出席した。「私たちは中東のどこかにアジャイル計画の新しい拠点を開設したかった」と彼は言った（具体的な場所は思い出せないらしいが）。「小さな拠点だったので、誰も気に留めないと思っていた[61]」。ところが、議員たちは彼を質問攻めにした。なぜＡＲＰＡがオフィスを開設

ハーバード大学でMBAを取得した若かりしころのウォーレン・スターク（中央）。1963年、彼はARPAの東南アジア・プログラムに携わり、やがて世界的な対反乱プログラムを指揮する上級幹部にまでのぼり詰めた。左はタイでARPAの研究責任者を務めたリチャード・D・ホルブルック。右は東南アジアで実地調査を行なった人類学者のジェームズ・ウッズ。

するのか？　誰の指示で？　活動内容は？　ヘスはホワイトハウスがそう求めているということ以外、詳しいことはわからないと認めた。事実、少なくともＡＲＰＡの一般職員は誰ひとりとして、最終目標を理解していないようだった。

アジャイル計画を指揮していたスタークは、レバノンに何度も足を運んだが、詳しく覚えているのはそこでの活動よりもむしろ食事やホテルのほうだと認めた。あるときなど、ＡＲＰＡはイスラエルとレバノンの双方にお互いの国からの自衛方法をアドバイスしていたという。「レバノンでは、イスラエルが侵攻してきた場合にレバノン南部の村民を村から避難させる計画について調査していた。レバノンの人々を守る効果的な方法をね」とスタークは言った。「だが一方では、イスラエルの人々と国境防衛の面で協力していた」[62]

このふたつのプロジェクトが本質的に矛盾していたというわけではない。単純に、中東地域にアメリカの旗を立てること以外、目標らしき目標がなかったというだけのことだ。この点こそ、スタークがタイからレバノンまでアジャイル計画全体を通じて目撃してきたことを物語っていた。アジャイル計画の拡大は、拡大のための拡大でしかなかったのだ。

初めてＡＲＰＡにやってきたとき、スタークは多くの人々と同様、ウィリアム・ゴデルという人間や彼の諜報分野での功績に魅了された。ふたりは仲良くなり、スターク一家はバージニア州にあるゴデルの自宅でときどき日曜を過ごした。もともと、スタークは対反乱作戦の世界的な実験室をつくるというアイデアに興奮していた。あるときなど、「人種問題をめぐる社会不安によって、アメリカにも反乱の波が忍び寄りつつある」とゴデルに警告して、アジャイル計画をアメリカ国内にも広げることを提案したほどだ。[63] 国内の対立は、アジャイル計画が世界じゅうで鎮圧しようとしていたタイプの反乱と似ていた。「軍はこうした状況のもっとも極端な形について考えはじめるべきだと思う」とスタークはマルコムＸなどの指導者を例に挙げながら記した。「国防総省内の危機管理計画グループは、こうした反乱が取りうるさまざまな形、予防的軍事行動の要件、この激化しかねない紛争に関する数々の問題について考察しはじめることもできるだろう」。しかしながら、ＡＲＰＡがスタークの提案に従った痕跡はない。

ＡＲＰＡの対反乱活動がアメリカ国内にも活かされる寸前までいった例が、ケネディ大統領暗殺後のとある極秘任務だ。[64] ケネディ銃撃の翌月曜日、ＡＲＰＡはアジャイル計画の一環として大統領の保護に特化した研究プログラムを開始した。このアメリカ大統領を守るための極秘プロジェクトは、「戦略的脅威分析研究（Strategic Threat Analysis and Research）」、略して「ＳＴＡＲ」と正式に命名された。しかし、ＡＲＰＡを統括する国防研究技術局長のハロルド・ブラウンは個人的に、このプロジェクトのことを「納屋の扉作戦」と呼びはじめた。ロバート・フロッシュいわく、「納屋の扉は馬が逃げ出したあとで閉めるものだから」だ。[65]

大統領の保護にまで手を広げたＡＲＰＡは、今や国家安全保障の重要分野のほとんどすべてでなんらかのミッションを手がけていた。しかし、この新たな活動は初めから問題山積だった。ケネディ暗殺により急遽副大統領から新大統領に就任したリンドン・ジョンソンは、近く新たな大統領選挙を控えていたため、防弾ガラスの後ろに隠れるような情けない姿を見せたくなかった。「何がなんでもプロジェクトのことを知られるわけにはいかなかった」と当時の局長ロバート・スプロールはのちのインタビューで振り返った。「知られた瞬間、プロジェクトは中止させられるだろう。そして、並のセキュリティでは不十分だというのが厄介だった。ペンタゴンの情報はざるに入っているも同然だ。どうすれば秘密にしておける？」[66]

予想どおり、プロジェクトの噂が外に漏れるまで時間はかからなかった。ＳＴＡＲプロジェクトについて議会から質問を受けると、当時ＡＲＰＡ副局長だったハーツフェルドは、アバディーン性能試験場に一万五〇〇〇ドルを提供し、大統領のリムジン向けの装甲材料の開発を急がせているだけだと文書で説明した。「もちろん、国防総省は大統領の使用する車に関して責任を負っているわけではない」とハーツフェルドは記した。[67] この書簡は控えめに言ってもまぎらわしかった。ARPAが大統領の乗る新型装甲リムジンの設計に協力しているという事実はおろか、議員たちが眉を吊り上げるようなほかの数々の関連研究プロジェクトについても触れていなかったのだ。

STARプロジェクトをアジャイル計画の傘下に置くのは、秘密裏に活動を進めるための手段だった。プロジェクトに関する情報は、必要最小限の人々だけで共有された。[68] しかし、アジャイル計画のほかの活動と同じく、STARプロジェクトも失敗や拒絶の連続だった。たとえば、化学兵器を用いて大統領を保護するという提案がそのひとつだ。[69]「敵対的な群衆をほぼ一瞬にして友好的な群衆に変えてしまうシステムも必要だ」とある覚書には記された。「それは大金を投じて群衆を寝返らせるとかいう単純な方法ではない。ガス、音、光などの化学的、生物学的、心理的な手段を用いてそういった変化を成し遂げる方法や、そうした手段が群衆管理に関して持つ性質について、さらなる研究が必要だろう」[70]。STARプロジェクトの記録を見ると、心理的な手段について何度も言及されているが、少なくとも米国内では、アイデアが実験室でテストされたこと、ましてや人間を対象にテストされたことはないようだ。

STARプロジェクトで検討されたもうひとつの提案は、大統領の演壇の前に絶え間ない気流をつくり、銃弾などの飛翔体の軌道をほんの少しだけ歪める、少なくとも大統領への直撃を阻止するというものだ。簡単な計算の結果、そうした気流が影響を及ぼすのはトマトくらいのものだということがわかった。しかも、たとえ一回目は防げたとしても、投げる人は二回目、三回目で軌道を修正できるだろうと推測された。

もう少し技術的に有望なアイデアもあった。たとえば、金属の棒を高速回転させてシールドを

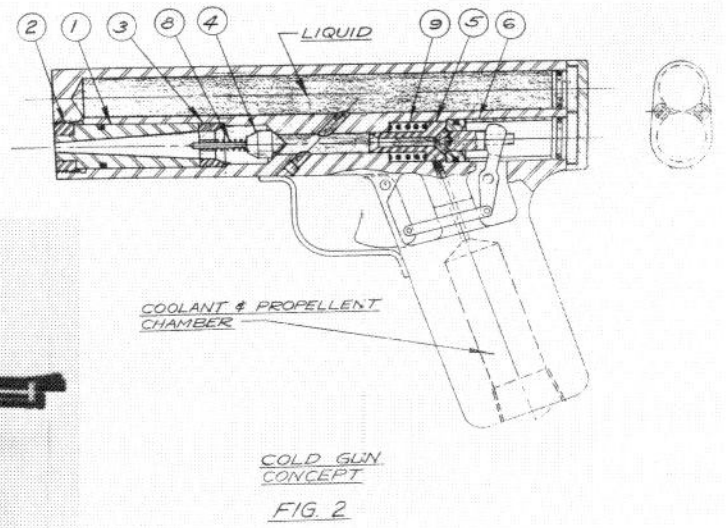


ジョン・F・ケネディ暗殺後、ARPAは大統領を保護する機密プログラム「STAR」を託された。このプログラムでは、装甲、小型武器、脅威の評価といった対反乱作戦に関するARPAのベトナムでの経験が活かされた。STARプログラムの一環として、ARPAはシークレットサービス向けのさまざまな非致命的武器の研究を支援した。左上はガス推進式の衝撃弾をテストしている様子。右上は「ウォーター・ガン」というニックネームがつけられた液体銃。

つくり、大統領の姿を隠すことなく弾丸を跳ね返すというアイデアもあったが、おそらく現実的な理由からボツとなった。また、ブレインストーミングでは、大統領に防弾チョッキを着させるという呆れるほど平凡なものから、大統領周辺の空気または気体を熱して屈折率を変える（つまり、光を歪めて暗殺者が狙いを定めにくくする）という突拍子もないものまで、さまざまなアイデアが出た。なかには、大統領に絶えず「車内で動き回って」もらうといった失笑もののアイデアもあった。[71] 日傘を装った盾というアイデアもあったが、これを使うには「嘘の天気予報を流す」必要があるだろう。

目標は高かったが、STARプロジェクトから生まれたと思われる唯一の新技術は、なんとも滑稽な超強力ウォーター・ガンぐらいのものだった。群衆のなかのひとりに向けて発射して身動きを封じるというもので、通常の銃と同じように携帯して使用できる。この非致命的な銃は、催涙ガスの有効成分であるトウガラシを含んだ液体を強力に噴射し、暗殺者を動けなくする。[72] このウォーター・ガンは実際につくられたが、実用面で問題に直面した。六メートル以上先まで集中して水を噴射するのが難しかったのだ（しかも、大統領に危険が差し迫っているとき、護衛官が使うのはふつうの銃だろう）。[73] ウォーター・ガンは一九六五年に納入されたが、結局は使われないまま廃止となった。[74]

ＡＲＰＡの最終的な実績は、大統領専用車のアップグレード、大統領専用ヘリコプターのささやかな改良、大統領警護のさまざまな側面に関する二〇あまりの研究、そして未使用に終わったウォーター・ガンにとどまった。ハロルド・ブラウンの記憶によると、大統領専用車の装甲に加えて、実行に移されたＳＴＡＲプロジェクトの唯一のまともな発明といえば、大統領の背後の旗に気流を送りこむというものだった。「大統領の後ろで旗が揺らめいていれば、銃撃犯の狙いがくるうだろうという理屈だった」とブラウンは言う。「なぜそんなことが理論的にも現実的にも成り立つのか、私にはさっぱりわからないが」[75]

世界全体を生きた実験室とみなすアジャイル計画のやり方は、根本的な問題をはらんでいた。その実験室では生身の人間が暮らしていたのだ。そして、ＡＲＰＡのアイデアはどんなによくても非情、最悪の場合には残酷であった。たとえば、ＡＲＰＡが開発しようとした「人間臭気探知器」は、その名のとおり、尿に含まれるアンモニアの匂いを感知し、ベトコン戦士を捜し出すというもので、「空中潜伏人間探知器」なるシステムを搭載した「ヒューイ」ヘリコプターがベトナムのジャングル上空を飛行した。さらに、ＡＲＰＡは数百メートル先の匂いを嗅げるヒロズキンバエを利用して、人間を捜し出すことができるかどうかを検証する実験も支援した。[76]公平を期すために言っておくと、ＡＲＰＡはもっと恐ろしいアイデアをいくつもボツにしている。たとえば、ヒューズ・エアクラフト社が提案した「非致死性衰弱メカニズム」は、汚染された穀物や人体寄生虫をベトコン内で広め、兵士たちの士気を低下させるというアイデアだった。[77]

しかし、ＡＲＰＡのすべての実験のなかで、もっとも問題にまみれていたのは枯葉剤計画だった。枯葉剤を運用した空軍の責任が大きすぎて、枯葉剤を開発したＡＲＰＡの役割はすっかり忘れ去られたが（ＡＲＰＡにとってはそのほうが好都合だった）、ＡＲＰＡの関与は枯葉剤の開発から戦争そのものへと広がっていった。時にはハーツフェルドの勧めで、ベトナムやタイで枯葉剤の効果を広く調査することもあった。[78]一九六五年一一月の「ハーツフェルド博士の視察報告書に関する追跡調査」を含むＡＲＰＡの文書では、ベトコンに対する「大規模な対抗手段のひとつ」として、「作物の破壊が人間に及ぼす影響やその潜在的な用途」について最新の研究を行なうよう要請されている。[79]「ハーツフェルドの視察活動」と題する手書きの報告書では、枯葉剤の研究が「最優先事項」として、アジャイル計画のプログラム・マネジャーのスタークに委ねられた。[80]

しかしスタークは、中東であれアジアであれアメリカ国内であれ、対反乱作戦の「実験室」に対するアプローチそのものに深い疑念を抱くようになっていた。彼の友人で恩師のゴデルが解雇および収監されると、彼はＡＲＰＡのプログラムが野放しになりつつあるのを感じはじめた。対反乱作戦の科学的側面に対するスタークの失望は深まりつづけていた。彼の視察報告書はどんどん長く、しかも悲観的になっていった。失敗したプロジェクトは次々と名称が変更され、たとえば戦略村は「新農村生活村」へと変わった。一九六七年、彼はとうとう嫌気が差してARPAを辞めた。「ARPAに在籍していた五年間、私は一億ドルもの貴重な血税を無駄にした」とスタークはのちに記した。「すべてを返還したい気持ちでいっぱいだ」[81]

スタークのような人々の懸念はどうあれ、ARPAの実験は米軍のベトナム戦争の戦い方を根底からくつがえそうとしていた。一九六四年、ゴデルは「斬新」な技術を用いてベトナムの国境を「封鎖」し、南ベトナムへのベトコン戦士や武器の流入を食い止めるというアイデアを提案した。[82] しかし、山とジャングルが連なる同国の地形を踏まえると、それは気の遠くなるような難題だった。その目的は、北ベトナムから始まり、ときどきラオスやカンボジアへと蛇行しながら南ベトナムに至るベトコンの補給路「ホーチミン・ルート」を遮断することにあった。

現代技術を用いてある種の仮想的な障壁を築くというアイデアは、長大な国境に物理的な障壁をつくるのが不可能なことから、一九六〇年代初頭より検討されてきた。そのアイデアは、一九六二年の視察旅行中にテイラー使節団のひとりであるマクスウェル・テイラー将軍がエドワード・ランスデールとウィリアム・ゴデルに提案したものだ。ランスデールはまったく興味を示さなかったので、ARPAがゴデルのもとでプロジェクトを進めることとなった。その結果、ホーチミン・ルートの一部を形成する南ベトナムとラオスの国境、およそ三〇〇キロメートル弱の部分のうち、八〜九割の森林を伐採することが提案された。提案された技術の手書きリストはまぎれもなく画期的で、恐怖すら覚えるものだった。[83] 仮想的な障壁の構築には、一〇万挺の「使い捨て」ショットガン、二五万挺のロケット弾用拳銃、一〇〇万個のカルトロップ（地面に置いて使う撒菱《まきびし》）、二〇〇万個の石を装った地雷、二万個の枯葉剤を装塡した小型爆弾、そして大量の「虫寄せ」（虫除けの逆）が必要だった。そして、おそらくもっとも不気味なのが、二五万個の「生物兵器システム」だ。その兵器の具体的な内容や使用法については明記されなかった。

当初、この国境封鎖案はコストがかさむとして却下された。[84] ペンタゴンのエンジニアでハロルド・ブラウン国防研究技術局長の対反乱作戦担当補佐官であるシーモア・ダイチマンはこう主張した。「南ベトナムでこの提案を実行するには、この方法で戦争を行なうという大きな戦略的決断が必要だと思う。国境警備を拡大するということは、国境地域で現在考えられているよりもそうとう大規模な戦闘活動が必要になるからだ」

それでも、この提案のいくつかの要素が実行に移された。たとえば、一九六五年三月、ARPAは東南アジアで非常に大胆な実験を行なった。この実験は、ベトコンが潜伏場所として使用していたボイロイの森の一部を対象に、第315航空コマンドー群によって極秘任務として実行された。この空襲について、戦略航空軍団の機密の歴史文書では、「南ベトナムにおけるB－52のもっとも異様な使用例のひとつ」と表現されている。[85] そう呼ばれたのは、空襲の目的がベトコンを空爆することだけではなく、枯葉剤と焼夷弾を組みあわせて収拾不能な山火事を発生させ、彼らの潜伏する下生えを一掃することでもあったからだ。[86]

この空襲は、山火事を兵器として利用するための実験であり、ARPAの枯葉剤計画の延長でもあった。こうして、植物を一掃して待ち伏せ攻撃を防止するための小規模な活動は、独自の命を帯びた広範囲のプログラムへと膨れ上がっていった。ARPAは農務省にまで協力を仰いでいた。数カ月前、アメリカの軍用機は同じ地域に枯葉剤を散布し、植物を枯れさせた。枯れ葉なら火がつきやすいと考えたからだ。しかし、母なる自然は協力してくれなかった。三月三日、南ベトナム軍事援助司令部は、焼夷弾を搭載した一五機のB-52を森へと派遣したが、突然の暴風雨で引き返さざるをえなくなった。一週間後の空襲は成功したが、想定どおりの山火事を引き起こすことができず、この「シャーウッドの森」作戦はあえなく失敗に終わった。

しかし、ARPAはあきらめなかった。翌年、ARPAはグアムから一七機程度のB-52爆撃機を派遣し、別の森に一七二トン分の集束焼夷弾を投下する「ホット・ティップI」および「ホット・ティップII」作戦を支援した。今回、爆弾は標的に命中し、ARPAは「作戦は見事に成功した」と主張した。[87] しかし、それは「限定的な技術的成功」にすぎず、山火事は発生しなかった。つまり、ホット・ティップ作戦も、シャーウッドの森作戦と同じく失敗したのだ。三回目、一九六七年の「ピンク・ローズ」作戦も失敗に終わる。空襲後の雨で炎が鎮火したのである。このARPAプロジェクトに協力した米国森林局の職員、クレイグ・チャンドラーは無表情でこう言った。「ずいぶんと火のつきが悪い国だ[88]」

人工的な山火事は、ドレスデン爆撃のような第二次世界大戦の悲惨な記憶を想起させた。何より、対反乱作戦の一環であるはずの民心を獲得する和平活動ともほとんど関連がなかった。三回の失敗ののち、兵器としての山火事プロジェクトは中止された。五年後、このプロジェクトが明るみに出ると、あるARPA職員は『サイエンス』誌にこう語った。「このプロジェクトは明らかに、密かに葬り去られるべきアイデアのひとつだった[89]」。山火事プロジェクトは、一九六五年中盤までのアジャイル計画の暴走を象徴していた。緊急対応プロジェクトは、南ベトナム軍というよりもむしろ米軍を支援する「シャーウッドの森」のような作戦に道を譲りつつあった。そして、それは迷走を続けていた。

こうした失敗はありつつも、南ベトナムの国境封鎖案は、数年前にゴデルが提案したときには反対していたペンタゴンのシーモア・ダイチマンによって拾い上げられた。一九六六年、ダイチマンはARPAが融資する諮問グループ「ジェイソン」の面々と協力し、ホーチミン・ルートの遮断方法を模索していた。[90] ジェイソン・グループは、今までよりはまちがいなくマシなまったく新しい国境警備システムを考案した。コンピューター・システムに接続された大量の地上センサーを空中からばらまき、侵入があった場合に攻撃機へと信号を送る仮想的な障壁だ。以前にも仮想的な障壁というアイデアはあったのだが、地雷などの対人兵器に頼るものか、地上にいる人間が手動で侵入を伝えるものばかりだった。いっこうに前進しないゴデルの提案とは異なり、電子障壁のアイデアははるばるロバート・マクナマラ国防長官の耳にまで届くこととなり、長官はプロジェクトを承認した。ただし、長官はプロジェクトをARPAではなく、ペンタゴンの「国防省通信計画グループ」といううどんくさい名前の秘密組織に託した。[91] 電子障壁はコードネーム「プラクティス・ナイン」(その後、「ダイ・マーカー」、「イグルー・ホワイト」へと名称変更)と呼ばれる極秘プロジェクトの一部となった。「ARPAは完全に蚊帳の外だった」と数年後にARPA局長となるスティーヴン・ルカジクは説明した。[92]

こうして脇役へと退いたARPAは、空軍の使用するセンサーの一部を提供することはあったが、プロジェクト全体のなかで主要な役割を果たすことはなかった。ベトナムで陸軍のために電子障壁の構築に取り組んだエンジニアのジェームズ・テグネリアによると、ARPAの貢献の中味は極秘であり、電子障壁向けのハードウェアの提供が大部分を占めていたという。「われわれが〝狡猾な手段〟と呼んでいた機密プログラムの多くはARPAが担当していた」と一九八〇年代にARPAの局長代行を務めたテグネリアは言った。「無音のピストルとか毒矢とか、そういう奇妙な類のものだ[93]」

すぐに、タイのナコーンパノムにあるコンピューター指令センターに情報を送信する大量のセンサーが軍用機によってジャングルにばらまかれはじめた。音と震動を探知するセンサーがベトコンの補給トラックを検知すると、コンピューターが標的の位置を計算し、航空機に情報を中継し、数分以内に攻撃を開始できるようにする。当時はまだコンピューターの黎明期だったし、コンピューターによる自動的な殺害というコンセプト自体が新しかったので、このシステムは少なくともしばらくはSF世界の概念のように見えた。センサーと航空機をリアルタイムでコンピューターに接続することにより、ゴデルの障壁のアイデアははるかに技術的に高度なものへと生まれ変わった。つまり、世界初の電子的な戦場だ。しかし誰の目から見ても、この電子障壁は戦争の行方に大きな影響を及ぼすことはなかった。ゴデルは自身の回顧録のなかで、ARPAの電子障壁のアイデアは「打つ手に窮した国防長官の苦肉の策として」復活したのだと記している。[94]しかし、戦況を好転させるにはもう手遅れだった。「アイデアはすばらしかったが失敗だった。ハイテク通信装置、パトロール、精巧な空中監視技術などを駆使したにもかかわらず、結局うまくはいかなかった」

電子障壁は技術的には見事だったが、実施面で欠陥を抱えていた。空軍は侵入を食い止める道具ではなく、ベトコンを壊滅させる戦略的な空爆作戦の延長としてしか電子障壁をとらえていなかった。兵士やメディアがこの電子障壁のことをフランスのマジノ線とかけて「マクナマラ線」と嘲笑すると、いつの間にかこの名称が定着した。「この障壁はなんの価値もないことが証明された」と『ニューヨーク・タイムズ』紙はマクナマラの死亡記事で伝えた。[95]

ゴデルの国境封鎖プロジェクトを復活させ、電子的なフェンスへと変えたダイチマンは、ARPAの活動について別の見方を持っていた。彼はのちに、電子障壁が戦略的な失敗であったことは認めたが、技術的には成功だったと主張した。ベトコンの前進を遅らせることには失敗したが、「センサーから狙撃手への伝達プロセス」を自動化する手段を史上初めて実証した。つまり、殺害のプロセスを迅速化したのだ。この失敗した障壁システムは、ダイチマンが何十年もあとになって記したように、「ネットワーク中心の戦い」の最初の例だった。[96] この用語は二一世紀初頭にペンタゴンで広く使われることとなる。ダイチマンは、少なくとも一九六六年当時は、科学がベトナム戦争の行方を変えると信じていた。そして、彼はゴデルに代わってアジャイル計画の舵を握ろうとしていた。

# 第10章 占い頼み 1966―1968

## アジャイル計画の軌道修正／心理研究と心理戦／対反乱作戦の失敗

「このカードのなかで男性器を連想するものはあるか？」[1]

ニューヨークの心理療法士、ウォルター・スロートは、インクの染みがついた紙をベトコン戦士に渡し、そう言った。

「いいえ」とその戦士はそっけなく返した。

「この上の部分は？」

「いいえ」

「このカードのなかで女性器を連想するものはあるか？」としつこく訊くスロート。

「いいえ」

ふたりとも不機嫌だった。スロートは典型的なロールシャッハ・テスト用のカードをいくら見せても反応が返ってこないことにイライラしていたし、そのベトコン戦士は爆弾でアメリカ人を殺害する代わりに、サイゴンの刑務所内に座って延々とインクの染みを見せられることにうんざりしていた。

一九六六年、アメリカの会社「サイマルマティクス・コーポレーション」は、増加する反乱の背景を理解するべく、スロートをベトナムに派遣した。スロートは、当時の心理療法士たちが性格特性の診断方法としてよく利用していたロールシャッハ・テストを使えば、アメリカや南ベトナム政府への反感が高まっている理由を解明できると信じていた。しかし、それまでのところ、ロールシャッハ・テストのインクの染みはそのベトコン戦士の心理を理解するのにほとんど役立っていなかった。

スロートはすべてのカードを見て人間を連想するものを探すよう指示した。なし。性的なものは？　それもなし。スロートは、そのベトコン戦士が男性器や女性器について質問されているのに、なんの反応も示さないことに困惑の様子を見せた。スロートはとうとう、好きな絵と嫌いな絵を選び出すよう指示したが、かつて破壊工作部隊を指揮したその男は、カードに触るのも拒んだ。「この絵の意味がわからない。だから好きも嫌いもない」と戦士はふてくされた様子で答えた。

スロートは七週間のベトナム滞在中、四人のベトナム人についてデータを集めた。ひとりはフランスで教育を受けた著名な作家、ひとりは人目を忍んで活動する学生活動家、ひとりは仏教の長老、そしてもうひとりは先ほどのベトコン戦士だ。四人全員が反米感情を持ち、南ベトナム政府に批判的だったが、特に腹立たしかったのがベトコン戦士だった。政府に批判的な仏教の長老でさえ、インタビューにもう少し協力的だった。あるインクの染みが女性器に見えるかとたずねると、僧侶は驚いた様子でこう返答した。「ご承知のとおり、私は実物を見たことがない。子どものものを除いて」

「そのベトコン戦士はまるで抜け殻のような男だった。直接呼びかけでもしないかぎり、彼は石のような無表情で空《くう》を見つめるばかりだった。何かを訴えかけてくることもなければ、まともに返事もしない」とスロートは報告書に記した。「彼が生き生きとするのは、武勇伝を語るときだけだった。目はみるみる輝き、威厳に満ちはじめる。しかし、その時間が過ぎると、たちまち元の空虚な無気力状態に戻ってしまう。この行動パターンはまちがいなく彼の性格であり、投獄によって身についたものではない」[2]

ニューヨークの心理療法士であるスロートは、ベトナムの政治の細かい部分には興味がなかった。彼は男たちにひたすら両親、夢、性生活、あるいはその欠如についてたずねつづけた。スロートは四人にインタビューした結果、ベトナムの人々の最大の問題は、フランスの植民地支配、中国の帝国主義、そしてアメリカの干渉といった一〇〇〇年間におよぶ外国からの支配にあるわけではなく、複雑な家族構造にあると考えた。「きょうだい間のライバル意識、歪んだ親の敵意、満たされない依存欲求の三つ組こそが、ベトナムの反米感情の心理的な核になっているというのが私の強い印象である」と彼は結論づけた。[3]

スロートのような人物がペンタゴンの助成する研究者としてベトナムにやってくるというのは、滑稽な話にも思えるが、それは反乱の根本原因を究明するというＡＲＰＡのずっと大きな取り組みの一環だった。国防総省の高官たちは、反乱の増加は弾丸と爆弾だけでは食い止められない現象だと気づき、人類学者、政治学者、心理学者、そして心理療法士といった〝ソフト〟サイエンス寄りの研究者たちにますます頼るようになった。この新しい活動方針をもっとも積極的に支持していたのが、マクナマラ国防長官お抱えのエリート技術者のひとりであり、ウィリアム・ゴデ

物理学者でペンタゴン国防研究技術局長のジョン・S・フォスター（中央）。チャック大佐（左から2番目）と会話している様子。フォスターはARPAのベトナム・プログラム「アジャイル計画」を支持したが、厳密な科学の裏づけが必要だと感じていた。1966年、彼はシーモア・ダイチマン（右端）にARPAの対反乱プログラムの指揮を一任。チャールズ・ハーツフェルドARPA局長（右から3番目）もARPAの対反乱プログラムの世界的な拡大を推進した。

ルの長年の天敵であったシーモア・ダイチマンだ。ダイチマンは、戦争の勝敗を分けるのは軍人の直感ではなくエンジニアの計算尺だと信じていた。何より、彼はエンジニアが弾道ミサイルの飛行経路を測定および追跡できるのと同じように、人間を分析してその行動を予測することができると信じていた。ベトナムは、人間の行動という新しい科学にとっての実験台になろうとしていた。

一九六六年、カリフォルニア州で開かれた諮問グループ「ジェイソン」の夏期会議（電子障壁のアイデアが生まれたのと同じ会議）の最終日、ダイチマンはトラブル続きのARPAのベトナム・プログラムを軌道修正するよう頼まれた。つい最近、ハロルド・ブラウンからペンタゴンの国防研究技術局長の職を引き継いだばかりのジョン・S・フォスター・ジュニアは、ダイチマンを脇に呼び寄せ、頼みたい仕事があると告げた。フォスターもブラウンと同じく物理学者で、ベトナム活動を支持してはいたが、もう少し技術的な監督が必要だと感じていた。「フォスターはARPAのアジャイル計画を引き継ぐよう説得しはじめた」とダイチマンは振り返る。[4] フォスターはアジャイル計画に科学を吹きこんでくれるダイチマンのようなエンジニアを求めていた。ウィリアム・ゴデルのわずか一歳半年下で、小柄、パイプタバコをたしなむダイチマンは、ゴデルと似たような道のりを歩んできた。視点はちがいながらも、ふたりとも対反乱作戦の専門家としてキャリアを築き上げてきた。

ダイチマンは国防分析研究所のアナリストとして、オペレーションズ・リサーチの手法を航空や防衛の問題に活かしてきた。彼は同研究所で、ベトナムの反乱の増大に興味を持つ心理学者のジェシー・オーランスキーと仲良くなった。社会科学と自然科学の融合という考えに刺激を受けたダイチマンは、オペレーションズ・リサーチの手法を活かして、反乱を表わす当時のペンタゴン用語だった「限定戦争」の問題を分析しはじめた。一九六二年、彼は『オペレーションズ・リサーチ』誌にて「ゲリラ戦のランチェスター・モデル」を発表。これは米ソ間の通常の戦闘のモデル化に使われていた数式をゲリラ戦に応用したものだった。

ゲリラ戦やオペレーションズ・リサーチの豊富な専門知識を持つダイチマンは、ペンタゴンにスカウトされ、「天才児《ウィズキッズ》」と呼ばれたマクナマラの秘蔵っ子のひとりであるハロルド・ブラウンと一緒に働くこととなった。[5] 一九六四年、彼はブラウンの対反乱作戦担当特別補佐官となり、東南アジアの研究開発プログラムの管理を任される。彼の重要な役目のひとつは、ペンタゴンの廊下で提案されるバカバカしいアイデアに目を光らせることだった。彼の記憶によれば、そういうアイデアは決して少なくなかった。あるとき、空軍はベトナム上空に「人工の月」をつくることを提案した。[6]空軍が夜間に暗視スコープを使えるよう、人工衛星の巨大な皿でメコンデルタ地域を照らし出すというアイデアだった。

　軍は技術的な解決策に頼ろうとしていたが、ダイチマンは軍がますます直面している問題は現代兵器では解決できない種類のものであることに気づいた。一九六〇年代中盤、ますます多くのベトナム人が南ベトナム政府と米軍に背を向け、ベトコンによる南ベトナム攻撃は数と規模の両面で増大しはじめた。それを象徴したのが、一九六五年二月、アメリカ軍事顧問団の拠点であるプレイク空軍基地に対するベトコンの劇的な襲撃事件だ。この攻撃でアメリカ人九人が死亡、一〇〇人以上が負傷した。ベトコンに進んで手を貸したり加入したりする南ベトナムの村民はあとを絶たず、支持拡大の理由は脅迫しかありえないと考えていたワシントン当局者たちは困惑した。南ベトナム軍がベトコンに対して形勢を損じていたのは、高性能な武器や技術がないからではなく、なんらかの要因が農民たちを敵国の支持へと駆り立てていたからだ。それは心理学の問題であり、心理は爆弾で解決できる問題ではない。だが、分析することなら可能だ。

　一九六〇年代初頭以降、ＡＲＰＡは行動科学プログラムを開始するために招かれたＪ・Ｃ・Ｒ・リックライダーの指揮のもと、社会科学の分野へと進出していた。リックライダーの行動科学プログラムは規模こそ小さかったが、彼が去ったあとも拡大を続け、やがてアジャイル計画の一部となった。政治学者のリー・ハフの指揮のもと、ＡＲＰＡはいっそう社会科学の分野へとのめりこみ、ランド研究所などのシンクタンクと契約してベトナムで実地調査を行なった。一九六六年のアジャイル計画についての説明によると、その目的は反乱に関する「技術的、行動的、環境的な要因どうしの密接な相互関係」を理解することだった。アジャイル計画はもはや現地の部隊を支援するピンポイントの技術プログラムではなく、「対反乱作戦という問題の総合的な解決策」を生み出すためのプログラムへと変わっていった。[7]

防衛関連の請負業者も、この新たな方針を金儲けのチャンスととらえていた。一九六〇年代中盤になると、無数の企業、大学、独立研究者たちが、なぜ米軍ではなくベトコンに味方するベトナム人が増えているのか、そしてそれはどういうベトナム人なのかを理解する方法をＡＲＰＡに提案していた。軍産複合体も人間的な問題を解決する独特の技術を提案した。たとえば、一九六五年八月、ゼネラル・エレクトリックは、同社の技術を対反乱作戦に応用する「継続的かつ無期限の契約」を結ぶようＡＲＰＡに要請した。その最初の提案は、「村内の治安を維持する集団ポリグラフ」だった。[8]それは、いわば魔女狩りをＳＦとして現代に再現したようなアイデアだった。「典型的な状況や運用手法として、次のようなシナリオをお考えください」とゼネラル・エレクトリックの営業部長は始めた。「まず、ベトコンから水面下で圧力を受けている、または領土侵略を受けていると疑われる村に、中央政府のテロ対策高度警戒部隊がヘリコプターで出動します。全村民が互いの顔を見られるよう、村長が村人を一カ所に集めます。そうしたら、全村民を新型の集団ポリグラフにつなぎ、全員の電気皮膚反応と心拍数を同時に測定します」。そこからシナリオはいっそう不気味になっていく。ベトコンの支持者と疑われる村民を、ポリグラフにつながれている全村民の前で吊し上げ、機械で「集団」の反応を記録する。こうすることで、村民のなかにベトコンへの情報提供者が潜んでいるのではないかという村民の不安を解消するのだ。「このプロセスは必要に応じて村民の数だけ繰り返すことができます」と営業部長は説明した。

ＡＲＰＡはこの嘘発見器ビジネスには手を出さなかったものの、[9]ダイチマンが一九六六年一一

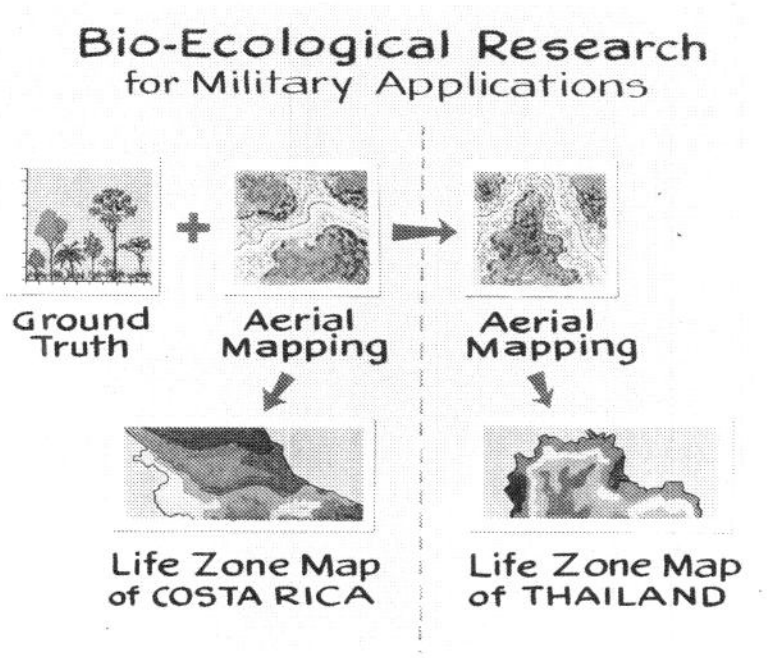


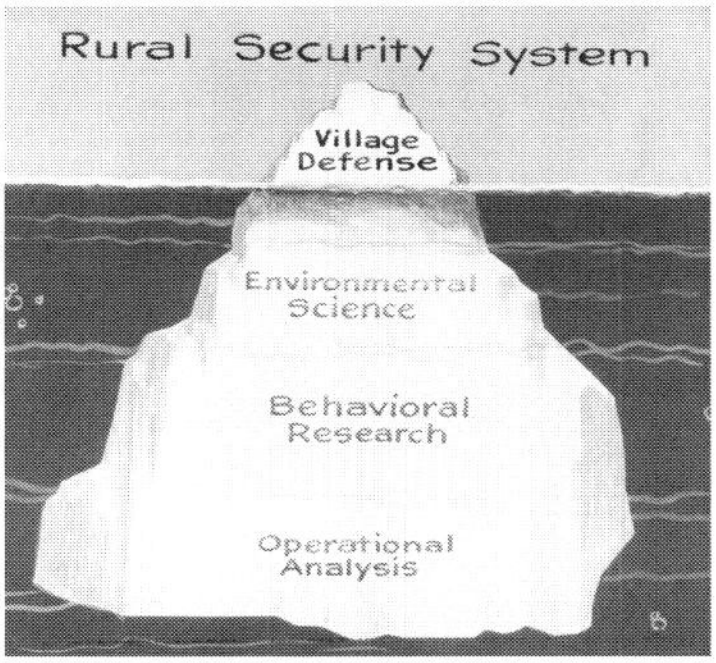


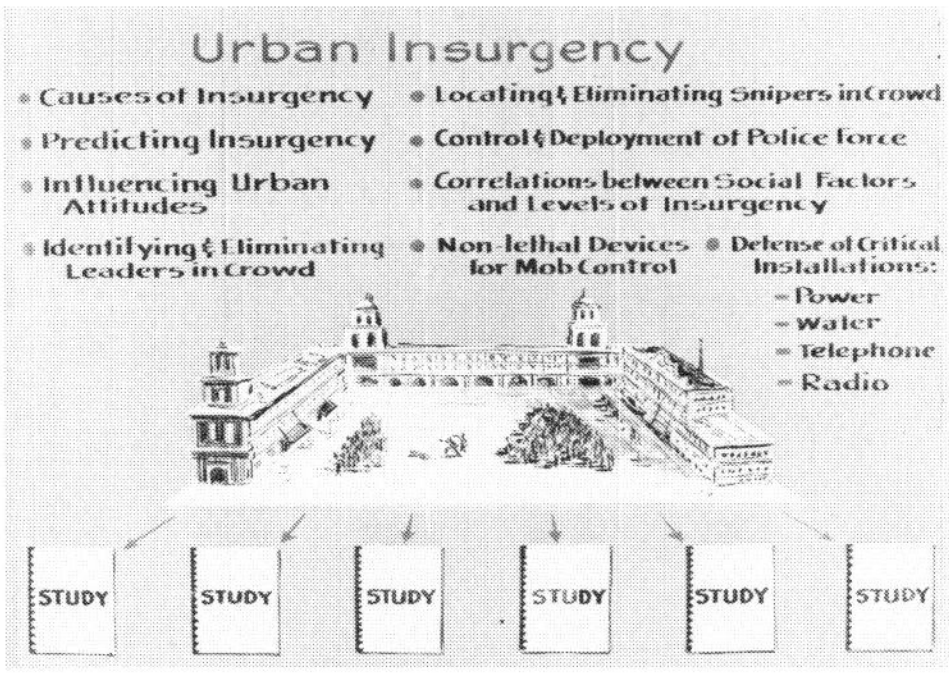


1960年代中盤になると、アジャイル計画は世界じゅうの反乱に対処するグローバルな科学プログラムへと成長していた。一連のスライドは、行動調査から「群衆内の指導者」の暗殺まで、ARPAの新たな包括的アプローチを説明するのに使われた。左上のスライドは、戦争に特化した環境科学の構築について説明したもの。右上のスライドは、行動科学やオペレーションズ・リサーチといったさまざまな研究分野が、いかにしてベトナムの村々の防衛の科学的土台を形成するかを説明したもの。左下のスライドは、ベトナム戦争の進展とともに重大な懸念となっていた都市部の反乱に対抗するため、ARPAが行なっている研究や調査の種類について説明したもの。

月に引き継いだアジャイル計画はまさにめちゃくちゃな状態で、「二五〇〇万〜三〇〇〇万ドル相当の奇妙なプロジェクトの寄せ集め」だった。[10] 彼はプログラムを精査し、見込みのなさそうなものを排除していった。ゴデルの元取り巻きたちは、ダイチマンに疑念と恐怖の入り交じった気持ちを抱いていた。ゴデルはアジャイル計画をまるで諜報作戦のように運営しており、現地の人間まで雇っていた。たとえば、河川の監視プロジェクトを取りまとめるあるタイ人売春婦は、アジャイル計画のプログラム・マネジャーのウォーレン・スタークいわく、タイ語、ラオ語、ベトナム語、英語が堪能で、同地域の有力者全員とつながりを持っていた。「シーモア・ダイチマンは、そんな人間にまで給料を払っていると知って愕然としていた」とスタークは語った。[11]

しかし、ダイチマンはアジャイル計画の問題点を一掃し、地に足の着いた科学を取り入れることを決意していた。彼の最初の決断のひとつが、太っちょの核戦争理論家、ハーマン・カーンの排除だ。すでにランド研究所から独立してハドソン研究所を創設していたカーンは、ARPAの資金でベトナムじゅうを訪れ、愉快なプレゼンテーションをして回っていた。彼のスライドは、実際には役に立ちそうもない大胆なアイデアが満載だった。ある報告書には、サイゴンの周囲に濠を築いてベトコンから街を守るという提案もあった。[12] 侵入防止用の濠のアイデアは、メディアや議員たちの失笑を買った。この濠はあまりにも有名になり、こんなやり取りまで交わされた。あるとき、クレイトン・エイブラムス陸軍大将がベトナムの地形に関して愚痴をこぼすと、それを聞いた人物が山を動かせばいいと冗談を言った。「じゃあハーマン・カーンを連れてこよう」とエイブラムスが答えると、爆笑が起こった。[13]

カーンと彼の派手なスライド・プレゼンテーションがARPAに政治的な問題をもたらしはじ

めると、ダイチマンは彼との関係を切ることを決心した。「ハーマン・カーンはそっちで君たちのために何をしている？」とダイチマンは南ベトナム軍事援助司令部のある高官にたずねた。[14]

「こちらに来て、非常に面白い概要説明をしてくれる。いろいろ考えさせられるし、非常に楽しい」と彼は答えた。

「二五〇〇万ドルの税金を費やすだけの価値はあるかね？」と返すダイチマン。

「いや、そうとは思えませんね」

それを聞いて、ダイチマンはカーンの排除を決めた。カーンがマクナマラに直訴すると脅すと、ダイチマンは開き直った。「どうぞご自由に」

カーンの派手なプレゼンテーションは、ペンタゴンが資金提供する社会科学研究が抱えている大きな問題を浮き彫りにした。軍が聞くべき内容ではなく、軍が聞きたい内容を裏づける研究に資金を提供する傾向があるという点だ。たとえば、ARPAは一九六〇年代初頭から、ベトナムで社会科学研究を実施するため、ランド研究所に資金を提供していた。そのランド研究所が雇った人類学者のジェラルド・ヒッキーは、戦略村計画に異議を呈していた。彼の研究は国防総省で高く評価されていたが、彼の研究がペンタゴンの政策と食い違うと、ペンタゴンの当局者はきっぱりと無視した。

ARPAが支援したランド研究所の最重要プロジェクトのひとつであり、のちにベトナム戦争中のもっとも有名な社会科学研究となったのが、「ベトコンの動機と士気プロジェクト」だ。これは共産ゲリラが支持を集める社会背景を理解する試みで、ランド研究所のふたりのアナリスト、ジョー・ザスロフとジョン・ドネルは、ベトコンの捕虜たちや恩赦の条件つきで降伏した人々に対するインタビューを監督するために現地へと派遣された。当初、インタビューの分析結果はアメリカのベトナム介入にとってかなり否定的な内容となった。調査結果は政府の公式見解と食い違っていた。ワシントンの政府関係者や軍当局者の多くは、ベトナムの人々が強制的にベトコンに加入させられていると考えていたが、調査によって彼らが真の政治的信条から加入していることがわかったのだ。ARPAの研究を監督したデイヴィッド・モレルによれば、ベトコンへの加入は「搾取的な政府への怒りや民族主義的な意識」、そしてそうした感覚を煽る共産主義者たちの能力と深くかかわっていた。しかし、この結論に対するワシントンの反応は、「単なる否定でなく、ショックとさえ呼べるもの」であった。[15]

一九六四年、ランド研究所は二回目の捕虜研究に着手し、今回はランド研究所の著名なソ連研究家で、ソ連の民間防衛プログラムについてデマを流したとして批判されていた政治的強硬派のレオン・グーレイを派遣した。彼の同僚たちによれば、彼は空爆が反乱の唯一の解決策であるという確信をあらかじめ抱いたままベトナムを訪問し、そのとおりの答えをペンタゴンに伝えたという。ランド研究所のベトナム戦争への関与について信憑性のある記述を行なっているマイ・エリオットはこう記した。「グーレイが自身の提案のなかで詳しく説明した新たなテーマというのは、軍事作戦の影響に対する敵の弱点を発見し、突くことだった」[16]

当然ながら、この新たな調査結果は一回目と大きく異なった。「空軍が費用を持つなら、答えは常に空爆だ」とグーレイは言ったとされる。[17] ランド研究所のグーレイの同僚たちでさえ、彼の調査結果を信じなかった。彼が情報やインタビューのいいとこ取りをしているにちがいないと考えていたのだ。しかし、グーレイの新しい見解はたちまちマクナマラ国防長官の耳に届き、長官

エンジニアのダイチマンは、ベトナムの反乱を助長している社会的要因を軍に理解させたいと考えていたが、アジャイル計画のもとで行なわれている活動の多くに絶句した。彼が真っ先に下した決断は、著名な未来学者で核理論家のハーマン・カーンとの契約解除だった。カーンはサイゴンの周囲に濠を築くといった突拍子もないアイデアをいくつも提案していた。1968年に同僚たちから餞別としてダイチマンに渡された漫画には、ロバート・マクナマラ国防長官と親しかったカーンを解雇したことによる政治的影響が描かれた。

は予算を一〇万ドルから一〇〇万ドルに増額した。[18] 一九六六年一月、マクナマラは戦略的爆撃が効果を発揮していることを裏づけるランド研究所の調査について、ジョンソン大統領に報告を行なっていた。

ＡＲＰＡに到着したダイチマンは、グーレイの調査結果を一目見るなり、彼が「ゲリラ兵への空爆は有効だ」というペンタゴン幹部の喜びそうな言葉を繰り返しているにすぎないと気づいた。たとえそれが事実と異なっていたとしても。「私はマクナマラの軍事補佐官に連絡をし、捕虜インタビューを中止した。明らかに歪められていたからだ」とダイチマンは振り返る。「マクナマラはその報告のせいで歪んだ戦争観を抱いていたのだ[19]」

ダイチマンは、ランド研究所の調査や、ベトナムでの社会科学研究の大部分には、科学的な厳密さが欠けていると考えた。彼は社会科学を〝ハード〟サイエンス、つまり自然科学のように扱えば、そこから予測を導き出せると信じていた。彼が求めていたのは面白おかしいプレゼンテーションや自己満足の調査結果ではなく、データだった。しかし、特に大学構内で反戦運動が広がると、東南アジア問題に関して国防総省に協力してくれる優秀な学者を見つけるのは、不可能に近くなっていた。

その前年、大学の情勢が不安定をきわめるなか、陸軍がアメリカン大学の「特殊作戦研究局」を通じて民間研究者たちにチリの反乱の研究資金を提供していることが明るみに出ると、軍の大学支援をめぐる論争が爆発した。当時、大学と軍の支援するプロジェクトとの関係は公表されていなかった。学生たちの改革思想と反戦活動がほぼ最高潮に達すると、この不遇の研究活動「キャメロット計画」はラテンアメリカやアメリカで猛批判を浴びた。国防総省の資金を受け取った教授たちは帝国主義に加担したとして糾弾された。[20]

そんなとき、絶好の解決策を提示したのが「サイマルマティクス・コーポレーション」という企業だった。同社はペンタゴンとの契約のもとで働いてくれる休暇中の学者たちを雇ってみせると約束した。サイマルマティクスの共同創設者のイシエル・デ・ソラ・プールは、政治に精通したマサチューセッツ工科大学の優秀な政治学教授として評判だった。彼はベトナムで和平工作を実行した元CIA職員のロバート・コウマーを含め、国家安全保障関連の有力者と密接なつながりを持っていた。ダイチマンは、「プールならほかの有名な学者たちも簡単に引っ張ってこられるだろう」と考えた。「そのなかには、ベトナムに精通し、ベトナムでの滞在経験を持ち、ベトナム語が堪能で、研究のために〝アクセス許可〟を与えてくれるベトナム人有力者の人脈が豊富な者もたくさん含まれていた[21]」。サイマルマティクスの力を借りれば、大学と直接協力しなくても、学者の専門知識を活かすことができるだろうとダイチマンは考えた。彼はのちの回顧録『練り上げられた計画（*The Best-Laid Schemes*）』のなかで、「少なくともＡＲＰＡにとって、このようなグループは非の打ちどころのない資格があったし、数多くの問題を防いでくれた」と説明している。[22]

一九六六年、ＡＲＰＡはベトナムで幅広い社会科学研究を行なう契約をサイマルマティクスと締結した。すると、すぐに最初の調査チームがサイゴンに舞い降りはじめた。それはアジャイル計画の名のもとで結ばれた、もっとも破滅的な契約のひとつとなる。

サイマルマティクスは、選挙であれ戦争であれ、人間の気まぐれを利益に変える手段として創設された。同社の起源は一九五八年、コロンビア大学教授のウィリアム・マクフィーが人々のテレビ視聴習慣を予測する画期的な理論を開発したことから始まる。彼が自身の研究をニューヨークの実業家、エドワード・グリーンフィールドに売りこんだところ、グリーンフィールドからイシエル・プールを紹介された。グリーンフィールドとプールは彼のアイデアを気に入ったが、ビジネスモデルとしては選挙のほうが有望だと思った。その予感は的中した。サイマルマティクスは民主党全国委員会への一連の報告書で、一九六〇年のジョン・Ｆ・ケネディの大統領選挙中の有権者の行動を正しく予測し、名声を得た。当時、イェール大学の教授だったハロルド・ラスウェルは、サイマルマティクスの研究を初の核連鎖反応の実証にたとえて、「これは社会科学界の原爆だ」と述べた。[23]この大成功を追い風に、サイマルマティクスは『ハーパーズ・マガジン』によって「人間マシン」と表現されたサービスを政府や民間の顧客に販売しはじめた。[24]

サイマルマティクスが販売していたのは、まさしくダイチマンや軍の支援する社会科学研究の支持者たちが求めていたとおりのものだった。サイマルマティクスにはテストしたい「人間マシン」があり、ARPAには人間マシンをテストしたい「人間」がいた。当初、プールは同社と契約して、タイの「実験特区」で「知能や人口抑制」といったさまざまな分野を網羅する実験を行なうことを提案した。「タイの一部地域を、タイ政府がアメリカの支援を受けて実施できる治安維持プログラムの大規模な実地試験場として利用するというのが基本的な考えだ」とプールは記した。「タイの一部地域では治安維持が現実的な問題なので、実地試験が可能だ。と同時に、政府にそうした脅威と向きあう警戒心や意欲があるので、合理的なプログラムを試すこともできる」[25]

結局、ARPAはタイではサイマルマティクスと契約しなかったが、すばやく質問に答えたり問題を分析したりできる社会科学者のチームを求めていたARPAは、ベトナムでサイマルマティクスと広範囲の契約を結んだ。

四人の男性の夢や性生活から国家全体についての推論を行なったウォルター・スロートのベトナム人心理調査は、序章にすぎなかった。サイマルマティクスの有力社員のひとりに、ジョセフ・ホックという人物がいた。ベトナム出身のカトリック神父として、ボストン・カレッジで教壇に立っていた彼は、ARPAとの契約で「心理戦の兵器を検証する」報告書を記した。「私の研究活動の目的は、ベトナムにおける人間関連の出来事を予測し、さらにはコントロールするための手段を高等研究計画局に提供することである」と彼は記した。[26]

ホックのアイデアはスロートと同じくらいぶっとんでいただけでなく、害を及ぼす危険性すらあった。「ベトナム戦略村の村民をコントロールし、非公式の伝達手段を通じて操ったり、特定の状況に期待どおりの反応をさせたりすることは可能だ」とホックは記した。[27] 社会科学者たちが使う標準的なインタビュー手法では「十分ではない」と彼は続ける。彼は村民を買収して戦略村に嘘の噂を広め、密かに人々の反応を記録することを提案した。彼はそれを「人間の操作技法」と呼んだ。

実際、こうした技法のいくつかがＡＲＰＡの資金提供のもとで試された。ホック主導のもと、ベトコンが支配する戦略村と南ベトナム政府に忠実な戦略村の両方で、「心理兵器」を検証する研究が実施された。たとえば、ベトコンをだまして一カ所に集まらせるアメリカ式のチェーンレターを戦略村内で広めるという〝兵器〟もあった。しかし、村民たちはベトコンによる罠だと思い、手紙を広めるのをためらった。

また、サイマルマティクスは「聖人の力や予言」を信じるベトナム人の心理につけこむため、ベトコンの敗北を予言するパンフレットを五〇〇〇部配布した。不幸な偶然というのはあるもので、パンフレットの配布はテト攻勢の開始時期とちょうど重なった。[28] そして、予言ではこの出来事は予測されていなかった。サイマルマティクスの実施したプロジェクトのなかには、政府のプロパガンダを広めるフォークシンガーや政治的なメッセージを訴える漫画など、サイマルマティクス自身さえ認める大失敗もあった。もっとも悲惨だったのは「呪術師プロジェクト」だろう。[29] ベトナムの呪術師の手を借りて、村民をベトコンに背けさせるというものだ。失敗の理由について、ホックは皮肉交じりにこう述べた。「呪術師たちが言うべきことを言わなかったのだ」

案の定、ホックの報告書はＡＲＰＡ職員のギャリー・クインから、「変数が汚染されている」

「誤差の原因が体系的に調査されていない」「推論規則に違反が見られる」などと酷評された。[30]ホックはまったく意に介さず、スヌーピーの「こんちくしょう、レッドバロンめ」という有名な台詞を執務室に掲げているクインはたまたま機嫌が悪かったのだろうと報告した。[31]「深刻に受け止める必要はないと思う」と彼は言い、心理戦研究の継続を提案した。ショッキングなことに、ARPAは提案を突っぱねた。

プールはサイマルマティクスのサイゴン・オフィス代表に政治学者のアルフレッド・デ・グラツィアを雇った。[32]第二次世界大戦中、デ・グラツィアはプロパガンダ活動や心理作戦に従事したが、彼の学者人生はそこから意外な展開をたどる。一九六〇年代初頭、彼は古代神話をもとに世界史を改訂して科学界を騒然とさせたベストセラー作家、イマヌエル・ヴェリコフスキーを擁護した。とりわけ、ヴェリコフスキーは火星が紀元前七五〇年に軌道を離れて地球に衝突しかけたという説を唱えた。ヴェリコフスキーの理論の功績はともかく、学界の大部分を敵に回したデ・グラツィアの抜擢は、学者を惹きつけようとしているプログラムにとっては不可解な選択だった。一流の社会科学者たちをベトナムに派遣するというプールの約束は叶わなかった。ダイチマンらは、サイマルマティクスが厳密な研究を行なわずに軍の契約上の規制に逆らってばかりいる素人集団をベトナムに派遣していることに不満を抱えていた。あるサイマルマティクス社員は、研究者の配偶者をベトナムに同行させてはならないと告げられると、すぐさま妻を研究者として雇用した。ダイチマンは書簡のなかで、サイマルマティクス社員たちの「素人根性」を猛批判した。[33]

完全な無能のせいで失敗したプロジェクトも多い。軍の専門家はベトコンの恩赦プログラム「チューホイ」に関する調査結果を素人じみていると一蹴した。看護師が行なったベトナム人のテレビ視聴習慣に関する調査は、「科学的方法論に関する教科書を持ってきて、あえてすべて逆の方法で実行した」かのようだった。[34] サイマルマティクスがベトナムに派遣した人々は、ベトナムのあるARPA職員の表現を借りれば、「手提げかばんの主任たち」だった。[35] 彼らは大学の休みを利用してふらりとベトナムを訪れては、ベトナムや調査分野についてなんの専門知識も持たない学生たちに実地調査をさせた。サイマルマティクスが、すでにARPAの訓練を受けていたベトナム人インタビュー・チームを解雇すると、憤慨したベトナム人たちは「反米」晩餐会を催し、アメリカ大使に抗議した。[36]

より深刻な苦情もあった。あるとき、ワシントンにいるARPAのあるプロジェクト・マネジャーは、サイマルマティクスの社員たちが「拳銃、ライフル銃、さらには自動小銃を持ってベトナムじゅうを走り回っている」との報告を受け、懸念を表明した。[37] ARPAのベトナム・ユニットの主任は、サイマルマティクスの社員がM16や三八口径の銃を要求したことを認めたが、要求は却下されたと記した。おそらくサイマルマティクスの社員たちは武器を見せびらかしたかっただけではないかと主任は説明した。「いったい彼らはどんなブランドのマリファナを吸っているのだろう?[38]」

たちまち、デ・グラツィアのARPAとの関係も学界と似たり寄ったりになった。彼がワシントンに送る書簡はどんどん怒りを増していった。やれ軍がサイマルマティクスの社員に輸送を提供しないだの（ARPAはベトナムが交戦地帯であると指摘した）、やれコピー機が壊れているだのと、あらゆることに不満をぶちまけた。「ARPAが重要な職務をまっとうしようと思うなら、優先事項をきちんと見据えて、くだらないことは無視するべきだ」とデ・グラツィアは熱弁をふるった。[39] ＡＲＰＡが基本的な編集もなされていないサイマルマティクスの低品質な報告書に不満を漏らすと、デ・グラツィアはお返しとばかりに、ＡＲＰＡの小便器に書かれている注意書きの不自然な文法を指摘した。「毎回毎回、小便器の前で〝故障してほしくないなら、便器にタバコの吸い殻を捨てないでください〟という文章を読まされる身にもなってほしい」。のちに、プールはデ・グラツィアを雇ったのが失敗だったと認めた。

一九六七年になると、サイマルマティクスとＡＲＰＡの関係は限界に達していた。ＡＲＰＡの職員のひとりが、人材の選定ミスから全般的な無能ぶりまでをまとめたサイマルマティクスの失敗リストを作成したのだ。プールは「悪意ある捏造《ねつぞう》」と呼んだが、一二月、南ベトナム軍事援助司令部の科学顧問であるＷ・Ｇ・マクミランは、ダイチマンにシンプルなメッセージを伝えた。サイマルマティクスとの契約の打ち切りだ。「同社はおよそ一年半、ＡＲＰＡとの契約のもと、ベトナムで社会科学調査を実施してきた」と彼は記した。「その活動の結果を見るかぎり、サイマルマティクスが契約条件を満たしていないことは明白だ[40]」

インタビューや自著で、ダイチマンはサイマルマティクスとの契約が成功しなかったのは管理上の理由だと端的に述べている。しかし、彼の当時の書簡は、実情をずっと率直に物語っている。「彼らのもっとも手厳しい批判を繰り広げている人々が、数値や厳密な方法論に裏打ちされたまっとうな科学研究を求めているという一面もあるかもしれない」と彼は記した。「正直、サイマルマティクスには未来永劫それができるとは思えない[41]」

ＡＲＰＡやペンタゴンの関係者たちは、サイマルマティクスのひどい無能ぶりを理由に、契約の打ち切りを何度も要求した。サイマルマティクスの対反乱作戦に対する「科学的なアプローチ」は、成果をあげていなかった。そして一九六八年初頭、ダイチマンは反発を覚悟しつつもサイマルマティクスとの契約を終了した。すると、同社の代表のエドワード・グリーンフィールドがダイチマンの執務室に怒鳴りこんできて、マクナマラに直訴すると脅した。サイマルマティクスは政権上層部と密接なつながりを持っていたので、それは決してはったりではなかった。しかし、ダイチマンの反応はハーマン・カーンのときとまったく同じだった。どうぞご自由に。[42]

破産寸前のサイマルマティクスは、ペンタゴンから資金をもぎ取るために最後のあがきに打って出た。一九六八年、同社は出所したばかりのウィリアム・ゴデルに目を向けた。ARPAを去ってから東南アジアで銃の密輸入にもかかわっていたゴデルは、アジア、特にタイの有力者とのコネを持っていた。[43]彼はタイ空軍のトップと取引し、地方警察や治安部隊の調査プログラムに資金を拠出するようARPAに要求した。その契約を実行するのがサイマルマティクスだった。「ゴデルが第三者企業との契約を通じてサイマルマティクスとかかわっている可能性が高いとグリーンフィールドから言われた」とダイチマンは同僚に宛てて記した。[44]

ダイチマンは自分が苦境に陥っていることを悟った。タイの高官の要求を断れば、タイでのARPAの活動が窮地に陥るだろう。しかし、要求を飲めば、ARPAは再びゴデルを雇用することになる。[45]彼はARPA時代を振り返る回顧録で、サイマルマティクスの一件についてごく簡単にしか触れておらず、全般的には上出来だったが管理上の不行届きがあったとだけ述べている。彼いわく、ARPAは「官僚的な理由」から契約を打ち切らざるをえなかったのだという。[46]

しかし、当時大部分が機密扱いだった彼の正式な書簡は、別の話を物語っている。その機密ファイルには、サイマルマティクスの大惨事を時系列順にまとめた長大なメモが大量に残されている。記録によると、ゴデルの出戻りが我慢の限界だったようだ。「もう限界だ」とダイチマンは記した。「ＡＲＰＡプログラムの誠実性を侮辱しているとしか思えない」。彼は政治的な反発を覚悟したうえで、サイマルマティクスにはもうびた一文も払わないと決意した。しかし、彼の書簡の原本は四〇年以上、国立公文書館に眠っていたので、彼の最後の願いが叶えられることはなかった。「これを読み終えたら必ず焼却すること」

サイマルマティクスのベトナムでの実験は、わずか一年半で終わりを告げた。[47] サイマルマティクスの活動は無能、お粗末な調査、政治的な失策といった醜態をさらしながら、無惨な失敗に終わった。サイマルマティクスの一件や、社会科学で反乱の問題を解決しようとしたＡＲＰＡの取り組みから、ひとつだけ教訓を学び取るとするなら、人間の行動を調査して操るのは、弾道ミサイルの飛行データを収集するよりもはるかに難しいということだ。ダイチマンは不確定性原理を引きあいに出しつつ、この失敗を認めた。「測定や観察が行なわれているという事実やその手段が、観察対象の現象や被験者たちに影響を及ぼし、結果を左右してしまうのだ」[48]。つまり、人間は自分が観察されていることに気づくと、行動を変えるということだ。

この事実を何よりも実証しているのが、兵士の運ぶ四〇キログラムもの荷物を軽減するというダイチマンのアイデアだ。兵士たちの運ぶ物品は重複していたため、彼は重量の大部分が無駄から生じていると考えた。戦闘斥候が個々の兵士の集まりではなくひとつの「システム」として運営されていれば、荷物をより効率的に分担できるはずだ。たとえば、ある兵士は通信機器を運び、別の兵士は予備の弾薬を運ぶという具合に。一見すると名案に思えたが、面白い出来事が起こった。兵士たちは空いたスペースにコーラ缶を詰めこみ、重量をぴったり四〇キログラムまで戻したのだ。「この事実を知ったとき、私たちは〝どうぞお気のすむように〟と言った。〝それで栄養状態がよくなるならいいじゃないか〟と」[49]

ダイチマンはゴデルの対反乱作戦のやり方に猛烈な（それも正当な）批判を向けたが、社会科学を厳密な科学に変えるというダイチマンの試みもまた失敗に終わった。ARPAの対反乱活動の大部分は失敗だったが、官僚の典型的な惰性によってだらだらと続けられた。今や対反乱作戦は、ARPAにとってミサイル防衛と核実験探知に続く第三のプログラムとなっていたので、失敗を認めるということは中心的なミッションのひとつを失うようなものだった。しかし、ベトナム戦争が激化するにつれて、議会は世界の問題にちょっかいを出し、社会科学研究を後援するARPAに辟易としはじめていた。いずれも軍事機関が手を出すには妙な活動に見えたからだ。ベトナムでの活動に加えて、ARPAは中東の子どもの栄養状態を調査したり、軍服を改良するためにイラン兵士の身体測定をしたりもしていた。ベトナム戦争を批判する人々にとって、ARPAのプログラムは恰好の標的となった。

「いったいどういうわけであなた方が担当することに？」。カリフォルニア州選出の共和党議員、グレナード・リプスコムは、アジャイル計画の拡大について考察する公聴会でそうたずねた。「なぜ国務省やふつうの軍事省庁が担当しないのか？」[50]

ほかにやるところがなかったからだとハーツフェルドは主張したが、この答えでは議会の懐疑派たちの納得は得られなかった。実際、ARPAはアジャイル計画を世界じゅうに拡大しつつあった。一九六七年のARPAの計画について問われると、「われわれは東南アジア以外のアジャイル計画により力を入れていく計画です」とハーツフェルドは答えた。

「最終的には何カ国に?」と問い詰めるリプスコム。「アジャイル計画はどれくらいの規模になるのでしょう? キリがないように見えますが」

ハーツフェルドはARPAの拡大は理に適っていると主張した。ARPAの活動は順調だったからだ。「ある程度の規模までは行くと思います。われわれは反乱の新しいとらえ方、反乱を小規模なうちに鎮圧する方法を開拓しているのです」とハーツフェルドは議員たちに訴えた。「これはアメリカにとってまちがいなく未解決の重要な軍事問題です。ベトナムでは、反乱を小規模なうちに食い止めることができなかったせいで、反乱が大規模になり、今や戦争にまで発展してしまったのです」

ベトナムでは対反乱作戦を通じて全面戦争へのエスカレートを食い止められなかったという事実は指摘されなかった。別の議員は、ベトナム戦争に終わりは見えるか、見えるとすればいつどうやって終結するのかとハーツフェルドにたずねた。すると、ハーツフェルドは熱をこめてこう答えた。「現在の状況を三、四年前と比較すると、軍事面では勝利に近づきつつあると確信しています」と彼は言った。「民間面では、崩壊を食い止め、少しずつ状況を持ち直しつつあるかと思います。これと軍事面での成功を考えあわせれば、勝利は近いと見てまちがいないでしょう」

するとその議員は、フランス軍がもう一〇年間もベトナムに駐留し、五〇万人以上の兵士を投入しているにもかかわらず、「まだ勝利してしない」という事実を指摘した。

「確かに」とハーツフェルドは同意した。「ですが、フランス軍はわれわれほど戦上手《いくさじょうず》ではありませんから」

ハーツフェルドはまちがっていた。一九六八年一月三一日未明、北ベトナム軍とベトコンが一斉攻撃を実行し、戦場をジャングルから南ベトナムの都市へと広げた。ベトナムの旧正月の時期を見計らって行なわれたテト攻勢は、ベトナム戦争の性質を一瞬にして定義し直した。かつてのゲリラ戦は明らかに通常戦争へと姿を変えていき、今となってはARPAが後援していた活動の大部分がほぼ的外れとなった。外国人で賑わっていたサイゴンの夜の街はすっかり活気を失い、ARPAは民間人の職員に武器を持たせることを決めた。[51]

結局、ARPAの社会科学の支援に終止符を打ったのは議会だった。ベトナム戦争の不人気が高まると、議員たちはARPAの活動、特にアジャイル計画にいっそう疑問をぶつけた。一九六九年、ベトナム戦争批判の急先鋒に立っていたマイク・マンスフィールド民主党上院議員は、「明確な軍事機能と直接的な関係のない」研究に対する国防総省の資金提供を禁じる「マンスフィールド修正条項」を議決させることに成功する。この修正条項はARPAの社会科学支援にとって大打撃となり、東南アジアや中東でのARPAの活動の大部分が打ち切りとなった。アジャイル計画の終焉が近づくと、ダイチマンは国防分析研究所へと戻った。

その後の数年間で、ARPAが対反乱作戦で協力した各国政府の大半が崩壊した。タイだけは完全な政治的崩壊を免れた。[52] 一九七三年の革命で軍事政権は転覆したが、国家が共産ゲリラの手に落ちることはなかった。一九七四年にはエチオピアで共産主義軍事政権が誕生。その翌年には南ベトナムが北ベトナムの侵攻を許し、共産主義政権のもとで南北ベトナムが統一され、レバノンでは宗派の分裂によって一五年におよぶ内戦が勃発した。イランでは、国王の弾圧、腐敗、外国依存がじわじわと内破を誘発した。一九七九年、とうとう政権は崩壊。その悲惨な廃墟の上に、ルーホッラー・ホメイニー（欧米ではアヤトラ・ホメイニーという呼称のほうが有名）は、世界でもっとも長命の反米政権のひとつを築き上げた。

ベトナムはこうした対反乱作戦の大失敗を予知していた。あるとき、ダイチマンは延々と続く軍事説明会の合間に、南ベトナム軍事援助司令部の合同研究試験活動部門を率いるジョン・ボールズ准将と連れ立って道教の寺院を訪れた。ふたりは蒸し暑い陽気のなか、ベトナムでよく見かけるシクロという三輪自転車タクシーに乗って寺院へと移動した。香の匂いがただよう寺院に入ると、彼らは年輩の占い師を見かけた。すると面白いことに、ボールズは自分の運勢を占ってほしいと言った。占い師は彼の言葉に従い、ボールズが最近昇進したことや近々家族と会うことなど、彼のことを次々と言い当てた。「あなた方がこの国に来た理由については——」と占い師はふたりに告げた。「ハサミで水を切るためでしょうな」[53]

当時、ダイチマンはなかなかうまい比喩だと思ったが、まちがっているとも思った。科学という道具があれば、きっとベトナムで成功できると彼は信じていた。ARPAが魔術師、呪術師、聖人たちにお金を支払い、ベトコン敗北の噂を広めていたことを考えれば、占い師にアメリカの作戦の失敗を予言されるのはなんとも皮肉だと思ったが、彼はそれを口にはしなかった。しかし何年もたって、彼は占い師の先見の明を認めた。「あの人の言ったとおりだった」とダイチマンは亡くなる前月に記した。ARPAのベトナム活動は、アメリカ政府のベトナム活動の大半と同じく、ほとんど成果はゼロだったのだ。

アジャイル計画の目的は、いつの間にか外国で戦う米軍を支援することになっていた。それは当初、対反乱作戦が回避しようとしていたことそのものだった。アジャイル計画、そしてベトナムの対反乱作戦が失敗したのは、ＡＲＰＡが国民の望む安全を提供できない政府を支援していたからだった。その状況は米軍をどれだけ投入しても変えられないし、ＡＲＰＡにも変えられなかった。ダイチマンやハーツフェルドのような技術者は、科学が戦争関連、そして人間関連の問題さえもほとんどすべて解決できると深く信じていた。結局、まちがっていたのは彼らのほうで、ダイチマンはその教訓を心に刻みこんだ。しかしハーツフェルドのほうはといえば、巨大な問題の解決策を導き出すというＡＲＰＡの役割を固く信じ、最後の最後まで対反乱作戦を擁護しつづけた。「アジャイル計画は底知れぬ失敗だった。輝かしい失敗だ」とハーツフェルドは皮肉交じりに振り返った。「われわれは、失敗するときでも大胆に失敗するのだ」[54]

しかし、ＡＲＰＡの世界的な対反乱作戦の実験にまつわる失敗のなかでも、もっとも問題なのは、国家を生きた実験室として扱うその傲慢さだろう。それは聡明な善意の科学者たちから生まれた傲慢さであり、一九六〇年代中終盤のＡＲＰＡにはびこっていた傲慢さでもあった。ゲリラ戦であれ核戦争であれ、ＡＲＰＡは科学や政策の限界に挑み、冷戦時代のもっとも壮大で過激で機密性の高いプロジェクトへとみずから足を踏み入れていった。そして、アジャイル計画と同じく、そのすべてが成功に終わったわけではなかった。

# 第11章 サル知恵 1964―1967

## 核実験探知から「先進センサー室」へ／マインド・コントロール「パンドラ計画」／無人ヘリ研究

一九六四年一〇月二二日、ミシシッピ州にある岩塩坑の八〇〇メートルほど地下で、アメリカは広島を焦土化した爆弾の約三分の一の威力を誇る核爆弾を爆発させた。[1] 爆発地点の真上では、何者かが南北戦争時の南部連合の戦旗とともに、「南部は再び立ち上がる」というスローガンを掲げていた〔米国南部の人々が南部への誇りをこめて現在でも使うフレーズ〕。

このスローガンは、その後の出来事を思いがけず如実に表現していた。地下の空洞内部で収まると考えられていた核爆発の衝撃波は、大地に揺れを生じさせた。近隣の町バックスタービルでは、質素な家々の煙突や棚が倒れ、しっくいがはがれ、屋内は泥棒に荒らされたかのようにめちゃくちゃになった。ＡＲＰＡの「ヴェラ・ユニフォーム」プログラムを指揮したチャールズ・ベイツは、「悪い揺れ」と表現した。[2]

米ミシシッピ州の東部で行なわれたその唯一の核兵器実験は、ＡＲＰＡの核実験探知プロジェクトの監督のもとで実施された。ベイツは四〇年後のインタビューで、核実験を実施するのは人

1964年、ARPAは「サーモン実験」と呼ばれる核実験に資金を提供。ミシシッピ州のテイタム岩塩坑で核出力5.3キロトンの核爆弾が爆発した。この実験はドリブル計画のもとで実行された2回の核爆発のひとつであり、その目的はソ連が地下空洞内で実験を行なうことにより核実験を隠蔽できるかどうかを確かめることだった。この研究はARPAの核実験探知プログラム「ヴェラ計画」の一環であり、1963年の部分的核実験禁止条約の締結の第一歩になったとされる。

口密集地域の近くであっても「当時は簡単だった」と説明した。ＡＲＰＡと原子力委員会が、上院軍事委員会の委員だったミシシッピ州選出上院議員のジョン・ステニスに核実験の相談を持ちかけると、ステニスが知事に報告し、知事が保安官、現地の判事、現地紙の編集者に話をした。たちまち全員を巻きこむ騒動となり、一五〇人の現地住民が問答無用で避難させられた。何より当時は冷戦の真っ只中であり、国民は米軍が核アルマゲドンを回避するための決死の戦いに挑んでいると信じていたのだ。「住民たちにとってはいい迷惑だった。彼らには政府の定める日当が支払われた」とベイツは語った。「赤ん坊にさえも二日間、日当が出た。住民たちはハッティズバーグに移動し、普段なら泊まれないようなホテルに泊まった」[3]。日当は成人が一〇ドル、赤ん坊と子どもが五ドルだった。

この核実験は「サーモン実験」と呼ばれ、のちにチャールズ・ハーツフェルドが議会で使った表現を借りれば、まるで「ゼリーに刺したスプーン」のように、岩塩坑の壁を押し広げた[4]。しかし、ゼリーとはちがって、壁は元には戻らなかった。爆発のあとには、融解した岩塩と有毒ガスが詰まった直径三〇メートルほどの丸い空洞が残った。政府は二年間、新鮮な空気を送りこんでガスを除去し、内部温度を摂氏一五〇度まで下げた（それでもまだ灼熱の温度だが）。そして一九六六年一二月三日、ＡＲＰＡは同じ岩塩坑で再び核爆発を実施した。今回の実験「スターリン」は核出力三八〇トンと、前回と比べるとかなり小ぶりだった。ふたつの核爆発は「ドリブル計画」の一環だった。その目的は、ソ連が地下空洞の内部で核実験を行ない、地震波の振幅を減少させることで（このプロセスは「デカップリング」と呼ばれる）、核実験を隠蔽することが可能かどうかを確かめることだった。

ＡＲＰＡがミシシッピ州の岩塩坑で核兵器を爆発させることができたという事実は、一九六〇年代中盤のＡＲＰＡの野心、権力、活動範囲がどれだけ肥大していたかを物語っている。それは核実験探知の分野だけではない。ＡＲＰＡのミサイル防衛研究も世界へと広がっていた。クェゼリン環礁やロイ＝ナムル島と呼ばれる南太平洋の小さな土地にさえ、ＡＲＰＡは太平洋上を飛行する弾頭を追跡するための巨大なゴルフボール状のレーダーを建造した。[5] 一九六〇年代中盤になると、ミシシッピ州で行なわれたようなＡＲＰＡの核実験探知活動は、さまざまな技術（特にセンサー）を生み出し、ＡＲＰＡの幹部たちは活動を国家安全保障の新たな分野へと拡大する方法を模索していた。

一九六五年、ＡＲＰＡは核実験探知活動から得られた技術をＣＩＡや諜報コミュニティに販売するための組織「先進センサー室」を設置する。その初代室長を務めたのは、ＣＩＡや空軍と協力し、ソ連上空を飛行して核実験を探知する気球用のセンサー装置を開発した物理学者、サム・コズロフだった。のちにＡＲＰＡ局長となったスティーヴン・ルカジクいわく、先進センサー室は「諜報コミュニティと蜜月関係を築こうとするARPA初の試み」だったそうだ。[6]

ARPAと諜報コミュニティとの関係はずっと険悪だった。軍と諜報コミュニティにはおのずと共通点も多いとはいえ、そもそもARPAは諜報コミュニティではなく軍に技術を提供するために設立された。偵察衛星「コロナ」の時代、ARPAがCIAにとって目の上のたんこぶだったのと同じく、ARPAの核実験探知活動は諜報コミュニティにとって縄張り侵害にほかならなかったし、当然ながらウィリアム・ゴデルと彼のベトナム活動も、CIAからは疑惑の目を向けられていた。それでも、ARPAの一部の幹部は、ARPAの影響力を拡大するひとつの方法として、諜報コミュニティに目を向けた。スパイだってひとりの立派な顧客──少なくとも理論上はそう考えられたのだ。

一九六五年から六七年までARPA局長を務めたチャールズ・ハーツフェルドは自身の回顧録のなかで、まったく平凡な名前の先進センサー室について申し訳程度にしか述べておらず、「特殊プロジェクト」に特化した組織だと説明している。[7] 議会の証言では、「最先端のセンサーの概念やハードウェアへと応用できる音響学、電磁気学、光学、生物学、化学などの分野の研究」を支援する組織だと説明された。[8] 個々のプロジェクトについて議論されることはほぼ皆無で、議論されたとしても、多くの情報が議会の公式記録からざっくり削除された。

ARPAの歴史によると、先進センサー室はARPAのなかでももっとも「記録の少ない」部局であり、その活動は上層部にも隠されることが多かった。「諜報分野の応用との関係から複雑をきわめていた先進センサー室の活動は、当初から疑問視されていた」とARPAの歴史にはつづられている。[9] 簡単にいえば、先進センサー室はスパイ世界に対するARPAの窓口だった。秘密のベールに包まれたその部局は、なんとか七年間続いたが、室長が上司の意向を無視するなど、たびたび混乱に見舞われた。先進センサー室は一九六五年、五〇〇万ドル弱というささやかな予算とともに設立されたが、その最初のプログラムというのが、マインド・コントロールに関する極秘の研究プロジェクト「パンドラ計画」だった。

一九六五年、モスクワにあるアメリカ大使館に医療関係者たちが現われ、職員の採血を始めた。採血を受けたアメリカ人外交官たちは、新種のウイルスへの感染を検査するためだと伝えられた。それは厳寒の冬で知られるソ連ではありえなくもないことだった。

しかし、すべては嘘だった。「モスクワ・ウイルス研究」と呼ばれたそのプログラムは、マイクロ波の照射が人体に及ぼす影響を調べるための米政府の極秘調査プロジェクトだった。[10] すべての発端は、ソ連が低レベルのマイクロ波を大使館に向けて照射している事実が判明したことだった。ワシントン当局者に「モスクワ・シグナル」と名づけられたそのマイクロ波は、屋内の人々に明白な害を及ぼすほどの強度ではなかった。その信号は一平方センチメートルあたり五マイクロワットと、電子レンジのように何かを熱するのにはとうてい及ばない出力だった。[11] それでも、アメリカよりもずっと厳しいソ連の最大暴露基準値の一〇〇倍も強力であり、警戒が必要だと判断された。

諜報コミュニティは、ソ連が非電離放射線についてアメリカの知らない事実をつかんでいるのではないかと危惧していた。低レベル放射線の影響に関する研究はまだ始まったばかりで、CIAはソ連がマイクロ波を使ってアメリカ人外交官たちの行動や精神状態に影響を及ぼしたり、心を操ったりしようとしているという仮説を立てた。アメリカは、マイクロ波の照射に気づいているとソ連に知られることなく状況を確認したかった。[12] そこで、大使館で働きながら毎日マイクロ波を浴びている外交官たちには事情を説明しないまま、プロジェクトは実行された。マイクロ波が及ぼす生物学的な変化を調べるのは国務省の仕事だった。そして、マイクロ波が行動に及ぼす影響を調べる役目は、サム・コズロフを室長とするＡＲＰＡの先進センサー室に回ってきた。

ＡＲＰＡに先進センサー室が新設されてから数カ月後、コズロフがペンタゴン内の別の役職につくと、副室長のリチャード・セザーロが後任についた。[13] セザーロは一九五八年にＡＲＰＡに雇われた古株の職員のひとりだったが、独創的な一方、攻撃的で失礼きわまる人物としても悪評が高かった。誰もセザーロが何をしているのかよく知らなかったが、彼はその状態が心地よかった。一九六〇年代に数年間ＡＲＰＡ副局長を務めたロバート・フロッシュは、彼が潜入スパイなのではないかとさえ感じていた。「彼は懸命にスパイらしくふるまっていた。彼はいつも私たちの知らない何かを知っている雰囲気をただよわせていたのだ」と彼は語った。[14]

セザーロはスパイではなかったが、ＡＲＰＡの上層部にそう思われていることをまちがいなく愉しんでいた。ＡＲＰＡの黎明期、セザーロは宇宙開発の熱烈な支持者で、ＡＲＰＡがロケット計画に関与することを推進していた。一九五〇年代終盤、ＡＲＰＡが偵察衛星計画「コロナ」を進めていたころ、彼はゴデルとともに仕事をしていた。ＡＲＰＡが宇宙開発から手を引いてもなお、セザーロは諜報界との関係を保ち、そしてとうとうＡＲＰＡの先進センサー室に新しい居場所を見つけた。政府の公式の歴史では、彼は「政府の意思決定プロセスのなかでうまく立ち回る策略家、声高な技術者、先進技術の積極的な推進者」と説明されている。[15] ＡＲＰＡの同僚たちの記憶によれば、身長一五〇センチメートルそこそこ、厚底の靴を履いていたセザーロは、面と向かって同僚をいびる生粋のいじめっ子タイプだったようだ。[16] 彼は機密プロジェクトにアクセスできることを鼻にかけ、ゴデルがＡＲＰＡを去ると、スパイ業界とつながりを持つＡＲＰＡの最年長職員となった。先進センサー室の室長として、諜報コミュニティのために最高機密プログラムを取り仕切っていた彼は、待望の名声と自由裁量を手に入れた。彼は世界じゅうを飛び回り、ＡＲＰＡの上司たちでさえ詳細を訊けないような機密プロジェクトに取り組んだ。ルカジクによれば、先進センサー室はすぐさまスパイの世界の伝統を受け継いだ。「肩書き上の上司に自分の活動内容をなるべく教えるな」というやつだ。[17]

かつて、諜報コミュニティはＡＲＰＡのことを目の上のたんこぶ、せいぜい機密プロジェクトの便利な隠れ蓑として扱っていた。初期のＡＲＰＡは極秘の資金を仲介する「窓口」として利用されることが多かった。これはゴデルと諜報界との関係から生まれたものだった。表面上はあるプログラムがＡＲＰＡに属していても、実際には見せかけにすぎず、局長すらそのプロジェクトの内容についてほとんど知らないケースもあった。「われわれは非常に重要な機密プロジェクトの窓口として利用されていた。ふつうはプロジェクトが失敗した場合にトカゲの尻尾切りをするために存在するのだ。ＡＲＰＡが密接に関与しているというのはすべて見せかけで、現実には関与していなかった」とＡＲＰＡの元上級幹部のケント・クレサは述べた。「ＡＲＰＡには金がなかった。まったく。それでも、関与しているフリをする必要があった」[18]

ＡＲＰＡの元関係者たちは決して認めなかったが、ＡＲＰＡが窓口を果たした一例が、オーストラリアにある国家安全保障局（ＮＳＡ）の極秘偵察施設「パイン・ギャップ」だ。一九六〇年代初頭、ゴデルはリー・ハフのいう「宇宙開発活動」施設の建設について交渉するため、オーストラリアを訪問した。[19]すぐに、アメリカの技術者がオーストラリア中部の低地にある土地を測量するために現われはじめ、わずか数年で巨大なゴルフボール状のレーダー・ドーム群が、防護フェンスや十数棟の建物と並んで建てられた。オーストラリア政府やアメリカ政府が公表したのは、ARPAが運営する施設であるという情報だけだった。[20]

実際には、ARPAの高官が許可を出すためにときおり訪問する程度で、ARPAはパイン・ギャップの最終的な運営にはほとんど関与しなかった。パイン・ギャップはNSAの運営するシギント（信号諜報）偵察衛星と通信を行なうための地上施設だった。「私はある国を訪れたとき、表向きの〝組織の人間〟としてそこに行った」とルカジクは振り返った。当時から四〇年がたっても、彼はパイン・ギャップやオーストラリアという具体的な固有名詞を出すのを拒んだ。「私はいわばカモフラージュ要員だった。肩書き上は、入口ゲートにARPA合同なんとか宇宙防衛施設という看板が掲げられている施設の所有者だった」[21]

それでも、「モスクワ・シグナル」調査プロジェクトは、ARPAにとって諜報コミュニティと直接タッグを組む珍しい機会だった。一九六五年一〇月、セザーロ室長はチャールズ・ハーツフェルド局長に宛てて極秘の覚書を記し、この新たな研究活動の必要性について説明した。ホワイトハウスはマイクロ波攻撃について秘密裏に調査するよう国務省、CIA、ペンタゴンに指示した。このプログラム（コードネーム「TUMS」）の先頭に立ったのは国務省で、セザーロいわくARPAの役割は「プログラム全体のなかでも特に脅威となりうる部分、つまり人体への放射線の影響という部分について調査すること」だった。[22]こうして、ARPAプログラム計画第5

62号、コードネーム「パンドラ計画」が誕生した。これはマイクロ波が人間の行動に及ぼす影響について調査するプロジェクトであり、冷戦時代の科学のなかでもとりわけ不可解なエピソードのひとつとなった。[23]

今から見れば、マイクロ波がマインド・コントロールに利用されるという政府の懸念は、冷戦中の質《たち》の悪い被害妄想に思える。まるで荒唐無稽な陰謀論にそっくりそのまま使えそうな考えだ。しかし、一九六〇年代の状況下では無理もない懸念だった。モスクワ・シグナルが発見されたとき、アメリカやソ連では、低レベルのマイクロ波が生物に及ぼす潜在的影響に関する研究報告が次々と発表されていた。疲労や錯乱などの事例報告は、マイクロ波を行動の是正やマインド・コントロール用の兵器として利用しうるという説の流布に拍車をかけた。ひとつの説は、ソ連がマイクロ波を用いて大使館職員の行動に影響を及ぼし、メッセージの暗号化でミスを犯させ、アメリカの暗号を読み取ろうとしているというものだった。[24] 実際、ARPAの助成で、当時のロシア語の研究報告を翻訳したところ、ソ連がマイクロ波の神経学的な影響に並々ならぬ興味を持っていることがうかがえた。[25] アメリカの当局者たちは、これをモスクワ・シグナルがなんらかの兵器である証拠ととらえた。

パンドラ計画について評価することを認められたペンタゴンの数人の科学者は、たちまちARPAの役割に懸念を抱いた。ペンタゴンで働いていたドイツ生まれの物理学者、ブルーノ・オーゲンスタインは、ペンタゴンのふたりの技術系の高官、ハロルド・ブラウンとユージン・フビニに極秘の覚書を送り、ARPAがマイクロ波の神経学的な影響を調べるという提案を評価しようとしていることを知らせた。オーゲンスタインは覚書のなかで、「この国の過去の似たようないかがわしい実験のせいで、多くの人々がこの分野で実験を進めることにかなり警戒心を抱いている」と記した。おそらく、一九五〇年代に開始されたCIAの悪名高いマインド・コントロール実験「MKウルトラ計画」のことを指していたのだろう。[26]この実験では、マインド・コントロールの手段として、LSDが人体に及ぼす影響が調べられた。「ARPAがこれらの実験を進めるという提案に対し、ARPA内部では一定の反発があるようだ。おそらく、かつて奇人変人たちを呼び寄せてしまったという苦い記憶があるからだろう」とオーゲンスタインは記した。

過去の人体実験スキャンダルと同じ過ちをなんとしても避けなければならないとしたら、セザーロはパンドラ計画の指揮官としてはなんとも不吉な選択であった。推力システムの専門家だった彼は、見たところ生物科学の専門知識はなさそうだったが、ホワイトハウスやCIAから高い注目を集める極秘プロジェクトを指揮することを愉しんでいた。彼はその任務を熱狂的に歓迎した。そのこと自体は立派だったかもしれないが、彼の熱狂は病的な域にまで達していた。セザーロの最大の関心は、根底にある生物学を理解することではなく、マイクロ波兵器の開発を推し進めることだったのだ。

モスクワ・シグナルが人間の行動に影響を及ぼすのかどうかを確かめるため、ARPAはまずサルにマイクロ波を照射した。パンドラ計画は極秘だったので、この一次調査は大学ではなく政府の実験室で実施する必要があった。空軍がマイクロ波の生成に必要な電磁装置を提供し、ウォルター・リード陸軍研究所がサルの選定と実験の実施を受け持つことになった。初期の実験の目的は、モスクワのアメリカ大使館内の男女に毎日照射されているモスクワ・シグナルと同レベルのマイクロ波にさらされた場合、霊長類の仕事の能力にどのような変化が見られるかを確かめることだった。

実験手順は、まず信号に反応して特定のレバーを押すようサルを訓練する。サルが正しくレバーを押せば、ご褒美として食べ物を受け取れる。「これは仕事終わりに、大使館の職員がご褒美としてドライ・マティーニを飲むのと同じことだ」とコラムニストのジャック・アンダーソンは記した。[27] 次に、サルにモスクワ・シグナルと同レベルのマイクロ波を照射し、仕事の効率が照射しない場合と比べて悪化するかどうかを測定する。一九六五年一二月、実験室での研究が開始されて間もなく、セザーロはもう実験結果にすっかり舞い上がっていた。通常、重大な新しい科学現象が受け入れられるまでには、研究結果の査読、権威ある学術誌への発表、そして独立したグループによる実験の再現という慎重な手続きが踏まれる。しかし、裏の科学界で行なわれていたパンドラ計画の場合、研究結果を発表したのは当の実験者たちではなくその監督者、つまりこの場合はセザーロだった。彼は一九六六年一二月、一頭目のサルにモスクワ・シグナルを照射した結果、「二回にわたって完全な動きの鈍化および停止が見られた」と報告した。「仕事機能の変化やその影響にかかわる脳の部分、つまり中枢神経系に、マイクロ波が直接的または間接的に浸透したことはまちがいない」とセザーロは記した。

照射実験の結果は彼にとって疑いようがなかったので、[28] 彼はすぐさま「兵器への潜在的応用」を探るようペンタゴンに提案し、人体実験に向けたパンドラ計画の新たな段階に着手した。[29] こうして、パンドラ計画はペンタゴン科学者のオーゲンスタインが警告していたとおりの活動へと危険なほど近づきつつあった。さらに、セザーロはパンドラ計画を今まで以上に機密にするべきだと訴えた。「これまでに得られた実験結果のきわめて高い機密性と、国家安全保障に対する影響を踏まえ、『ビザー』というコードネームのもと、すべてのデータや分析結果に対する特別なアクセス・カテゴリーを設定することになった」と彼は記した。[30]「ビザー」〔Bizarre＝「奇妙」の意〕というのは、結果的にこのプロジェクトにぴったりの命名だった。その時点で、実験に参加したサルは一頭だけだったからだ。

当初、パンドラ計画の科学評価委員会は、そのまま人体実験に移行するというセザーロの熱狂的な提案に従う様子を見せていた。委員会は、陸軍の生物学研究プログラムの拠点があるメリーランド州のフォート・デトリックから人間の被験者を募ってはどうかと提案するほどだった（フォート・デトリックに配属された召集兵は、過去数十年間、国防総省の人体実験の被験者となっていた。被験者たちは黄熱病から幻覚剤までありとあらゆる実験にさらされた）。人体実験に関する一九六九年五月一二日の会議の議事録によると、委員会は八人の被験者を用いて実験を進める計画について話しあった。[31]被験者はモスクワ・シグナルにさらされたあと、一連の医学検査や心理テストを受ける予定だった。

委員会は機密の人体実験に利益相反の可能性があることに気づいていた。被験者が検査の本当の目的さえ知らないままでは、インフォームド・コンセントがうやむやになってしまう。そこで、委員会は被験者の「健康」を保証する医療関係者を同席させることを提案した。しかし、その医療関係者にさえ検査の本当の理由は教えず、作り話を用意する予定だった。人道的な観点から、委員会はせめて男性被験者の「生殖腺を保護する」よう提言した。[32]

被験者とその生殖腺にとっては幸いなことに、この人体実験が行なわれることはなかった。より多くの霊長類や追加検査のデータが明らかになると、委員会はたちまち見解を翻しはじめた。のちに機密解除され、公表された委員会の議事録を見ると、委員会が特にサルの実験のいい加減な手順にどんどん疑いを深めていく様子が読み取れる。ある委員の指摘によれば、マイクロ波にさらされたサルの仕事の効率がどれくらい低下したかを比較するための厳密なベースライン（基準値）さえ定められていない有様だった。つまり、マイクロ波を照射されていないときのサルの仕事能力が明確に定まっていなかったのだ。

　パンドラ計画は人体実験の段階までは進まなかったが、職業上の放射線被曝が人体に及ぼす影響については調べられた。「ビッグ・ボーイ」と呼ばれるある実験では、空母「サラトガ」の船員に対する調査が行なわれた。甲板の上で勤務し、レーダーからの放射線を浴びていた人々と、甲板の下で勤務していた人々が比較された（船員たちには放射線実験のことは知らされず、なんらかの作り話が設けられた）[33]。その結果、低レベルのマイクロ波にさらされたことによる心理的および肉体的な影響は存在しないと結論づけられた。

　一九六八年、ウォルター・リード陸軍研究所でパンドラ計画の研究主任を務めていたジョセフ・シャープが辞任すると、陸軍に召集された医師のジェームズ・マキルウェイン少佐が後任に抜擢された。パンドラ計画への関与を許可されるまで一年近くかかったが、いざ許可が下りると、彼はデータを厳しく精査しはじめ、各動物の行動を詳しく記録したコンピューター出力を吟味していった。彼は一年足らずで統計分析を完了した。その結果はマイクロ波によるマインド・コントロール兵器の未来にとって決して明るいものではなかった。彼がのちのインタビューで振り返ったところによると、最大の疑問は、マイクロ波が存在しない場合と比べて、存在する場合にサルが仕事をしなくなる傾向が本当にあるのかどうかという点だった。「その答えはノーだった」と彼は言った。[34] パンドラ計画の科学評価委員会も同意し、「これまでに用いられた信号が仮に行動や生物学的機能に影響を及ぼすとしても、その影響は顕在化しないほど微々たるものである」と結論づけた。[35] 要するに、マイクロ波をマインド・コントロールに利用するのは不可能ということだ。

一九六九年になると、当時のARPA副局長のスティーヴン・ルカジクは、虚言癖のあるセザーロに深刻な疑念を抱いていた。ARPAの闇プログラムを指揮するセザーロは、まるで自分には上司などいないといわんばかりにふるまっていた。何かあると諜報機関からの指示だと弁解したが、具体的な情報を明かそうとはしなかった。「彼は特別なアクセス許可が必要なプログラム（つまり極秘の安全保障プログラム）を隠れ蓑にして、好き放題やっていた」とルカジクは述べた。[36c]

なかでも、マインド・コントロール・プロジェクト「パンドラ計画」は特に気がかりだった。その時点で、研究は五年近くも続けられ、マイクロ波研究所の新設に数百万ドル単位の資金が投じられていた。そこで、ルカジクはARPA先進センサー室の初代室長のサム・コズロフに、パンドラ計画のファイルを見て感想を教えてほしいと頼んだ。諜報プロジェクトに精通していたコズロフは、機密性という言い訳や、ソ連の特殊兵器に対する大げさな懸念に惑わされるような人物ではなかった。当時ランド研究所にいたコズロフは、資料を吟味し、その結果についてウォルター・リード陸軍研究所のマキルウェインと話しあい、一九六九年一一月にルカジクに報告を行なった。

科学評価委員会のほかの委員たちと同様、コズロフもほとんどベースラインが存在しない初期の実験を批判し、実験手順が時を追うごとに変化していっている点を指摘した。また、モスクワ・シグナルのような変調マイクロ波ビームが悪影響を及ぼすかどうかを調べたいなら、なぜ連続波に対する測定が行なわれなかったのだろうか、とも彼は思った。生じた影響が特定の信号と関連しているかどうかを理解するのが目的なら、単純にサルにモスクワ・シグナルを照射するというのは完全に見当違いのアプローチだった。「まずはさまざまな基本波形について調べ、次に生物組織による混変調や復調を生じさせる基本波形の組みあわせについて調べるべきだ」とコズロフは記した。

さらに、コズロフはプログラム全体を機密扱いにする必要性についても当然の疑問を抱いた。まずは、マイクロ波が健康に及ぼす全般的な影響について調べる公開プログラムを実施し、影響が確認されたら、テクノロジーや兵器への応用について検討する機密プログラムを実行するほうがずっと効果的だと彼は主張した。「簡潔にいえば、どのような合理的な科学的基準からしても、特殊な信号が行動に変化を生じさせるという証拠はないと結論づけざるをえない」とコズロフはルカジク宛てに記した。[37] 一九六九年、ARPAはパンドラ計画の支援を中止し、残りの研究はウォルター・リード陸軍研究所へと移管された。中止の時点で、パンドラ計画には五〇〇万ドル以上が投じられていた。これは当時の生物科学プログラムにとってはそうとうな額であり、先進センサー室の予算の大部分を占めていた。

しかし、パンドラ計画が中止される前から、セザーロはARPAの機密センサー技術の新たな売りこみ先を見つけ出していた。ベトナムだ。ただし、彼はベトナム人にマイクロ波を照射しようとしていたわけではない。彼はＡＲＰＡのセンサーを使って彼らを捜し出し、殺害しようとしていたのだ。

一九六七年、ベトナムに駐留する米軍は、政治的にデリケートで、なおかつ軍事的に厄介な状況に直面していた。当時、北ベトナム軍による非武装地帯を越えた攻撃が増加していたが、米軍は攻撃対象を先に特定しなければならないという軍の交戦規定に足止めを受けていた。「何かが動いたからといってすぐ撃つわけにはいかない。まずはそれがなんなのかを知る必要がある」と当時のＡＲＰＡ局長のエバーハルト・レクティンは議員たちに説明した。「つまり実質的に、対象を目視しなければならないということだ[38]」

ここでもやはり、セザーロはそのひとつの解決策を、いや数多くの解決策を握っていた。一九六〇年代終盤になると、彼は自身の機密活動を米国内のマイクロ波研究から、物議を醸す一連のベトナム戦争プロジェクトへと広げていた。いずれも、ＡＲＰＡが核時代に開発したセンサー技術を標的の特定に応用するというものだった。彼は必ずしも現実的な人間でなかったが、技術の潜在的な応用方法を見極めるという点では、抜群の創造性を持っていた。彼のもっとも大胆で、やがてもっとも注目を浴びた計画は、無人偵察機に武装を施し、北ベトナムの「最優先ターゲット」を殺害するというものだった。ＣＩＡが武装無人機「プレデター」をアフガニスタンで使用する三五年も前に、ＡＲＰＡはまるでガレージのジャンク品からつくったような風変わりな無人機に武装を施そうとしていたのだ。

一九六七年、若き海軍士官のコンスタンティン・〝ジャック〟・パパスは、ARPAの無人機計画について話しあうため、約束の時刻にARPAを訪れた。彼はすぐにリチャード・セザーロがこれほど多くの人々に嫌われている理由を悟った。執務室のなかにいるセザーロに一時間以上も待たされつづけると、パパスはとうとうしびれを切らし、今すぐ出てこないと「ドアを蹴破る」と脅した。しかし、セザーロが現われると、たちまち彼への印象が変わった。パパスいわく、「セザーロは自我が強く怒りっぽい男だった」が、新しいテクノロジーに心から興味を持っていた。

パパスが運用を監督することになったのは、核兵器搭載の無人機「QH‐50 DASH」(DASHはDrone Anti-Submarine Helicopter＝無人対潜ヘリコプターの略)だった。QH‐50は、互いに反対方向に回転する二機のメイン・ローターを使用することによりテール・ローターを省いた同軸ヘリコプターだった。もともと、海軍はその無人ヘリコプターを対潜戦で使用するために購入した。そのコンパクトなサイズが、小型艦の甲板から作戦を実行するのにぴったりだったからだ。QH‐50でソ連の潜水艦を探し、発見したら核爆雷をお見舞いするというわけだ[39]。その奇妙な形状の無人機は画期的だったが、反対派の指摘によれば墜落の危険性が高かった。それでも、米海軍はQH‐50に偵察用のセンサーを搭載し、密かにベトナム戦争へと投入した。センサー搭載のQH‐50には「スヌーピー」の愛称がつけられた。

一九六七年秋、空軍とARPAは、非武装地帯を越えて侵入してくる北ベトナム軍への対抗策を探る「ブロー・ホール」プロジェクトを開始した。その目的は四五日間で実戦投入できる技術を開発することだった。ARPAの計画は、無人ヘリコプターに武装を施し、非武装地帯の上空を飛行させて米軍を砲撃しているベトコンを探し出すというものだった。こうして一九六八年初頭、セザーロはふたつの無人機プロジェクトを開始することになった。ひとつ目はテレビカメラと電子機器を搭載したQH－50、通称「ナイト・パンサー」で、ふたつ目はその武装版である通称「ナイト・ガゼル」だ。[40] その後の四年間、ARPAはQH－50に銃、グレネード・ランチャー、爆弾、ミサイルを搭載する実験を行なった。「精密な標的設定」を実証する最初の試みのひとつとして、ナイト・ガゼルに目標を指示するレーザーが搭載された。そうすれば、空軍や海軍の航空機から発射された武器で目標を破壊することができる。

一九六九年、セザーロは殺戮無人機プログラムを拡大し、「エジプシャン・グース」と呼ばれるプロジェクトを開始した。[41] これは第二次世界大戦時代の〝お下がり〟の気球にレーダーを搭載するというものだった（この名称は気球を使用してエジプトを偵察するイスラエルの類似プロジェクトに由来する）。別の気球「グランドビュー」は、ベトナムの戦場からテレビ監視映像を中継し、武装無人機が破壊できるよう目標を特定する。いずれの気球もベトナムには配備されなかったが、このプロジェクトをきっかけに、アメリカ政府は係留気球を偵察目的で使用するようになった。二一世紀初頭になると、偵察気球はメキシコとの国境防衛からアフガニスタンの軍事基地まで、さまざまな場面で利用されるようになった。

一方、QH－50は、のちにARPAの歴史で使われた表現を借りれば、その「波瀾万丈」な歴史にもかかわらずベトナムへと送られた。[42] これはQH－50のたび重なる墜落について遠回しに述べたものだ。信頼性はQH－50の大きな問題であった。そして、兵器で目標を正確に攻撃するという試みも失敗に終わった。プログラムの開始直後、7・62ミリ小銃と自由落下爆弾を搭載したQH‐50が、メリーランド州のパタクセント・リバー海軍航空基地でテストされた。のちの報告書によると、この実験は「失敗」に終わった。[43] ARPAのQH‐50の一部はベトナムでテストされたが、いずれも実戦で使われることはなかったようだ。[44] スティーヴン・ルカジクいわく、彼は武装したQH‐50がすべて墜落したと信じていたらしい。[45] ナイト・ガゼルは兵器としては運用されなかったが、敵を発見して殺害する無人機の技術的な実用性を実証したといえる。[46]

セザーロは自身の先進センサー室が開発した技術を強引に押し通す性格から、ほとんどの人々と衝突した。当時アジャイル計画を指揮していたシーモア・ダイチマンもそのひとりだった。ダイチマンは、巨大なバッテリー・パックが必要な最先端の暗視装置など、実用性にかまわずいろいろな技術を強引に押しつけようとするセザーロに苛立ちを覚えていた。[47] 彼はジャングルの下生えに潜伏するベトコンを見つけ出す「ダンシング・ベルズ」プロジェクトをめぐり、セザーロと衝突したことを覚えている。ヘリコプターに絶えず周波数の変化するセンサーを取りつけ、ジャングル内の人間の動きを探知するというアイデアだったが、ダイチマンは震動で画像が使い物にならなくなると判断し、セザーロの反対を押し切ってプロジェクトを中止した。

また、セザーロの先進センサー室はマサチューセッツ工科大学のリンカーン研究所に資金を拠出し、ジャングル内を見通して前哨基地をベトコンの奇襲から守ることのできるレーダーを開発した。この「キャンプ・センチネル・レーダー」は、一九六八年にベトナムのライケ基地に配備された。高い塔の上に取りつけられたこのレーダーの電磁エネルギーは、うっそうと生い茂る樹木をも貫通し、下生えのなかに潜伏しているベトコンの存在をとらえることができた。このレーダーは六つの試作品がベトナムへと送られ、[48] 技術的な成功と称されたが、クレイトン・エイブラムス将軍の科学顧問だった物理学者のフレッド・ウィクナーによれば、彼がベトナムで見かけた唯一のセンチネル・レーダーは台風で破壊され、修理に二年間を要したという。[49]

ARPAのもっとも秘密主義的で物議を醸した先進センサー室が遺したものは複雑だ。一九六〇年代末になると、諜報コミュニティはソ連がパルス放射線を使って外交官の心を洗脳しているのではなく、大使館の壁に隠された盗聴器を作動させていると結論づけた。しかし、科学実験でマインド・コントロールの疑いが晴れたあとも、モスクワ・シグナルに対する不安は残った。血液検査を担当した国務省の医師、セシル・ジェイコブソンは、染色体に変化が見られると主張したが、どの科学評価でも彼の見解は裏づけられなかったようだ。後年、ジェイコブソンはモスクワ・シグナルではなく、自身が手がける不妊治療に関連する詐欺で悪評を得た。[50] 数々の悪行に加えて、彼は選別された匿名ドナーではなく自分自身の精子で数十人の患者を妊娠させたとして、刑務所に送られるはめになった。

リチャード・セザーロはジェイコブソンほどの悪名を得ることはなかったものの、引退してもなお、モスクワ・シグナルは未解決の疑問であると訴えつづけた。「モスクワ・シグナルは今でもアメリカの安全保障にとって、重大かつ深刻な未解決の脅威だと思う」と彼は二〇年近くあとのインタビューで述べた。「突破口が開ければ、今までにつくられたどの爆弾よりも優れた兵器が手に入る。そうすればようやく人々の心を操るということについて議論できるようになるからだ[51]」

確かにそうかもしれない。だが、パンドラ計画の余波はしばらく収まらなかった。その秘密主義のせいで、国民は被害妄想に陥り、放射線の安全性に関する政府の調査に不信を抱くようになった。パンドラ計画は、電磁放射線の人体への影響について、政府が公表している以上の事実を知っている証拠としてたびたび引きあいに出された。[52] 一九七〇年代になってようやく、政府が大使館職員にマイクロ波の照射の事実を伝えると、予想どおり訴訟騒ぎに発展した。結局、政府は絶え間ないモスクワ・シグナルに対処する最善の方法は、建物をマイクロ波から保護するアルミニウム・スクリーンで覆い固めることだと気づいた。「この事件の教訓は、人間を知能のある生き物として扱わなければならないということだ」とコズロフは論争を振り返った。[53]

武装無人機プログラムも破滅の道をたどった。一九七二年、ルカジク局長はナイト・ガゼルを軍に移管する。QH‐50は長年テストで使用されていたにもかかわらず、軍はプロジェクトを中止した。ルカジクはナイト・ガゼルのことを失敗に終わった「派手なスタント」と表現した。[54] ARPAの武装無人機に関する研究の遺産が明らかになるのは、その三〇年後だった。二〇〇一年九月一一日のテロ事件から数週間、空軍はQH‐50にヘルファイア・ミサイルを搭載する実験を行なったが、実験はあえなく失敗した。「そいつは空からよろよろと落ちてきた」とQH‐50の設計者の息子、ピーター・パパダコスは振り返った。[55] しかし、問題はなかった。その時点で、空軍とCIAにはARPAの別のプロジェクトから生まれた新型の武装無人機「プレデター」があったからだ。最終的に武装無人機の実験場となったのは、ベトナムではなくアフガニスタンだった。

ベトナムでの活動、ましてやパンドラ計画でほとんど成果らしい成果をあげられなかったARPAは、国防総省内で支持を失っていった。ペンタゴンは比喩的な意味でも文字どおりの意味でもベトナムに占領されていった。ベトナム戦争のアナリストたちの働くスペースをつくるため、ＡＲＰＡの各部局はペンタゴンから追い出され、バージニア州ロズリンのウィルソン大通りにある賃貸オフィスへと移転した。ＡＲＰＡにとっては明らかな降格であり、ＡＲＰＡはペンタゴン上層部といっそう距離を置くこととなった。ハーツフェルド局長は愕然とし、ＡＲＰＡの移転で国防総省は「偉大な贈り物」を失ったと表現した。「私はＡＲＰＡ移転に猛反対したが、負けてしまった。完敗だった」とハーツフェルドは振り返る。[56]

一九六七年秋になると、そのハーツフェルドもＡＲＰＡから追い出された。エスカレートするベトナム戦争への世論の反発により、ＡＲＰＡのプロジェクトはいっそう厳しい精査を受けるようになった。そうして、ＡＲＰＡは新たな存続の危機に立たされた。

# 第12章 アジャイル計画の隠蔽 1969―1974

ベトナム戦争の泥沼化／ARPAからDARPAへ／アジャイル計画は「戦術技術室」へ／IEDの脅威／精密な通常兵器の研究

一九六九年七月一六日午前九時三二分、六〇年代の終わりまでに人類を月面に到達させるというケネディ大統領の夢を乗せて、アポロ11号がフロリダ州から打ち上げられた。アポロ11号の打ち上げロケット「サターンV」は、ウィリアム・ゴデルの言葉を借りれば、ARPA初代局長が「全員の命懸けの努力、血のにじむような努力」を通じて開発した「サターン」ロケット・シリーズのひとつだった。人類初の月面到達を実現したそのロケットは、ヴェルナー・フォン・ブラウンを筆頭とするNASAのロケット科学者チームが開発したものだ。しかし、ARPAがアポロ計画に対して行なった重大な貢献はとっくに忘れ去られていた。NASAが月面に到達するころには、ARPAはベトナムで行き詰まっていた。

その年の初め、リチャード・M・ニクソンが大統領に就任すると、ベトナム戦争の兵員の数はピーク時で五〇万人を超えた。同じ年、ジャーナリストのシーモア・ハーシュが、南ベトナム・ソンミ村のミライ集落で米軍が行なった虐殺のショッキングな詳細を発表した。ミライ集落の事件は氷山の一角にすぎなかった。アメリカ国民は、ベトナム民間人の苦痛や犠牲の規模を物語る写真や報道を次々と目にした。ベトナム戦争は不人気の極みに達し、批判の矛先はARPAへと向けられた。

サイラス・ヴァンスは、国防副長官時代、ARPAの解体さえ支持していた。[1] 議会もまた、ペンタゴンにそもそもARPAが必要な理由について疑問を抱きはじめていた。テキサス州選出下院議員でARPA批判の急先鋒に立っていたジョージ・マホンは、ある紛糾した公聴会でこうたずねた。「ARPA自体を廃止して、その活動を別の組織に統合したほうがいいのではないか？」[2]

一九七〇年代初頭を迎えると、メルビン・レアード国防長官はベトナム戦争を南ベトナム政府の手に委ねる「ベトナム化」政策を新たに発表し、ヘンリー・キッシンジャー国家安全保障問題担当大統領補佐官は北ベトナム政府と極秘の和平交渉を行なった。ベトナム戦争へのアメリカの関与と同じく、ARPAのベトナム活動も終わりを迎えつつあった。ベトナム戦争とARPAのベトナム関与によって、ARPAは議会のサンドバッグ状態となっていた。「議会はアジャイル計画を嫌悪していた」とスティーヴン・ルカジクは語った。[3]

一九七〇年、ARPA副局長だったルカジクが局長に任命されたとき、ホワイトハウスとペンタゴンの関係は危機的状況に陥ろうとしていた。一九七一年六月、『ニューヨーク・タイムズ』紙が、ベトナム戦争のエスカレートを招いた失策や欺瞞を明らかにしたペンタゴンの極秘報告書の一部を公表した。『アメリカ合衆国・ベトナム関係、一九四五〜六七年――国防総省調査』、通称「ペンタゴン・ペーパーズ」は、その数年前に、当時の国防長官のロバート・マクナマラがベ

ベトナムの現地ユニットを訪問するARPA局長のスティーヴン・ルカジク。前を歩くのは戦闘開発試験センターの所長代行のビエン中佐（フルネームは不明）。後ろを歩くのはARPAの研究開発現地ユニット代表のエフライム・M・ガーシェイター大佐。1971年にルカジクがベトナムを訪問するころには、全米に反戦運動が広がり、ARPAはベトナム戦争に関与しているとして猛烈な批判を浴びていた。結局、ルカジクは国外支局を閉鎖、対反乱プログラムも中止し、研究活動を戦術技術室へと移管した。戦術技術室は、無人機など現代の戦争とかかわりのある数々の兵器を開発した。

トナム戦争の歴史を考察する目的で作成を委託した文書だ。この文書を漏洩したのがペンタゴンの軍事アナリストのダニエル・エルズバーグだと判明するまで、そう時間はかからなかった。

この漏洩の前から、ホワイトハウスとペンタゴンの関係はぎくしゃくしていた。ニクソンは国防総省の文民統制に疑問を抱いていたし、ヘンリー・キッシンジャーはペンタゴンと権力を共有したがらなかった。ふたりは国防長官府をすっ飛ばし、軍司令官たちと直接話をつける習慣があった。ペンタゴン・ペーパーズの漏洩という爆弾は、ニクソンの不信感をいっそう強めた。

一九七二年、ニクソン大統領は

ペンタゴンの文民統制の力を削ぐため、国防長官府の人員の数を削減した。ペンタゴンは削減から身を守るため、自身の部局を出先機関に指定しはじめた。[4] 同年三月二三日、ＡＲＰＡは正式に国防高等研究計画局となった。[5] つまり、これをもってＡＲＰＡはＤＡＲＰＡと改称されたのだ。この新しい名称自体は、組織の方向性にとってなんの意味も持たなかったが、事実上の敗北を象徴していた。[6] ルカジクは新しい名称を軽蔑し、彼が局長のあいだは「ＡＲＰＡ」という名称を使いつづけた。「それは権力への抵抗とかという些細な問題ではなかった」とルカジク。「私はＤＡＲＰＡがドッグフードの名前みたいだと言いふらしつづけた」[7]

ＡＲＰＡの名称変更は、数年間にわたる低迷の総決算だった。一九六七年九月、当時副局長だったルカジクは、ＡＲＰＡの局長代行とともにペンタゴンに呼び出されると、ボスである国防研究技術局長のジョン・Ｓ・フォスター・ジュニアから、ＡＲＰＡで二番目に規模の大きいミサイル防衛プログラムを陸軍に移管すると告げられた。一九七〇年代初頭になると、ＡＲＰＡの核実験探知活動を移管するという話も出た。結局そうはならなかったが、軍縮が国家の政策の表舞台から遠ざかるにつれて、核実験探知活動の規模は年々小さくなっていった。ＡＲＰＡの予算も減少の一途をたどり、一九六〇年代中盤のおよそ三億ドルから一九七〇年代初頭にはわずか二億ドルあまりまで減った。[8]

ルカジクが一九七〇年代初頭に引き継いだＡＲＰＡは、一〇年前とはまるきりちがう姿になっていた。短いながらも激動の時期を経て、ＡＲＰＡは米国の宇宙機関から、核実験探知、ミサイル防衛、そしていくぶん不自然とはいえ対反乱作戦専門の機関へと生まれ変わった。しかし、そのミサイル防衛は消滅、軍縮は抑止力の影に隠れ、ついには対反乱作戦も終わりを迎えつつあった。そんな当時の状況について、ルカジクはこう説明した。「大統領指令の流れがすっかり枯れ果ててしまい、私たちは政府上層部からの指示なしで、自分たちのこれからの活動を見つける必要があった[9]」

ペンタゴンからもベトナムからも追い出されたARPAは、次なる目標を探していたが、明確な地図はなかった。ARPAの当初の存在理由のひとつは、「技術的なサプライズを防ぐ」ことにあった。つまり、次なるスプートニク・ショック、予想外の技術的進歩を防ぐことがARPAの使命だった。しかし、このフレーズはARPAにとってなんの指針にもならないというのがルカジクの意見だった。漠然としすぎているからだ。「このフレーズは計画のコンセプトとしては役立たなかった」とルカジク。「考えられる技術、起こりうる戦争はいくらでもあるからだ[10]」

ルカジクの前の局長、エバーハルト・レクティンは、議会の精査を受けていた数々のプロジェクトを密かに葬った。そのひとつが予算一〇〇万ドルの「機械のゾウ」だ[11]。乗員が液圧レバーを使って操作するその四本足の「サイバーネティック擬人マシン」は、ベトナムのジャングル内を移動し、兵士の備品を輸送する目的で設計された。レクティンはこのマシンのことを、ARPAをまちがいなく窮地に陥れる「バカバカしい」プロジェクトと表現した[12]。

一九六〇年代終盤のARPAには、彼のいう「バカバカしい」プロジェクト、少なくとも戦争の流れを変えることができず笑い物になりかねないプロジェクトが山ほどあった。たとえば、ARPAはロケットベルトを開発する陸軍のプロジェクトに資金を提供した。これは兵士が戦場を飛び回れる着用可能デバイスであり、ベル・エアロシステムズが数年がかりで開発し、一九六〇年代終盤にとうとう飛行テストまでこぎ着けた。革新的とはいえ非常に大がかりなこの装置では、

ベトナム戦争中、ARPAはベル・エアロシステムズに資金提供し、一般的にロケットベルトという名称で知られる「個人移動システム」を開発。低バイパス比ガスタービン・エンジンを使用した推進システムが、兵士の着用するファイバーグラスのコルセットに取りつけられていた。同社は、このロケットベルトがゲリラ兵を追い詰めるのに役立つとして、対反乱作戦への導入を盛んに訴えた。結局、ARPAはこのプロジェクトを中止したが、このユニークなエンジンはのちに巡航ミサイルへと組みこまれた。

パイロットがエンジンと飛行制御システムを搭載したグラスファイバーのコルセットのようなものを着ける必要がある。ベル・エアロシステムズいわく、このミニロケット・システムは「新種の対ゲリラ作戦への扉を開く」ものであり、[13]兵士が戦場を飛び回りながら武器を発射できるシステムだった。しかし、ロケットベルトの最大の問題点は、技術や作戦の制約にあった。ベル・エアロシステムズは高圧の過酸化水素ロケットをやめ(数秒間しか飛行できなかった)、灯油を動力とするミニターボジェット・エンジンへと移行したが、それでも数分間しか飛行できなかった。これでは実戦ではまるで役に立たない。結局、ARPAは支援を打ち切り、ロケットベルトがベトナムに送られることはなかった。[14] ただし、このエンジンの改良版はのちの空軍の巡航ミサイルで使用されることになった。

成功ではあったが終戦とともに葬り去られたベトナム戦争の技術プロジェクトもある。たとえば、ARPAはヒューズ社の軽量ヘリコプター「OH－6」をベースにしたCIAの静音ヘリコプターの開発に資金を提供した。最終的に二機の静音ヘリコプターがつくられ、北ベトナムの電話回線の盗聴に利用されたが、戦後に現役を退いた。ヘリコプターが配備された当時のCIA職員、ジェームズ・グレラムはのちに、『エア・アンド・スペース・マガジン』誌に対してこう語った。「ARPAがこのヘリコプターを排除したのは、もう使い道はないと判断したからだ」[15]

また、「機密の航空作戦」向けに設計されたARPAの静音航空機「QT－2」にも、同じ運命が降りかかった。QT－2はシュワイザーSGS2－32グライダーをベースとし、自動車エンジンを用いた動力航空機へと改造したものだ。翼が取り外し可能なので、必要に応じて容易に輸送し、組み立て、乗員二名で偵察任務を開始することができる。このコンセプトは革新的とみなされ、一九七〇年に航空機「YO－3」（通称「クワイエット・スター」〔＝静かな星〕）として配備されたが、ベトナム戦争後はすっかり埃をかぶった。対反乱作戦は、技術の開発から分析にいたるまでさまざまな進化をたどりつつも、すっかり人気を失いつつあった。

ルカジクは、正式に局長に任命されたとき、混乱状態のARPAをどうにかしなければならないと悟った。ルカジクはリチャード・セザーロのような、局長でさえ上司と思わないエリート組を何人か受け継いでいた。一九七一年、ルカジクは局長としての初日、「全般的な不誠実さ」を

1967年、ARPAはロッキードに資金提供し、シュワイザー SGS-32グライダーをベースとしたベトナム戦争向けの航空機QT-2（通称「クワイエット・スター」）を開発した。いわば動力グライダーであるQT-2は、夜間でも気づかれずに飛行し、ブービートラップをしかけるベトコンを発見できるよう、静音のフォルクスワーゲン・エンジンを搭載。発見されにくいようベージュ色の塗装が施され、国内の試験では軍との関係を隠すためにサンホセ・ジオフィジカル社という架空の企業名まで用意された。世界初の“ステルス機”と称されることもあるが、レーダーを回避する設計にはなっていなかった。

理由にセザーロを解雇した。[16]しかし、彼の解雇は第一歩にすぎなかった。真の問題はベトナム、そしてアジャイル計画の現地支局にあった。議会では、アジャイルという名称はベトナムでの悲惨な戦争と結びつけられるデリケートな単語だった。「アジャイル計画、つまり対反乱作戦は、ARPAにとっての恥だった」とルカジクは語った。[17]

一九七〇年代のARPAはまだ若く、一定の評価は築けてもまだ伝説になるような機関ではなかった。組織が生き残るためには、研究や国防戦略におけるARPAの役割を定義し直すような新しい分野を開拓しなければならなかった。その第一歩として、ルカジクはアジャイル計画を葬り去る必要があった。

ワシントンには、賛否両論のある組織を葬り去る秘訣がある。[18] 葬り去ったと決して認めないことだ。そのためには、まず名称を変更する。一年くらいたったらまた名称を変更し、組織の追跡を難しくする。そこへ来てようやく葬り去るのだ。そのころにはほとんどの人に忘れられていることだろう。ルカジクはアジャイル計画をめぐる議会との直接対決に備えて、率直なアドバイスで知られる政府のベテラン科学者、ドン・コッター副局長と膝を交えた。「いいかい、ニクソン・ドクトリンでは、われわれの同盟国が自分で自分の国を防衛できるよう、同盟国を強化することが定められている」とコッターはルカジクに話した。[19]

コッターはアジャイル計画という名前をニクソン・ドクトリンに沿った名称に変更することを提案した。ルカジクは彼の提案に賛成し、アジャイル計画の新名称として、「海外防衛研究」プログラムという見事なくらい無難な名前を考えた。彼自身がのちに認めたように、それはこのプログラムをARPAの官僚制度の奥深くに「隠蔽」するための策略だった。[20] これでこのプログラムはもはやゲリラ戦とはなんの関係もなくなる。「われわれはゲリラ問題と戦う雑魚からソ連と対峙する大物へと変わったのだ」とルカジクは言い、その過程で一種の錬金術を施した。「これで対反乱作戦はクソから金《きん》へと変わった[21]」

一九七二年のクリスマスの翌日、ルカジクはレアード国防長官に「実績評価」と題する書簡を送り、ARPAの過去四年間の活動と彼の将来のビジョンを説明した。[22] ARPAの国外活動はニクソン・ドクトリンやベトナム化政策の言葉を使って入念に表現された。ＡＲＰＡはもはや反乱と戦う外国政府を支援するのをやめ、欧米の技術主義を外国の国防機関に持ちこみ、武器の購入方法を助言するようになっていた。当然、それはまったく新しい試みではなかった。ＡＲＰＡの初期の中東プロジェクトでは、マクナマラ国防長官のコスト分析にかける情熱をイランへと持ちこむ試みが行なわれた。一九六四年、米国陸軍の支援で、イラン軍は専門的な研究評価グループを立ち上げ、コストと性能に基づいて武器を評価するための訓練を陸軍士官たちに提供した。というと単純に聞こえるが、イランにとっては新しい概念であり、「この組織は大失敗に終わった」という。そこでＡＲＰＡは介入と支援を依頼された。[23]

ＡＲＰＡも陸軍と五十歩百歩であった。ＡＲＰＡは「戦闘研究評価センター（ＣＲＥＣ）」を通じて、イラン軍の中堅の士官たちに武器のテストと評価の方法を教えようとしたが、うまくいかなかった。ＣＲＥＣの活動がピークを迎えた一九六九年時点で、ＡＲＰＡが報告書で挙げることのできた最高の例は、部隊が戦場でパンを焼けるかどうかを確かめる「野外製パン装置」の評価だった。同報告書は、もう五年も続けられているそのプログラムの妥当性について「深刻な疑念」を表明した。「イランの軍事指導部は、ＣＲＥＣにやる気や適性のある士官たちを割り当てるわけでもなければ、ＣＲＥＣにまともな活動を与えるわけでもなかった。彼ら自身がＣＲＥＣの潜在的価値を理解できるほど技術に精通していなかったからだ」と報告書は不満をこぼした。[24]
あるＡＲＰＡ職員はＣＲＥＣが「期待外れ」だったことを認め、ＡＲＰＡはすぐに支援を打ち切った。[25]イラン国王のお眼鏡に適った唯一の活動といえば、軍服のデザインの参考となる「身体測定調査」だった。国王自身がきわめて手のこんだ軍服を着ることで知られていたので、この活動は国王をおおいに喜ばせた。[26]

一九七〇年、ARPAはイラン上層部に軍事兵器の購入方法を助言する「高水準システム分析」と呼ばれる新しいアプローチを提案した。[27] その目的はシステム分析の基本を教えることだった。たとえば、アメリカとイギリスのミサイルを比べる場合、コストを単純比較するのではなく、「単位あたりの殺傷能力」の実数値を計算して、総合的なコスト比較を行なう。要するに、同じ数の敵を殺害するのにどれだけのコストがかかるかを計算するわけだ。たとえば、イギリスのミサイルなら三発、アメリカのミサイルなら一発で一台の戦車を破壊できるとすれば、イギリスのミサイルがアメリカの半額だったとしても、イギリスのミサイルのほうが結果的には割高となる。国王はシステム分析のアイデアを気に入った。少なくとも、このARPAプロジェクトを承認する程度には。

ARPAはランド研究所のアナリスト、ジョセフ・ラージを雇い、このプログラムの指揮を任せた。しかし、ラージはすぐさまこのプログラムが無駄であることを悟った。「理由は単純だ」とラージはARPA副局長のアレックス・タクミンジに宛てて記した。「国王が小さな決断の多く、そして大きな決断のすべてを下すからだ[28]」。また、ラージは聡明で勤勉ながらも「傲慢」との評判があるふたり目のアナリストを派遣するARPAの計画にも難色を示した。[29] そのアナリストとは、ベトナムの和平活動を指揮する「火炎放射器ボブ」ことロバート・コウマーの若き右腕とも評されていたアンソニー・コーデスマンだった。コウマーといえば、『ニューヨーク・タイムズ』紙の死亡記事で、「事実や統計の力をほとんど宗教的なまでに信じていた」と紹介された人物だ。[30] のちにワシントン随一の国家安全保障アナリストまでのぼり詰めるコーデスマンは、そのコウマーの弟子だった。彼もまたコウマーと同じくクセの強い人物だった。「トニー・コーデスマンは問題児で、まわりの全員をイライラさせた」とルカジクは語った。

一九七二年にイランに到着すると、コーデスマンは表面上イランの武器調達を担当していた軍事副大臣のハッサン・トゥファニアンとタッグを組むことになった。しかし、実際に武器の購入を指揮していたのは国王ただひとりだった。「いうなれば、トゥファニアンが国王にすべてを持ちこむ最高補佐官のような存在だった」と当時テヘランのアメリカ大使館に駐在していた外交官のヘンリー・プレクトは語った。「そして、決断は国王がすべて下していた」[31]

国王がすべてを決断するだけならまだしも、国王の決断は腐敗にまみれていた。[32] 国王の仲介者に支払われる賄賂の額が唯一の決定要因だとしたら、戦車の殺傷能力の比較原価など誰が気にするだろう？　実際、コーデスマンはイランのホバークラフト購入計画について調査しようとしたが、国王の甥が購入を担当していたため、購入は「適切なものではなかった」とARPA職員のハロルド・キン大佐は記した。[33] トゥファニアンは単純にコーデスマンとラージのために割く人員がいないと告げたが、いずれにしてもイランの面々は「自分たちの頭のなかで独自の分析を行なっていた」という。

それから数カ月間、ARPAと大使館職員たちはシステム分析活動を継続するかどうかで議論を交わした。イランにシステム分析の教育を施すことにはあまり成功していなかったが、一部の人々はそれでも上出来だと考えていた。ある関係者によれば、この活動は「現在コーデスマンとラージが取り組んでいる分析活動の隠蔽に役立って」いたからだ。[34] その分析活動がどういうものなのかは定かではない。そして、五〇年がたった今でも、コーデスマンは機密保持を理由に、彼がＡＲＰＡで行なっていた活動の詳細を語ろうとはしなかった。[35]

ひとつだけ確かなことがある。ＡＲＰＡはイラン当局者に兵器分析の教育を施そうとしたが、イランの統治者の心を揺り動かすことはできなかったのだ。一九七三年、国王が新型戦闘機を見繕うためにアメリカを訪れると、マルコム・カリー国防研究技術局長がホスト役に抜擢され、アメリカの空軍力を国王に披露すべく、彼をアンドルーズ空軍基地へと招待した。まずは空軍が先陣を切り、新型戦闘機「Ｆ－15」で見事な操縦を次々と披露した。次に海軍の出番になると、Ｆ－14のパイロットはさらに見事な操縦を見せつけ、国王のすぐ頭上で曲技飛行をしてみせた。[36] パフォーマンスが終了すると、国王はカリーにこう言った。「私は常にイランを海洋のど真ん中にある島国のようなものとしてとらえてきたのだ」

カリーは国王の的外れな発言にびっくりした。Ｆ－14は空母用に設計された艦載戦闘機だったが、イランは空母を所有していなかったからだ。Ｆ－15より高価でなおかつ航続距離も短かったにもかかわらず、イラン国王の心はもう決まっているようだった。こうして、わずか三〇分間の航空ショーで、イランはアメリカからＦ－14を購入した唯一の国となった。[37] そして、コーデスマンの活動の成果も、少なくとも国王の浪費癖に及ぼした影響という基準で測るなら明白だった。アメリカ人外交官のプレクトは一言でこうまとめた。「彼は失敗したのだ」

一九七三年になると、ＡＲＰＡの海外活動の終幕が迫っていた。アジャイル計画の国外支局は、無数の不要なトラブルを生み出していた。一九七〇年、ふたりのＡＲＰＡ職員、研究者のジェームズ・ウッズとタイ支局代表のロバート・シュワルツの乗るドイツ発の航空機がハイジャックされ、中東に行き先を変更されると、ふたりは二週間ヨルダンで拘束された。ハイジャック犯たちにペンタゴンの文書が見つかるのを恐れたシュワルツは、書類をトイレに流そうとしたうえ、切羽詰まって書類の一部を飲みこんだ。[38] 結局はふたりとも無事に解放されたが、ARPA研究者のウッズは、拘束されていた日数分の日当の支払いを政府が拒否したことに不満を漏らした。ハイジャック犯たちに食と住を与えられていたためだという。[39]

また、イランのアメリカ大使館も必死でARPAを遠ざけようとした。コーデスマンは優秀だったが傲慢で、ほとんどの人々が読めないスピードで分厚い分析レポートを作成しつづけた。「彼は自分よりも立場の弱い人々、特にもともと自信のないイランの人々に対して偉そうな態度を取っていた」とプレクトは振り返る。ARPAの中東支局はだんだん重荷になりはじめた。大使館の訪問者たちは大使館がなんらかの諜報活動にかかわっていると疑いはじめ、大使館は議会の調査が入ることを心配した。「調査ひとつで台無しになりかねないきわめて重要な機密活動がいくつもあるので、調査が入ればたいへんなことになるだろう」とプレクトは大使館の上級幹部に宛てた極秘の覚書に記した。[40]

果たして、科学技術機関の出る幕のない国々で活動するARPAの中東支局は、価値ある取り組みだったのか？ それとも単なる徒労にすぎなかったのか？ 一九六〇年代終盤の議会で、チャールズ・ハーツフェルドはARPAがほかに誰もやらない貴重な活動を行なっていると主張した。それも一理あった。一九七一年、ベイルート支局は、当時ほとんど知られていなかった「即席爆発装置」（IED、いわゆる手製爆弾）の脅威について調査するよう依頼された。IEDが日常用語となり、イラクやアフガニスタンで米軍や連合軍の主な死亡原因になる四〇年以上も前に、ＡＲＰＡはＩＥＤの調査と詳しい報告書の作成を委託した。その結果、「機器や手順の改善から得られるメリットには限界があり、その限界を上回ろうとする技術開発活動の効果は保証されていない」と報告書は結論づけた。[41] つまり、粗雑な爆弾を探知して破壊する方法は限られているということだ。特効薬など存在しないのだ。

当時、この報告書が反響を生んだのかどうかは不明だが、その数十年後の出来事を正確に予知していたことは事実だ。ペンタゴンはイラクでＩＥＤの氾濫に悩まされると、ＡＲＰＡの報告書内で無意味だと警告されたとおりの機関を新設した。ＩＥＤの探知および破壊技術を開発する「統合即席爆発装置対策組織」だ。二〇一〇年、この機関のトップは、二〇〇億ドル近くを投じた挙げ句、犬より優秀な爆弾の探知手段はいまだ見つかっていないと認めた。[42] そのあいだ、ＡＲＰＡの一九七一年の報告書はメリーランド州カレッジパークの国立公文書記録管理局の保管箱に眠りつづけた。

こうした無視された予言を除けば、ＡＲＰＡの中東地域での成果は限られていた。イランの最大の問題は、イラン軍が自分でパンを焼けるかどうかではなく、拷問や恐怖などを用いて権力を維持する腐敗した君主国に、そもそも支援する価値があるのかどうかという点だった（もちろん、それはＡＲＰＡの問題ではなかったが）。問題のすべての部分や構成要素を吟味する「システム分析」の考え方は、身内びいきや腐敗のはびこる君主国では成り立たなかった。ＡＲＰＡのイランでの活動は「アイデアとしてはすばらしかった」とルカジクはのちに述べた。「ただし、国家に対してシステム的な見方ができる唯一の組織は、その国の政府だけなのだ」[43]。一九七四年、ルカジクはシステム分析プロジェクトを中止し、イラン支局はＡＲＰＡの残りの国外支局とともに完全閉鎖された。
ＡＲＰＡの国外支局が閉鎖されてもなお、ＡＲＰＡをベトナム戦争の大失敗と切り離すためにはもうひとつの動きが必要だった。二回目の名称変更だ。ルカジクはアジャイル計画の残滓《ざんし》である「海外防衛研究」プログラムを「戦術技術室」という新しい部門へと統合した。そのうえで、戦術技術室に「先進技術室」と「先進センサー室」のふたつの問題児を組みこんだ。[44]
先進技術室は一定の成果をあげていたが、海洋上の軍事基地の役割を果たす反転可能な艀《はしけ》や、北極地方でソ連と戦うよう設計された重量一〇トンのホバークラフトなど、多くのプロジェクトにルカジクは首をひねった。それ以上に問題だったのは、先進技術室の室長を務める中国系アメリカ人科学者だ。その人物はカナダで中国人と話をして安全保障上の懸念を引き起こし、窮地に陥った。そしてもうひとつ、ルカジクが解雇したリチャード・セザーロが率いていた不気味な組織、先進センサー室があった。このふたつの組織がアジャイル計画を核とする戦術技術室へと統合された。「激マズ料理にカスとクソを加えて完成したのが、戦術技術室だ」とルカジクは冗談を言った。[45]
ＡＲＰＡにはすでにレーザーや対潜戦技術について調査する核戦争専門の組織「戦略技術室」があった。そこに、無人機、センサー、爆弾といった兵器を開発する通常戦専門の組織「戦術技術室」が加わった。少なくとも表面上は立派な組織だったが、そこには大義が必要だった。新設された戦術技術室にはベトナムで開発された技術が集結した。こうした無人機やセンサーなどの技術は対反乱作戦では必ずしも役立たなかったが、通常の戦場には適しているかもしれない。最大の問題は、いかにして軍に技術を利用してもらうか、そして何より、いかにしてその技術が必要な理由を理解してもらうかだった。

あとから振り返れば、技術的進歩はたいてい必然の成り行きに見えるものだが、新しい技術の価値が理解されるまでには、何年ものじれったい日々が続くことも多い。一八九八年、発明家のニコラ・テスラが無線信号を使って小型船舶を操縦し、初めて遠隔操作の実演に成功すると、世間の注目を集めたが、すぐに革命が起きたわけではなかった。コンピューター・ネットワークの利用価値を人々に知ってもらうのであれ、特定の場所に誘導可能な爆弾が必要な理由を軍に理解してもらうのであれ、人々を納得させるにはドラマチックなプレゼンテーションが必要なことも多い。が、それだけでは不十分なこともある。

空軍と海軍は七年間、北ベトナム軍の重要な補給路であるタンホア鉄橋を破壊するため、何百回と空爆を行なったが、成果をあげられなかった。あるパイロットは重量一〇〇〇キロあまりの弾頭が鉄橋に当たって「跳ね返った」と証言した。たとえ直撃しても鉄橋はビクともせず、空軍史家のリチャード・ハリオンは「数十という攻撃機やパイロットたちの悪名高い墓場」と化したと表現した。一九七二年、空軍は新たに開発されたレーザー誘導爆弾で鉄橋を攻撃すると、とうとう破壊に成功した。[46] こうして、精密誘導兵器による戦争の時代が幕を開けたが、ベトナム戦争の行方を左右するにはあまりにも遅すぎた。

そんななか、ペンタゴンの物理学者フレッド・ウィクナーは、精密誘導兵器とＡＲＰＡに興味を抱いた。一九六九年、彼はクレイトン・エイブラムス陸軍大将の科学顧問として、ＡＲＰＡの東南アジア活動を間近で観察していた。ウィクナーがベトナムで気づいた問題のひとつは、ペンタゴンやＡＲＰＡがローテクな問題にハイテクな解決策を適用しがちであるという点だった。タンホア鉄橋はその唯一の例外であり、軍がベトナムで直面していた問題の大半は、解決に画期的な技術など必要なかった。ウィクナーは「あんたたちは科学を理解していない」と言って軍の士官たちを怒らせ、「あんたたちは戦争を理解していない」と言って科学者たちを怒らせた。軍の士官たちは、そんなウィクナーのことを、外交官の正式名称である「海外勤務職員《フォーリン・サービス・オフィサー》」とかけて「クソ科学顧問《ファッキン・サイエンス・アドバイザー》」と呼ぶようになった（外交官もよく軍の嘲笑の種になっていた）。ウィクナーはその中傷を名誉の印として受け取った。

ウィクナーがベトナムに到着した時点では、アメリカ人戦死者の大多数が、のちのイラク戦争やアフガニスタン戦争で「即席爆発装置（ＩＥＤ）」と呼ばれるようになる地雷やブービートラップによって死亡していた。[47] ジャングルじゅうに張り巡らされた起爆ワイヤーは、濃密な枝葉に紛れ、ほとんど見分けがつかなかった。ウィクナーは、ボーイスカウト時代の訓練を思い出し、起爆ワイヤーの問題を解決する画期的な方法を考案した。彼は海兵隊員たちとパトロールに出ると、人の背丈ほどある棒をジャングル内で使って、爆弾を起爆させることなくワイヤーを触知する方法を実演してみせた。「それが私の人生最大の功績だ」と彼はのちに振り返った。[48]

一九七〇年、ペンタゴンへと戻ったウィクナーは、ペンタゴン内に新設されたシンクタンク「総合技術評価局」の局長に指名された。[49] 同局の目的は、米ソ間の将来的な戦略バランスに影響を与えかねない要因について考察し、その解決策を導き出すことだった。ベトナム戦争が終結に近づくと、ペンタゴンの注目は再びヨーロッパへと向けられた。ヨーロッパの軍事ドクトリンでは、ソ連が侵攻してきた際に戦術核兵器を使用することが求められた。爆発が十分に大きければ、精度はさして問題にはならない。しかし、ソ連の戦略はちがった。アメリカが東南アジアに注目するあいだ、ソ連は通常戦力を磨き、新しい兵器や技術を開発し、軍事ドクトリンを現代化していた。[50] 一九七〇年代にドイツで第五軍団の司令官を務めたドン・スターリー陸軍大将によれば、ソ連は「核兵器を使っても使わなくても」ヨーロッパでの戦争に勝利できると信じていたという。「彼らにとって望ましいのは使わないほうだった」。一方、ヨーロッパに駐留する米軍は、自分たちが「ソ連軍のライン川以遠への侵攻を遅らせる減速バンプにすぎない」と感じていたとスターリーは記す。[51] ウィクナーによれば、ヨーロッパでソ連軍と対峙する米国陸軍は、「核兵器で徹底的に焼き尽くせ」という態度そのものだったという。[52]

一九七三年、国防長官に就任したジェームズ・シュレシンジャーは、NATOへと目を向けた。NATOは、ヨーロッパでのソ連の通常攻撃に対する抑止力として、アメリカの核兵器にすっかり頼りきっていた。通常戦力ではソ連のほうがNATOよりも勝《まさ》っていたが、シュレシンジャーはNATOが軍の現代化に踏みきらない言い訳として核抑止力を用いていると感じていた。同年七月、彼はARPAを辞めて自身の核政策担当特別補佐官に就任しようとしていたコッターARPA副局長とウィクナーを呼び出し、ふたりにある任務を指示した。「われわれが望むのは、ソ連の西ヨーロッパ侵攻に対し、核兵器だけに頼らない実行可能な対策を用意することだ」と彼は述べた。[53]

ウィクナーは、ARPAとベトナム戦争で生まれたハイテク兵器が今こそ軍事戦略に役立つかもしれないと気づいた。ARPAはアジャイル計画で、武装無人機から、係留気球、レーザー誘導ロケット、先進レーダーまで、想像しうるかぎりの斬新な戦争技術を試していた。新設された戦術技術室は、ベトナム戦争を通じて生まれ、精密誘導兵器による戦争と直接関係のある数々の技術を受け継いだ。「スティーヴ、まずは確実に目標を攻撃するための策を講じなくては」とウィクナーはルカジクに言った。[54]

ワシントンの常套手段として、ウィクナーは核理論と通常兵器のふたつを融合する研究に資金提供するよう提案した。ワシントンの国家安全保障組織の官僚制度に精通するウィクナーは、通常戦力と核戦力の両方をひっくるめて考察できる研究プログラムをARPAと国防核兵器局が共同で支援するべきだとルカジクに伝えた。それはARPA単独でできる研究ではなかったからだ。加えて、ウィクナーはその研究プログラムに誰も気に留めないくらいお役所的であいまいな名前をつけるようルカジクに助言した。「知的殺害《スマート・キル》プロジェクトとでも名づけようものなら、大騒ぎになっていただろうね」と冗談を言うルカジク。「議会につぶされていたか、軍につぶされていたか、あるいは国防長官府の誰かにつぶされていたかはわからないが」[55]

こうして一九七三年、ルカジクは「長期研究開発計画プログラム（LRRDPP）」に署名した。この発音不能な頭字語なら、『ワシントン・ポスト』紙の見出しに載ることも、目ざとい議会スタッフに見つけられることもないだろう。しかし、その真の目的は、対反乱作戦用の技術を、現代の通常戦用の兵器へと変えることだった。

ワシントンでは、通常戦や核戦争に関する研究報告書が本棚に並べられ、ボール紙の収納箱にしまわれ、そして最終的には密かにシュレッダー送りになる。専門家の報告書に埋もれる街で影響力のある研究を行なおうとするなら、何より人選が大事だ。ルカジク局長がランド研究所でもっとも有力な核理論家のひとり、アルバート・ウォルステッターに研究の指揮を任せたのは、そういう理由からだった。ハーマン・カーンが核の世界の宮廷道化師だとすれば、ウォルステッターは政策立案者に対して真の影響力を持つ枢機卿的な存在であった。ウォルステッターはカーンの恩師であり、カーンがウォルステッターのアイデアを自身の大衆向けの著述のなかで焼き直すことも少なくなかった。ある歴史家いわく、民間人の死者数をまるでフットボールのスコアのごとく集計して講堂の聴衆を戸惑わせるのがカーンなら、「核惨事について人間として可能なかぎりドライに記した」のがウォルステッターだった。[56]

確かに、ウォルステッターの記述は冷淡だったかもしれないが、政治家に影響を及ぼすという点では、彼のほうがカーンよりずっと上手《うわて》だった。このスキルのおかげで、彼はやがてロナルド・レーガンの盟友、そしてのちにネオコンたちのお気に入りとなるのだった。変わり者だった彼は一九二〇年代にトロツキー主義者として反スターリン主義思想を磨き、のちにランド研究所の保守派たちに気に入られる存在となり、そこで冷戦時の核戦略を策定する合理的思想家の仲間入りを果たした。[57]悪名高いほど傲慢だったが政治的手腕に長けていたウォルステッターは、技術的な情報を政策立案者に訴えかける平易な言葉に置き換えるのが得意だった。先制核攻撃に耐え抜いて報復に転ずる能力を指す「セカンド・ストライク」の概念を大衆化したのはカーンだが、この概念について一九五八年の論文「恐怖の繊細な均衡(The Delicate Balance of Terror)」のなかで初めて病的なほど詳しく記述したのはウォルステッターだった。核保有国の双方が世界を滅亡させる力を持つ「相互確証破壊」の原理だけでは、アルマゲドンを防ぐにはまったく十分ではない、と彼は主張した。「攻撃を抑止するには、攻撃を受けても反撃できる能力が必要だ」と彼は記した。[58]

その点、ＬＲＲＤＰＰは抑止力の別の側面に挑んでいた。核兵器に頼ることなくソ連の通常攻撃に反撃する能力だ。[59]しかし、そのためには、ソ連のもっともらしい攻撃シナリオを想定する必要があった。ルカジクによると、ほとんどのシナリオは「一段落まるごとナンセンス」だったが、ウォルステッターらはソ連のノルウェーおよびフィンランド経由によるスカンジナビア侵攻やイラン奇襲など、そう破滅的でない可能性について意見を交わした。続けて彼らは、ＡＲＰＡがベトナム戦争向けに開発したハイテク兵器が軍にあったら、米軍はそうした攻撃にどう対応しうるかも考察した。これはＡＲＰＡにとって危険な道筋だった。核戦略はＡＲＰＡの完全な管轄外だったからだ。「われわれはウォルステッターのいう有事計画を練った。長期的な有事計画を立てるだけなら、なんの問題もないだろう?」とルカジクは言った。

研究の最大の焦点は、「フルダ・ギャップ」と呼ばれる冷戦下の貴重な不動産だった。フルダ・ギャップは東ドイツの国境から西ドイツのフランクフルトまで広がる一帯のことで、ソ連軍の侵略ルートになる可能性が高いとされていた。その低地はソ連の戦車が西へと進軍するには打ってつけの地形だった。ソ連は通常戦力で圧倒的にアメリカを上回っており、当時のアメリカの政策は戦術核兵器を使うと相手を脅すことだった。これはヨーロッパの戦場に対する断固たるアプローチだ。この陰鬱なシナリオは、無反動砲「デイビー・クロケット」のような、ストレンジラブ博士風の戦術核兵器の開発を促した。

ルカジクの持論は、長年ＡＲＰＡの資金提供で開発されてきたベトナム戦争向けの技術をヨーロッパの戦場へと転用すれば、理論上、ソ連の優位性を打ち崩すことができるというものだった。

ＡＲＰＡは、自律飛行型の無人機、目標を計算できるコンピューター・システム、計算された目標を破壊できる精密誘導兵器を開発してきた。しかし、そのなかで軍が効果的に活用しているものは皆無だった。軍にヨーロッパでの戦い方を指示するのはＡＲＰＡのような〝技術機関〟の役割ではなかったし、ベトナムでさえ、ＡＲＰＡはインテリたちから戦い方を指図されるのを嫌がる陸軍から猛反発を食らっていた。そこで登場したのがＬＲＲＤＰＰの報告書だ。表向きには、この報告書は新しい技術を架空の戦争シナリオのなかで活用する方法を実証するだけのものだった。「何か実現したいことがあるとしよう。たとえば目標の攻撃だ。ここに、宇宙工学、航空技術、赤外線技術、レーダー類、コンピューターなど、ずらっと技術があるとする。さて、どうする？　それらをどう結びつけて問題を解決するのか？」とルカジクは説明した。[60]

しかし実際には、この研究報告書はまったく新しいタイプの戦争の青写真だった。堅苦しい専門用語は使わず、必要最小限の要素にまで絞りこまれたこの研究報告書は、戦術核兵器ではなく非常に精密な通常兵器を使用することを提言した。「百発百中に近い通常兵器は技術的に可能で軍事的に有効かもしれない。もしそうだとすれば、そうした非核兵器は、ごく幅広い状況で、現在核兵器でなければ満たせない米国や連合国の破壊要件を満たせることになるだろう」と研究報告書は結論づけた。[61]

この結論は、相互確証破壊の原理に反対するランド研究所の長年の見解を反映したもので、好都合なことに、ＡＲＰＡの新世代の兵器を正当化する論拠にもなっていた。もちろん、ＡＲＰＡがすでに開発していたのはそうした兵器の根底にある技術であって、兵器そのものではなかったので、この結論はまだ理論の域を出ていなかった。続くＡＲＰＡの具体的な提案は、まるで『スター・ウォーズ』のデス・スターと『ターミネーター』のスカイネットをかけあわせたようなものだった。この兵器（正確にいうと兵器群）は、数々のレーダーからデータを収集・統合し、コンピューター駆動の目標指示システムを使って数値を処理し、目標を選択し、ソ連の戦線に向けて無人機搭載の母艦を送りこむ。到着したら、誘導型子弾と呼ばれる特攻無人機を放ち、ソ連の標的を追跡して破壊するのだ。[62]

つまり、このARPAのコンセプトは、単独の兵器ではなく、連動する多数の兵器、ペンタゴンののちの用語を借りるなら「システムのシステム」であった。最終的にこのプログラムにつけられた「アサルト・ブレイカー」（＝強襲撃破）という名称は、その究極の目的を物語っていた。核攻撃に頼ることなくフルダ・ギャップでソ連を撃破することだ。[63] 皮肉な見方をするなら、ARPAは国防計画プロセスにおいて古典的な回避戦術を実行した。ARPAは国防関係の有識者たちによる研究に資金を提供することで、東南アジア向けのセンサー、無人機、爆弾を開発したARPA（とりわけその戦術技術室）が開発する新世代の兵器が必要だということをペンタゴンに訴えたのだ。

最終的に、ウォルステッターらはARPAのこの研究報告書から望みどおりのものを手に入れた。ヨーロッパの戦場における新しい戦い方だ。一九八二年を迎えるころには、陸軍はすでにこの戦略を採用し、新技術に頼っていた。その大部分がARPAの技術だ。ウィクナーによれば、その功労者のひとりは、その新しい軍事ドクトリンを策定したスターリー陸軍大将だという。「この軍事ドクトリンを実行するのに用いられた技術の六、七割はARPAのものだ」とウィクナーはつけ加えた。[64]

アジャイル計画は葬り去られたが、その墓場から立ち上がった戦術技術室が開発した兵器は、戦争の性質を根本的に変えた。結果的に現代のDARPAを形づくったのは、宇宙ではなくベトナムだった。その後の三〇年間で、戦術技術室のプロジェクトは数々の精密誘導兵器、無人機、ステルス機といった現代の戦争の道具、一言でいえば「軍事革命」を世にもたらした。ルカジクはたった数年間でARPAを全面的に改革し、その後の数十年間で戦場を一変させるような兵器の基礎を築いた。「すべては対反乱作戦から始まったのだ」とルカジクは語った。[65]

ARPAの兵器をジャングルから現代の戦場へと導いたのは、ベトナム戦争への批判だった。しかし、その反戦感情こそが、コンピューター分野におけるARPAの画期的な研究にまったく別の影響をもたらした。アメリカのカウンターカルチャーの高まりは、J・C・R・リックライダーの提唱した人間と機械の共生を、はるかに野心的で過激な概念へと進化させることになる。それは人間の脳で直接操作するマシンだ。

# 第13章　ウサギと魔女と司令室　1969─1972

反戦ムード／心で操るコンピューター／超心理学と超能力／バイオサイバネティクス

一九六九年一月二八日、黄色い星をあしらった赤と青の旗がカリフォルニア州パロアルトのスタンフォード郵便局の上に掲げられた。民主社会学生同盟がベトコンの旗を掲げて、スタンフォード大学とペンタゴンとの関係、そしてペンタゴンが東南アジアで行なっている調査への関与に抗議の意志を示したのだ。[1] 特に学生たちが不安視していたのは、大学が第二次世界大戦後に設立したスタンフォード研究所で行なわれている極秘の軍事研究だった。スタンフォード研究所は大学の全体的な理念に沿った研究を行なうために設立されたが、その活動はますます国防総省の下請け同然になりつつあった。特にコンピューター科学分野でスタンフォード研究所に多額の資金を提供していたARPAは、東南アジアで研究を行なう研究者たちにも資金を提供していた。

その年、スタンフォード大学のみならず全国の大学で抗議活動が盛んになり、一部は暴力へと発展した。翌年のウィスコンシン大学スターリング・ホールの爆破事件では、大学とペンタゴンとの関係に抗議の矛先が向けられ、結局は軍事研究とは無関係の研究者が命を落とすこととなった。スタンフォード大学ではそこまでの規模の暴力は発生しなかったが、一九六九年四月には数百人の学生が同大学の応用電子工学研究所を占拠し、研究活動が一時的に中断する騒ぎとなった。同月、スタンフォード大学の理事会は投票によって、大学の機密研究を終了し、スタンフォード研究所との歴史的な関係を断つことを決定した。[2] そのわずか数カ月後に、ＡＲＰＡが資金提供するスタンフォード研究所のコンピューター科学研究が歴史をつくることになる。

一九六九年一〇月二九日午後一〇時半、一単語のメッセージがスタンフォード研究所のコンピューター端末に届いた。[3] そのメッセージは「lo」というもので、それがＡＲＰＡＮＥＴで送信された初のコンテンツとなった。カリフォルニア大学ロサンゼルス校のレナード・クラインロック教授に師事していた学生プログラマーのチャーリー・クラインは、スタンフォード研究所のコンピューター・プログラマーのビル・デュヴァルに「login」というメッセージを送信したのだが、全体が送信される前にシステムがクラッシュし、最初の二文字だけが送られた。

その時点では、ＡＲＰＡＮＥＴはカリフォルニア大学ロサンゼルス校、スタンフォード研究所、カリフォルニア大学サンタバーバラ校、ユタ大学という四つのサイト（「ノード」）だけで構成されていた。この四つのサイトは、ＡＲＰＡの支援によりインターフェイス・メッセージ・プロセッサー（ＩＭＰ）を受け取った。ＩＭＰはデータを小さな塊へと分割する装置であり、この手法はパケット交換と呼ばれる。このＡＲＰＡＮＥＴ初のごく短いやり取りのなかにも、すでに現代インターネットの土台の大部分が含まれていた。当時のＡＲＰＡＮＥＴは、軍事目標と直接的な結びつきのないコンピューター科学の基礎研究の段階を出ておらず、その技術的な複雑さはＡＲＰＡの局長たちをも戸惑わせた。ＡＲＰＡＮＥＴの価値を心から信じる人々がいなければ、ペンタゴンが核戦争に利用することを心配する反対派や、ペンタゴンにとってあまり価値がないと思いこむ議員たちによって、ARPANETは簡単に握りつぶされていたかもしれない。

ARPANETプロジェクトが当時の状況にあってほとんど無傷で続けられたのは、ARPAの職員たちがJ・C・R・リックライダーの提唱した人間とコンピューターの共生のビジョンを信じ、必死で守り抜いたからだ。スティーヴン・ルカジク局長は、元局長のチャールズ・ハーツフェルドと同様、ARPANETプロジェクトの重要性を理解し、議会にはペンタゴンとの関連性を訴えつつも、世間には軍事的役割をおおっぴらに掲げないという絶妙なラインを保った。[4]「ARPAのコンピューティング計画は、まるで戦場を徘徊しているのに傷ひとつ負わない夢遊病の患者のように、幸運続きの人生を送りつづけた」とミッチェル・ワールドロップはARPANETの歴史に関する自著のなかで記した。[5]

とはいえ、ARPAのコンピューター科学研究のすべてが同じように幸運続きだったわけではない。イリノイ大学では、ARPAの資金提供する「イリアックⅣ」コンピューターに学生たちの怒りの矛先が向けられた。学生たちはイリアックⅣがベトナム戦争に役立てられると信じていた。本来、イリアックⅣは東南アジアの軍事作戦に関連する計算を実行するためではなく、超並列処理コンピューターの威力を実証する目的で開発されたのだが、世間はそのコンピューターをベトナム戦争と重ねあわせた。一九七〇年五月、学生たちは反戦団体のブラックパンサー党やシカゴ15などの演説者たちを迎えて、大学の中庭で抗議集会「イリアックをぶっつぶせ」を開催。抗議集会の宣伝ポスターには、画面に「殺害死亡係数」という言葉が表示されている漫画風のイリアックⅣが描かれた。[6]このままではその高価なスーパーコンピューターを守れないと思ったA

RPAは、イリアックⅣをカリフォルニア州のNASAの施設に移すことになった。[7]

そのころ、議会はARPAを少しずつ骨抜きにしていった。一九六九年のマンスフィールド修正条項によって国防総省の基礎研究の大部分が打ち切られたことで、ARPAの社会科学研究は切り離され、行動科学室は活動内容を見直さざるをえなくなった（ルカジクは論争を避けるため、のちに名称を「人材調査室」に改めた。おかげで人事局と勘違いする人々が続出した）。マンスフィールド修正条項はARPAの自然科学研究にも影響を及ぼすこととなり、ARPAは大学に長期的な資金を提供し、ARPAの基礎研究活動の重要な一翼を担ってきた学際的な材料研究所を国立科学財団に引き渡すはめになった。今や、ARPAのすべての活動に軍事的な根拠が欠かせなくなったのだ。

議会はARPAにそぐわないプログラムを探すようになった。「行動科学の名のもとでどんな不可解な研究が行なわれているのですか？」とある議員は公聴会でルカジクを問い詰めた。「今でも昆虫の交配やサルの行動について研究しているのでしょうか？」[8]

「現在ではそのような研究は行なわれておりません」とルカジクは神妙な面持ちで答えた。

気がつけば、ルカジクは問題が起こるのを防ぐためARPAの廊下を文字どおりパトロールするようになっていた。ある日、彼は情報処理技術室を指揮するアル・ブルーの執務室の近くを通りがかったとき、立ち寄ってあいさつをした。ブルーのデスクの上に目をやると、マサチューセッツ工科大学によるコンピューター科学関連の報告書があった。彼は「コンピューター支援による振付」というタイトルを見るなり、のどがきゅっと締めつけられるのを感じた。次の議会公聴会で、なぜARPAが踊りの研究をしているのかと問い詰められる様子が頭に浮かんだ。「アル、どういう内容かはわかるよ。いいアイデアだと思う。だが、お願いだから、『コンピューター支援による振付』とかいう報告書はよこさないでくれ」とルカジクは言った。「タイトルを『人間と機械の協調』に変えてほしい。これでもそう悪くないだろう」[9]

議会の批判であれ学生の抗議活動であれ、ＡＲＰＡはアメリカ国内で高まるカウンターカルチャーや反戦ムードの影響から逃れることはできなかった。その一方で、ＡＲＰＡはこれらの出来事から予想外の影響を受けようとしていた。幻覚剤のメリットに関するティモシー・リアリーの講義から、東洋の神秘主義に対する関心の再燃まで、一九六〇年代終盤の文化的なカオス状態には、ペンタゴンでさえも無縁ではいられなかった。常識に縛られず、科学的な厳密性だけを信条としていたＡＲＰＡは、まったく新しい研究分野を生み出そうとしていた。スタンフォード研究所、ＡＲＰＡＮＥＴ、そして人間の心が持つ能力への関心という三つの要素を結びつけ、Ｊ・Ｃ・Ｒ・リックライダーの人間とコンピューターの共生という概念を、心で操るコンピューター技術へと進化させようとしていた。

一九七〇年代初頭のスタンフォード研究所は、その軍事研究に抗議した学生たちでさえショックを受けるような暗黒の秘密を抱えていた。研究所の数ある機密研究プロジェクトのなかに、おそらくＣＩＡ史上もっとも悪名高い科学者のひとり、シドニー・ゴットリーブが指揮するＣＩＡ技術サービス部の支援を受けた契約があった。その機密プログラムの目的は、人間の念力によって遠くの物体を見たり動かしたりできるのか、というようなさまざまな形の超心理学について検証することだった。この研究が将来有望だと信じたゴットリーブは、ある日、ＡＲＰＡ局長のスティーヴン・ルカジクをCIAの自身の執務室まで呼び、話しあいを行なった。[10]

CIAの技術サービス部は、フォギー・ボトムにある国務省本部の近く、米国海軍医学外科局の敷地内にある低層のオフィスビルに入居していた。その建物はCIAの本部がバージニア州ラングレーに移転する前の旧本部だったが、一九七〇年代初頭になってもその施設ではCIAのいくつかの活動が続けられていた。化学者のゴットリーブは、常識にとらわれない思想家でもあり、自分の研究がお国のためになると信じる生粋の愛国者でもあった。先天性の内反足によって兵役免除となり、吃音《きつおん》の悩みを言語病理学の研究へと活かしたゴットリーブは、鉄の意志で知られた。「彼の敵も味方も、ゴットリーブ氏は一種の天才だったと口を揃える。彼は自国のために人間の心の未知の領域について研究するかたわら、自分の人生の宗教的・精神的な意味について模索しつづけた」と『ニューヨーク・タイムズ』紙のゴットリーブの死亡記事はつづった。[11] しかし最終的には、ゴットリーブは人間の良識を冒瀆した男として人々の記憶に残ることになる。

ゴットリーブはCIAの技術サービス部のボスとして、毒入り万年筆や貝殻爆弾といったキューバ最高指導者フィデル・カストロの暗殺兵器を開発したCIA内の組織を率いた。また、彼はLSDをマインド・コントロール薬として利用するというCIAでもとりわけ評判の悪いプロジェクトにもかかわった。ゴットリーブの監督のもと、一九五〇年代から、精神病患者、売春婦、軍の科学者(投与後に自殺)といった不幸な人間たちを対象に、本人の同意なしでLSDの投与実験が行なわれた。一九七五年、ロックフェラー委員会によってこのプログラムが初めて明らかとなり、[12] 続いて議会のチャーチ委員会によって詳述されると、[13]「狂気の科学者」というゴットリーブの世間的なイメージはほぼ揺るぎないものとなった。

ルカジクは、ゴットリーブと彼のＣＩＡの同僚たちをもう少し温かい目で見ていた。彼らにはＡＲＰＡと似たような独創性や自由な発想があったが、彼らの活動に歯止めをかける国民の監視の目がなかっただけなのだ。「彼らは、もっとも前向きな言い方をすれば、最高の人間だ」と彼は振り返った。「彼らはあまり法律を意識していなかった。余計な心配はしなくていいからと言われ、無心で何かを創造しつづけるクリエイティブな人間そのものだったのだ。すばらしい奴らだった」[14]

ルカジクがやってきた日、ゴットリーブは上機嫌だった。彼はかつてのアレン・ダレスＣＩＡ長官のオフィスを引き継いでいた。そこは異様に縦長のオフィスで、幅は四、五メートルほどだったが奥行きはその二倍くらいあった。長い壁の一方は端から端までカーテンで隠れていたが、ゴットリーブは「スティーヴ、部外者がふつうはお目にかかれないものを見せてやろう」とルカジクに言い、大げさにカーテンを引っ張った。すると、あちこちに印がつけられた壁一面の世界地図があらわになった。「これが一四六カ所にしかけられているわれわれの盗聴器だ」[15]

ルカジクはゴットリーブがその地図を見せびらかしたいだけなのだと気づいたが、しばらく彼の自慢につきあってやり、本題が始まるのを待った。その日、ゴットリーブが話しあいたかったのは、ウサギと核アルマゲドンについてだった。一九七〇年代初頭、米ソは原子力潜水艦をめぐるいたちごっこを繰り広げていた。核ミサイル搭載の潜水艦は、深海にいると発見されづらく、ソ連との核の勢力均衡を維持するうえで強力な武器となっていた。一方、最大の弱点はその通信能力だった。一九七〇年代初頭の時点では、深海にいる潜水艦に「核アルマゲドンが始まりそうなのでミサイルを発射せよ」などと伝える有効な手段がなかった。通信を行なうには海面に浮上するのが一般的な方法だったが、そうすると探知され、攻撃されやすくなってしまう。

そこで出番となるのが、ゴットリーブ肝いりの新プロジェクトだった。一九七〇年のベストセラー書『ソ連・東欧の超科学』では、ソ連や東欧諸国がさまざまな超常現象に対して寄せていた熱意が克明に描かれている。「ESPを活用しようというソ連の意欲の背後にある大きな原動力は、ソ連軍とソ連秘密警察に由来するといわれている」とこの本の共著者たちは述べている。[16] この本には、生き物の〝オーラ〟をとらえるキルリアン写真から、テレパシーによる感情の投影まで、鉄のカーテンの背後で行なわれた数々の超能力研究が詳しくまとめられている。ソ連が超心理学に資金を投じているという説は、たちまちアメリカが同様の研究を行なう根拠として持ち出されるようになった。

『ソ連・東欧の超科学』によれば、ソ連が検証していた超心理学の理論のひとつとして、赤ちゃんと母親とのあいだの感情的な絆があった。どれだけ距離が離れていても、母親は自分の子どもの死を〝感じ〟られるという説だ。実際に人間の赤ちゃんを殺すわけにはいかないので、赤ちゃんウサギと母ウサギで実験を行なうことになった。その実験は残酷なものだった。母ウサギから見えも聞こえもしない場所で赤ちゃんウサギを殺し、別の実験室にいる科学者が母ウサギの反応を観察するのだ。

ソ連は実験の成功を主張し、具体的な手順こそ示さなかったものの、潜水艦との通信に利用できると訴えた。おそらく、母ウサギを潜水艦に乗せ、乗組員にウサギの動揺の兆候を監視させるということだろう。もちろん、母ウサギが大騒ぎしたらすぐに核反撃を行なうわけではないが、ルカジクの言うように、「ソ連の原子力潜水艦にとっての一種のシグナル」として活用できる。

つまり、海面に浮上して、核ミサイルの発射命令などの指示を受け取れ、というメッセージになるわけだ。これほどバカバカしいシナリオでさえ、ゴットリーブを思いとどまらせることはなかった。CIAは超心理学について「人目を避けた機密調査」を行なうための実験資金をスタンフォード研究所に提供しはじめた。[17] ゴットリーブはARPAにその活動を評価してもらい、あわよくば資金を提供してもらおうと考えていた。「すごくくだらないと思った」とルカジクは認めた。[18]

真偽は不明ながらも、ソ連の実験は当時ARPAが取り組んでいた対潜戦分野への応用を想定していた。そして何より、一九六〇年代終盤から一九七〇年代初頭にかけて、議員たちは超心理学に広く興味を持ち、ARPAのような機関に研究を支援するよう圧力をかけていた。少なくとも、資金を提供する価値があるかどうかを確かめることくらいならできる、とルカジクは考えた。そこで彼が目を向けたのが、行動科学室の室長であるオースティン・キブラー空軍大佐だった。「この件をよろしく頼む」とルカジクは彼に言った。「とにかく成果をあげてくれ。どんなものでもかまわない」

ARPAの反応はいまいちだった。「ほとんど全員がバカバカしいと感じていた」とのちに行動科学室の室長を引き継いだロバート・ヤングは語った。「だが、上からの命令だったので従った」。[19] 超心理学研究の指揮を任されたのは、ARPAのカウンターカルチャー文化の代名詞であるジョージ・ローレンスだった。その三九歳の科学者はARPAで異彩を放っていた。彼はスーツとペンホルダーよりもベルボトムのズボンと襟の広いシャツを好み、息子をペンタゴンに連れてきては廊下でスケボーをさせた。彼の出張時の記念写真には、ミサイル誘導システムを分析する様子ではなく、プール際に半裸で寝そべったり、ビールのピッチャーを手に持ったりしている様子ばかりが写っていた。

ポップカルチャーでは、ＡＲＰＡは狂気の科学者たちの巣窟として描かれることも少なくないが、社会的な意味でいえば、一九六〇年代と七〇年代のＡＲＰＡはペンタゴンの残りの部署と同じくらいお堅い場所だった。独創的な知識人もいるにはいたが、彼らは主に大学の自然科学部門、軍需産業、軍の出身であり、ＡＲＰＡは決してＬＳＤをやったり神秘主義を信じたりするような一九六〇年代のカウンターカルチャーの温床ではなかった。

しかし、ローレンスだけは例外で、自由奔放な生活を貫いていた。国防総省で働く職員の大半が自由恋愛とは無縁だった時代に、バツイチの彼は恋愛にうつつを抜かし、恋人を取っ替え引っ替えした。少なくともＡＲＰＡの基準からすれば、彼は服装や自由奔放なライフスタイルだけでなく、研究テーマの選び方においても「異色」だった。彼は「精神が肉体を支配する」というポップカルチャーの考え方に深く傾倒していたのだ。

しかし、彼は典型的な反体制派のヒッピーとはちがった。一九六〇年代終盤、世の多くの男性たちがどうにかしてベトナム行きを忌避しようとするなか、ローレンスはむしろベトナム行きの方法を模索していた。そんなとき、彼はウォルター・リード陸軍研究所の職を打診された。ＡＲＰＡと同じく、同研究所も対反乱作戦に興味を持ち、ベトナムに行ってストレスが特殊部隊の軍事顧問たちに及ぼす影響を調べる心理学者を次々と雇っていた。当時アルベルト・アインシュタイン医学校の心理学博士だったローレンスは、年俸およそ一万二〇〇〇ドルでその職を打診された。薄給ではあったが、まるで冒険のようだった。ちょうど彼が荷物をまとめようとしていたころ、東南アジアの対反乱作戦は通常の戦争へと発展し、ウォルター・リード陸軍研究所はベトナムでの研究プログラムを中止することとなる。すると、彼の同僚のひとりがＡＲＰＡの職を提案した。[20]

一九六八年秋、ローレンスは行動科学室の副室長としてＡＲＰＡに加わった。彼にとっては夢の仕事だった。ほとんど自由に研究プログラムを練り、名ばかりの軍事的理由を添えて簡単な提案書を書けば、研究資金が得られる。また、彼には包括的な出張許可も与えられた。「アメリカ大陸内外を問わず、公務を遂行するのに必要な場所に、必要な日程、必要な頻度で出かけ、ワシントンＤＣに帰ってくる」出張計画を立てることが認められた。[21]

ローレンスの手がける研究は、一九六〇年代の文化的な時代精神を色濃く反映していた。当時といえば、心と体の相互作用や意識の研究など、科学とスピリチュアリズムの融合が起こった時代で、ローレンスもまたＪ・Ｃ・Ｒ・リックライダーと同じく、コンピューター、特に人間とコンピューターの相互作用に興味を持つ新時代の心理学者のひとりであった。ローレンスは当初、ストレスや苦痛への対処方法の研究に興味を持っていた。一九七〇年に開始された彼の最初の主要プログラムは、「バイオフィードバック」という比較的新しい研究分野のものだった。被験者にセンサーからのリアルタイム情報を提供することで、呼吸や心拍数といった生理的機能を自分でコントロールできるよう訓練するのだ。

一九六〇年代、人間がいわば意志の力で肉体の状態を変えられるという発想に基づくバイオフィードバックは、まだニューエイジの神秘主義と結びつけられていた。バイオフィードバックは生物学と東洋哲学の融合であり、ティモシー・リアリーによるＬＳＤの奨励と盛んに比較された。また、バイオフィードバックは、ストレスのかかる状況において精神集中だけで心拍数や血圧を下げられるかもしれないと考える科学者たちの関心も集めはじめていた。カリフォルニア大学サンフランシスコ校のジョー・カミヤをはじめとして、研究者たちは脳のアルファ波とシータ波を調べ、被験者がリアルタイムな電子モニタリングの助けを借りて自分自身の意識状態を変えられるかどうかを確かめた。「人間をより高い意識レベルへと導き、自分自身で生理的機能や意識状態をコントロールできるようにする電子装置のイメージは、白衣の実験科学者たちと、高次の意識を説く白装束の教祖たち、その両方に訴えかけたのだ」と心理学者のドナルド・モスはこの分野の回顧録でつづった。[22]

ARPAがバイオフィードバックに興味を持ったのは、戦闘部隊の助けになると考えたからだ。バイオフィードバックを活かせば、理論上、兵士は攻撃の命中率を高めたり、銃撃されたあと、自分自身の心拍数をコントロールして出血を抑えたりすることさえできるかもしれない。研究者たちは、パイロットに自分の心拍数や血圧を下げる訓練を施せば、損傷を受けた航空機のパイロットが落ち着いて緊急手順を実行できるのではないかと推測した。しかし、文書として記録に残っている実験がほとんどなかったので、ローレンスはバイオフィードバックについて一度本格的に検証してみるべきだと考えた。こうして彼のプログラムは、それまで事例証拠が大半を占めていたその分野に科学的手法を取り入れた史上初の体系的なバイオフィードバック研究となった。ローレンスがこのプロジェクトに抜擢した人物のなかに、将来のDARPA局長のクレイグ・フィールズがいた。[23]当時、ハーバード大学の若き教授でリックライダーの同僚だった彼は、「コンピューター制御による自律神経の条件づけ」に関する提案を提出した。これは心電図の情報に基づいて被験者に自分の心拍数を監視させる実験であり、たちまちハーバード大学の学生たちが胸に心電図の電極をつけたまま階段を走ってのぼり下りしはじめた。ローレンスはヒッピーのカウンターカルチャーを科学者に、そして科学の厳密性をヒッピーにもたらしたのだ。

しかし、ローレンスがバイオフィードバック研究を実験室から戦場へと広げようとすると、猛烈な反発を浴びた。彼は研究者たちをベトナムに行かせ、現地の特殊部隊に対してバイオフィードバックの実験を行なってもらおうと考えたが、反応は総じて否定的だった。誰も行きたがらなかったのだ。「誰かがある議員に書簡を送り、私が大学教授たちを無理やりベトナムのジャングルに行かせようとしていると訴えた」と彼は語った。「まったくバカげた主張だった。完全な誤解だ。私と同じように彼らがベトナム行きを楽しい冒険ととらえてくれると思っていたのに」

結果的には、おそらくどちらでも大差はなかった。結局ローレンスは、自分の心拍数を自分で下げて出血を抑えるといったバイオフィードバックの大胆な応用が、少しばかり大胆すぎると結論づけたからだ。「バイオフィードバックには、多くの研究者たちが初期の事例証拠から想定していたほど、自分自身の体内の生理学的現象をコントロールする強力な効果は存在しない」と報告書は結論づけた。「これまで数々の実験室で行なわれてきた研究を見るかぎり、自分自身の最適な生理的状態に逆らってまで、神経学的現象を自在に調整できるよう訓練するのは、仮に不可能でないとしてもきわめて難しい」[24]。裏を返せば、一部の研究者が心配するように、意識的に自分の心臓を止めて自殺することもできないということだ。[25]

バイオフィードバック研究は必ずしも成功しなかったものの、この一件をきっかけにＡＲＰＡ内では、カウンターカルチャー的なアイデア、特に精神力の研究といえばローレンスという評判ができあがった。ローレンスがCIAの超心理学研究を検証し、資金提供の価値があるかどうかを評価するよう依頼されたのも、当然といえば当然の成り行きなのだ。

今日《こんにち》の基準で見ると、技術機関であるARPAがスプーン曲げやESPについて研究するというのは突拍子もない考えにも思えるが、当時は国防総省や諜報コミュニティの一部の保守派たちでさえ、超能力研究に対する国民的な熱狂に飲みこまれていた。『植物の神秘生活』は植物学とニューエイジの考え方を融合させ、植物に知覚が存在すると主張してベストセラーになったし、『タオ自然学』は量子論と神秘主義を融合させた。『タイム』誌のカバー・ストーリーでは、超能力に対する国民の「関心の高まり」について特集が組まれた。[26] アメリカの主流文化にカウンターカルチャーが広まるとともに、ESPや心霊現象に対する関心も膨らんでいった。

ARPAが超心理学の研究を開始したとき、ローレンスも含め、関係者が超心理学の研究をどれくらい真剣にとらえているのかは定かではなかった。少なくとも表面的には、ローレンスはみずからの任務に全力で励んだ。彼はキルリアン写真を撮って本当に〝オーラ〟が写るのかどうかを確かめてみたり、スコットランドの超心理学会議に出席したり、魔女、超能力者、超常現象の情報提供者たちと会うために国じゅうを回ったりした。彼のいちばんのお気に入りは魔女だった。[27] しかし、報道機関に取り上げられるなり国民の注目を集めたローレンスのもっとも有名な超能力研究は、一九七二年一二月のスタンフォード研究所への訪問だった。そこでは、物理学者のラッセル・ターグとハロルド・パソフが、CIAのゴットリーブの部局からの資金提供を受け、心霊現象について調査していた。ローレンスの上司のオースティン・キブラーは、最初にスタンフォード研究所を訪問したとき、さまざまなプロジェクトでＡＲＰＡから資金を受け取っていた同研究所の真剣さに感銘を受けたようだ。

ローレンスが訪問したとき、スタンフォード研究所はイスラエル生まれのカリスマ超能力者、ユリ・ゲラーの能力の検証に取り組んでいた。ゲラーのもっとも有名なパフォーマンスといえば、念力によるスプーン曲げだった。また、彼はほかにも思考の投影や「遠隔透視」といったさまざまな超能力があると主張した。遠隔透視とは、遠い場所（少なくとも見えない場所）にある物体を思い描く能力であり、とりわけ国家安全保障組織が関心を寄せていた。遠隔透視の能力があれば、理論上、敵国の基地や技術を偵察することもできるからだ。

パソフによると、スタンフォード研究所へのこの委託業務を担当していたＣＩＡ職員が、ローレンスを研究所に招いた。[28] ＡＲＰＡが同研究所の超心理学研究に資金提供してくれるのを期待したからだ。パソフとタークは研究を認められたい一心で、ローレンスを迎えて非公式の超能力の実演を行なうことには同意したが、彼に対照実験を観察させることは拒んだ。「当時、私たちはローレンスとゲラーが手を組んでいる、つまり事前に示しあわせているのではないかと危惧していた」とパソフは語った。[29] その強迫観念はあまりにも強く、パソフとタークは実験のあとに毎回、盗聴器や隠しカメラがしかけられていないか、実験室の天井のタイルをくまなく確認するほどだった。

ローレンスはユリ・ゲラーの実演にほかにもふたりの科学者を同伴させた。アマチュアのマジシャンで大学の心理学者であるレイ・ハイマンと、予知夢の存在を信じていた睡眠研究の教授、ロバート・ヴァン・デ・キャッスルだ。ローレンスの大学院時代の知人であるヴァン・デ・

キャッスルは、人間の予言能力や夢からお告げを受け取る能力について研究していた。「彼、ハイマン、私の三人でスタンフォード研究所を訪れた。ゲラーが彼の超能力は本物だと証明してくれれば、私は大金を投じるつもりでいた」とローレンス。[30]

しかし、幸先は悪かった。ヴァン・デ・キャッスルとローレンスは実演の前日の晩、サンフランシスコで落ちあい、中国料理を食べに出かけた。ローレンスはすっかり酔って饒舌になり、本当なら女性の超能力者と寝て夜のほうの能力を味わってみたいのだが、とヴァン・デ・キャッスルに言った。[31] 超心理学を擁護していた彼は、ローレンスの不真面目な態度に腹が立った。翌朝もやはり幸先はよくなかった。ハイマンとヴァン・デ・キャッスルが研究所を訪れ、パソフ、ターグ、ゲラーにあいさつをすると、ローレンスは遅れて堂々とやってきた。ヴァン・デ・キャッスルいわく、かなり乱れた格好だったという。ローレンスは椅子にふんぞり返り、会議用テーブルに両足を載せると、部屋を見回してこう言った。「さて、奇跡とやらをお見せ願おう」[32]

こうして、ひとりの二日酔いの軍事科学者、ひとりのアマチュア・マジシャンあがりの心理学者、ひとりの予知夢研究の権威、ふたりの純朴な物理学者、そして自称超能力者のユリ・ゲラーの六人で、一日は始まった。そこからはひたすら下り坂だった。ゲラーは数字を読み取る超能力を実演しはじめた。彼は大げさに片手で両目を覆い、紙に好きな数字を書くようローレンスに言った。[33] 横に座っていたハイマンによると、ゲラーは明らかに指の隙間からのぞきこみ、10という数字を書くローレンスの手の動きを観察していた。ゲラーも10と書いた。

ハイマンがスタンフォード研究所の所長に宛てたのちの書簡によると、次にゲラーは他人の思考を読み取る超能力を実演するため、ヴァン・デ・キャッスルを別の部屋に連れていった。ゲラーは雑誌から好きな漫画を選んで手で描き写すよう彼に指示した。雑誌の絵は「受け取る」のが難しいからだという。雑誌の絵と手描きの絵は、それぞれ別々の封筒に入れられた。ヴァン・デ・キャッスルは雑誌の絵が入った封筒を胸ポケットにしまい、手描きの絵が入った封筒を肘にはさんだ。次に、ゲラーは彼に目を閉じたまま自分の真後ろ（触れるくらいの距離）に立つよう指示すると、彼の思考を受け取る準備を始めた。それからすぐ、ゲラーは勝ち誇った様子で部屋から現われた。[34] 彼は元の絵とそっくりの線画を描いていた。しかし、部屋にいたのはヴァン・デ・キャッスルだけだったし、その彼もずっと目を閉じていたので、一部始終を見ていた者はひとりもいなかった。

ハイマンは困惑した。実験の状況は？　ヴァン・デ・キャッスルがゲラーに何も教えていないことを裏づけるため、なぜ誰かに一部始終を観察させなかったのか？　ゲラーの回答はあいまいだった。そして、残りの実演も似たり寄ったりだった。誰かにじっくりと観察されていると、ゲラーは実演を拒み、実演が成功したように見えるときには、観察が不十分だった。「タークとパソフは、私が日中に彼らの研究室で対面したときの印象から言えば、尊敬できる一流の物理学者というよりも、むしろどんくさい大バカ者という感じだ」とハイマンは記した。[35]

いずれの実演でも対照実験は行なわれなかった。パソフは単なる実演なのでそもそも対照実験など必要なかったと反論した。[36] 仮にそうだとしても、フィルムの一コマを念力で消去する実験の前、パソフとタークがゲラーの持ち物検査をしなかったのはなぜなのか？　ゲラーがフィルムを修正する装置を使ったのかもしれない。するとパソフは、そんな装置が実在するとは思えないと答えた。その答えにハイマンはびっくり仰天した。つまりふたりは、ゲラーがフィルムを消去できるなんらかの装置を持っている可能性よりも、フィルムを消去できる超能力を持っている可能性のほうが高いと考えていたわけだ。ハイマンはゲラーの実演が訓練を積んだマジシャンの古典的な特徴をすべて備えていると考えた。相手を味方につけ、気を逸らし、目をくらませる。

ハイマンがゲラーの超能力に半信半疑だったとすれば、ローレンスは怒り心頭だった。ある実演で、ゲラーはコンパスの針を角度にして五度くらい動かした。ゲラーのトリックを見破ったローレンスが片足を踏み鳴らすと、針が四五度動いた。[37] 残りの時間も同じような調子で進んだ。ローレンスたちが研究所をあとにするころには、パソフとタークがＡＲＰＡから超能力研究の資金を受け取れないことはもはや確実になっていた。

ローレンスは超常現象に関する調査で西海岸を訪れたとき、ウエストウッドの北、サンセット大通り沿いの丘の上のパーティに招待された。主催者の女性は超能力研究に個人的な寄付を行なっていた。あるとき、ローレンスは自分にテレパシー能力があると信じるようになった宇宙飛行士のエドガー・ミッチェルの隣に座った。すると、パーティに出席していたある裕福な女性が、最近旅行したインドの話を始めた。なんでも、旅行先で出会った霊能力者が、どこからともなく指輪をつくり出し、餞別として彼女にプレゼントしたのだという。女性は宇宙飛行士のミッチェルのほうを向き、こうたずねた。「ミッチェル大佐、どう思いますか？　まるで理解できないんです。その霊能力者は指輪を自然界から物質化したのでしょうか？　それともほかの場所からテレポーテーションさせたのだと思いますか？」[38]

なんてバカバカしい質問だろう、とローレンスは思った。ところが、ミッチェルは「おそらくテレポーテーションさせたのでしょう」と答え、その原理を説明しはじめた。すると女性はローレンスのほうを向いた。

「ローレンス博士、どう思います？　テレポーテーションだと思いますか？」

気がつけば、ローレンスは科学的な説明を始めていた。「そのとき私は思った。こんなところに座ってくだらない話を真剣に聞いているなんて、私はいったいどうしちまったんだ？」

ローレンスが超心理学を真剣にとらえていた時期は、とっくのとうに過ぎ去っていた。「すべてはただのゴミだった」と彼は結論づけた。


ローレンスはカリフォルニアでのユリ・ゲラーの実演にまったく感銘を受けなかったが、人間の心を読み取るというアイデアには想像を掻き立てられた。彼はスタンフォード研究所を訪れたのと同じ年、まったく別の種類の読心プロジェクトを開始した。それは超能力ではなく測定可能な脳の信号を使ってコンピューターを操作するというアイデアだった。彼は超心理学の先に科学を見つけ出したのだ。

ローレンスが夢見る脳で操るコンピューターは、リックライダーの「人間とコンピューターの共生」の概念に基づくものだった。リックライダーの人間とコンピューターの共生というビジョンが未来的だとすれば、ローレンスが「バイオサイバネティクス」と名づけたプログラムは完全に空想的だった。バイオサイバネティクスでは、機械はリックライダーが思い描いたようにキーボードやジョイスティックによる入力を通じて人間の意思決定プロセスの一部を担うだけではない。脳の活動を監視するセンサーを用いて、人間の心と直接対話するのだ。ローレンスは、脳が物体を認識してから約三〇〇ミリ秒後に発生する脳波「Ｐ３００」など、神経信号について研究する研究者たちに資金を提供した。実用面でいえば、四肢麻痺の患者が脳波測定用のキャップ（ARPA職員の言葉を借りれば「知能を持つヤムルカ[39]〔ユダヤ教徒のかぶる縁なし帽子〕」）をかぶるだけで、自由にメッセージや文章を表現したり、機械を操作したりできるようになるだろう。

ARPAはバイオサイバネティクスの名のもと、脳信号の活用を試みる数々の研究者たちに資金を提供した。そのひとりが、自分の研究を「ブレイン＝コンピューター・インターフェイス」という造語で表現したカリフォルニア大学ロサンゼルス校の研究者、ジャック・ヴィダルだ。「こうした観測可能な脳の電気信号を、人間とコンピューターの通信における情報伝達手段として、または人工装具や宇宙船などの外部装置を操作する目的で利用できないだろうか？」とヴィダルは一九七三年の画期的な論文でつづった。[40]それから数年足らずで、ヴィダルの研究は前途有望な成果をあげた。[41]ある実験では、被験者がただ動かそうと念じただけで、コンピューター画面上の迷路内で電子的なオブジェクトを動かすことに成功した。

ローレンスから資金提供を受けていたイリノイ大学教授のエマニュエル・ドンチンいわく、当時は夢のような時代だったという。ARPAはこうした研究を助成する唯一の機関だったわけではないが、この分野の発展にとって当時もっとも重要な役割を果たした。大脳皮質の徐波について研究していたドンチンによれば、ARPAは政府のほかの助成機関をいとも簡単に出し抜くことができたという。あるときドンチンは、アメリカ国立衛生研究所の研究グループが、のちにノーベル賞を受賞する神経科学者、エリック・カンデルの五〇〇〇ドルの助成金申請について検討するのを傍聴していた。科学者たちは何時間も資金提供について話しあっていた。そのとき、ドンチンは自分自身のARPAの助成金の件でローレンスに電話をかけるため、いったん席をはずした。彼はある装置のために一万五〇〇〇ドルが必要だったのだが、ローレンスの回答はたった一言、「わかった」だけだった。ドンチンが部屋に戻ると、科学者たちはまだカンデルに五〇〇〇ドルを提供するかどうかで議論していた。ドンチンによれば、ARPAとほかの科学機関のちがいをもっとも如実に物語っていたのがこの出来事なのだという。

一方で、バイオサイバネティクスのようなARPAのプログラムは、軍事的応用についてあまりにも楽観的な見方を持つケースが多かった。ある初期のプログラムには、次のような記述があった。「近い将来、たとえば航空パイロット（または継続的な警戒が求められる仕事につく人々）の脳の電気的な活動をコンピューターで監視することによって、パイロットが警報を見たかどうかだけでなく、その重要性を理解して適切な対応をとろうとしているかどうかまで判定できるようになるはずだ[42]」。ローレンスは、このような応用が実現するのは何十年も先だと十分に承知していた。こうした非現実的な応用について、彼は「私の創作だった」と振り返った。

リックライダーと同じく、ローレンスも人間と機械の対話方法を根底からくつがえすことに興味を持っていた。そのような改革はやがて広範囲な応用をもたらすだろう。しかし、バイオサイバネティクスの最大の課題は、脳で動くコンピューターや心で操作する航空機といった非現実的な応用と、そうした応用が何十年も先の話であるという現実との折りあいをいかにしてつけるかという一点に尽きた。たとえば、一九七五年のとあるプログラムの概要によれば、ARPAは脳波信号に基づいて八つの単語を訳し分ける能力を開発しようとしていた。「バイオサイバネティクスという分野はいわばARPAの手でつくられつつある」とその概要にはつづられていた[43]。

脳で動くコンピューターや兵士による自律神経機能の調整といったローレンスのアイデアは狂

1960年代のARPAにカウンターカルチャーを持ちこんだジョージ・ローレンス。心理学とコンピューターの専門知識を買われてARPAにスカウトされたが、常識破りの科学に興味のあった彼は、心でコンピューターを操作するバイオサイバネティクスという分野を生み出した。また、当時の諜報コミュニティの一部で人気のあった超心理学研究の窓口ともなった。

気の一歩手前だったが、それは赤ちゃんウサギを殺して潜水艦と通信するとか、イスラエル人超能力者にソ連の基地を遠隔透視してもらうとかいうアイデアも同じだった。一九七〇年代初頭のＡＲＰＡには、こうした常識破りのアイデアの探求を容認し、さらには奨励までする風土があった。ただし、ほかの機関とはちがって、そこに科学的な厳密性を求めたのだ。

　ＡＲＰＡの超心理学への資金提供について話しあう最後の会合で、ローレンスはＡＲＰＡのルカジク局長、そして超心理学の研究をずっと助成してきたＣＩＡ職員たちと膝を交えた。話しあいが終わりに近づいたころ、ＣＩＡ職員のひとりがローレンスのほうを向き、こう言った。「決してお金の無駄などではありません。[44]ローレンス博士、どうお考えでしょう？」

それまで、ローレンスの超能力研究にはおかしな霊能力者やペテン師がぞろぞろと集まってきていた。「君たちは金を無駄にしている」と不満を爆発させるローレンス。「すべてが完全な無駄だ」

その場が凍りつき、ルカジクはすぐに話題を変えた。ローレンスによれば、それから二度と超心理学について検討を求められることもなければ、ARPAが超能力プログラムに資金を拠出することもなかった。「私は長いあいだ必死で努力したし、たくさんの愚か者やペテン師たちと接してきた」とローレンスはのちに振り返った。「私の心のなかでは、すべてがナンセンスだということは疑いようもない」

超能力者がソ連の潜水艦の発見に役立つと信じていたユリ・ゲラーの擁護者たちは、ローレンスの態度に失望したが、ローレンスはARPAを醜聞から救ったといえる。実際、国家のスパイたちが巨額の税金を超能力者たちにつぎこんでいたことが発覚したとき、諜報コミュニティは面目を失った。[45]そして、ARPAが超心理学について自由闊達な調査を行なったことがそもそも正しかったのかと疑問視する人々もいたが、魔女や超能力者に会うという常識破りの態度があったからこそ、ローレンスが一九七〇年代では空想の域を出なかった「脳で動くコンピューター」というアイデアを追求できたこともまた事実なのだ。諜報コミュニティは一九九五年まで超能力研究の支援を継続し、いくつかの成果を発表したが、科学界から決定的な証拠として受け入れられたものはほとんどなかった。一方、バイオサイバネティクスは開花した。

バイオサイバネティクスは、脳信号を読み取る能力がよく言っても未発達であった一九七〇年代初頭では空想的なアイデアだった。しかし、二〇一三年を迎えるころには、ブレイン＝コンピューター・インターフェイス機器という産業がまるまるひとつ誕生していた。こうした機器は市販のテレビゲームや自動車センサーはもちろん、外界とコミュニケーションする手段を持たない閉じこめ症候群［意識は正常だが身体の麻痺により周囲と意思疎通のできない状態。脳死と誤って判定されることもある］の患者がメッセージを入力したり外部機器を操作したりするのにも使われている。かつては数十年先の話だった応用が今では続々と生まれ、ローレンスが「創作」したビジョンが現実のものとなりつつある。超心理学に関しては、あそこまで率直に批判せず、もう少し続けていたほうがよかったかもしれない、とローレンスはのちに冗談を言った。「少なくとも、あと何人かは魔女に会っていてもよかっただろうね[46]」

しかし、そんなよき時代も終わりに近づきつつあった。ペンタゴンでは、ARPAを監督するマルコム・カリーがどんどん不満を募らせていた。彼はペンタゴンの一機関が直接的な軍事的応用のない研究に関与している理由が理解できなかった。ARPAはペンタゴンの機構から独立した機関だったため、ふつうは個々のプロジェクトを助成するのに上層部の許可は不要だったが、少なくともカリーにとっては、今やARPAの自律性が半ば暴走しているように見えた。スプーン曲げ調査について知るや、彼はとうとう我慢の限界に達した。彼はARPAが「縄張りから足を踏み出している」と感じた[47]。そろそろARPAに改革を加える時期だ、とカリーは判断した。

新世代の国防当局者たちから見れば、ARPAはペンタゴンのいわば社内研究所であり、武器を開発する場所のはずだった。シンクタンクや科学者の遊び場でもなければ、過去の局長たちがしてきたように、戦略レベルの問題を解決する場所でもない。かくして、ARPAは「DARP

A」という新たな名称のもと、敵を発見して殺害する技術を開発する組織として再スタートを切った。

# パート2　戦争のしもべ

# 第14章 見えない戦い　1976―1978

## ステルス機コンペ／ハーヴェイからハブ・ブルーへ

「なんてことだ、死んでいる」[1]。当時のロッキード社のチーフ・エンジニア、アラン・ブラウンは、同社の「スカンクワークス」部門の主任テストパイロットがふらふらとただよいながら地上に降りてくるのを見るなり、そう思った。そのパイロットは緊急脱出したのだが、頭をだらりと一方に垂らしていた。ブラウンは彼が脱出の衝撃で死亡したのだと思った。

実際には死んではいなかったが、瀕死の重傷を負っていた。彼は鎖骨を折って意識不明になり、試験場内の砂地に着地したときには窒息の危機に陥っていた。医療隊員を乗せた追跡ヘリコプターがすでに空中を飛んでいたことは幸いだった。というのも、医療隊員がパイロットのもとに到着したとき、彼の口と鼻は砂で埋まり、顔はすでに青ざめていたからだ。ヘリコプターは大急ぎで彼を南ネバダ記念病院へと搬送した。しかし、そこから事態は複雑になっていく。

先ほどの航空機もその航空機が飛行した試験場も、表向きには存在しないことになっていた。一九七八年五月四日、パイロットのビル・パークは極秘航空機「ハブ・ブルー」に乗っていた。その実験機の着陸装置が損傷し、安全な着陸が不可能になると、彼は緊急脱出を行なった。ハブ・ブルーの飛行テストが行なわれた場所は、正式名称をグルーム・レイク空軍基地という、通称「エリア51」だった。エリア51は長いあいだ都市伝説と国家機密のあいだをさまよってきたネバダ砂漠内の極秘基地で、一九五〇年代中盤にCIAが人目を忍んでU－2偵察機のテストを実施できるようにつくられた。U－2を開発したロッキード社の機密部門スカンクワークスの代表、ケリー・ジョンソンは、国内のいくつかの地域を検討したうえで、乾燥湖が点在するネバダの不毛地帯を選んだ。彼らはそこを「パラダイス・ランチ」（＝天国の牧場）と名づけた。[2] ジョンソンによれば、この名前はふつうだったら誰も寄りつかない土地に労働者たちを惹きつけるための「狡猾《こうかつ》なトリック」だったのだという。何十年ものあいだ、政府はその存在を正式に認めてこなかった。そのあいだ、多くの陰謀論者、報道機関、観光客などが、内部で機密活動が行なわれていると十分に知りつつ、進入禁止区域のすぐ手前まで聖地巡礼を繰り返してきたのだが。

しかし、そうした矛盾は必ずしも問題にはならなかった。実験内容の秘密が保たれているかぎり、ペンタゴンはそこが極秘の試験場だと世間に知られていても特にかまわなかったのだ。反重力研究からエイリアンにいたるまで、事実と虚構の入り交じったエリア51の噂は、かえって真の技術を守るのに役立った。ペンタゴンからすれば、そこに極秘の偵察機ではなくエイリアンが収容されていると信じられているほうが好都合だったのだ。多くの軍当局者もこうした嘘の噂を報道機関に提供しつづけた。軍は公式に認めていなかったが、ほとんどの国民にとって、ネバダ州南部、ラスベガスから車でたった数時間のところにあるその土地が、機密航空機のテストに使われているというのは暗黙の事実であった。しかし、パークの事故の日、その秘密主義が悲劇を招こうとしていた。

実験機の墜落は想定されることであり、当局は事故に備えた表向きのストーリーを用意していた。ところが、事故後の混乱、そしてパークを病院へと搬送する慌ただしさのなかで、当局の用意していた説明が飛んでしまい、とうてい信じがたいアドリブの作り話に置き換わってしまった。「足場から転落したんだ」とパークに付き添った空軍当局者のひとりは思いつきで口走った。[3]

病院職員は、パークの顔にゴーグルの跡がくっきりとついているのを見ると、彼の証言に疑いを持った。パークのヘルメットは緊急脱出の弾みではずれ、ゴーグルで覆われていなかった部分の顔の皮膚が風焼けで真っ赤になっていたのだ。すると、先ほどの当局者はまたしても不可解な説明をした。「ああ、彼はガスマスクを着けていたもので」[4]

足場の話はまったく通用せず、病院職員は次々と質問を浴びせた。そしてパークが意識を取り戻すと、謎はいっそう深まった。彼は自分の氏名とロッキードという勤務先の名前以外、何も明かさなかったからだ。住所を訊いても、「ラスベガス局留め」と答えるばかりだった。[5]結局、何者かが航空機の墜落の疑いがあると報道機関に通報した。ネリス空軍基地の軍当局者は墜落についていっさい知らないと主張した。

一週間がたってようやく、ペンタゴンは航空機が墜落し、パイロットが軽傷を負ったことを認めた[6]（実際には、パークはこの墜落でテスト・パイロット生命を断たれた。のちのインタビューで、彼は医療隊員が到着したころには心停止に陥っていたことを明かした）[7]。報道機関はさっそく機密航空機の墜落について続報を報じた。しかし、その詳細はところどころまちがっていた。ある報道記事は、負傷したパイロットが「領空侵犯することなく国境付近で各種作戦を実行する」高高度航空機「TR-1」のテスト飛行を行なっていたと報じた。[8]意図的な誤報だったのか、それともＵ－２偵察機の形式のひとつである「ＴＲ－１」という名称の別のプロジェクトと混同したのかは不明だが、いずれにしてもこの報道はまちがいだった。

それからすぐ、航空専門誌が別の説を唱えた。『フライト・インターナショナル』誌は、墜落した航空機がケリー・ジョンソンを中心とする「ステルス」航空機プロジェクトの一環だったと報じた。[9] ジョンソンはロッキード社の著名な航空機設計者で、長年ＣＩＡのために極秘の航空機を開発していた。実際、この航空機の開発を支援していたのは、現在「ＤＡＲＰＡ」と呼ばれている機関であり、このプログラムにはＤＡＲＰＡの命運が懸かっていた。それは予算一億ドルというＤＡＲＰＡ史上最大の航空機プログラムのひとつで、組織の廃止を訴える反対派を何人も抱えているＤＡＲＰＡにとっては、非常にリスクの高いプロジェクトだった。一九八〇年代にＤＡＲＰＡの局長代行を務めたジェームズ・テグネリアによれば、この極秘の航空機の開発が行なわれていた一九七〇年代終盤、ＤＡＲＰＡの廃止を求める書簡が広まっていたという。「軍の幹部たちはＤＡＲＰＡを廃止したがっていた。軍になんら利益をもたらしていなかったからだ」と彼は振り返る。[10]

ベトナム戦争末期の研究から生まれ、ＤＡＲＰＡに新設された戦術技術室で磨かれていったステルス機は、通常戦力で優位に立つソ連に対して戦略で上回ることを目的に開発された。ＤＡＲＰＡの戦略的な役割を開拓しようという当時の局長スティーヴン・ルカジクのビジョンから誕生したこのステルス機は、ＤＡＲＰＡを窮地から救う可能性を秘めていた。しかし、万が一失敗すれば、ＤＡＲＰＡに致命傷を負わせる危険性も秘めていた。

ステルス機の旅は、一九七四年のルカジクの執務室にて、見えないウサギに固執するひとりの男との偶然の出会いから始まった[11]。国防総省の航空戦部門を率いるチャールズ・〝チャック〟・マイヤーズは、ペンタゴン内を回っては、彼の提案する新型航空機のアイデアを売りこんでいた。マイヤーズは、みずからも認めるとおり、軍事専門家からなる破壊分子「戦闘機マフィア」の一員であり、技術的に複雑な戦闘機を好む空軍の主流派と戦っていた。戦闘機マフィアの面々は、最終的に「F‐16ファイティング・ファルコン」と呼ばれる機動性の高い軽量戦闘機の開発を働きかけることに成功していた。

そして今、第二次世界大戦と朝鮮戦争の両方で航空戦闘任務を遂行したマイヤーズは、「ハーヴェイ」という見えないウサギから発想を得て、レーダーを回避する小型航空機のアイデアをひとりきりで売りこんでいた。一九五〇年のジェームズ・ステュアート主演の映画『ハーヴェイ』に登場したハーヴェイは、身長一九〇センチメートルあまりの架空の生き物で、主人公にしか見えない。マイヤーズのハーヴェイもステュアートのハーヴェイとよく似ていた。見えない航空機、つまり「ステルス機」だ。一九七四年になると、マイヤーズは誰にでも手当たり次第にハーヴェイのアイデアを売りこむようになっていた。ジェームズ・ステュアートのハーヴェイと同じように、見えない航空機が見えていたのはマイヤーズだけだった。彼の妻はマイヤーズのために「ハーヴェイ」の模型までつくった。復活祭のウサギのぬいぐるみにシルクハットをかぶせ、カクテル・ピンを持たせて、シルクハットのまわりに「こっそり歩け、ただし鋭い棒は持っていけ」と書かれた帯を巻いた[12]〔「やさしく話せ、ただし大きな棒は持っていけ」ということわざにかけたもの。冷静に話すことが大事だが、いざというときに力に訴える準備も怠ってはいけないという意味〕。

マイヤーズは地上レーダーや地対空ミサイルの脅威の高まりに危機感を抱いていた。事実、ソ連製の地対空ミサイルはベトナム戦争で米軍パイロットの命を奪っていた。ソ連との直接対決こそなかったが、ベトナム戦争はソ連の技術の急速な進歩を裏づけていた。アメリカが戦争に巨額の資金を投じているあいだ、ソ連は地対空ミサイルなどの技術にせっせと資金を投じていたのだ。ベトナム戦争の教訓は、一九七三年の第四次中東戦争で、イスラエル軍のパイロットがソ連の供与したミサイルの嵐を浴びたことによりいっそう裏づけられた。一説によると、イスラエルは戦闘機のおよそ三分の一を失ったという。[13] こうした事例から、先進的な航空機でさえ防空システムに対してますます無防備になっていると考える軍事専門家たちが増えていた。航空機であれ歩兵であれ、「戦闘システムでもっとも重要な属性はシグネチャー［自己の存在を知らしめるサインや信号特性。赤外線、音、レーダー・イメージなどがある］だ」とマイヤーズは記した。「ジャングルで戦っている最中、兵士の水筒の水がピチャピチャと音を立てたり、シェービング・クリームの匂いがプーンとただよったりすれば、生き残るのは難しい」[14]

ペンタゴン内には、マイヤーズの見えない航空機に興味を持つ者はひとりもいなかった。すべてを変えたのは、DARPA職員との偶然の出会いだった。あるときマイヤーズは、DARPAのベトナム戦争活動から派生した戦術技術室のプログラムを評価するため、ある会合に招待された。当時、戦術技術室の副室長だったロバート・ムーアは、DARPAの数々のプロジェクトを紹介したが、マイヤーズは少しも興奮しなかった。会合のあと、マイヤーズはムーアを端に呼び、「見えない航空機」の研究に資金を出してもらえないかとたずね、自身の記した「ハーヴェイ」というシンプルなタイトルの白書を手渡した。[15]

ムーアは興味を持ったが、まだ半信半疑だった。彼は諜報関係者たちからソ連が驚くほど高度な防空システムを開発したという報告をたびたび受けていた。最大の懸念は「フルダ・ギャップ」シナリオだった。このシナリオでは、ムーアのいう「劇的な操縦技術および対抗手段」を用いてソ連のレーダーを回避するよう、米軍パイロットに訓練が施される。[16]実に淡泊な説明だが、実際には、パイロットは地上わずか三〇~六〇メートルを飛行したあと（ヤンキー・スタジアムの上端すれすれを飛行するようなものだ）、「上昇して機体を回転させる」必要がある。これは非常に複雑な技術であるだけでなく、目標情報を中継し、敵のレーダーを攪乱する数機の支援機も必要だった。

　ハーヴェイという比喩こそ気に入らなかったが、ムーアは「ステルス」機の潜在能力を悟った。DARPAはすでに、遠隔操縦の航空機、つまり無人機を使った独自のステルス実験を行なっていた。DARPAのベトナム戦争時代の無人機研究は、実戦兵器の開発にはつながらなかったものの、より低価格な小型無人機の開発への関心を生み出した。空軍による最先端の航空機研究が行なわれるオハイオ州のライト・パターソン空軍基地では、アレン・アトキンスとケン・パーコのふたりのエンジニアが、DARPAの資金提供で小型無人機の研究を始めていた。その小型無人機は地対空ミサイルのカプセルの内部から発射され、一〇〇〇キロメートル以上飛行することができる。目的地に到達すると、無人機は繭から出る蝶のようにカプセルから飛び出し、翼を広げ、フルダ・ギャップを飛び回って目標を探す。ソ連の戦車や地対空ミサイルを発見すると、その情報をF－4戦闘機に中継する。戦闘機は現地に駆けつけて目標を破壊することができる。

　この小型無人機は、特に地対空ミサイルにとっては、発見して破壊するのが困難なほど小さ

のちにARPAの航空技術室の室長までのぼり詰めたアレン・アトキンス。ARPAは「マークV」と呼ばれる小型無人機を用いて、レーダーを回避するステルス性に関する初期の実験を行なった。ARPAはマクドネル・ダグラスと契約し、6機の無人機を製造。完成した上の写真の無人機は、レーダー探知を回避する航空機の製造は可能であることを実証した。こうして、ペンタゴン上層部はステルス機の試作へと乗り出す自信を得た。

かったが、レーダーにまったく映らないわけではないので、ソ連の最新式のレーダー誘導対空兵器で撃ち落とすことができる。[17]そこでパーコとアトキンスは、レーダーへの映りやすさを示す「レーダー反射断面積」を低減させることを目的とした新たな小型無人機をDARPAに提案した。DARPAはマクドネル・ダグラスの開発した小型無人機を用いたプロジェクトに資金を提供することに同意した。

最終的に、マクドネル・ダグラスはレーダーを回避する無人機「マークV」を六機製造し、米軍が闇ルートを通じて密かに入手していたソ連製の兵器を相手に、フロリダ州エグリン空軍基地でテストを行なった。DARPAの目論見どおり、レーダーはその小型無人機をロックオンして追跡することができなかった。今日の基準からすれば、その小型無人機のレーダー反射断面積は大きかったが、当時としては誰もが期待していた以上の性能だった。この無人機を探知できたのは、ソ連の先進レーダー誘導対空兵器「ZSU－23－4シルカ」だけだったが、それも真上を飛行した場合のみに限られた。一九七四年秋を迎えるころには、ふたりはすごいものを開発したと確信していた。その無人機はふたりの予測以上にステルス性が高かったのだ。航空機のレーダー反射断面積を予測するのに用いられていた数式は、「実世界」に基づいたものではなかった、とアトキンスは述べた。[18] 実世界には、昆虫、雲、鳥が存在する。

ロバート・ムーアはこのDARPAの研究について少しだけマイヤーズに話をしたが、マイヤーズは小型無人機のコンセプトに感銘を受けなかった。ただ、ふたりともステルス機のアイデアを追求することに意味があるという点では意見が一致しているようだった。マイヤーズは「ハーヴェイ」の研究資金として二〇〇万ドルを要求したが、ムーアはDARPAにそんなお金はないと返答した。しかし、ムーアはマイヤーズのアイデアに興味を持ったので、当時DARPAに雇われていたパーコに依頼し、レーダー反射断面積の低減の実績を持つ軍用機メーカーを調べてもらった。[19] パーコが調査に当たっているころ、ムーアのデスクの上にペンタゴンのマルコム・カリー国防研究技術局長からのメモが届けられた。カリーは少し予算が余っていたのだが投資するアイデアが見当たらずに困っていた。ムーアは、フルダ・ギャップでワルシャワ条約機構軍の近接航空支援に対抗しうるハーヴェイ・ステルス戦闘機なら、彼のお眼鏡に適うのではないかと思った。そこで、ムーアは名称をハーヴェイから「高ステルス機」に変更し、[20] DARPAはノースロップ、マクドネル・ダグラス、ジェネラル・ダイナミクス、フェアチャイルド、グラマンの五社にアイデアの提案を求めた。[21]すると、このステルス機は瀕死の状態に陥った。

一九七五年、ステルス機設計のアイデアがDARPAで議論されていたころ、DARPA元職員のリー・ハフは元副局長のウィリアム・ゴデルと膝を交えた。DARPAの歴史を記すために雇われたハフは、彼のかつての恩師および上司であり、出所後は民間事業の分野でキャリアを積んでいたゴデルにインタビューを実施した。ゴデルはARPA時代を振り返って、プログラム・マネジャーは「余るほどいた」が、真のイノベーターは貴重だったと語った。DARPAが現在取り組むべきことは何かと問われると、ゴデルは「探知不能な無人爆撃機」と即答した。

そのわずか二年前から、DARPAが通常戦力で勝るソ連にテクノロジーで対抗する機密の研究プログラムを開始していたことなど、ゴデルは知る由もなかったが、当時の戦略的議論についてはまちがいなく精通していた。ニクソン大統領が推進するソ連との緊張緩和、そしてそれに伴う核軍縮交渉も、ヨーロッパにおけるワルシャワ条約機構の通常戦力の優位をめぐる議論に新たな展開をもたらしていた。

ゴデルがステルス機の概念に早くから目をつけていたのは、技術だけでなくヨーロッパの軍事的状況や政治的状況を深く理解していたからだ。一九六〇年代初頭の世界規模の対反乱作戦と同様、彼はソ連の防空を破ることが戦略上の至上命題であることを理解していた。ゴデルは常に戦略計画をDARPAの運営指針にすべきだと考えており、そのためには現在の問題を理解するだけでなく未来の脅威も見据える必要があった。この考え方に賛同したのが、ペンタゴンの国防研究技術局長を務めた最初の三人の科学者、ハーバート・ヨーク、ジョン・S・フォスター、ハロルド・ブラウンだった。物理学者でリバモア研究所の元所長という共通点を持つ三人は、戦略技術の橋渡しをするというDARPAの大きな役割を支持していた。

一方、現国防研究技術局長のマルコム・カリーは、どちらかといえばエンジニアリングや国防契約の世界に近い人物で、ペンタゴンにやってくる前はヒューズ・エアクラフト社の研究担当副社長までのぼり詰めた。彼はDARPAをペンタゴンお抱えの産業研究所のようなものとみなしていて、政策や戦略計画を匂わせるものを見ただけでもイライラした。彼はステルス機のアイデアには熱狂していたが、当時のDARPA、少なくとも局長のルカジクには不満を抱いていた。ルカジクは軍縮について話しあうために世界じゅうを飛び回り、軍事戦略に関する研究を後援し、おまけに超心理学の研究まで支援した。そういうわけで、カリーはそれまでの最長不倒のDARPA局長だったルカジクを切ることを決意した。後任に選ばれたのは、RCA出身のエンジニアで、ペンタゴン内のカリーの部下であるジョージ・ハイルマイヤーだった。ハイルマイヤーは、やがてコックピットのディスプレイから家庭用の目覚まし時計まであらゆるもので使われることになる液晶表示装置の生みの親として、すでに名声を築いていた。おそらく産業界出身という共通点からだろう、カリーとハイルマイヤーは「ウマが合った[22]」。

ハイルマイヤー新局長はすぐさま改革を実行した。彼はジェームズ・シュレシンジャー国防長官がDARPAを原点回帰させたがっていると考えていた。「国防長官はDARPAの技術面を強化したがっていた」とハイルマイヤーは言う。「技術組織が外交政策の分野にあれこれと口を出すのを望んでいなかったのだ[23]」。ルカジクはDARPA職員に前例のない自由裁量を認めていた。新規のプログラムを承認する際に使われる「DARPA指令」という概要書は、ルカジクにとっては重要でなく、彼が目を通すことはめったになかった。[24] 一方、ハイルマイヤーは指令書の一字一句にしっかりと目を通し、内容次第では突っ返して訂正を求めることもよくあった。彼は予算も精査し、軍にとってさほど重要でなさそうなプログラムを排除していった。[25]

銀河間コンピューター・ネットワークのビジョンでハーツフェルドやルカジクなどを虜にしたJ・C・R・リックライダーも、気がつけばDARPAの新局長と対立していた。物腰の柔らかいリックライダーは一九七四年にDARPAへと復帰していたが、いつの間にか自分とコンピューター科学に対するビジョンがまったく異なる局長と対峙するはめになっていた。「彼の提案とやらを見たとたん、〝ちょっと待ってくれよ、内容が空っぽじゃないか〟と私は思った。要するに、〝お金をください。何かいいことをしますから〟としか書いてなかった」とハイルマイヤーは述べた。

ハイルマイヤーが知りたかったのは、研究が戦車兵にとってどう役立つかだった。彼が求めていたのはモールス信号を翻訳する方法やパイロットと連携する方法だった。コンピューター科学者たちは、人工知能の開発は特定の日付までに飛行する航空機を開発するのとは訳がちがうと抗議したが、ハイルマイヤーの目から見ればまったく同じだった。「そんなのは戯言《ざれごと》だ」とハイルマイヤーは言った。[26] 科学者たちは具体的な期限を念頭に置いて提案書を書かなければならなくなったことに唖然とした。結局、リックライダーはハイルマイヤーが局長に就任して間もなく、再びDARPAを去った。[27]

ハイルマイヤーは、ペンタゴンが科学を支援するのであれば、それは軍事技術の開発を目的としたものでなければならないと考えていた。彼の技術に対する考え方は、おおむねRCA時代の経験に基づいていた。RCAは彼の発明である液晶表示装置の価値に気づかず、その価値を活かすことができなかった。この個人的体験から、彼は革新的な技術を開発するだけでは不十分だと思い知った。ビジネスの世界であれ軍の世界であれ、その技術を市場に送り出すためのプランが必要なのだ。彼は自分の仕事を、一定の条件を満たすハイリスクな技術だけに投資するベンチャーキャピタリストと重ねあわせた。彼は「教理問答《カテキズム》」と名づけた一連の質問集をつくり、彼のもとに持ちこまれる提案を評価するための〝リトマス試験紙〟として使った。

第一に、何をしようとしているのか？
現在の方法は？　その限界は？
提案された方法の新しい点は？
成功すると思う理由は？
成功した場合の効果は？
必要な予算と期間は？
中間評価と最終評価の基準は？[28]

民間出身のハイルマイヤーは、科学のための科学にはほとんど興味がなかった。彼は自身の考え方に内部から反発があったことを認めた。特に、それまで直接的な軍事的応用という観点から自身の研究活動を正当化しなくてもDARPAから資金を得られていた研究者たちからは、猛烈な反発を受けた。「離れ業に挑戦したいなら夜の生活のほうでどうぞ」とハイルマイヤーは応じた。[29]

その点、ステルス機は先進軍事技術に興味を持つハイルマイヤーにとって理想的なプログラムにも思えるが、彼は戦術技術室のプログラムを評価するために副室長のロバート・ムーアを呼び出したとき、まだ半信半疑だった。組織再編の真っ只中にいた彼は、ムーアのプログラムも職もまだ保証されたわけではないと釘を刺した。「彼は私の抱えるプログラムを一通り吟味し、その他の評価をすべて終えると、私を彼の執務室に呼び出し、唯一の疑問がステルス機プログラムだと言った」とムーアは振り返る。[30]

ハイルマイヤーは、ソ連のレーダーを回避できる航空機のどこが先進技術なのかが理解できないと述べた。ＤＡＲＰＡ局長に就任する前、彼はペンタゴンのマイヤーズがステルス機ハーヴェイのコンセプトについて話すのを聞いていたが、それはＤＡＲＰＡの提案とはかけ離れた内容だった。マイヤーズが売りこんでいたのは、フルダ・ギャップ上空を飛行してより高性能な戦闘機を支援する、探知されにくい低価格航空機だった。つまり、〝見えない〟航空機というのは明らかな誇張表現だった。ハーヴェイは敵のレーダーが探知できない航空機ではなく、単にほかの航空機よりも探知されにくい航空機にすぎなかったのだ。しかし、ムーアの高ステルス機のアイデアはそれよりも野心的だった。まるで透明人間のごとくソ連のレーダーをすり抜けられる航空機だ。[31]

ムーアは、ＤＡＲＰＡの「ステルス」の概念は航空機の設計全体にかかわる根本的な問題だと訴えた。過去の小型無人機のように、各所にちょこちょこと改良を加えればすむ話ではない。Ｄ

ARPAが提案していたのは、飛行に必要な空力設計は保ちつつ、物理学の限界までレーダー反射断面積を低減させた新型航空機だった。それはもはやハーヴェイではなく、まったく新しい航空機だった。ハイルマイヤーは熱心に耳を傾けていたが、ムーアはこれでもう見えない航空機は終わったと確信した。

確かに、ハイルマイヤーは見えない航空機に懐疑的だったが、ハーヴェイにはもうひとりの貴重なパトロンがいた。ハイルマイヤーの上司であるカリーだ。彼もまたハーヴェイに関する説明を受けていたが、彼はステルス機のアイデアに熱中した。決め手となったのは、ムーア、ハイルマイヤー、カリーの三者会合だ。カリーはアイデアを気に入っている。そして、ハイルマイヤーの上司、そして恩師でもある。「われわれは敵の防空を突破する必要があった」と振り返るカリー。「もしそれが技術的に可能で、われわれに対するレーダーの脅威を実質的に無力化できるとしたら、やらない手はなかった[32]」

ペンタゴンでマイヤーズがまだハーヴェイのコンセプトを売りこんでいたころ、ロッキードのスカンクワークス部門のエンジニア、ラス・ダニエルが彼の執務室を訪れた。パーコがステルス機の開発に興味を持つ会社を探っていたとき、ロッキードは戦闘機を製造していなかったので、DARPAはロッキードには話を持ちかけなかった。そこでダニエルは、ロッキードのスカンクワークス部門の新代表であるベン・リッチに、貴重なビジネス・チャンスを逃したことを報告した[33]。ちょうど同じころ、リッチは同じステルス機についてソ連兵器の専門家であるウォーレン・ギルモアから聞きつけた。ギルモアは戦術航空軍団の知人からそのDARPAプロジェクトの噂を小耳にはさんでいた。「どうやらわれわれは置いてけぼりを食らったようです」とギルモアはリッチに言った[34]。

DARPAが知らなかったのは、ロッキードが長年ステルス機の設計で密かにCIAと協力してきたという事実だった。最初のプロジェクトは、高高度偵察機U－2をレーダーに探知されにくくする「レインボー計画」だった。この実験は、途中でパイロットが死亡して失敗に終わったが、空軍の超音速機SR－71の先駆けであるCIAのA－12偵察機は成功した。リッチのいうその「コブラ型」の航空機は、真のステルス機ではなかったが、レーダーを吸収する極秘の素材でつくられていた。それでも、改善はほんのわずかだった。A－12のレーダー・シグネチャーは単発機「パイパー・カブ」と同程度だった。つまり、A－12はレーダーでとらえると、少し小柄ながらも相変わらず航空機に見えたのだ。

リッチはステルス機の開発コンペに参加したかったが、ロッキードはどうにもならない状態に陥っていた。スカンクワークスの伝説的なボスで、U－2やSR－71などの開発プロジェクトで名をあげたケリー・ジョンソンは少し前に引退していた。リッチはなんとしても自分の足跡《そくせき》を残したかった。「それこそ、われわれの待ち望んでいたプロジェクトだった」とリッチは回顧録で振り返った。「しかし、われわれは朝鮮戦争以来、戦闘機はつくっておらず、偵察機やレーダーにとらえられにくい無人機では、あまりにも秘密の壁を厚くしすぎていたため、ペンタゴンの空軍のお偉方ですら知る人が少なく、見落とされてしまったようだ[35]」

まだスカンクワークス部門のコンサルタントを務めていたジョンソンは、ロッキードのステルス研究の詳細をDARPAに開示する許可をCIAに求めた。CIAの同意を得ると、ロッキードはＤＡＲＰＡに概要説明を送り、ステルス機開発に参入するチャンスを求めた。ジョージ・ハイルマイヤー局長は、ロッキードの研究に拠出する資金は残っていないが、ロッキードの提案について検討はしてみるとリッチに告げた。[36] リッチはそれで引き下がらず、ＤＡＲＰＡでステルス機開発を担当するパーコにも概要説明をしたいと頼んだ。

概要説明を終えると、リッチはパーコにこう言った。「どうしてもこの研究に参加したい」すると、「肝心の金がない」とすまなさそうに答えるパーコ。「予算はすべて使い果たしてしまったんだ」

リッチはＤＡＲＰＡの幹部が断れないオファーを持ちかけた。それはロッキードがわずか一ドルという破格の金額で研究を請け負い、残りのコストはすべてスカンクワークス部門が負担するというものだった。それはハイリスクな賭けだったが、リッチはステルス機プロジェクトこそ名声を勝ち取り、スカンクワークスをロッキードの幹部から認めてもらうまたとないチャンスだと察知した。

結局、パーコはオファーに同意した。[37] 伝説によれば、パーコはポケットに手を伸ばして一ドル札を取り出し、ふたりはその場で握手を交わしたという。かくして、ロッキードはステルス機の開発コンペに参加を果たした。

ＤＡＲＰＡ新局長のハイルマイヤーもようやく重い腰を上げたが、空軍が費用の半分を負担しないかぎり二機のステルス機の試作には資金を拠出しないと述べた。航空機の試作には巨額のコストがかかるうえ、たとえ試作に成功したとしても、軍が購入しなければ、試作機は航空博物館で埃をかぶるはめになる。試作機の開発には五〇〇〇万ドルの費用を要する予定で、ハイルマイヤーは空軍にコストの四九パーセントを負担するよう求めた。残りの五一パーセントの費用と管理責任はＤＡＲＰＡが受け持つことになる。空軍がマイヤーズのハーヴェイにずっと反対していたことを踏まえると、受け入れられる見込みはなさそうだった。

空軍はパイロットで成り立っており、パイロットが操縦したいのは戦闘機だ。機動性や性能を犠牲にした〝見えない〟航空機というアイデアは、すぐには空軍の心を打たなかった。空軍はステルス性という主張に疑問を抱いていたし、ＤＡＲＰＡの研究でステルス機が実現可能だと証明されても、空軍の上層部はその真の価値が理解できなかった。なぜ空気力学的に不安定な航空機を配備する必要があるのか？　そして何より、ステルス機は空軍の最優先事項であるＦ－16戦闘機と予算面で競合してしまう。ＤＡＲＰＡが空軍で研究を指揮するオールトン・スレイ中将に初めて概要を説明したとき、彼の反応は「ノー」どころか「絶対にノー」だった。空軍はＤＡＲＰＡのプロジェクトに資金を拠出するつもりなどなかった。そこで、ステルス機プロジェクトを応援していたカリーは、ひとつの取引を持ちかけた。デイヴィッド・ジョーンズ空軍参謀総長との朝食の席で、カリーは手の内のカードを切った。「もしあなたがステルス機を真の空軍プログラムのひとつに掲げ、一部資金を負担し、われわれが議会に提案することを認めてくれるなら、私も議会で空軍の軽量戦闘機を全力で応援しましょう」[38]。ジョーンズは同意し、ふたりは握手を交わした。

朝食の直後、カリーはＤＡＲＰＡのハイルマイヤー、ムーア、パーコとともに、ジョーンズ将軍、オールトン・スレイ中将との会談に出席した。その時点では、カリーとジョーンズ以外の面々はふたりがすでに合意したことを知らなかった。ＤＡＲＰＡ職員が見えない航空機プログラムについて説明するあいだ、ジョーンズは「謎めいた雰囲気」を醸し出していた。説明が終わると、長い楕円形のコーヒーテーブルの一方に座っていたジョーンズは、「空軍はこのプログラムを支援するべきだ」と宣言した。彼はスレイのほうを向き、意見を求めた。「まあ、これに反対するのは母性に逆らうようなものでしょう」とスレイは答えた。[39]

ステルス機が勝利したのは、必ずしもステルス技術についての説得力ある議論のおかげではなく、たった一回の口約束のおかげだった。空軍はその約束を守り、スレイはステルス機への反対意見をいっさい述べなくなり、むしろ熱烈に擁護した。「何かを命じられたとき、いっさい手加減なしでそれを遂行する男というのは尊敬に値する」とハイルマイヤー局長は振り返った。「彼はそのとおりのことをしたのだ」[40]

ソ連の防空システムに対して強い航空機を設計するという発想自体は前々からあった。ただ、恐ろしく実現が難しかった。第二次世界大戦中のレーダーの登場以来、軍のエンジニアたちは航空機をレーダーに探知されにくくするさまざまな方法を試してきた。最大のハードルは指数関数的な性質だった。レーダー反射断面積を大幅に低減しても、探知を回避するという点ではごくわずかな改善にしかつながらないのだ。たとえば、もしも米軍の爆撃機がソ連のレーダーに探知されるタイミングを攻撃の二〇分前から一〇分前へと半減させたいなら、レーダー反射断面積を一六分の一にする必要があった。たとえそれが実現したとしても、戦略的優位に立つにはとうてい十分ではない。

航空機のほとんどの面において、性能を一〇パーセント改善できれば万々歳だ。しかし、ステルス性（軍事用語では「低観測性」）の世界では、航空機がソ連の防空レーダーをすり抜けようとしているなら、五〇パーセントの改善でもたいした戦力にはつながらない。レーダー反射断面積を半減させたとしても、敵国のレーダーが航空機を探知して撃墜する十分な余裕があるのだ。「ソ連の奴らにとっては、ディナモ・モスクワとキエフではどちらのサッカークラブのほうが格上かを議論する時間がなくなるとか、コーヒーを飲み干す余裕がなくなるとか、その程度の差でしかない」とロッキードの当時のチーフ・エンジニアのアラン・ブラウンは冗談を言った。「地対空ミサイル・システムや飛行場を準備し、〝出動しろ、奴らはあと一〇分でやってくるぞ〟と指示するだけの余裕は十分にあるのだ」[41]

つまり、航空機の探知距離を有意義な量だけ、たとえば一〇分の一に削減しようと思えば、レーダー反射断面積を一万分の一にする必要がある。空軍の幹部たちはそれを不可能だと判断した。既存の航空機の設計を修正するだけでは、そのような減少幅はとうてい実現できない。実現のためには一からの再設計が必要だが、ステルス性に適した設計は逆に飛行にはあまり適しているとはいえない。ロッキードのスカンクワークス部門の元代表のケリー・ジョンソンは、開発の初期段階で、ステルス機に最適なのは空飛ぶ円盤のような形だと指摘した。[42]しかし、反重力技術でも開発しないかぎり、空飛ぶ円盤が高性能な航空機になるとは考えにくかった。

確かに、ロッキードはステルス機の開発コンペに参加するのが少しばかり遅れたが、U－2などのプロジェクトでCIAの航空機開発に協力してきたという強力なアドバンテージがあった。もうひとつのアドバンテージは、スカンクワークス部門の運営方法がDARPAと少し似ているという点だった。柔軟性があり、お役所主義に染まっておらず、専門家チームをすぐさま召集することができた。そんな専門家のひとりが、電気工学者で数学者のデニス・オーバーホルザーだ。

それまで、レーダーを回避する航空機といえば、空気力学が最優先で、ステルス性は付随的なものにすぎなかった。しかし、空気力学者ではなく数学者だったオーバーホルザーは、ステルス機の概念にまったく別の角度から挑んだ。高性能な航空機について考える代わりに、彼は主にレーダーを反射する航空機の設計方法を考えたのだ。彼は一連の平らなパネルを用いて航空機を設計することを提案した。このパネルを、レーダーのエネルギーを照射源方向から逸らすような形で配置することで、レーダーで探知しづらくするというのだ。このパネルは、独特の多面体形の設計へとつながった。当然、空気力学的に優れた形状とはいえない。

オーバーホルザーがその設計に落ち着いた理由は、一九七四年、彼が曲面のような非常に複雑な面ではなく平らなパネル上での反射を物理光学に基づいて計算するコンピューター・プログラムを作成したからだ。また、彼はパネルのエッジ（端）の部分で起こる出来事も推定できなかった。そんなとき、彼が偶然見つけたのが、公表されていたロシアのとある科学論文だった。この論文を翻訳したのは、東欧諸国で発表された科学論文を日常的に精査し、軍にとって利益となる研究を探していた米国空軍システム軍団の外国技術部だった。ロシア人科学者、ピョートル・ユフィンチェフの科学論文の翻訳版「回折の物理理論におけるエッジ波の法則（Method of Edge Waves in the Physical Theory of Diffraction）」は、オーバーホルザーがパネル端部のレーダー反射断面積の計算に役立つと気づくまでずっと放置されていた。ロッキードのチーフ・エンジニアのブラウンは、ユフィンチェフの理論が同社のステルス機の計算作業に「三割」くらい貢献したと見積もった。「ロシア人がわれわれを救ったとまでは言わないが[43]」

ユフィンチェフの数式はただちに役立ったわけではないが、オーバーホルザーは平らなパネルならレーダー反射断面積を予測できるという主張に自信が持てるようになった。こうして、飛行能力ではなくステルス性能を試すために考案されたデザインは、ダイヤモンドのような多面体となり、後退翼のついたピラミッド型の形状となった。ブラウンによれば、「くだらない。こんなものが飛ぶわけない」というのがロッキードの設計者たちの反応だったという。「彼らはそれをホープレス・ダイヤモンド（＝絶望のダイヤモンド）と名づけた」[44]

ロッキードの設計者たちは航空機を多面体の矢のような形状に修正したが、その後もホープレス・ダイヤモンドという名称は定着した。デザイン・コンテストで優勝するような代物ではなかったが、ロッキードがノースロップと並んで、この機密プログラム「高ステルス実験」で一歩抜け出すには十分だった。両社とも縮小模型を製造し、固定された支柱に設置して試験を行なった。ノースロップの航空機の方向性もロッキードとおおむね同じで、平面パネルを組みあわせた多面体形の設計によってレーダーを屈折させるというものだった。どちらも甲乙つけがたかったが、ＤＡＲＰＡは一九七六年四月、ロッキードに軍配をあげた。実際の設計と同じくらい、スカンクワークスの過去の実績も考慮されたのかもしれない。ノースロップのある関係者によると、「その日、大の男たちが悔し泣きした」[45]そうだ。こうして、ロッキードが世界初のステルス機、コードネーム「ハブ・ブルー」の二機の試作機の製造と飛行を請け負うこととなった。

一九七七年一二月一日、ハイルマイヤー局長はネバダ砂漠の上に立ち、ハブ・ブルーの初飛行を待っていた。ＤＡＲＰＡは初飛行を秘密にしておきたかったため、機密レベルを考えると、カリフォルニア州パームデールにあるスカンクワークスの工場も近隣のエドワーズ空軍基地も試験場としては不向きだった。エリア51が試験場として選ばれたのは必然の成り行きだった。

夜が明けたころ、ハブ・ブルーが格納庫から姿を現わした。パイロットは指示に従った。右に曲がり、主滑走路まで六〇〇メートルほど進み、再び右に曲がり、滑走路上を二キロメートルほど走行したのち、離陸する。滑走路にライトはまったくなく（航空機のテストだとばれないよう）、唯一の照明は航空機の車輪についている着陸灯、つまり滑走路を走行する頼りとなる三つのライトだけだった。ハイルマイヤーは滑走路の端で、エンジニアたちが機体の最終点検をするのを見守り、航空機が動き出すと拳をぎゅっと握り締めた。どれだけコンピューター・シミュレーションを重ねても、初の飛行テストの埋めあわせにはなりえない。エンジニアたちは手に汗を握りながら、すべての計算が正しいことをひたすら祈るのだ。

ハブ・ブルー、通称ホープレス・ダイヤモンドの場合、その不安はいっそう強烈だった。空気力学的に不安定なコンピューター制御の航空機にとって、不具合などいくらでも起こりうるからだ。「空の神々はあの航空機をまったくお気に召さなかった」と空軍のエンジニアのアトキンスは冗談を言った。

ハブ・ブルーが滑走路の端から無事に飛び立つと、ハイルマイヤーはその場にしゃがみ、ネバダ砂漠のピンク色の石をいくつか拾って、戦利品としてポケットにしまった。[46] ハブ・ブルーは飛んでいる。安堵と歓喜があたりを包んだ。それはレーダーに映らなかったからだけではなく、空から落ちてこなかったからでもあった。

ハブ・ブルーの初飛行の日は、ハイルマイヤーがＤＡＲＰＡ局長として迎える最後の日でもあった。彼がその日を最後の日に選んだのは、自身の局長時代をハブ・ブルーの成功と確実に結びつけるためだった。ハブ・ブルーはまた、機密航空機の開発を切り開いたロッキードの設計者、ケリー・ジョンソンにとって最後のプロジェクトでもあった。お祝いに、ジョンソンはSR－71ブラックバードでヨーロッパから空輸したシャンパンのボトルを取り出した。ふたりでシャンパンにサインをし、ハイルマイヤーがワシントンにボトルを持ち帰った。妻にボトルのことをたずねられると、彼はこう答えた。「空っぽのシャンパン・ボトルさ」

「空っぽのボトル？　そんなものどうするの？」

「いつか話すよ」[47]

しかし、その日はすぐにやってきた。一九七八年にパークが墜落事故を起こすころには、航空業界誌はそのステルス機に関する記事を続々と報じはじめていた。一九七九年七月には、二機目の試作機が墜落したが（パイロットのケン・ダイソンは無事に脱出）、その時点でステルス機の未来は保証されたも同然だった。このDARPAプログラムの成功に気をよくした空軍は、「シニア・トレンド」というコードネームのもと、運用可能な航空機F－117の開発に乗り出していた。通常、Fは戦闘機（fighter）を表わす記号なのだが、実際には対地攻撃機だった。このようなごまかしが用いられた理由は、ロッキードのブラウンによれば、戦闘機をうたったほうがパイロットを募集しやすかったからだという。事実、空軍において戦闘機パイロットというのは誉《ほまれ》ある仕事だった。「プライドの高い戦闘機パイロットは攻撃機には乗らない。爆撃機などもってのほかだ」とブラウンは話した。[48]

今でも、ステルス機はDARPAのもっともよく挙げられる功績のひとつだ。レーダーを回避できる航空機を実際につくれることが証明されると、ステルス性は爆撃機からヘリコプターまで、さまざまな航空機や兵器に取り入れられた。そのなかにはもちろん、二〇一一年、パキスタンのアボッターバードにあるウサマ・ビン・ラディンの自宅敷地への急襲に使われた改良型ブラックホークもある。このステルス機に失望を示した数少ない人物のひとりが、DARPAのステルス機プログラムの発想のもとになった見えないウサギの考案者、マイヤーズだ。四〇年がたったあとも、彼は自分が提案した安価な小型戦闘機、つまり見えないわけではないが見えにくい戦闘機がつくられなかったことを裏切りと感じていた。「ハーヴェイは名案だと今でも確信している」と彼はのちに語った。「いつか試してみるべきだ」[49]

一九八〇年を迎えると、ステルス機の存在を隠しておくことはほぼ不可能になった。ジミー・カーター大統領が二度目の大統領選の最中、B-1爆撃機の開発中止について質問攻めにあうと、当時国防長官だったハロルド・ブラウンは公然の秘密を認める決断をした。「本日、軍事的にきわめて重要な意味を持つ大きな技術的進歩について発表いたします」とブラウンは述べた。「いわゆる〝ステルス〟技術によって、既存の防空システムではうまくとらえられない有人および無人の航空機をつくることが可能になります。われわれはこのステルス技術が有効であることを満足のいく形で実証してきました」[50]

ハブ・ブルーには、ほとんどの人々が気づいていない功績がもうひとつある。ハブ・ブルーが飛行していた時代にDARPA副局長を務めたジェームズ・テグネリアいわく、ハブ・ブルーはDARPAを消滅の危機から救ったのだという。「一〇〇〇万ドルのプログラムなら失敗しても問題はない」と彼は言った。「だが一億ドルを投じているなら、失敗は許されない」[51]。テグネリアは、ハブ・ブルーのような「巨大」な技術プログラムの急成長こそ、DARPAの廃止を訴える反対派から組織を守ったのだと述べた。ハブ・ブルーの成功のあと、「ＤＡＲＰＡの投資の価値を疑う者はいなくなった」とテグネリアは言う。ハブ・ブルーの成功に皮肉な点があるとすれば、このステルス機が戦術技術室として生まれ変わったウィリアム・ゴデルのかび臭いアジャイル計画の残滓から誕生したということだ。ゴデルのかつての努力が、冷戦中最大の軍拡にぎりぎり間に合う形で実を結ぼうとしていた。

# 第15章　極秘飛行機　1980—1984

レーガン政権と防衛費の増大／「スター・ウォーズ計画」／無人航空機の研究／スペースプレーン計画

一九七九年のクリスマス、ソ連の空挺部隊がカブールに降り立ち、アフガニスタンの侵攻および占領の舞台が整った。かつて米軍、そしてDARPAの拠点があったイランでは、イラン革命に忠誠を誓う学生たちが五二人のアメリカ人を人質に取り、悪夢のような光景が夜な夜なテレビで報道された。一九八〇年四月、ジミー・カーター大統領が承認した大胆な人質救出作戦が失敗に終わり、アメリカは赤っ恥をかくはめになった。たび重なる不運で軍が作戦を中止せざるをえなくなると、撤収しようとしたヘリコプターがイランの砂漠に駐機していたC－130航空機に衝突し、八人の米兵が死亡した。

カーター政権は、ステルス機の開発をアピールするなどして、軍事大国のイメージを強化しようとしたが、うまくはいかなかった。大統領選の年が近づき、アメリカはインフレ、失業、不況の三重苦に悩まされていた。原油価格は一九七九年一二月のピーク時には一バレルあたり一〇〇ドルを突破した。外交面も五十歩百歩で、イランからニカラグアまで、アメリカの支援を守り抜いてきた最後の砦ともいうべき国々が、ひとつ、またひとつと反乱運動の手に落ちていった。一方、ソ連の影響力はといえば、キューバからアフガニスタンまで拡大を続けているようだった。

軍事力の弱体化と経済の低迷を受け、カリスマ性にあふれる元俳優で元カリフォルニア州知事のロナルド・レーガンが、軍事力を通じてアメリカを再び元気にするという公約を掲げて、政界に進出した。「わが国はすでに軍拡競争に巻きこまれているが、走っているのはソ連だけだ」とレーガンはある独創的な選挙演説で退役軍人たちに語りかけた。「ソ連は軍事分野で戦略部隊にわれわれの一・五倍や二倍以上、時には三倍もの額をつぎこんでいる」[1]。レーガンはこの流れを逆転させ、米軍、そしてアメリカという国を再び元気にすると約束した。このメッセージは有権者の心に響いた。彼は四四州で勝利し、圧倒的な大差で大統領に当選した。

レーガンの当選直後、新政権の研究および技術担当国防次官となったリチャード・デラウアーは、友人で国防総省の科学者であるボブ・クーパーにビッグニュースを打ち明けた。ホワイトハウスが今後五年間でペンタゴンの予算を倍にするというのだ。「ああ、そうかい。前にも同じ話を聞いた気がするよ」とクーパーは返した[2]。

デラウアーは今度こそ本当だと言った。レーガンはソ連に強烈なメッセージを送るためにも、アメリカの防衛費を増額するべきだと頑なに信じていた。デラウアーは押しの強い性格で知られる元フットボール選手のクーパーに、ペンタゴンでふたつの職を打診した。ひとつはデラウアーの直属の部下、つまり国防次官補の職。いまひとつはDARPAの局長職だ。DARPAはステルス機開発の成功のあと、イノベーションの温床、つまり軍事技術を矢継ぎ早に生み出す一種の社内研究所とみなされるようになっていた。そして、レーガンが大統領に就任した今、新たな軍事兵器の需要は大幅に高まるだろう。結局、クーパーは職を引き受けることにした。

一九八一年にペンタゴンにやってくると、クーパーはさっそく主要兵器への資金提供について決定する「国防資源評議委員会」の委員に選ばれた。この強力な委員会は、国防長官、国防副長官、軍の最高幹部、そして軍民両方の高官たちで構成されていた。委員会内でのクーパーは、いわばＤＡＲＰＡと国防総省の上層部を直接結びつける橋渡し的存在であった。一九六〇年代中盤にペンタゴンから追放されてから初めて、ＤＡＲＰＡはアメリカの軍事的な意思決定の中心へと舞い戻ってきた。クーパーが指揮を執るＤＡＲＰＡは、もはやペンタゴンの数駅先にある独立した研究機関ではなく、兵器の開発や購入を決定するペンタゴン組織に対して、局長が本格的な発言権を持つ機関へと変わろうとしていた。しかも、軍事技術はレーガン政権の国策の焦点になりつつあった。クーパーの表現を借りるなら、彼の仕事は「ＤＡＲＰＡ内に溜まった技術に浣腸を施す」ことだった。[3]

クーパーがやってきた直後、キャスパー・ワインバーガー国防長官は自身の補佐官やペンタゴンの高官たちを集めて会議を開いた。彼は立ち上がるなり、防衛費を倍増するというレーガンの主張を繰り返した。するとクーパーが口をはさんだ。「同じような話は以前にも聞いたことがあります。国民が今後三年間で防衛費の倍増などという施策を支持するとは思えません」。しかし、ワインバーガーは譲らなかった。「そんな声を聞く必要などない」と彼は言った。[4] だが、そんなワインバーガーでさえ次の出来事にはショックを受けた。

一九八三年三月二三日、ロナルド・レーガン大統領はアメリカ国民に向けて直接演説を行ない、戦争と核による人類滅亡の脅威について警鐘を鳴らす一方で、ハリウッドらしい楽天的なメッセージでバランスを取った。「解決策は十分われわれの手の届く範囲にある」とレーガンは国民に約束した。[5]

その解決策は、結果的に、ペンタゴン史上もっとも高コストで技術的に無謀なプロジェクトのひとつとなった。それはアメリカとその同盟国をソ連の核攻撃から守る宇宙ベースのミサイル防衛シールドだ。「私は戦略核ミサイルの脅威を一掃するという最終目標に向けた長期的な研究開発計画を策定するため、包括的で集中的な取り組みを指揮していくつもりだ」とレーガン大統領は述べた。過去一年間、そんな技術は現時点では実現不可能だと大統領に言いつづけてきたペンタゴンのミサイル防衛の第一人者たちは、大統領の発言に仰天した。すぐに、レーガンの夢は「スター・ウォーズ計画」と揶揄されるようになった。この名前はレーガンのプログラムに最後までつきまとうことになる。

一九五〇年代のＤＡＲＰＡの「アーガス作戦」（核を利用した防御ドーム）以来、政府は国全体を守れるミサイル防衛シールド計画を追求してはこなかった。アーガス作戦のような奇抜な提案は、決してコンセプトの域を出なかった。ところが今、レーガンは同じくらい野心的な国防システムを構築しようとしていた。いくつかの調査活動は行なわれたものの、過去二〇年間のミサイル防衛研究の大半は、数発のミサイルを撃墜する地上の迎撃ミサイルに集中しており、そのシステムでさえもあまり進展はなかった。しかし、レーガンはまったく意に介さなかった。作家フランシス・フィッツジェラルドは、レーガンの実現不可能なミサイル防衛の夢について、含みを持たせてこう記した。「何より、今までに存在しないもの、近い将来に実現しえないものを、実現すると国民に信じこませられる大統領が、ほかにどこにいるだろう?」[6]

野心的なミサイル防衛計画に対する熱意は、主にDARPAから生まれたものだった。DARPAは一九六〇年代に粒子ビーム計画「シーソー」を追求したし、機密のレーザー研究プロジェクト「エイス・カード」(=八枚目のカード)も後援した。[7] セブン・カード・スタッド〔七枚のカードを使ったポーカー・ゲームの一種〕に勝利できる切り札という意味で名づけられた「エイス・カード」プロジェクトは、空軍のガス・ダイナミック・レーザーに対する熱意を背に、一九六八年から開始された。[8] 本来は、未来の技術を戦場に応用する方法を探るためだけのプロジェクトだったが、水爆発明者のエドワード・テラーの想像を掻き立てた。一九八三年にレーガンがミサイル防衛計画を発表したころには、テラーはリバモア研究所の理論研究に基づくはるかに野心的なプロジェクトを提唱していた。[9] 熱核爆発を動力とするX線レーザーだ。複数のX線レーザー兵器を宇宙まで打ち上げ、それを利用して飛行中の大陸間弾道ミサイルを撃墜するという途方もない計画だった。

ペンタゴンでは、DARPA局長のクーパーやワインバーガー国防長官といった高官たちが、口をあんぐりと開けて座りながら、大統領演説を必死で消化しようとしていた。大統領はつい先ほど、過去数十年間で一、二を争うほど重要な軍事技術に関する決定を下したのだ。それも、その技術に携わるペンタゴン当局者への一言の相談もなしに。「デラウアーや私自身も含めて、全員が完璧な不意打ちを食らった」とクーパーは振り返った。[10]

ワインバーガーはミサイル防衛システムの開発を急ぐことには反対だった。レーガンの発表のわずか数カ月前、彼はミサイル防衛シールドの推進団体「ハイ・フロンティア」の創設者で退役軍人のダニエル・グラハムに宛ててこう記していた。「技術者がすぐに道を切り開いてくれるというあなたの楽観的な期待にケチをつけるつもりはないが、現在存在しない能力を開発しなければならないような方向へとこの国を導くことには同意しかねる」[11]。そのワインバーガーが、今はそういう能力を築くよう求められていた。そこで彼が頼ったのはDARPA局長だった。「それから一〇日間、最低でも一日数時間、私はワインバーガーと一緒に過ごし、大統領の発言の意味を伝えつづけた」とクーパーは述べた[12]。

皮肉なことに、DARPAから資金提供を受け、ミサイル防衛の実現可能性に関する調査を指揮していたのは、大統領の科学顧問だった。近い将来、効果的なシステムを開発できる可能性は低いとの見解を示していたその調査報告書は、レーガンが発表を行なったころ、ちょうど完成の間際だった。「大統領が発表を行なうと、調査報告書は雲散霧消し、大統領科学顧問室は突如として弾道ミサイル防衛に対する熱狂の渦に包まれた」とクーパー。「そして、それから事態は急速に進行した[13]」

クーパーはスター・ウォーズ計画に反対したが、DARPAをスター・ウォーズ機関に変えることにはもっと反対した。その後の数カ月間、クーパーを含めたペンタゴン当局者たちは、大統領のビジョンをまとめ上げる最善の方法、そしてDARPAがそのビジョンのなかで果たす役割について話しあった。DARPAのコンピューター科学者のロバート・カーンは、クーパーらとの会議の最中、献身的な公務員であるデラウアーがミサイル防衛計画に対する不満で涙を浮かべたのを覚えている。「彼はこの件でつらい思いをしていた」とカーンは語った。「彼にできることはあまりなかった[14]」

DARPAの運命が漂流しはじめると、クーパー局長はペンタゴンから一三〇キロメートルほど離れたウェストバージニア州バークリー・スプリングスで高官たちによる会議を開催した。彼はミサイル防衛計画の是非を投票にかけ、一見して実現不可能な計画に参加すべきかどうかをDARPAの高官たちに決めてもらうことにした。科学研究に携わる職員たちは、予算が食い尽くされることを心配して反対を表明したが、先進兵器技術に携わる人々は、今以上の予算を獲得するチャンスと見て賛成を表明した。高エネルギー・レーザー研究が大統領の新たなプログラムに飲みこまれようとしているDARPAの指向性エネルギー室の面々は、どっちつかずの態度であった。彼らのプログラムは、DARPAに残ろうが残るまいが恩恵を受ける可能性が高かったからだ。[15]

結局、クーパー局長はDARPAのミサイル防衛プログラムを手渡すことを決断した。[16] 一九八四年三月、ペンタゴンは戦略防衛構想局を設立し、DARPAのレーザー計画も含めたペンタゴンのミサイル防衛研究の大部分をすくい上げた。それは賢明な決断だった。クーパーいわく、コストが膨らんでいたレーザー計画は「DARPAを生きたまま食い尽くそうとしていた」からだ。彼は異動したミサイル防衛分野の科学者たちに、いつでもDARPAに戻ってきてかまわないと声をかけた。「狂気の歯車が回転しはじめると、一部の人々が本当に戻ってきた」と彼は振り返った。

それでも、ミサイル防衛プログラムを失ったのはDARPAにとってそう痛手ではなかった。DARPAもまた防衛費の急増の恩恵を受けたからだ。ペンタゴンの予算は倍以上になり、クーパーが局長を務めた四年間はDARPA史上最大の拡大期のひとつとなり、技術工場というDA

RPAのイメージを強化した。瞬く間に、DARPAは極秘の航空機や兵器プロジェクトをいくつも支援していた。一九五八年の創設以来、DARPAがこれほど明確な目標を手に入れたことはなかった。それはソ連を打ち破る兵器を開発すること。反乱勢力、同盟国への助言、人間の行動調査に関する懸念などとうに消え去っていた。これからのDARPAは未来の兵器群を築き上げるのだ。

想定外の成り行きだったとはいえ、技術開発や防衛支出にかけるレーガンの熱意がDARPAをよみがえらせた。アジャイル計画やベトナム戦争の残滓から生まれた戦術技術室は、防衛費の増大から恩恵を受けた最大の組織であり、DARPAの新たな重心になろうとしていた。「われわれはまるで時代遅れのようなお金の使い方をしていた」とクーパーはのちに語った。「つまり、夢のようだったということだ」[17]。皮肉にも、戦争に最大の影響を及ぼすことになる技術は、歴代の局長でさえ名前を思い出せないほど小さなDARPAのプロジェクトから生まれた。そのルーツは、DARPAの多くのプロジェクトと同様、ベトナム戦争にあった。

一九八〇年代半ば、DARPA職員のアレン・アトキンスは、とあるカンファレンスで講演を行ない、無人航空機を含めたDARPAの機密プロジェクトについて説明するため、イスラエルにいた。アトキンスによると、彼がホテルのロビー・バーに座っていると、「小太りの男性」が近づいてきて、手を差し出した。「エイブ・カレームといいます」と男は言った。すると、自己紹介もそこそこに、カレームはアトキンスの横に座り、一度に何日間も飛びつづけられる無人航空機のアイデアについて説明しはじめた。

米国では、ＤＡＲＰＡが「ＱＨ‐50」をベトコン狩りに駆り出したベトナム戦争以来、戦場向けの無人機はあまり進化していなかった。ＤＡＲＰＡは小型無人機プロジェクトへの支援を続けたが、軍の関心は薄かった。空軍を構成するパイロットたちは無人機に仕事を奪われるのを望んでいなかったし、空軍よりは少し無人機に興味を持っていた陸軍と海軍は、活用法をはっきりとイメージできずにいた。たとえば、ＤＡＲＰＡは芝刈り機のエンジンで動く戦術無人機「プレイリー」を陸軍に提供した。陸軍はやがて、カタパルトから射出してネットで回収する独自無人機を開発し、「ＭＱＭ‐１０５アクイラ」と命名した。陸軍はシンプルを貫く代わりに、機能を次々とつけ加えていった。アクイラのコスト見積もりは二〇億ドルまで膨らみ、陸軍は中止を余儀なくされた。[18] 結局、アクイラが実戦で使われることはなかった。

アメリカと比べると、イスラエルの人々は無人航空機を活用していた。特に一九七三年の第四次中東戦争中、イスラエル国防軍は無人機を利用してゴラン高原上空で高射砲をおびき出したり、偵察を行なったりしていた。[19] 無人機の活用という点では米軍よりもイスラエル軍のほうが一歩先を行っていたかもしれないが、イスラエル軍には、少なくともペンタゴンと比べれば野心的な航空プロジェクトを支援するだけの財源がなかった。イラク生まれのユダヤ人で、イスラエルで航空機設計者として働いていたカレームはそんな状況に業を煮やし、アメリカへの移住を決意する。彼はカリフォルニア州に拠点を置き、やがて自宅のガレージで仕事を始めた。そこでカレームは長時間飛行できる無人航空機の開発に着手した。それがあの夜ホテルのバーでアトキンスに披露したアイデアだった。「カレームは具体的な応用方法については触れなかった」とアトキンスは言う。彼は無人機の開発自体に興味があったのだ。[20]

アトキンスはカレームの提案に惹きつけられた。それまでの軍用無人機の最大の問題点のひとつは、単純に墜落の多さだった。DARPAがベトナムに送りこんだ無人ヘリコプターQH-50は墜落の多さで有名だったし、アクイラも同様だった。その点、カレームの提案する無人機は安定性を売りにしていたので、アトキンスはDARPAの誰かにせめて彼のアイデアを検討させてみようと決めた。検討役を任されたのは、優秀な空気力学者であり、才能を見抜く鋭い目を持つことで有名なプロジェクト・マネジャーのロバート・ウィリアムズだった。「まずは彼と話をして、光るものがあるか確かめてほしい」とアトキンスはウィリアムズに指示した。

機密のためカレームには明かされなかったが、DARPAが興味を持つかもしれないとアトキンスが思った理由がもうひとつあった。一九八〇年、DARPAはU-2やSR-17などの偵察機に代わる一連の無人航空機を開発する極秘プログラム「ティール・レイン」を開始していた。[21]ティール・レインのプロジェクトのなかには、公開のものに混じって極秘裏に行なわれているものもあった。それから三〇年がたったあとも、DARPA職員は機密を理由にティール・レインのさまざまな側面について口を閉ざしている。[22]

いざ会ってみると、ひたむきな探求心で知られるカレームとウィリアムズの相性は抜群だった。カレームは一匹狼の航空機設計者で、彼のビジョンは他人への配慮とは無縁であった。「みなさん、この部屋で私の目に映るものはすべて無意味です」と彼はある大手軍需企業との会議で言い放ったことがある。[23]一方のウィリアムズは、エンジニアあがりの政府官僚として予算を握っていたが、夢想家を愛するあまり判断を誤ってしまうことも多々あった。手始めに、ウィリアムズはカレームがガレージで開発した重量九〇キログラムの無人機「アルバトロス」の飛行テストに資金を提供した。[24] すると、アルバトロスはなんと五六時間も飛行した。アルバトロスの設計が成功と判明すると、次にDARPAはティール・レインプログラムのもと、無人航空機「アンバー」の開発資金を提供した。[25] 最終的に六五〇時間も無事故飛行を続けたアンバーの開発は、建前上は海軍と提携して実施されたことになっていたが、アトキンスによると本当に興味を持っていたのはCIAだという。「海軍は主にカモフラージュ目的で参加した」と彼は話した。[26]

一九九〇年、DARPAはアンバーの開発を完了。研究機関であるDARPAにできるのは試作機の開発だけで、量産用の航空機を購入するかどうかの判断は軍に委ねられた。新規注文を欠いたカレームは破産に追いこまれ、自身の資産をジェネラル・アトミックス・エアロノーティカル・システムズに売却せざるをえなくなった。すると、CIAはカレームが海外へ販売するために開発したアンバーの派生機「ナット」を購入し、ボスニア紛争で偵察に使用した。それから一〇年足らずで、CIAは別の派生機「プレデター」をジェネラル・アトミックス・エアロノーティカル・システムズから購入した。このころには、カレームはもう同社にかかわっていなかったが、彼の研究こそがアメリカの戦争手法を変革する兵器へとつながったのはまぎれもない事実だ。9・11テロ事件のあと、ヘルファイア・ミサイル搭載のプレデターがアフガニスタンへと投入され、「重要指定目標」の殺害に使用された。それはDARPAがベトナム戦争中にQH－50で成し遂げようとしたことだった。今回、作戦は成功し、遠隔殺害の時代が幕を開けた。よきにしろ悪しきにしろ、プレデターは「世界を変えた」とリチャード・ウィッテルは無人機の歴史をまとめた著書『無人暗殺機　ドローンの誕生』で記した。[27] だが、世界を変えたのはDARPAも同じだった。

一九八〇年代、DARPAは機密の航空プロジェクトへと急速に活動範囲を広げていた。最初のステルス機の試作機「ハブ・ブルー」の成功により、DARPAは別のレーダー回避航空機プログラム「タシット・ブルー」を開始した。タシット・ブルーはもともとステルス機の開発コンペでロッキードのスカンクワークスに敗北したノースロップ・グラマンの設計に基づく奇妙な外観の試作機で、DARPAが開発を手がけたのは、ステルス機の開発能力を持つ企業を少なくとも二社確保するためでもあった。ハブ・ブルーの経験を買われ、DARPAにプログラム・マネジャーとして雇用されたアレン・アトキンスは、「横から見ると、ヒレを持つクジラに見える」と述べた。[28]

その奇妙な形状から、タシット・ブルーには「ザ・ホエール」（＝クジラ）という愛称がつけられ、プログラム関係者の多くはエリート・クラブに所属している証として、小さなクジラが描かれた金色のネクタイピンを着けた。ネクタイピンのなかには、タシット・ブルーの側方監視レーダーを表現した小さなダイヤモンドをあしらったものもあった。偵察機のタシット・ブルーは、狭帯域レーダーがその伝送範囲外で見えないのかどうかを検証するために使われていた。「彼らは飛行機をつくっているだけだと思っていたのだ[29]」。その前のハブ・ブルーと同様、タシット・ブルーも「ほとんどの人々はこのレーダーについて知らなかった」とアトキンスは語った。完全に機密が保たれ、エリア51で飛行が行なわれた。

DARPAの闇の航空機プログラムが一九八〇年代に急成長を遂げると、DARPAは機密の試作軍用機の製造を隠すため、航空学の研究計画を発表することがよくあった。そのおかげで、

DARPAは怪しまれることなく契約を発注し、必要な機器を購入することができた。アトキンスは、NASAと共同で運営された「白い世界」(つまり非機密)のプログラムの一例を挙げた。しかし、その技術は機密の軍事的応用も見据えて研究されていた。「われわれは軍事利用の方法を確かめるため、実物大の模型をいくつかつくった」とアトキンス。[30]その「闇」のプロジェクトというのはステルス回転翼機だった。[31]

表向きのプロジェクトは、ローター・システム研究航空機(RSRA)「Xウイング」と呼ばれるDARPAとNASAの共同プログラムであり、資金提供を受けたシコルスキー社がヘリコプターと固定翼機のハイブリッド航空機の設計を請け負った。RSRAは実在のプログラムだったが、その影にはステルス・ヘリコプターの開発というDARPAのより重要な目標があった。この〝闇〟のプログラムには、「RSRAからローターヘッドを取り外してステルス兵器に取りつける」という計画も含まれていたとアトキンスは話す。通常、ヘリコプターのローター・ブレードはドップラー偏移を生み出す。このドップラー偏移をレーダーから隠すのは困難だが、DARPAがXウイングで学んだように、まったく不可能ではなかった。[32]

アトキンスのオフィスからは、次から次へと「Xプレーン」(試作機)がこぼれ出てくるようだった。「サイクロクレーン」という航空機は、ベルギーの物理学者で魔術師のエティエンヌ＝ガスパール・ロベールが思い描いた一九世紀の夢の気球「ラ・ミネルヴ」に少し似ていた。サイクロクレーンは、ヘリコプター制御の要素を取り入れた空気よりも軽いハイブリッド飛行船で、まるで竹とんぼを飛行船の船体のまわりに計画的に配置したような見た目をしている。機動性が高く、大量の貨物を運搬できるサイクロクレーンは、設備の整った港がない地域で船荷を下ろす手段として、ＤＡＲＰＡが海軍に提案したものだ。が、海軍は風変わりな見た目の飛行船に興味を示さなかった。「お笑い要素さえクリアしてしまえば、すばらしい航空機になると思うのだが」とアトキンスはある司令官に言われたのを覚えている。[33]

もうひとつ、「見た目が災いした」プロジェクトといえば、前進翼機「Ｘ－29」だ。翼が前後逆さまにつけられたように見えるＸ－29は、理論上は機動性に優れていたが、空軍がまったく興味を示さなかったこともあり、ＤＡＲＰＡによる投資の域を出ないまま開発が終了した。「ダメだ。航空機としてあまりにも醜すぎる」とアトキンスはある大将に告げられた。[34]

アトキンスにとって、こうした航空プログラムに次々と資金が流れこんでくる当時のＤＡＲＰＡは興奮に満ちていた。当初、その資金を垂れ流していたのは戦術技術室だった。ＤＡＲＰＡの航空プログラムはあまりにも急成長したので、戦術技術室は「ＤＡＲＰＡの予算を飲みこんでいた」と当時のＤＡＲＰＡ副局長のジェームズ・テグネリアは言う。[35] そこで、ＤＡＲＰＡはアトキンスを室長とする「航空技術室」を別個に設置した。しかし、航空プログラムを新たな部門として独立させても、根本的な問題は解決しなかった。最終的に、航空技術室の予算は一五億ドル、つまりＤＡＲＰＡの予算の半分以上へと膨れ上がったからだ。「六億ドルもの金を失った――」と言いかけて慌てて訂正するアトキンス。「投資したプログラムがあった。結果的には失敗したが、原因はわかっていた」と彼は話した。[36] その航空プログラムの詳細は、ほかの多くのものと同じく今でも機密だ。その航空機は軍に導入されなかったという点では失敗だったかもしれないが、当時のＤＡＲＰＡで奨励されていたハイリスクなコンセプトだったことはまちがいない。「小さな変更や段階的な修正を追い求めてはいけない」とアトキンスは言う。「みんなに常識破りの発想をさせるようなアイデアを追求しなければ」

この秘密主義と果てなき野心こそ、一九八〇年代のDARPAの航空プログラムの特徴だった。DARPAは長らく機密プログラムを運営してきたが、闇の航空研究の急成長に伴って、秘密主義がDARPAの大部分を覆い尽くしつつあった。航空技術室の室長として、アトキンスはこうした闇のプログラムのスパイ的な側面を楽しんでいたが、それがDARPAと軍の衝突を生むこともあった。しかし、DARPAは軍の幹部たちに反対されてもなりふりかまわず前進することを許されていたのだ。

あるとき、アトキンスはジェームズ・アンブローズ陸軍次官に、ある重要な機密航空プログラムに関する極秘の同意書に署名してもらう必要があった。官僚的な争いの名手だったアンブローズは、陸軍がプログラムへの参加を認めてもなお、同意書への署名を避けていた。アトキンスはまったくひるまず、アンブローズの補佐官から旅程を聞き出し、ラガーディア空港で彼をつかまえる計画を立てた。しかし、ひとつだけ問題があった。その合意書は最高機密プログラムに関するものだったので、機密情報取扱許可を得たふたりの人物で書類を持ち運ぶ必要があったのだ。そこでアトキンスは、DARPAの事務員で、このプログラムに関する機密情報取扱許可を得た妻のナタリーを同行させることにした。ラガーディア空港で、アトキンス夫妻は飛行機から降りてくるアンブローズを待ち伏せた。

追いこまれたアンブローズは、空港の薄暗いレストランで話をすることに同意した。「アンブローズは私の真向かいに座り、妻と私は状況が見える位置に座った。そして、彼の補佐官たちを周囲に立たせた」とアトキンス。「彼はろうそくを書類の上に掲げ、内容を読んでいた。しばらくすると、彼は顔をあげて署名した。私は書類を受け取り、封筒に入れて再び封をした」[37]
アトキンスは、国防資源評議委員会のある会議でもアンブローズと口論になったのを覚えている。アンブローズは陸軍の予算の門番として知られていたが、DARPAのプログラムはそんな陸軍の独自の兵器開発を脅かす存在だった。[38] DARPA局長のクーパーは、陸軍が本来支援するはずのDARPAの最高機密プログラムを、アンブローズが妨害していると考えていた（アトキンスはそのプログラムの名前を挙げなかった）。
キャスパー・ワインバーガー国防長官は、会議中に目を閉じるクセがあった。そのせいで眠っているとか話を聞いていないと勘違いされることもしばしばなのだが、侃々諤々《かんかんがくがく》の長い議論の最後に目をパッと開け、一言で結論を述べるのが彼の習わしだった。身長二メートル近いクーパーが会議中に立ち上がり、部屋の全員を見下ろすように主張を述べているあいだも、小柄なワインバーガーはじっと黙って椅子に背を預けていた。
「われわれのプログラムを妨害する手段は何通りもあるが、この目玉のひん曲がったクソ野郎はその手段をすべて使っていやがる！」とクーパーは叫び、前のめりになってアンブローズの顔を指差した。[39]
「ボブ、腹を割って話そうじゃないか」とワインバーガーはクーパーに言った。
そしてワインバーガーはアンブローズのほうを向き、たずねた。「ジム、彼の話は本当かね？」アンブローズは弁解を始め、陸軍の予算を守るためにやったことだと説明した。クーパーの主張したとおりだった。
「いいかい、ジム。このプログラムは実行することに決まっている。DARPAと協力してね」

とワインバーガーは述べた。[40]

今日に至るまで、アトキンスはそれがなんのプロジェクトだったのかを語ろうとしていない。しかし、その三〇年後、ウサマ・ビン・ラディンの殺害作戦で、陸軍のステルス・ヘリコプターが海軍の特殊部隊をパキスタンへと運んだのは事実だ。その時点で、DARPAのアトキンスの部局から誕生した別の航空機、つまりカレームの無人機の派生機は、もう一〇年近くもテロリストの捜索と殺害を続けていたのだ。

一九八〇年代が進むにつれ、レーガン大統領のテクノロジーに対する楽観的な見方はペンタゴンやDARPAに広く浸透していった。かつてなら妄想として片づけられていたようなプロジェクトが、突如として、ミサイル防衛に懐疑的なクーパー局長にとってさえ現実的に見えはじめたのだ。一九八三年四月、レーガン大統領がスター・ウォーズ計画を発表したわずか数週間後、かの有名なデュポン家のひとりが極超音速スペースプレーン計画について話をするため、クーパーのもとへやってきた。絶好のタイミングだった。宇宙ベースのミサイル防衛シールドを構築するには、衛星や兵器などを軌道上にすばやく低コストで投入する必要がある。その作業は、少なくとも理論上はスペースプレーンの得意分野だ。ロケットの打ち上げ計画に数カ月をかける代わりに、スペースプレーンなら好きなときに軌道上までひとっ走りし、地球へ戻ってきて滑走路に着陸できる。「これこそDARPAにおあつらえ向きの作業だ」とクーパーは熱狂した。[41]

その人物、トニー・デュポンは、一家の名を冠する世界的な化学会社「イー・アイ・デュポン・ド・ヌムール・アンド・カンパニー」（略して「デュポン」）には関与していなかったが、起業家精神は受け継いでいた。彼はパンアメリカン航空の元パイロットで、その後は航空宇宙エンジニアとして一〇年以上ダグラス・エアクラフト社に勤めた経験を持つ。同社で、彼はミサイルおよび宇宙システムを専門とし、燃え尽きることなく機体を地球の大気圏に再突入させる方法を研究していた。一九七〇年代、彼は独立してデュポン・エアロスペースを創設した。NASAと共同で極超音速エンジンを開発してなかなかの成功を収めたが、まったく新しいタイプの航空機をつくりたいという壮大な野望を胸に秘めていた。

そんなデュポンがDARPAにアイデアを持ちこむきっかけをつくったのが、戦略技術室の室長で将来のDARPA局長であるトニー・テザーだった。[42]テザーは大気圏外往還機（航空機と宇宙船の特徴を併せ持つ乗り物）に関する政府会議に出席していたとき、デュポンと会った。航空宇宙業界には、デュポンのことを自分のアイデアをしつこく売りこんでくる怪しいセールスマンととらえる人々もいたが、物腰が柔らかく真面目な印象のデュポンは、どんなに疑い深い人々の心もつかむ要領を身につけていた。SFファンだったテザーは、デュポンと彼の大胆なアイデアをたちまち気に入り、彼にボブ・クーパー局長を紹介した。[43]するとクーパーは、一匹狼の無人機設計者のエイブ・カレームを応援したDARPAのプログラム・マネジャー、ロバート・ウィリアムズにデュポンのスペースプレーン計画を託した。極超音速機は彼の専門分野ではなかったが、クーパーは想像力豊かなウィリアムズこそ「適任」だと判断した。のちにクーパーはその判断を悔やむはめになる。

スペースプレーンはまさしくDARPAの起源までさかのぼる大胆な野望だったが、[44]軌道に到達するために超音速で飛行するスペースプレーンを設計できるというデュポンの主張には、疑うべき理由もあった。ミサイルであれ航空機であれ、音の数倍のスピードで飛行できる極超音速機の開発は、航空宇宙エンジニアたちの長年の夢だった。極超音速航空機なら、一日がかりの旅ではなくふらりと列車に乗る感覚で、アメリカからヨーロッパまたはアジアへと移動できる。極超音速ミサイルなら、地球を四分の一周したところにある敵国を一時間ちょっとで攻撃できる。そして、デュポンの提案するような極超音速のスペースプレーンなら、乗員、人工衛星、兵器などをすばやく低コストで軌道上へと輸送できる。

このスペースプレーンを開発する鍵のひとつが、「スクラムジェット」と呼ばれる超音速燃焼ラムジェット・エンジンだった。一般的なロケットは酸化剤を搭載しているので、アメリカの「スペースシャトル」のような宇宙船は、液体酸素や液体水素を満載した巨大な燃料タンクとともに打ち上げる必要がある。一方のスクラムジェットは、大気中から空気を吸入する。最大の難点は、マッハ六前後の高速でしか機能しないという点だ。たとえ高速で飛行しても、エンジンを駆動させつづけるのは「台風のなかでろうそくの火を保ちつづけるのとそう変わらない」とあるライターは表現した。[45]

しかし、デュポンはそれを実現する設計が完成したと信じていた。彼のアイデアは、ロケット排気を流しこむエジェクターに囲まれた複合スクラムジェットを主な動力とするスペースプレーンを開発するというものだった。デュポンのエンジンは巨大な外部のブースターの代わりに小型のロケットを搭載し、スクラムジェットが作動して航空機を軌道へと送りこむのに十分な速度に達するまで、動力を供給しつづける。それは画期的な概念だったが、信じられないくらい複雑だった。

それまでの数十年間、スペースプレーンが開発されなかった理由は、コストと複雑さに加えて、そのような風変わりな技術が本当に必要なのかどうかが不明だったからだ。しかし、スター・ウォーズ計画の登場で、DARPAにはデュポンのアイデアを支援する動機が生まれた。近い将来、宇宙兵器を導入することを見据えていたペンタゴンにとって、デュポンのスペースプレーンは兵器を軌道上に送りこむ助けになるだろう。さらに、国防総省もこのスペースプレーンのために極秘のミッションを用意していた。

「やれそうかい？」とウィリアムズはデュポンにたずねた。[46]

「調べてみる」とデュポン。[47]

「興奮したよ。やっと誰かに興味を持ってもらえたんだからね」とデュポンは話した。彼はNASAのために行なった極超音速の研究に基づいて徹夜で計算を行なった。そして、以前に自身の構築したモデルから、ラムジェットがマッハ二五まで到達し、極超音速機を軌道まで運ぶことができるかどうかを推定した。数日後、彼はウィリアムズに連絡を入れ、こう伝えた。「実現できそうだ」

こうして、デュポンは滑走路から離陸してマッハ二五まで加速できるスペースプレーンの理論的な設計図を作成する名目で、ひとまず三万ドルばかりの研究契約を請け負った。その目的は、極軌道まで到達して地球に帰還できる最小のスペースプレーンを設計することだった。デュポンはちょうど会計年度が終了する一九八三年九月三〇日の午後六時、重量二二トン、ペイロード一・一トンのスペースプレーンの設計図を提出した。

すると、クーパーはデュポンのコンピューター・モデリングを発展させ、実機を設計するため、五五〇万ドルの提供を承認した。それがスペースプレーンの極秘開発プログラム「コッパー・キャニオン」の幕開けだった。[48]ウィリアムズとクーパーはすぐさまワシントンを回り、DARPAの計画についてホワイトハウスやペンタゴンの上級幹部たちに説明していった。

これまで、デュポンはこの仮想的なスペースプレーンが担おうとしていた極秘ミッションについて明かしていないが、二〇一三年のインタビューで、コッパー・キャニオンが音速の三倍以上で飛行できる偵察機「SR－71ブラックバード」の後釜を狙っていたという有力な証拠を示す事実を明らかにした。彼は極軌道到達がこの極秘ミッションの必須条件だったことを認めた。極軌道は、地球全体を観察できることから偵察衛星がよく用いる軌道だ。また、その極秘ミッションでは二名のパイロットが必要だった。「ひとりが心臓発作か胃もたれでも起こしたときのためさ」とデュポンは冗談を言った。[49]

DARPAはこのプロジェクトを議員たちにアピールしはじめた。このプロジェクトについて、DARPA局長のクーパーは議会の公聴会で、「地球を取り囲む偵察システム、いわばSR－71の進化版」と表現した。[50]また、ソ連の爆撃機に対する「長距離防空迎撃機」としても使用できると彼は述べた。SR－71はマッハ三というものすごい速度で飛行できたが、一時間以内に地球のあらゆる場所へと到達し、一〇分間だけ軌道をはずれて偵察を行ない、再び軌道に戻ってアメリカに帰還できる極超音速スペースプレーンと比べれば子どもだましにすぎなかった。そのための技術はすでにほぼ手中にあり、一〇年以内にはスペースプレーンを開発できるとクーパーは主張した。「この一年間で、われわれは上空二五万～三〇万フィートを最大マッハ二五で飛行することは可能だとみずからに言い聞かせてきました。これは地球の重力圏を脱出するのに必要な速度です」とクーパーは議員たちに語った。[51]

この「みずからに言い聞かせる」という言葉は、彼が何気なく使ったまさしく図星の表現だった。というのも、当時、航空機を軌道まで推進させるスクラムジェット・エンジンは、一度も飛行テストが行なわれていなかったからだ。それでも、レーガンのテクノロジーに対する楽観的な見方に影響を受けた議員たちは熱狂した。レーガンの科学顧問のジョージ・キーワースは、コッパー・キャニオンに関する一九八四年のホワイトハウス科学評議会での出来事をよく覚えている。普段ならかなり長引く議論が、「よし、やろう」の一言で終了したのだ。[52]

翌年、ウィリアムズはスペースプレーン計画についてワインバーガー国防長官に概要説明を行なった。ワインバーガーは黙って最後まで話を聞いたあと、一言だけ「面白い」と発言した。[53] 湯水のごとく国防に大金をそそぎこむレーガン政権下では、面白いだけで十分だったようだ。一九八五年、ワインバーガーはコッパー・キャニオンを主要計画として承認し、さっそく「X－30国家航空宇宙機」と命名。X－30は一九八〇年代のDARPAのもっとも有名な、そしてもっとも悲惨なプロジェクトのひとつとして後世に名を残すことになる。

一九八六年二月初頭、レイ・コラデイは国家航空宇宙機について話をするため、ホワイトハウス広報部長のパット・ブキャナンのもとを訪れた。当時、コラデイは国家航空宇宙機プロジェクトでDARPAと協力していたNASAの次長を務めていた。

ブキャナンは次のロナルド・レーガン大統領の一般教書演説についてコラデイと話がしたかった。コラデイは、国家航空宇宙機について触れている演説の一部分をブキャナンから見せられると、一目でゾッとした。ＤＡＲＰＡのコッパー・キャニオンの当初のコンセプトは、乗員がパイロット二名のみというものだったが、それでもそうとう野心的な計画とみなされていた。ところが、レーガンの原稿は極超音速の旅客機計画について言及していた。それはＤＡＲＰＡとＮＡＳＡが取り組んでいるものとは似ても似つかない内容で、しかも物理的に実現不可能だった。「こんなことを言うなんてありえない」とコラデイはこぼした。「まったくナンセンスだ」「いや、これで行く」とブキャナン。「このプログラムをアメリカ国民に理解できる形で伝える必要があるんだ[54]」

二月四日、ロナルド・レーガンは一般教書演説の冒頭で、つい先日のスペースシャトル「チャレンジャー号」爆発事故の犠牲者たちを讃えた。チャレンジャー号は打ち上げから七三秒後に爆発し、七名の乗組員全員が死亡。大統領はこの事故にもめげることなく宇宙開発を続けることを国民に誓った。すると次に、大統領は驚くべき発表を行なった。「政府は新たなオリエント・エクスプレスの研究を進める。九〇年代末までには、ダレス空港を離陸して音速の二五倍まで加速し、低軌道に到達、または東京まで二時間以内で到着できるようになるだろう[55]」

コッパー・キャニオンが小型のスペースプレーンからオリエント・エクスプレスへと成長したのは、レーガン政権下の冷戦の暴走を色濃く反映したものといっても過言ではない。宇宙兵器であれスペースプレーンであれ、テクノロジーに対するレーガンのビジョンは決して物理法則に縛られていなかった。ＤＡＲＰＡはこの「オリエント・エクスプレス」発言を純粋な恐怖をもって受け止めた。並大抵の機関なら、自分たちのプログラムが大統領の一般教書演説で取り上げられれば大喜びするだろうが、ＤＡＲＰＡは長年、水面下の活動から恩恵を受けていた。水面下で活動していたからこそ、ＤＡＲＰＡは国民の前で恥をかいたり議会から表立った追及を受けたりすることなく、ハイリスクなテクノロジー計画を成功させる（あるいは失敗させる）ことができた。それが今、レーガンは実験的な小型のスペースプレーンを国家の最重要課題へと位置づけてしまったのだ。

ＤＡＲＰＡで国家航空宇宙機プロジェクトを率いていたのは、同じくＤＡＲＰＡで無人機計画を成功へと導いたロバート・ウィリアムズだった。ウィリアムズは、スペースプレーンを成功させるには、大手軍需企業やＮＡＳＡが参加する巨大プログラムにすることが不可欠だと考えた。「テントのなかに小便をされるくらいなら、奴らをテントに入れて外に小便をさせるほうがいい」とウィリアムズはデュポンに言い、大手の企業や研究所を仲間に取りこむほうがプログラムにとってプラスになると説明した。[56] すぐに、ＤＡＲＰＡはマクドネル・ダグラス、ロックウェル・インターナショナル、ジェネラル・ダイナミクス、ロケットダイン、プラット・アンド・ホイットニーという五社の大手軍需・航空宇宙企業と、航空機やエンジンの開発契約を結んだ。「彼と私が揉めたのはその部分だ」と航空技術室のアレン・アトキンス室長は振り返る。「私は〝研究所とはかかわるな。ＮＡＳＡのほかの機関とはかかわるな〟と言った」[57]

結局、国家航空宇宙機はステルス機とは正反対のものとなった。巨大でずんぐりとした機体。いくつもの政府機関や大企業の関与。ステルス機の場合、当時のジョージ・ハイルマイヤー局長は空軍に試作機の開発資金を出させたが、ＤＡＲＰＡが管理するという点は絶対に譲らなかった。しかし、ウィリアムズはそれとほぼ逆のことをした。[58] 複数の機関や企業が参加すれば、予算削減から身を守る強力な後ろ盾になると考えたからだ。こうした彼の考えは、大統領の熱烈な支援が示すとおり、最初は正しかった。

ところが、プロジェクトに参加する企業や機関が増えるにつれて、国家航空宇宙機のサイズも膨らんでいった。重量二二トンの予定だったコッパー・キャニオンは、たちまち重量一一〇トンの怪物に化けた。多段式ロケットを使わずに軌道まで到達するには、それだけの大きさが必要だと参加企業は主張した。と同時に、二機の試作機の開発コストは一七〇億ドルまで増加した。[59]コッパー・キャニオンを発案したトニー・デュポンは、大手軍需企業に批判の矛先を向けた。「当初の設計に従えば、一ポンド（約四五〇グラム）あたり一〇ドルで軌道まで飛行できる」と彼は述べた。[60]

確かにそうかもしれないが、多くの航空宇宙エンジニアたちはデュポンのモデルを疑っていた。彼が最初に設計したスペースプレーンは、重量を浮かせるために着陸装置を計算に含めていなかった。また、軌道に到達するまでの燃料しか積んでいなかったので、大気圏に突入しても操縦が不可能だった。というより、操縦用のロケットも、その動力となる燃料もなかったので、そもそも操縦自体が不可能だったのだ。[61]別の設計者たちがこの欠陥を指摘すると、機体のサイズと重量は膨らんだ。それに伴って価格も。

一九八七年秋、ウィリアムズはあらゆる慣習を無視し、ハワード・ベーカー大統領首席補佐官に直接宛てて、国家航空宇宙機の予算削減に抗議する書簡を記した。政府の中堅官僚が慣習を無視した場合のお決まりの顚末として、その書簡はペンタゴンの上層部へと回され、巡り巡ってDARPA局長のデスクへと届いた。激怒したロバート・ダンカン局長はすぐさまウィリアムズを国家航空宇宙機プログラムのトップから解任した。[62]このスペースプレーンを承認したボブ・クーパー前局長は、政府の外部からその様子を見ていてゾッとした。「まるで自分の子どもがクスリをやりはじめるのを見ている気分だった」とクーパーは振り返った。[63]

ブッシュ政権下の一九八八年二月、ＤＡＲＰＡは国家航空宇宙機の管理権を空軍へと移譲した。このプログラムは、ダン・クエール副大統領の熱狂的な支持もあって、次期政権までもう五年間継続されたが、結局は中止となった。試作機の開発に二〇億ドル近くが投じられたこのプログラムは、ＤＡＲＰＡ最大の失敗のひとつとなった。[64] スペースプレーンが活躍するはずだったミサイル防衛システム「スター・ウォーズ計画」は、ＤＡＲＰＡが直接関与したわけではないにせよ、さらに悲惨な終焉を迎えた。戦略防衛構想局は、宇宙でレーザーを反射させるミラー衛星から、軌道上の小型特攻衛星（ＤＡＲＰＡの「狂気」のＢＡＭＢＩプログラムを彷彿とさせる）まで、破天荒な計画をいくつも追求した。三〇〇億ドルもの税金を投じた末、核兵器を無力化するシールドが実現する日はついに来なかった。[65]

一九八〇年代中盤になると、キャスパー・ワインバーガーの予測どおり、アメリカの軍事支出に必死でついていこうとしていたソ連がぐらつきはじめた。ただでさえ慢性的に不足気味だった消費財は、中央政府が軍に予算を回すといっそう入手しづらくなった。その間、アメリカの冷戦時の軍事支出はピーク時に三〇〇〇億ドルを超え、[66] 防衛費の急増から漁夫の利を得たＤＡＲＰＡは、ベトナム戦争中に開発された無人機などの小規模な実験プロジェクトを、大規模な兵器プロジェクトへと変身させた。しかし、成功したのはもっとも野心的なプロジェクトや高予算のプロジェクトばかりではない。前進翼機や奇妙な形状のＸウイング航空機（そしてその〝闇世界〟のプロジェクトであるステルス回転翼機）など、レーガン時代に推進された航空プロジェクトの多くは、最先端技術をはばむ空気力学の問題により、飛行にさえこぎ着けないまま終了した。[67]他方、イスラエル人航空機設計者のエイブ・カレームが開発した長期滞空無人機は成功したものの、それが判明したのはＤＡＲＰＡが手を引いたあとだった。

わずか一〇年あまりで、ＤＡＲＰＡは新たな進化を遂げていた。一九七〇年代初頭、ＤＡＲＰＡはジャングル戦の研究成果をソ連と戦うための技術へとつくり替えた。そうした技術が今では、秘密の兵器群を開発しようとするペンタゴンの計画の中心に据えられていた。ＤＡＲＰＡは潤沢な予算と政治的な支持から恩恵を受け、かつてないほど強力な組織として冷戦の終盤へと突入したようだった。ただ、ひとつだけ問題があった。ＤＡＲＰＡがさまざまな兵器を開発して戦おうとしていた敵国は、もうすぐ崩壊を迎えようとしていた。

# 第16章 バーチャル戦 1983—2000

戦闘シミュレーター「SIMNET」／ベルリンの壁の崩壊／人工知能開発／日本という「敵国」／ベンチャーキャピタル／湾岸戦争／シミュレーションの限界

一九八〇年代中盤、ワルシャワ条約機構はNATOの二・五倍の数の戦車を保有していた。[1] それは軍の戦争計画者たちの頭につきまとう不気味な統計だった。アナリストたちはこのソ連の優位がどれだけの意味を持つのかを話しあった。実際、ソ連は質よりも量を優先する傾向があり、アメリカはDARPAが開発したステルス機や精密誘導兵器など、先進技術の導入に力を注いでいた。それでも、ソ連の数の優位は無視しがたかったし、高度な技術は数に勝るという主張とは裏腹に、アメリカは西ドイツで開催されるNATOの戦車コンテスト「カナダ軍杯」で一〇年以上、優勝を逃しつづけていた。その意味は明白だ。同盟国との模擬戦でも勝てないとすれば、ソ連との本物の戦争で勝つ望みなどどこにあるだろう？

一九八七年、フォートノックス陸軍基地のある機甲士官が、DARPAの開発した新型シミュレーターをドイツに送るよう手配した。そこは米軍がカナダ軍杯に向けて訓練を行なっている場所だった。参加国は事前に演習場で練習することは認められていなかったが、訓練用の装置を使うことは認められていた。DARPAは自身の開発した新型シミュレーター「SIMNET」を四台と、演習場と標的の忠実なグラフィック・モデルをドイツに送った。[2]

ＳＩＭＮＥＴのグラフィックスはそれほど目を惹くものではなく、一九八〇年代当時のアーケード・ゲームと五十歩百歩だった。ＤＡＲＰＡは開発の初期段階で、軍事シミュレーションでは忠実度、つまりグラフィックスのリアルさは必ずしも重要でないと結論づけていた。兵士はテレビゲームをしているわけだから、不信をいったん脇に置くことができるのだ。むしろ、シミュレーターに必要なのは「厳選された忠実度」、つまり訓練にとって重要な要素だけに力を入れることだった。そこで鍵となるのがシミュレーターのネットワーク化だ。そうすれば、現在オンラインゲームの世界でユーザーがインターネット経由で見えない敵と戦っているのと同じように、兵士たちは共同で訓練を行なうことができる。

ネットワーク・シミュレーターのアイデアは、産業心理学の博士号を持つ空軍士官、ジャック・ソープの発案だった。ソープは長年、空軍にもっとシミュレーションを活用してもらうすべを探っていた。冷戦中、空軍は戦争に備えた練習を積んでいたが、大規模な実戦形式の練習はほとんど行なわれなかった。実戦では、数百機もの航空機が事前に計画できないような方法で連携し、動きを合わせる必要が出てくる。その点、シミュレーションには明らかなメリットがあった。高額なコストをかけることなく訓練を行なえるし、生で演習するには危険すぎる戦術を試すこともできる。しかし、シミュレーションでは、大規模な航空作戦や絶えず変化する戦略など、戦争の初期の局面を再現する方法がなかった。

さかのぼって一九七八年、ソープは今後二〇年のシミュレーションの姿について考察するホワイトペーパーを同僚たちに回覧した。彼はそのなかで、「数値処理の大幅な飛躍が十分な計算能力を生み出すだろう。安価で強力なコンピューターは、訓練システムとその相互接続ネットワークを普及させるはずだ」と予測した。[3] 空軍はすでにフライト・シミュレーターを利用していたが、そのシミュレーターどうしをネットワーク上で結びつけ、パイロットたちが共同で戦闘訓練を積めるようにするというのがソープのアイデアだった。彼の記憶によると、人々の反応は肯定的だったが、明確な肯定というわけではなかった。「うん、なかなかよさそうなアイデアだ。でも、実際にどうやって実現するんだ？　そのためのシミュレーター・ネットワークをどうやって構築する？」[4]

そのわずか数年後の一九八一年、ＤＡＲＰＡのベテラン科学者のクレイグ・フィールズが、シミュレーション研究を進めるため、ソープをＤＡＲＰＡにスカウトした。当時はＡＲＰＡＮＥＴの最盛期で、全国のコンピューターがネットワークで接続され、人々の仮想的な交流を実現していた。ＤＡＲＰＡのコンピューター科学研究に深くかかわっていたフィールズは、同じ技術をソープのシミュレーターのネットワーク化にも使用できると気づいた。シミュレーターは基本的にコンピューターであり、大規模なシミュレーター・ネットワークの構築は、一種のコンピューター・ネットワーキングの問題だった。一九八三年のある日の午後、ソープとフィールズはさまざまな場所のシミュレーターを結びつけ、仮想的な戦闘の世界をつくり出す方法をスケッチした。しかし、最終的にＤＡＲＰＡのアイデアに乗ったのは空軍ではなく陸軍だった。世界初のシミュレーター・ネットワークは、航空機ではなく戦車向けのネットワークだった。その年、ＤＡＲＰＡは陸軍と共同でＳＩＭＮＥＴ（シミュレーション・ネットワーキングの略）の開発に着手する。[5]

こうして、ＤＡＲＰＡの発明であるパケット交換とコンピューター・ネットワーキングを用いて、仮想環境で戦車シミュレーターどうしを結びつける予算三億ドルの研究プロジェクトが始まった。

　ＳＩＭＮＥＴの真の革命は、戦場の正確なレプリカを構築したことではなく、仮想世界での人々のやり取りを実現したことだ。ＳＩＭＮＥＴ以前のシミュレーターは、ひとりプレイのアーケード・ゲームのようなものだった。戦争の訓練を行なえるといっても、相手はコンピューターだし、一九八〇年代特有のさまざまな制限もあった。しかし、ＳＩＭＮＥＴの登場により、生身の兵士がほかの戦車を操縦する仮想的な戦場のなかで、訓練を積めるようになったのだ。

　ＳＩＭＮＥＴのおかげで、オンラインゲームが商業化されるはるか前に、陸軍の戦車兵たちは仮想環境のなかで〝遊べる〟ようになった。そして一九八七年、カナダ軍杯史上初めて、米軍が優勝をもぎ取った。同年、世界初の戦車シミュレーター・ネットワークが米陸軍に配備され、一九八九年秋までに国内の基地に六つのＳＩＭＮＥＴセンターが設けられた。[6] ＳＩＭＮＥＴが配備され、戦車兵の訓練に使用されはじめた直後、ワルシャワ条約機構は崩壊、ヨーロッパにおける戦車戦シナリオは半ば終わりを迎えた。それでも、ＳＩＭＮＥＴの技術的な成功がＤＡＲＰＡの新しい方向性を切り開いたのはまちがいない。ＤＡＲＰＡの次なる目標は、コンピューターを用いて本物の戦争を人工的につくり出すことだった。

　一九八九年春、一連の革命が鉄のカーテンの背後の国々を席巻し、五〇年近い共産党の一党支配が終わりを迎えた。東西ドイツを隔てていたベルリンの壁は崩壊し、フルダ・ギャップは第三次世界大戦の仮想的な戦場から、ドイツの田園地帯に広がる平凡な低地にすぎなくなった。何十年も前からヨーロッパの戦場でワルシャワ条約機構軍と対峙することに命を懸けてきたペンタゴンにとって、一九八九年は分水嶺だった。当時、ソ連に起ころうとしている出来事は誰にも知る由がなかったが、ソ連の経済の骨組みが崩壊しつつあることは明白だったし、ソ連の政治局は技術兵器の開発でアメリカの先を越すことよりも、ますます暴走していく加盟国をなだめることに必死だった。ソ連が最終的に崩壊するのはその二年後のことだが、ハイテク兵器分野におけるアメリカのライバルとしては、もう死んだも同然であった。

こうした戦局の変化は、ソ連の技術に追いつく目的で創設されたＤＡＲＰＡ自体の変化ももたらした。一九八九年七月、一九七四年以来のＤＡＲＰＡ職員で、ＳＩＭＮＥＴ構築に貢献したクレイグ・フィールズが、ＤＡＲＰＡ局長に指名された。[7] 新局長のフィールズは、よい意味でも悪い意味でも、まわりの強烈な反応を誘う名人だった。フィールズを指していちばんよく使われる単語は「聡明」だった。彼は科学やＤＡＲＰＡのプログラムに関する事細かな知識で、軍や情報機関の当局者をたびたびうならせた。二番目によく使われたのは「辛辣」だ。[8] フィールズはバカ者には容赦しなかったし、ペンタゴン、議会、ホワイトハウスの全員をバカ者扱いしていた。フィールズは局長になるまで一五年間ＤＡＲＰＡに勤めていたが、「科学」系の部局に在籍していたので、ペンタゴン上層部との交流はあまりなかった。彼は喜んでペンタゴンと距離を置いた。「ＤＡＲＰＡがペンタゴンから移転したのは大成功だと思う。延々と書類を記入しなくてすむしね」と彼はのちのインタビューでベトナム戦争後のＤＡＲＰＡ追放について振り返った。「なんという成功だろう！」[9]

フィールズは、ＤＡＲＰＡの未来は軍艦や軍用機ではなくエレクトロニクスやコンピューターにあると考えていた。一九六〇年代から七〇年代にかけて、DARPAはパーソナル・コンピューティングや現代のインターネットの礎を築いたが、一九八〇年代初頭を迎えるころには、DARPAのコンピューター科学研究はすっかりしぼんでしまっていた。ARPANETは国防通信局へと移転し、その後のDARPAの局長たちはコンピューター科学部門に即戦力となるような軍事技術の開発を求めた。J・C・R・リックライダーと親しかったフィールズは、一九八〇年代、DARPAが再びコンピューター科学に本腰を入れるきっかけをつくった。そのひとつが、一〇億ドル規模の人工知能開発計画だ。冷戦という大義名分を失ったDARPAは、巨額の支出増を正当化するため、日本に目を向けた。一九八一年、日本が人工知能の開発を目的とした「第五世代コンピューター」プロジェクトを発表すると、有能な通商産業省が主導する日本国経済が新たな敵として掲げられた。「われわれはことあるたびに日本人を最大の宿敵として持ち出し、どんな手段を使ってでも日本人を追い越さなければならないと言いつづけた」と当時の局長のボブ・クーパーは振り返る。[10]

「どんな手段を使ってでも」という台詞はまさしくそのとおりだった。クーパーは、それが策略であり、日本人を便宜的に敵とみなしたことを非公式にとはいえ認めた。こうして、DARPAは予算一〇億ドル、一〇年がかりの人工知能開発計画「戦略コンピューティング・イニシアティブ」を策定した。[11] それはDARPAにとってARPANET以来最大の、そしてもっとも野心的なコンピューティング分野への投資だった。この計画は、コンピューティングがアメリカの経済を救うと信じていた技術通の若手民主党員たち（通称「アタリ・デモクラット」［アタリは囲碁用語の「アタリ」にちなんで名づけられたアメリカのビデオゲーム会社の名前］）を魅了するだけでなく、アメリカの覇権を脅かす存在に気を揉んでいた共和党員たちからも合格点を得るだろう。クーパー局長はみずから日本じゅうを回り、日本を叩くための材料を集めた。「私は帰国するなり、議員たちとの個人的な会話でそれを使った。平然とね」とクーパーは自慢げに語った。[12]

こうして資金を掻き集めることには成功したものの、人工知能の開発へと続く冒険の道のりは、たちまち数々の技術プロジェクトの失敗で埋め尽くされた。DARPAは超並列処理に基づくスーパーコンピューターを開発する会社「シンキングマシンズ」に資金提供したが、政府との契約が途絶えると同社は破産に追いこまれた。『スター・ウォーズ』でR2‐D2がXウイング戦闘機に乗るルーク・スカイウォーカーを支えたように、会話や思考を通じて航空機パイロットを支援するコンピューター・プログラム「パイロッツ・アソシエート」(＝パイロットの相棒)も、失敗に終わった。[13]自律走行する「スマート・トラック」は岩と影の見分けがつかなかった。結局、予算一〇億ドルの人工知能開発計画は当初の目標を何ひとつ実現できなかった。一九八九年には、『ニューヨーク・タイムズ』が早くもこのプログラムの事後分析記事を発表した。その記事は、DARPAの研究が当初の人工知能のビジョンとはかけ離れたものになってしまったことを伝えながら、DARPAが戦略コンピューティング・イニシアティブ最大の目標だった「自律走行地上車両の研究を断念しつつある」と断定した。[14]このプログラムを立ち上げ、ずっと擁護してきたクーパーは意気消沈した。「私の心のなかではもう終わっている」と彼は言った。[15]

DARPAは人工知能の開発を断念したが、日本は依然として都合のよい好敵手だった。ワルシャワ条約機構の崩壊により、一九八九年にはワシントンの政策通たちの照準はソ連から日本へと移りかけていた。ただし、評論家たちが警鐘を鳴らしていたのは、核の勢力均衡ではなく、一九八九年時点で五〇〇億ドル近くにまで膨らんでいた対日貿易赤字についてだった。[16] 日本の台頭と米国の衰退に対する恐れは、財政赤字と景気停滞がアメリカを負のスパイラルに陥れつつあると予測したイェール大学教授のポール・ケネディの著書『大国の興亡』をベストセラーへと押し上げた。「日本と米国は友好国として互いを必要としているが、両国のあいだには根本的な利害の対立がある。両国の利害の対立に見て見ぬふりをするよりも、真正面から向きあうほうがいいだろう」とジャーナリストのジェームズ・ファローズは『アトランティック・マンスリー』誌で論じた。「この対立の元凶は、一方的で破壊的な同国の経済力の拡大を抑制できない、あるいは抑制しようとしない日本の側にあるのだ[17]」

ロナルド・レーガン政権下の一九八〇年代の規制緩和は、産業の管理における政府の役割をめぐって国民的な議論を呼んだ。声高な民主党員グループは主要産業の支援に賛成した。一九八〇年代終盤になると、ジョージ・H・W・ブッシュ政権へと移行したホワイトハウスと議会が、「産業政策」という含みのある言葉をめぐって論戦を繰り広げていた。政府は的を絞った投資を通じて民間部門を刺激するべきなのか？　民主党上院議員で技術通のアル・ゴアは、政府がスーパーコンピューターなどの基幹分野に投資することに大賛成だったが、一方の共和党員たちは最終的に勝るのは自由市場だとして、意図的に「勝者と敗者を選ぶ」ことに猛反対した。

ＤＡＲＰＡは、民主党議員のサポートを得て密かにこの議論に加わっていた。ＤＡＲＰＡは半導体研究を促進する目的で一九八〇年代に設立された半導体メーカーのコンソーシアム「セマテック」に資金を提供していた。[18]『ニューヨーク・タイムズ』紙は一九八九年三月の記事で、Ｄ

ARPAを日本の通商産業省にたとえた。「多くの産業がアジアやヨーロッパのライバルと互角に渡りあうため、政府の支援を求めているなかで、DARPAがその隙間を埋め、日本の通商産業省にもっとも近い存在になろうとしている。日本の産業プログラムを取りまとめている通商産業省は、日本がこれほどの競争力を身につけた立役者といわれている」と記事は記した。「DARPAは半ば自主的に、アメリカのハイテク産業に対するベンチャーキャピタリスト的な役回りへと進みつつある[19]」

それでも、一九八九年にDARPAの新局長となったフィールズは、このベンチャーキャピタリストの役割を喜んで受け入れた。彼はアメリカ産業が超伝導体分野でリードを保つ後押しになるとして、ハイビジョン・テレビ市場に狙いを定めた。フィールズはDARPAを産業政策の先頭に立たせたかった。たとえホワイトハウスのビジョンに背くとしても、アメリカを世界経済で優位に立たせるような軍民両用技術を開発したかった。議会はDARPAの要請を受けて、国内のハイビジョン・テレビ産業の促進に二〇〇〇万ドルを投じる計画を承認した。フィールズにとって、消費者家電は軍事システムの主要な要素でもある半導体の分野でアメリカのリードを保つのに必要だった[20]。前DARPA局長のレイ・コラデイによると、フィールズは消費者家電への投資に熱心だったが、その一方で無知でもあった。「フィールズは民間の企業やビジネス、あるいは製品ラインを指揮した経験がなかった。だから、ひとつのテクノロジーを人々の買いたくなるような製品へと変えることの難しさを実感として理解していなかった[21]」

一九八九年、大統領に就任したジョージ・H・W・ブッシュは、市場への政府干渉をいっさい認めない共和党の理想主義者を絵に描いたような人物だった。ワシントンの政治的な空気を読みそこねたフィールズは、産業政策を声高に支持しつづけた。フィールズをよく知るＤＡＲＰＡの関係者たちにとって、時の政権と真っ向から対立する立場を貫こうとする彼の決意はそう意外なものではなかった。彼の破滅の原因は、シリコンチップに代わると考えられていたガリウム砒素チップという技術だった。ガリウム砒素チップは、製造にコストがかかるうえ、製造基盤が未発達だったが、シリコンと比べて高速、効率的で、放射線耐性が高いといった軍にとって特に魅力的な性質を備えていた。[22] ＤＡＲＰＡは過去にもガリウム砒素を助成したことがあったが、フィールズは産業支援という自身のビジョンを実現するためのテストケースとしてこの技術を利用したいと考えた。そのためには、ガリウム砒素企業に投資するべきだと彼は判断した。

フィールズが産業政策に首を突っこもうとしていたころ、ＤＡＲＰＡの主任法律顧問のリチャード・ダンは、ＤＡＲＰＡが官僚的な手続きを回避するすべを探っていた。そんな彼が自分の考えを押し通す機会として目をつけたのが、ペンタゴンに契約慣行の見直しを要求していた軍の元上級幹部たちだった。アメリカのミサイル計画の生みの親であるバーナード・シュリーヴァー空軍大将を含めた数人の元士官たちは、上院の軍監督委員会の有力メンバーだったサム・ナン上院議員と面会した。すると、議会はすぐさまＤＡＲＰＡに「その他の取引」と呼ばれる活動に関与する法的権限を与えた。[23] それは、ごくごく単純にいえば、ペンタゴンが一般的な軍事契約に付随する山のような政府規制を回避し、研究企業に資金を提供するための手段だった。

フィールズは、新たな法的権限を、ＤＡＲＰＡがベンチャーキャピタル会社のような役割を果たす絶好のチャンスとしてとらえた。まず彼が目を向けたのは、ガリウム砒素について研究する会社「ガゼル・マイクロサーキッツ」だった。ＤＡＲＰＡがこの新しい法的権限を行使するのは初めてだったので、ダンはまず数十万ドル程度の小さな契約をいくつか試してみるべきだと主張した。ところが、フィールズはどうしてもガゼルをテストケースにしたかったので、当時国防研究技術局長としてDARPAを監督していたチャールズ・ハーツフェルドにアイデアを持ちこんだ。[24] ハーツフェルドは大賛成した。

ガゼル・マイクロサーキッツはすでに一〇〇〇万ドルを調達しており、フィールズはDARPAを投資機関として扱ってほしいと考えていた。そこで、彼は作業範囲記述書［プロジェクトなどの作業範囲、成果物、納期、タイムラインなどを厳密に定めた文書。斬新さや成果よりもプロセスの厳密性を重視するアメリカの政府契約でよく用いられる］を作成しないようダンに命じた。「ベンチャーキャピタルで成り立つ会社に資金を提供するのであれば、ベンチャーキャピタル投資のような形にしたほうがいい、と彼は考えていた」とダンは述べた。この契約にかかわったDARPAの科学者、アラティ・プラバカーは、ガゼル社の重役会議に同席した。「彼女はふつうのプログラム・マネジャーとはまったくちがうふるまいをしていた。まるで内部の人間だった」とダンは振り返る。[25] 彼の気がかりは契約のあいまいさだった。彼はプラバカーに相談した結果、DARPAの資金を研究開発用としっかり明記し、DARPAを投資という概念から切り離すのが得策だと判断した。しかし、それはあとの祭りだった。一九九〇年四月九日、DARPAはプレスリリースで、一二カ月間にわたる四〇〇万ドルの契約をガゼルと結んだことを発表した。「DARPAとガゼルとのあいだの契約は、従来型の契約や助成以外の革新的な方法で最先端の研究開発を支援することを認めるDARPAの新たな権限に基づいて結ばれた最初の契約となった」とプレスリリースはつづった。[26]

契約の内容は、ガゼルが一ギガビット毎秒を上回る高速のガリウム砒素チップを設計し、DARPAが投資の見返りとしてガゼルの研究成果や特許へのアクセスを得る、というものだった。プラバカーは、この契約をDARPAの新たなビジネス手法と称賛した。「ガゼルはかつてなら有益な協力関係を築けなかった企業の典型です」と彼女は言った。[27]ところが、『ニューヨーク・タイムズ』がこの話を取り上げたとき、この契約はフィールズが主張したとおり「投資」として位置づけられた。「国防総省が自身の高等研究部門を通じてシリコンバレーの新興企業に初めて事実上のベンチャーキャピタル投資を行なった」と記事は報じた。[28]すると突然、ホワイトハウスから説明を求められた。フィールズはパニックを起こし、「今すぐ契約書を持ってきてくれ」とダンに命じた。大急ぎで契約書に目を通した彼は、ダンとプラバカーがつけ加えた作業範囲記述書を見つけ、胸をなで下ろした。「おお、ありがたい[29]」

フィールズは、彼が除外しようとしていた作業範囲記述書という言葉が入っていることで、DARPAの行為がガゼルへの出資だという誹りを受けずにすむと思った。しかし、すでに手遅れだった。ダンが記した未公表のDARPAの歴史によると、ディック・チェイニー国防長官は、ガリウム砒素などの軍民両用技術を「表立って支援するフィールズ博士の行動をいささか不愉快に思っていた」という。[30]しかし、それ以上に不愉快に思っていたのがホワイトハウスと大統領だった。

あるとき、DARPAのデニス・マクブライドというプログラム・マネジャーがフィールズと面会するために待っていると、ホワイトハウスの弁護士団が続々とフィールズの執務室に入っていった。「デニス、悪いがまた今度にしてほしい。ホワイトハウスの弁護士が彼と話をしたいと言っているもので」と秘書は告げた。帰りがけ、マクブライドはフィールズに解雇が言い渡される声を聞いた。「クレイグ、あんな記者会見は開くべきでなかった」と弁護士のひとりが言った。「ブッシュ大統領は君のことを買っているが、君はその大統領の顔にツバを吐いたんだ」。ペンタゴン当局者の当初の話によれば、フィールズはペンタゴンの別の職につく「チャンスを与えられた」という。[31]それは彼の面目を保つためのオファーだった。しかし、DARPA局長の座を奪われた数週間後、フィールズはひっそりとペンタゴンを去った。彼はこの一件に関してノーコメントを貫いている。およそ二〇年後、DARPAの委託したインタビューでこの件についてたずねられたときも、彼は一言だけこう答えた。「公式の記録を当たってくれ」[32]

フィールズが解雇されようとしていたとき、ハーツフェルドはカリブ海で妻とスキューバダイビングを楽しんでいた。ハーツフェルドはその少し前、大望を抱いてペンタゴンに戻ってきたばかりだった。かつて国防研究技術局長といえば、ペンタゴンでも有数の要職だったが、今では立派な執務室を持つ高級官僚のひとりにすぎなくなっていた。というのも、一九八六年秋、大統領がゴールドウォーター＝ニコルズ国防総省再編法に署名したからだ。これは一九四七年の国家安全保障法以来最大となる軍の再編であり、各軍の連携不足に関する長年の議論の集大成ともいえる法律だった。とりわけ、新たに誕生した調達担当国防次官が「兵器調達の最高責任者」となり、国防研究技術局長は二流の役職へと格下げされた。すると、当時の国防研究技術局長のドナルド・ヒックスが抗議の印として辞職した。[33]これは単なる言葉上の変更ではなかった。実際問題として、DARPAはペンタゴンの二流職員の下につくことになったのだ。

本来、国防研究技術局長に就任したハーツフェルドは、DARPAと国防総省の上層部を直接結ぶ窓口になるはずだったが、気がつけば重要な意思決定から締め出され、国防長官とのつながりも失っていた。ハーツフェルドが休暇から戻り、DARPAの数キロメートル先、ペンタゴンのEリングにある執務室に入ると、彼の軍事補佐官が「クレイグが解雇されたのはご存知で？」とたずねた。[34] 初耳だった。誰にも知らされていなかったからだ。このエピソードは、冷戦末期のDARPAの役割、そして軍事科学技術全般の役割を如実に物語っている。DARPAは再び、明確な目標も、政治的な支持も、そして当面は局長さえも失ってしまった。冷戦中のDARPAの発明が続々と戦場に姿を現わすなか、DARPAという組織はじりじりと戦争から遠ざかって、いや、遠ざけられていったのだ。

一九九〇年八月二日、およそ八万八〇〇〇人のイラク軍兵士が産油国のクウェートに侵攻した。イラク指導者のサダム・フセインは、国際社会から制裁や非難を受けても撤退に応じる様子を見せなかった。すると、それから半年足らずの一九九一年一月一七日未明、アメリカが先頭に立って攻撃を開始。陸軍の八機のAH‐64アパッチ・ヘリコプターがサウジアラビア側から国境を越えてすばやくイラクに侵入し、入念なリハーサルを積んでいた作戦を実行した。[35] その目的はイラクの主要なレーダー基地を破壊し、空軍の航空機のために安全な空路を開拓することだった。「地対空ミサイルをなんとかしなければ、戦闘機が安全に飛行できる空路を築くことなどできない」と当時のDARPAのシミュレーション研究を担当していたデニス・マクブライドは説明した。「まずは地対空ミサイル基地を破壊する必要があった」[36]

攻撃の前、アラバマ州フォート・ラッカーにあるDARPA製のシミュレーション・システムがアメリカ中央軍のシステムと接続され、イラクの防空システムを破壊するための戦術が検討された。それはマクブライドいわく「匍匐《ほふく》飛行」作戦と呼ばれるもので、ヘリコプターはレーダーの探知を逃れるため、地表すれすれを飛行する必要があった。シミュレーションはこの作戦の弱点を検証する唯一の手段だった。この戦争の指揮官であるノーマン・シュワルツコフ陸軍大将は、アメリカ中央軍の本部でシミュレーションを検証した。「われわれはシミュレーション内でこの作戦を例示化し、〝これは名案だがこっちはよくない〟とか〝その理由はこうだ〟とか言いながら、調整を繰り返した」とマクブライドは振り返る。「彼はシミュレーション機能を利用して、個人的に最初の作戦を練った[37]」

一月一七日の午前二時すぎ、アパッチはＤＡＲＰＡのシミュレーターで計画を練り、サウジアラビアの砂漠でリハーサルしたとおりに、イラクの防空基地へと接近し、次々と破壊していった。数時間後、ＤＡＲＰＡの試作機「ハブ・ブルー」から生まれた空軍のステルス機「Ｆ‐１１７ナイトホーク」が、こうして開拓された空路を無事に飛行した。Ｆ‐１１７は一発目の爆弾でイラクの空軍基地を破壊し、二発目でバグダッド中心部の通信拠点を壊滅させた[38]。

それから六週間足らずで、初の「ジョイントスターズ」航空機（ＤＡＲＰＡが後援した航空機搭載追跡レーダー・システム）がクウェートから脱出しようとするイラク軍車両の長蛇の列を発見し、データを攻撃機に直接伝えた。およそ二〇〇〇台のイラク軍車両が破壊されると、その道路は「死のハイウェイ」と名づけられ[39]、『エアフォース・マガジン』誌はＤＡＲＰＡの航空機搭載レーダーを「砂漠の嵐作戦の影の立役者」と称賛した[40]。結果として、湾岸戦争はワルシャワ条約機構の巨大部隊と戦うべく開発されたＤＡＲＰＡのテクノロジーの価値を証明した。シミュレーターは戦争計画を練るのに役立ち、Ｆ－１１７ナイトホークは見事に空爆を実行した。ＤＡＲＰＡの「アサルト・ブレイカー」プログラムから生まれたジョイントスターズは、まだ試作機の段階だったが、早くも軍の戦闘方法を一変させていた。それでも、ペンタゴンの幹部たちは、ＤＡＲＰＡの野心的な新プロジェクトに興味を示さなかった。

「魔法のような発明はもう必要ない」と統合参謀本部の幹部のジョージ・リー・バトラーはフィールズの後任のＤＡＲＰＡ局長、ヴィクター・レイスに告げた。「必要なのは基本的にコスト削減につながるものだ。これから予算が減るのは目に見えているからね」[41]。当時は湾岸戦争が終結したばかりだった。レイスによれば、それまでステルス機や先進レーダーなど、革命的な技術の開発に命運を懸けてきたＤＡＲＰＡにとって、彼の見解はちょっとした「カルチャーショック」だったというが、それが新たな現実でもあった。湾岸戦争はＤＡＲＰＡの過去二〇年間のイノベーションの価値を実証し、その評価を高めたが、当時のペンタゴンがコスト削減に主眼を置いていたこともまた事実だった。

湾岸戦争の終結から数日後、レイスはＤＡＲＰＡのシミュレーション研究を切り開いたプログラム・マネジャー、ジャック・ソープから電話を受けた。一九九〇年を迎えるころには、ＳＩＭＮＥＴプログラムも終了し、長年ＤＡＲＰＡ随一の発想力を持つプログラム・マネジャーとみなされていたソープは一線を退いていた。お役所主義とは無縁なＤＡＲＰＡのなかでさえ、ソープは規則をねじ曲げる人物として有名だった。あるとき、軍事施設の新設には必ず議会の事前承認が必要だとして、ケンタッキー州フォートノックスにあるＤＡＲＰＡのシミュレーター施設に法律違反の疑いが向けられると、彼はトレーラー用の連結具を取りつけ、暫定的な構造物にすぎないと訴えた。[42] 一九九一年になると、一〇年間なんとかDARPA職員としてとどまっていたソープは、ヨーロッパの小さなオフィスで働いていた。「一種の左遷だった」とレイスは振り返った。[43]

そのとき、ソープはDARPAの「コスト削減」ビジョンと一致するアイデアをひらめいた。そのほんの数日前、湾岸戦争で大規模な戦車戦があった。ソープはその戦闘をコンピューターの仮想世界で再現したかった。それは前例のない試みで、訓練のコスト削減にもなりうる。しかし問題は、いまだ戦車があちこちで燃えているイラクの戦場へと科学者を派遣しなければならないという点だった。「何かできることがあると思う」と彼はレイスに言った。「だが、そのためには現地に行く必要がある」

レイスは彼のアイデアに将来性を感じた。シミュレーションの本質はコスト削減だ。実物の燃料や練習場にお金をかけるよりも、テレビゲームのような環境で訓練するほうが安上がりだからだ。「いいとも」と局長はソープに言った。こうして、DARPAは冷戦後のもっとも野心的なプロジェクトのひとつに着手した。それは戦場の残骸から収集したデータに基づき、生の戦争を仮想世界で再現する試みだった。

通常、大規模な戦闘が終わると、陸軍の歴史家たちが戦場に派遣され、戦闘の参加者にインタビューを行ない、実際に起きた出来事を文書に記録していく。ソープはシミュレーションの専門家を戦場に派遣し、燃え尽きた戦車のあいだを歩き、現地で戦った米兵にインタビューし、そのデータをSIMNETのバーチャル・リアリティの世界に入力したいと考えていた。そうすれば、戦闘全体をシミュレーター内で再現し、再生できるし、何よりシミュレーターどうしをネットワーク上で接続し、データパケットをやり取りすることで、人々が参加者となって戦闘を再演できる。「まるで生きた歴史だ」とソープは指摘した。[44]

ソープはこのアイデアを陸軍参謀総長のゴードン・サリヴァン将軍に提案した。サリヴァン将軍が第七軍団司令官のフレデリック・フランクス中将に相談すると、彼はDARPAにゴーサインを出し、シミュレーション材料として第二次世界大戦以来最大の戦車戦である「73イースティングの戦い」を選んだ。戦いは一九九一年二月二六日に勃発した。砂嵐の吹き荒れるなか、アメリカの第二機甲騎兵連隊は逃走中のイラクの精鋭部隊「共和国防衛隊」と遭遇した。それから数時間、米軍部隊は数十台の戦車、装甲兵員輸送車、トラックを破壊していった。「73イースティング」という名称は、イラク軍が壊滅させられた砂漠内の東経線上の位置に由来する。

その二日後、ブッシュ大統領は停戦を宣言し、湾岸戦争は終結した。この戦いから一週間足らずのうちに、DARPAの支援する研究者チームがペルシャ湾に到着し、戦場へと移動した。彼らは米兵にインタビューを行ない、一分単位で現場の出来事を思い出してもらった。「砂漠にはまだ車両の通った跡が残っていた。爆破されたイラクの車両もすべて残っていて、実際に確かめることができた」と語るソープ。「陸軍のエンジニアが爆破された戦車一つひとつの正確な位置や破壊の状況を記録していった。砲塔は吹っ飛んでいるか？　だとしたら、どの方向に？」[45]

研究者チームはアメリカに帰国すると、部屋にこもり、ボードのあちこちに付箋紙を貼りつけていった。事件現場の状況から実際の出来事を再現する刑事よろしく、科学者たちは戦闘全体を組み立て直していった。作業には一年を要したものの、前例のない成果につながった。実世界の戦闘がコンピューター上でインタラクティブに再現されたのだ。戦闘の好きな時間、好きな場所にズームインできる「魔法のじゅうたん」機能も搭載していた。「シミュレーション内に入りこみ、戦場を観察し、戦闘を再生することができる。全員の位置や砲撃の対象を確かめたり、車両の内部に入ったり、秒速一マイルで飛ぶ砲弾に乗ったりすることもできる」とソープは言った。[46]

誰に聞いても、73イースティングの戦いのデジタル・シミュレーションは技術的に成功だった。ソープは実行中のシミュレーションや戦闘に参加した兵士たちのインタビューを収めた動画の制作をハリウッドに依頼し、兵士たちは口々にそのリアルさを絶賛した。レイス局長は動画をチェイニー国防長官やコリン・パウエル統合参謀本部議長に見せたうえ、議会に持ちこんで議員たちの前で再生した。[47] 特に絶賛したのがチェイニーだった。「これはすごい。もっと前に完成していて、フセインに見せていたら、奴は劣勢を悟って降伏したかもしれないな」とチェイニー。[48] この彼の台詞は、その一〇年以上あとのイラクに対する彼の見当ちがいな楽観主義を予見していたのかもしれない。

一九八〇年代のＤＡＲＰＡで開発されたソープのＳＩＭＮＥＴは、すでに多方面から成功と評価されていた。ＳＩＭＮＥＴは陸軍のシミュレーターの活用法に変革をもたらし、民間の世界ではオンラインゲーム誕生のきっかけをつくった。[49] ＳＩＭＮＥＴの延長である73イースティングの戦いのシミュレーションも大成功を収め、実世界のデータと組みあわせたシミュレーションの威力を実証した。テクノロジー業界ではソープはある種の英雄となり、『ワイアード』誌はサイバースペースの生みの親はＳＦ作家のウィリアム・ギブソンではなくジャック・ソープだと断言した。[50] それでも、ＳＩＭＮＥＴと、その延長である73イースティングの戦いのシミュレーターが、軍に実用的な影響を及ぼしたのかどうかは定かではない。現実には、ＳＩＭＮＥＴの配備は遅すぎた。後年になって利用されたとはいえ、73イースティングで戦う戦車兵たちの役には立たなかったのだ。「SIMNETはわれわれとは無関係だった」と73イースティングの戦いで主要な騎兵大隊の司令官を務めたダグラス・マクレガーは話した。「われわれは一度も使わなかった」[51]

最大の疑問は、73イースティング・シミュレーターはなんの役に立つのかという点だった。たいして役立たない、というのが一九九〇年代に出た結論だった。当初の目的は、73イースティングの戦いの再現から得られた技術をほかのシミュレーションに活かすことだったのだが、DARPAとペンタゴン上層部の関係は壊れつつあったし、最先端の科学技術の開発はもはや国防総省の最優先課題ではなくなっていた。シミュレーション訓練の概念の生みの親であるポール・ゴーマン元陸軍大将でさえ、戦闘を仮想的に再現することが軍にとってどれだけ役立つのか、疑問を抱いていた。後年、彼はこのシミュレーターが及ぼした影響について問われると、「どう答えてよいものかよくわからない」と返答した。「すばらしい試みだと思うし、それが完了したことは喜ばしいことだが、現実にいったい誰が使っている？」[52]

73イースティング・シミュレーターは方々から絶賛を浴びつつも、少なくとも今後数十年間は勃発しないであろう戦車戦を再現したということ以外、具体的な成果は何もなかった。ゴーマンは、こうしたシミュレーション研究が未来の戦争に対する軍の備え方を一変させ、ずっと大きな成果につながるものと期待していた。しかし、シミュレーションを用いてすでに終わった戦闘に対する訓練を積むことにはなんの意味もなかった。「われわれはいわば軍対軍、つまりある種の対称的な相手を想定していた」とゴーマンは言う。反乱と戦うには、「より高度な体系化が必要になる。そしてあいにく、シミュレーションはその足しにはならなかった」。

気がつけば、DARPAはシミュレーション技術の開発で壁にぶち当たっていた。DARPAはシミュレーションを冷戦の戦場以外へと広げようとしたが、その成果は限られていた。技術だけでは政策までは変えられないからだ。あまり知られていない例のひとつとして、麻薬戦争がある。一九九〇年代半ば、ホワイトハウスの麻薬取締政策局は南米の麻薬カルテルを撲滅する方法について検討するため、DARPAのシミュレーション専門家に麻薬密売のモデルを構築するよう依頼した。「最大の問題は、中南米からアメリカへのコカインの移動だった」とこの活動を指揮したデニス・マクブライドは説明した。彼はヒュドラーと戦うヘラクレスを助けたギリシャ神話の人物にちなんで、このプロジェクトを「イオラオス」と命名した。結果的に、それは彼が思っていた以上に絶妙な名称となった。

「われわれは南米での麻薬植物の栽培から、卸売レベルの商品への加工、さまざまな手段による輸送、そしてアメリカの倉庫にいたるまで、全行程を網羅した信じられないほど複雑なモデルを構築した」とマクブライドは言う。しかし、DARPAが麻薬問題をモデル化すればするほど、問題は深刻に見えてきた。あるカルテルを倒しても、結局は別のカルテルが強くなるだけだった。ギリシャ神話のヒュドラーのように、一本の首を切り落としても、代わりに二本の首が生えてきてしまう。DARPAは解決策を考案したが、それはホワイトハウスが望む答えとはちがった。麻薬取締局が投入する航空機を増やしても、カルテルの所有する飛行機のほうが多かったので効果はなかった。麻薬戦争をどうモデル化しても、DARPAは麻薬の供給を断つためのシナリオを見つけ出せなかった。「われわれは超巨大なモデルを構築し、こうしよう、ああしようと言いながら、思いつくかぎりの方法でモデルをいじってみた。そうしてようやく結果が出た。それはあまりいい知らせとはいえなかった」

このシミュレーションは、政策の問題を技術で解決しようとすることの限界を浮き彫りにした。シミュレーションは麻薬戦争に勝利する方法ではなく、麻薬戦争に勝利することが不可能であることを実証しただけだった。そして、それは政府が聞きたい知らせではなかった。政府が出した結論は、警察が今まで以上にがんばるしかないというものだった。いわば現実の否定だ。「シミュレーションのおかげで問題を理解できたからといって、状況がだいぶよくなるとはかぎらない」と話すマクブライド。「たとえるなら、全身が傷だらけで、血があちこちから噴き出しているようなものだ。その事実がわかったところで、どうすることもできない」[53]

麻薬対策シミュレーションは技術が政策の限界にぶち当たったせいで失敗したが、もっと初歩的なレベルで失敗したDARPAのシミュレーション研究もある。一九九〇年代の「ウォー・ブレーカー」プロジェクトは、米軍が湾岸戦争で直面した最大の脅威に対する万能な解決策を考案する目的で始められた。それはスカッドミサイルの移動式発射機だ。そのソ連製の戦術弾道ミサイル発射機は発見と破壊が困難だった。[54] イラクは早々に敗北したとはいえ、イラクのスカッドミサイルは敵国に致命的な打撃を与えた。一九九一年二月二五日の攻撃では、サウジアラビアで二八人の米兵が死亡。DARPAはワシントンDC郊外にシミュレーション施設を建設する契約を結び、『新スタートレック』のプロダクションデザイナーのハーマン・ジマーマンまで雇い、同シリーズに登場する宇宙船エンタープライズ号の司令室をイメージした研究所を建設した。[55] シミュレーションはデモを見にやってきた政府高官たちを驚かせるほどすばらしい出来映えだったが、現実はそれよりもはるかに平凡だった。「ミサイルであれ航空機であれ、見せたいものがあればなんでも事前に用意できる。そして、見栄えがよくなるように配置してやればいい」とウォー・ブレーカー計画を担当したDARPAプログラム・マネジャーのロン・マーフィーは言う。[56]

マーフィーによれば、移動する標的は有人シミュレーションにとってはあまりにも複雑で、成功したシミュレーションよりも失敗したもののほうがずっと多かったという。戦車戦の訓練に特化したSIMNETこそ成功したものの、結局DARPAは航空作戦と地上作戦を組みあわせたリアルなシミュレーションを構築することはできなかった。こうして、一時は五億ドル以上の予算がつぎこまれる予定だった湾岸戦争後のDARPA最大のプロジェクト「ウォー・ブレーカー」は、静かに終わりを迎えた。ウォー・ブレーカーに関する記述は、のちのDARPAの資料からほとんどまるまる削除された。[57]

DARPAは、航空機、戦車、ミサイルを含むバーチャルな戦争をつくり出すことに一九九〇年代を費やした。ときどき麻薬戦争のような別の分野に手を出すこともあったが、それでも麻薬やお金といった具体的なモノをモデル化しようとしたという点は変わらない。SIMNETや73イースティング・シミュレーターに関与した元陸軍士官、ニール・コスビーは、DARPAのシミュレーションが唯一苦手としていたのが人間のモデル化だと認めた。「この部屋そのものをシミュレーションするのは簡単だ」とコスビー。「しかし、自分の頭で考えてきちんとした行動を取る人々を適切な場所に配置し、この部屋を仮想的に再現するのは至難の業だ。われわれがいまだに苦手としているのは、シミュレーションのこの厄介な側面なのだ[58]」

ソ連崩壊後の一〇年間で、本当にモデル化が必要なのは戦車でもミサイルでもなく人間なのだということがますます明らかになった。一九九三年、世界貿易センターの北棟でテロリストがトラックの爆弾を爆発させ、六名が死亡した。一九九八年には、アルカイダがアフリカのふたつのアメリカ大使館で同時テロを実行した。その二年後の二〇〇〇年には、アルカイダの工作員たちがイエメンのアデン港で米艦「コール」を襲撃した。

同二〇〇〇年、少し前にDARPAに加わったばかりの元CIA職員、トム・アーマーは、DARPAの新たなモデリングおよびシミュレーション研究を発表した[59]。当時のアメリカはテロリスト・グループによる新たな脅威、ペンタゴンの表現を使うなら「非対称脅威」に直面していた。「非対称脅威は物理的には小さい。相手がたったひとりの場合もある」とアーマーは述べた。「だが、彼らの取りうる行動の範囲を予測するには、テロリスト・グループの信条や行動パターンをモデル化する必要がある」[60]。その年、DARPAのフェルナンデス局長は「全情報認知」と呼ばれる新しいプログラムの開始を承認した[61]。その目的は、人間の行動、とりわけテロリストの行動を予測することにあった。

アーマーが先ほどの発言をするわずか数カ月前、ハンブルクに住む三人のアルカイダ工作員が渡米し、航空機の操縦訓練を開始した。彼らはアルカイダがアメリカ攻撃のために送りこんだテロリスト集団の一員だった。そのとき、アーマーの話していたとおりの行動パターンが生まれつつあった。DARPAはすでにギアを変更していたが、残りの国家安全保障機関と同じく少しだけ後手に回っていた。二〇〇一年になっても、DARPAは戦車戦や空対空戦闘に備えるためのシミュレーションを行なっていたが、そのころ国内では、一九人の男たちがカッターナイフだけで民間航空機をハイジャックする訓練を着々と重ねていた。

# 第17章 バニラワールド 2001—2003

人間増強「スーパーソルジャー」計画／9・11テロ／ポインデクスターと「全情報認知」

二〇〇一年七月、ディック・チェイニー副大統領の首席補佐官のスクーター・リビーからDARPA新局長のトニー・テザーに電話があった。副大統領がDARPAのプログラムについて概要説明を受けるためDARPAを訪問したがっているという。[1] テザーはチェイニーのことを国防長官時代から知っていたが、それでも彼の電話には驚いた。ホワイトハウスは長らくDARPAに積極的な関心を寄せていなかったからだ。

二〇〇一年夏、四〇年以上前に設立されたDARPAは混迷していた。[2] 冷戦時代の宿敵を失った一九九〇年代のDARPAは、政治的に好都合なプロジェクトに資金を提供し、過去一〇年間で数々の大きな失敗を積み上げてきていた。ペンタゴン上層部の要請でDARPAが支援したステルス無人機「ダークスター」は、二度目の飛行でソフトウェアの欠陥により墜落した。[3] 海軍との契約では、DARPAは海上をただようミサイル・プラットフォームという野心的なプロジェクトに着手したが、このプログラムを支援する司令官の自殺により中止となった。最悪だったのは、ＤＡＲＰＡが契約を結んだ陸軍のお粗末なプロジェクト「フューチャー・コンバット・システム」だ。ミサイル、無人機、地上車両をひとつのネットワークで結びつけることを目的としたプロジェクトだったが、そのあまりの複雑さからやはり最終的に中止となった。ＤＡＲＰＡはこれといった戦略的なビジョンや計画もないまま、あれこれとプロジェクトに手を出した。「ＤＡＲＰＡは九〇年代後半になると典型的な窓際組織となっていた」と二〇〇一年六月に局長に就任したテザーは認めた。[4] 副大統領の突然の関心は、潮目を変える絶好のチャンスだった。

それから三週間、テザーといくつかの部局の室長たちは、不眠不休で副大統領への報告準備を進めた。「チェイニーはイラストを好むタイプだった。彼はビジュアル派の人間なのだ」と振り返るテザー。「だから、文章がびっしりのスライドを見せても、〝うわ、すごいな〟で終わってしまう。彼には絶対にタブーだ。漫画を用意しないと」[5]。テザーは副大統領をうならせるものがつくりたかった。そこで彼が選んだ漫画は、スーパーマンだ。

副大統領の心をつかむための最大の目玉は、マイケル・ゴールドブラット発案の「スーパーソルジャー」（＝超人的兵士）だった。[6] ゴールドブラットは米国最大のファストフード・チェーン「マクドナルド」からやってきたＤＡＲＰＡの研究責任者で、同社ではマクドナルド内のＤＡＲＰＡともいえるベンチャーキャピタル活動を取り仕切っていた。マクドナルドで彼は自己滅菌タイプの食品包装紙を開発し、軍に販売しようとしたが、ペンタゴン内に取りあってくれる者はいなかった。結局、彼はＤＡＲＰＡを紹介されたのだが、当時の局長のラリー・リンは、彼がマクドナルドではなくマクドネル・エアクラフトの社員だと勘違いし、彼の話を聞くことに同意した。それから数年足らずで、ゴールドブラットは直接ＤＡＲＰＡのもとで働き、まずは生物兵器に対する防衛プログラムを監督することになった。

しかしDARPAで、ゴールドブラットは食品包装紙よりもはるかに野心的なアイデアへと目を向けた。人間の増強だ。[7]彼は人間の心で操作する兵器が登場するクリント・イーストウッド主演の一九八二年の映画『ファイヤーフォックス』などのSFに刺激を受けた。[8]ゴールドブラットの指揮のもと、DARPAはデューク大学の研究者グループに資金を提供し、サルの脳に微小電極を埋めこんだ。電極でサルの脳の信号を読み取り、ロボットアームなどの実在のモノを操作しようとした。[9]彼はほかにも同じくらい空想的な研究計画を指揮していた。[10]大量出血しても仮死状態で生き延びられる人間、何日間も食事や睡眠なしで活動しつづけられる兵士、超人的なパワーと知能を持つ戦士。心で兵器をコントロールする超人的な兵士は、チェイニーにぴったりな漫画の題材になりそうだった。

七月下旬、副大統領は国防長官のドナルド・ラムズフェルドとペンタゴンの兵器調達担当責任者のエドワード・〝ピート〟・オルドリッジを引き連れ、DARPA本部に現われた。致命傷や極寒に耐え抜いたり、何日間も睡眠や食事なしで活動したりできるゴールドブラットの超人計画から始めて、テザーらは六時間かけて三人にプレゼンを行なった。彼らの最大のターゲットであるチェイニーは絶賛した。「すばらしい出来だった」とテザーは言った。[11]

三人が帰ると、テザーはプレゼンの大成功を確信した。その後、副大統領と国防長官が興奮していたという噂が耳に届いた。ペンタゴンとホワイトハウスのお偉方の支持を得たのは万々歳だったが、いったいその支持にどう応えればいいのか？　その答えはわずか数週間後に見つかった。しかし、それはスーパーソルジャーとはまったく無関係なものだった。

DARPAが一九九〇年代の大半を迷走しつづけていたとしたら、残りの国家安全保障機関も同じだ。一九九〇年代の「平和の配当」によって、DARPAの予算も含めた国防関連の予算が削られた。ソ連との武力闘争の危機がなくなると、継続した注目が必要な脅威もなくなった。二〇〇一年春から夏にかけ、アルカイダの脅威に関する報告が押し寄せても、国防当局や諜報当局の人々の動きは鈍重だった。[12] DARPAがチェイニーやラムズフェルドにスーパーソルジャーについての概要説明を行なっていたとき、アルカイダとその活動に関する情報が爆発的に増えているようだった。アルカイダが何か「とんでもない」企てを行なっていて、攻撃が「差し迫っている」らしい。二〇〇一年六月、ホワイトハウスのテロ対策担当責任者のリチャード・クラークは、アルカイダの活動に関する報告が「最高潮に達した」と警告した。八月、FBIはフランス市民権を持つザカリアス・ムサウイの調査に着手する。彼はジハードへの並々ならぬ信念を持ち、銀行口座に三万二〇〇〇ドルを保有し、どういうわけかボーイングの旅客機の操縦方法を学ぶことに異様な関心を示していた。

警察や諜報当局は二〇〇一年八月にこの最後の情報をつかんだが、このパズルの断片だけでは、その真の意味を理解することはできなかった。捜査を開始したFBIミネアポリス支局の指揮官は、ムサウイをマークする重要性についてFBI本部に訴えた。「誰かが飛行機を乗っ取り、世界貿易センターに突っこむというような事態は防がなければ[13]」

ワシントンにあるFBI本部は捜査官の要請を退けた。CIA長官のジョージ・テネットは、八月二三日にムサウイの件について報告を受けると、それはFBIの問題だと突っぱねた。情報アナリストや警察当局者たちはこうしたパズルのピースをつなぎあわせようとしたが、その先の出来事を予測するだけの全体像がまだ見えていなかった。ＣＩＡのなかにはこうした脅威の高まりを理解するアナリストもいたが、二〇〇一年夏の時点では、政府の高官たちはアルカイダを重要な問題とはとらえていなかった。航空機をハイジャックして墜落させるテロリストの陰謀を指し示す明確な証拠が存在したというのは、事件が起きてみて初めて言えることだった。

二〇〇一年九月一一日火曜日、午前八時四六分、ワシントンの多くの公務員たちがまだ通勤ラッシュに揉まれ、ようやくオフィスのデスクがちらほらと埋まりはじめたというころ、アメリカン航空11便が世界貿易センターの北棟に突っこんだ。一七分後、ユナイテッド航空175便が南棟に激突した。

それから一時間足らずで、ダレス国際空港、次にロナルド・レーガン・ワシントン・ナショナル空港のレーダーが、ホワイトハウスの方角に向かう航空機の痕跡をとらえた。数カ月間、大量の不可解な情報への対応策を協議してきた政府組織には、今や数分の猶予しかなかった。シークレットサービスがホワイトハウスの避難準備を進めていると、ハイジャックされた航空機は急きょ進行方向を変え、ペンタゴンへと向かいはじめた。朝のニュースでニューヨークのテロ攻撃の報道を聞いていた職員たちは、一機の航空機が時速八〇〇キロ以上の猛スピードで自分たちに迫りつつあることなど予想もしなかった。

航空機がフォート・マイヤー・ドライブ上空で急降下を始めたころ、トニー・テザーは北バージニアにあるＤＡＲＰＡ本部の最上階の会議室に座り、携帯電話のメッセージに目を通していた。彼は小型機がニューヨークの世界貿易センターに激突したという最初の誤報を受け取ったとき、多くの人々と同じように興味津々だった。しかしその少しあと、もう一方の棟に航空機が激突したという知らせが入る。

「おい、別の航空機がタワーに衝突したらしい」と彼は会議室の全員に言った。「詳細を知っている者はいないか?」

反応はなかった。「何もわからない」[14]

アメリカン航空77便が午前九時三七分にペンタゴンの西側に激突したとき、建物のなかでは多くの人々がツインタワー炎上に関するテレビ報道を見はじめていた。[15] 激突で六四名の乗員乗客(ハイジャック犯含む)、一二五名の軍および民間のペンタゴン職員が死亡した。

少しあと、テザーの秘書が会議室のドアを開け、無言で局長に合図を送り、外に連れ出した。ふたりが角を曲がったところで、秘書が窓の外を指差した。ペンタゴンからもくもくと煙が上がっているのが見えた。テレビをつけると、ちょうどニューヨークの世界貿易センターの南棟が崩壊する様子が生中継された。それはコンクリートが粉塵に変わるというこの世のものとは思えない光景だった。数分後、ユナイテッド航空93便がペンシルベニア州で墜落。自殺テロに気づいた乗客たちがコックピットになだれこんだ末の出来事だった。午前一〇時二八分、ニューヨークでは北棟が倒壊した。

首都上空を飛行する多くの航空機に不安が集まるなか、テザーは職員を帰宅させ、DARPAを閉鎖した。それから七年間のテザー新局長のDARPAの運営方法を象徴するように、彼は建物内に残り、かかってくる電話をすべて自身の執務室の電話に転送した。その日のニュースを見ながら、彼は問題がデータ不足ではなくデータの一元化や分析の失敗にあると確信した。

ＤＡＲＰＡは小規模ながらすでにその問題に取り組みはじめていた。[16]炎上するペンタゴンの数キロメートル先、ワシントン大通りをはさんで陸軍のフォート・マイヤー基地の反対側に、ＤＡＲＰＡが資金提供した小さな研究所があった。同研究所は国防や諜報関係の上級幹部たちに向けて密かにテロ・シナリオのリハーサルを行ない、実行のかなり前にテロ攻撃を検知することは可能だと彼らを納得させようとしていた。重要なのは、公的な情報と諜報関連の記録の両方を含む大量のデータをふるい分け、テロリストが攻撃を準備していることを示す活動パターンを見つけ出すことだった。諜報データは傍受した電話、メール、インターネット・トラフィックから入手できるし、公的なデータはクレジットカードの取引履歴、診察記録、レンタカー記録から入手できる。その研究所の目的は、こうしたすべてのデータを関連づけ、単一のデータベースとして扱った場合に実現できる内容を実証することだった。

この〝研究所〟は、少なくとも二〇〇一年秋の時点ではまやかしにすぎなかった。[17]巨大でおしゃれなディスプレイ画面に、点滅する無数のライト。こうした未来的な司令室をつくるため、ハリウッドのプロダクションデザイナーが雇われた。しかし、うなり声をあげるコンピューターはなんら生のデータを処理しているわけではなかった。企業や大学の研究所とはちがって、その研究所はデータ、もっといえばデータのパターン分析が次のテロ攻撃を予測する道具になると諜報関係者を納得させるためのショーケースにすぎなかったのだ。過去数年間で、諜報コミュニティのトップへとのぼり詰めた人々の多くがこの研究所を経験していた。未来の国家安全保障局長官のキース・アレクサンダーや国家情報長官のジェームズ・クラッパーもそのひとりだ。

ハリウッドばりのセットよりも目を惹いたのが、舞台裏にいる魔術師だった。それはかつてロナルド・レーガンの国家安全保障問題担当補佐官を務めた元海軍中将、ジョン・ポインデクスターだ。物理学博士で技術通のポインデクスターは、レーガン政権からイランへの武器売却を調査していた一九八七年のイラン・コントラ事件の公聴会の最中、悠然とパイプを吸っていた証人として国民の記憶に強く残っている。彼は法律に違反して複雑な売却取引を指揮したうえ、その資金はニカラグアのコントラの支援にも用いられた。その後、事件が明るみに出ると、彼はこの計画の証拠をことごとく抹消していった。

9・11テロから数カ月後、テザー局長はDARPAのまったく新しい部局「情報認知室」(当初二年間の予算は計画では二億ドル以上)とその主力プロジェクト「全情報認知」プログラムの指揮官としてポインデクスターを雇った。[18] テザーはなぜ、アメリカ史上最大の政治スキャンダルに巻きこまれた人物を雇い、ましてや注目度の高いテロ対策計画を担当させるという暴挙に出たのか？ きっかけは七月のチェイニー副大統領の訪問だった。「われわれは無敵だった」とテザーは語った。[19]

チェイニーとラムズフェルドの援護を得て、テザーは知らず知らずのうちにDARPAをベトナム戦争以来もっとも政治的な物議を醸す活動へと巻きこみ、自分自身の仕事と組織を危険にさらした。DARPAの諜報やデータマイニングへの参入は、9・11以降の監視やプライバシーに関する議論を形づくっただけでなく、その後の論争は翌一〇年間のDARPAをも形づくることとなった。

ジョン・ポインデクスターがDARPAにやってくるまでの紆余曲折の道のりは、いくつかの点でまったく必然の結果だった。彼のキャリアもまたソ連の人工衛星「スプートニク」の影響を受けていたのだ。彼はＤＡＲＰＡ創設と同じ年にアメリカ海軍兵学校を首席で卒業後、当時の海軍作戦部長のアーレイ・バーク提督が設立した特別プログラムの一環として、カリフォルニア工科大学で物理学の博士号取得を目指した。[20] 提督はスプートニク・ショックをきっかけとして、米軍の士官にもっと科学的な専門知識が必要だと考えるようになった。

博士号を取得すると、ポインデクスターはたちまち海軍の出世の階段をのぼり、技術を先駆的に取り入れる人物という評判を得ていった。彼はキャリアのあらゆる段階で、政府や軍を情報化時代に導こうと（時には引きずりこもうと）した。一九八〇年代初頭には、コンピューターの知識を買われてホワイトハウスへと躍進し、旧行政府ビル内の危機管理センターの現代化を任された。光ファイバー・ケーブルを備えた改造後の危機管理センターは、ホワイトハウスにテレビ会議を導入した。また、ポインデクスターは国家安全保障会議のメンバーに初期の電子メール「ＰＲＯＦＳノーツ」を導入した。[21]

一九八五年、ポインデクスターは中将に昇格し、ロナルド・レーガンの国家安全保障担当補佐官に任命されると、イラン・コントラ事件の調査の矢面に立たされることになった。イランへの武器売却が表沙汰になると、彼は一九八六年一一月二五日に国家安全保障担当補佐官を辞任し、彼の補佐官のオリバー・ノース海兵隊中佐は解雇された。その後、彼は議会に対する偽証や妨害など五件の罪で起訴、有罪となったが、刑事免責が認められていた彼の議会証言に基づいて裁定が下されたとして、控訴審で有罪判決がくつがえされた。[22] ポインデクスターはなんとか刑務所行きを逃れたが、名声はガタ落ちになった。しかし、コンピューターの経験を活かして、彼は民間部門に職を見つけ、ワシントンのテクノクラシーのかなたへと姿を消していった。

表舞台から遠ざかったポインデクスターは、テクノロジーと諜報を組みあわせて危機を予測するというかねてからの興味を追求した。その関心が芽生えたきっかけは、二四一名の軍人が死亡した一九八三年のレバノン海兵隊兵舎爆破事件だった。[23] 彼はすべてのデータをえり分ける手段さえあればこの事件は防げたはずだと考えた。一九九五年、この信念を証明する機会が訪れた。ポインデクスターはデータを分析して政治的危機を予測することに関心を持つDARPAのプログラム・マネジャー、ブライアン・シャーキーを紹介された。それからすぐ、ポインデクスターはDARPAとの契約のもとで働くことになった。[24]

一九九六年、シャーキーとポインデクスターは共同でDARPAが後援するデータ分析プログラム「共同危機理解および管理」を開始し、のちに名称を「ゼノア」に改めた（ふたりとも元海軍士官だったので、帆にちなんだプログラム名をつけた）。「このテクノロジーの目的は、危機を予測し、危機が発生した場合にうまく対処するという問題に対して、体系的なアプローチを講じることにあった」とポインデクスターは述べた。[25] それから六年間、ポインデクスターは密かにゼノア計画を進め、DARPAから五〇〇〇万ドル以上の資金を受け取った。

ゼノア計画の実績のひとつが、フォート・マイヤー基地の向かい側にポインデクスターのいう「研究所」を設置したことだった。「ここで国家安全保障業界の人々に対して演習やデモンストレーションを実施するつもりだ。主な対象は諜報コミュニティだが、国防総省も含まれる」。[26] 彼らはこの研究所で、コンピューター・アルゴリズムを用いて将来のテロ攻撃を示唆するデータ・パターンを探し出す方法を実証しようとした。ひとつのシナリオが、一九九五年に東京の地下鉄でサリン・ガスを撒いた日本のテロリスト教団「オウム真理教」だった。ゼノアがオウム真理教のシナリオを用いたのは、この事件に関する大量のデータが入手可能だったからだ。「事後分析にすぎないことは認めるが」とポインデクスターは言った。[27]

二〇〇一年の時点で、ポインデクスターはゼノア計画が順調に進んでいると感じていたが、諜報コミュニティがすぐに導入する兆しはなかった。研究所でのデモンストレーションに出席した諜報当局者のなかには、ポインデクスターが実証しようとしている内容に理解を示す者もいたが、そういう人々ばかりではなかった。ポインデクスターによると、国家情報会議の議長のために行なわれた一時間のデモンストレーションの途中で、議長が居眠りを始めた。「デモンストレーションが終わると、議長はこう言った。〝ジョン、非常に興味深いが、われわれにはそんなことをしている時間などない。私が知りたいのはひとつだけだ。テロの翌日、誰が何をいつ知ったか?〟」

ポインデクスターにとって、彼の反応はまったく想定外ではなかった。「彼には申し訳ないが、私はそのとき純然たる文化の問題が存在するのだと気づいた。諜報コミュニティ、特にＣＩＡの人々は、情報技術が持つデータ検索能力をまったく活かせていなかったのだ」と彼は話した。九月一一日のテロ攻撃は、ポインデクスターの長年の主張を裏づけたようだった。政府は大量のデータを保有していたが、そのデータを理解する手段を持ちあわせていなかった。九月一二日、ポインデクスターはＤＡＲＰＡから防衛関連の請負業者「ＳＡＩＣ」へと移っていたブライアン・シャーキーに会いに行った。ふたりはトニー・テザー局長にゼノア計画の大幅な拡大を提案することに決めた。

9・11テロ攻撃の数日後、ポインデクスターは「テロ対策のマンハッタン計画」と題するプレゼンテーションを用意して、DARPA新局長の前に座っていた。[28] ポインデクスターは第二次世界大戦時の原爆開発競争と同じ規模でテロリズムと戦うための大規模な技術プログラムのビジョンを売りこんだ。政府や民間部門のデータベースを集約し、次なる9・11テロ攻撃の予兆を抜き出すことができる巨大なデータマイニング・システムを構築するというのが彼のアイデアだった。[29]

ポインデクスターが提案したのは、政府、学界、産業界の一流の研究者たちで構成される新たなマンハッタン計画であった。彼は半分冗談で、「有刺鉄線を張り巡らした敷地に全員を閉じこめ」、テロ問題を解決するまでは誰も外に出られないようにするとまで宣言した。[30] ポインデクスターがテザーに披露したスライドのなかに、とりわけ目を惹くものがあった。予算一億ドルの〝公開〟プログラム「全情報認知」と、その五倍の予算を持つ極秘の〝闇〟プログラム「テロリズム版マンハッタン計画」が並べられていたのだ。[31]

テザー局長は彼のアイデアに心を打たれたが、マンハッタン計画と同列に扱うのはあまりにも非現実的だった。第二次世界大戦中のマンハッタン計画でさえ、アルベルト・アインシュタインがフランクリン・D・ルーズベルト大統領に原爆の可能性を訴える手紙を書いてから実現までに数年を要したのだ。しかしDARPAなら、ほかの機関とはちがって、ひとつのプロジェクトに数千万ドル、場合によっては数億ドルの予算をあっという間に割り振ることができる。そこで、テザーはゼノア計画に予算と資源をつぎこみ、急速に拡大させてはどうかと提案した。条件として、テザーはシャーキーまたはポインデクスターにDARPAでゼノア計画を指揮してほしいと考えていた。シャーキーはすでに軍需業界の幹部としてかなりの稼ぎを得ていたので、政府系の安い仕事にありつく気はさらさらなかった。[32] 残るはポインデクスターだ。彼は渋々ながらも同意した。「例のホワイトハウスの一件があったので、たぶん物議を醸すだろうということはわかっていた」とポインデクスター。「それでも最終的には、数年間だけ政府に戻ってプログラムを軌道に乗せることに同意した」

振り返ってみれば、政治スキャンダルの代名詞のような人物に重要なテロ対策プログラムを任せることにもう少し警戒を抱くべきだった。しかし二〇〇一年当時、少なくともテザーのなかでは、ポインデクスターはワシントン界隈の請負業者で働く一介の元政府官僚にすぎなかった。しかも過去六年間、彼がテロ攻撃を予測するプロジェクトを密かにＤＡＲＰＡから請け負ってきたことなど、誰も気に留めていなかった。そのポインデクスターが今では、翌一〇年間を特徴づける問題、つまりジョージ・Ｗ・ブッシュ大統領のいう「テロとの戦い」へとＤＡＲＰＡを巻きこもうとしていた。

二〇〇二年一月、ジョン・ポインデクスターは、一九八六年に起訴を待つ身として海軍を引退してから初めて、再び政府の職員となり、テロ対策を専門とするＤＡＲＰＡのまったく新しい部局「情報認知室」を指揮することとなった。情報認知室の最大のプログラムが「全情報認知」だった。これはデータをふるい分けてテロ攻撃の予兆を見つけ出す研究プロジェクトをすべてひっくるめた名称で、ゼノア計画もそのひとつだった。

テザーは、戦争中の国家がプロジェクトの指揮官の名前などという細かいことを気にするわけがないと思っていた。そもそも、「ポインデクスターは有罪判決を受けたわけではない」とテザーはのちに記者へと語った。[33] この発言は、ＤＡＲＰＡ新局長がどれだけ状況を見誤っていたかを物語っている。当初、テザーの考えは正しいように思えた。[34] 翌月の『ニューヨーク・タイムズ』紙に、新たな役職についたポインデクスターに関する短い記事が掲載されたが、何も問題は起きなかった。DARPAの室長職は科学者にとっては憧れのポストでも、ワシントン全体のなかではとりわけ目を惹くポストではなかったのだ。

しかし、テザー、そして何よりポインデクスターが、地味な研究活動を大々的なテロ対策プロジェクトへと変えることの危険性を見誤っていたという徴候があった。ポインデクスターは過去の経験から、プライバシーが重大な問題になると理解していた。全情報認知プログラムの目的は、諜報データベースと公的情報を組みあわせ、大量のデータをえり分ける手段を見つけることだった。テザーはクレジットカード会社に行って取引データを集めるよう提案したが、ポインデクスターは実世界のデータを研究プログラムに利用することに戸惑いを感じた。そんなことをすればすぐさま世論の反発を浴びるだろう。最終的には実世界の情報の一元化データベースを構築することが目的だったが、ポインデクスターはしばらく架空のデータを使うことにした。[35]

ポインデクスター自身も判断を誤った。そのひとつが情報認知室のシンボルだ。特に目を惹くデザインが、一ドル紙幣にも描かれているおなじみのピラミッド「神の全能の目」だ。情報認知室の紋章では、この目から放たれた光線が地球を照らし出していて、仕上げに「知識は力なり」というラテン語のフレーズが書き添えられている。[36] このピラミッドは米国人にとってはなじみ深い図柄だが、陰謀説と結びつけられることも多い。それでも、DARPAでは誰も問題視しなかったようだ。

ポインデクスターが雇われた直後、DARPAではおなじみの人物が仲間に加わった。DAR

PAをベトナム戦争の泥沼から救い出した元局長のスティーヴン・ルカジクだ。彼はブライアン・シャーキーのいる請負業者SAICの「アイデアマン」として、シミュレーションやモデリングの研究にかかわっていた。ルカジクはソ連によるNATOの攻撃シナリオについて思案していた局長時代から、シナリオの作成に興味を持っていた。そして、9・11テロ攻撃を受けた今、彼はテロリストのシナリオについて考えていた。

「核兵器をアメリカへと持ちこむ手段は、私の知るかぎり六つある」とルカジクは局長室でテザーに告げた。[37] ポインデクスターは全情報認知プログラムを開始したばかりだったので、タイミングは抜群だった。テザーはすぐさまルカジクをポインデクスターの執務室に案内し、ルカジクはアメリカへの攻撃を企むテロリストたちの「レッドチーム」［敵や競合相手の視点に立って自身の組織の欠点を批判的に評価するチームのことで、アメリカの軍や諜報機関でよく用いられていたが、近年では民間企業でも導入が進んでいる］の一員として契約を結んだ。このレッドチームの攻撃シナリオは「シミュレーション世界」へと組みこまれた。シミュレーション世界では実在の住所が使われたが、その住所に住む人々は架空だった。それはいわば、法を守る無数の人々とテロリスト役を演じる数人の元士官が暮らすアメリカ合衆国の単純化されたコピーだった。ポインデクスターはこの世界を「バニラワールド」と名づけた[38]［英語の「バニラ」には飾り気のない、平凡な、原型のままの、などの意味がある］。

DARPAが一元化データベースの構築を支援すればプライバシーをめぐる騒動へと発展しかねないというのは、そう遠くない過去を見れば容易にわかることだった。一九七五年六月、全情報認知プログラムが騒動になる四半世紀以上も前、アメリカ国民一人ひとりの人物調査書の作成に用いられかねないジョージ・オーウェル風のコンピューター技術について警鐘を鳴らす一連のセンセーショナルなニュースが報道された。「この技術が意味するのは、連邦政府がものの数分間でほとんどのアメリカ国民に関するコンピューター・ファイルを作成できるようになるということです」と『NBCナイトリーニュース』の記者、フォード・ローワンは報じた。「この新たなコンピューター技術の重要な進展は、国防総省の無名組織、高等研究計画局（ARPA）の手によって実現したものです」[39]

その技術というのはARPANETのことだった。さまざまなニュース報道で、政府がホワイトハウス、CIA、国防総省、FBI、財務省を結ぶ秘密のネットワークARPANETを通じて、国民一人ひとりの一元的な人物調査ファイルを作ろうとしていると伝えられた。それは誤りだった。確かに、政府機関はコンピューター・ネットワーキング技術の要素を活用しはじめていたが、一九七五年当時のARPANETは主に学術機関どうしを結びつけているにすぎなかった。しかし、こうした報道が出たのは、諜報機関の行きすぎた監視活動や、コンピューターや国家データバンクの拡大に対する議論がベトナム戦争後の数年間で一気に高まり、一九七四年にプライバシー法が成立した直後のことだった。それからおよそ三〇年後、9・11テロの直後に、同じ懸念が再び持ち上がることになる。その懸念を初めて指摘したのは、DARPAの支援を受けたひとりのコンピューター科学者だった。

二〇〇一年一〇月一二日、テロ攻撃のわずか一カ月後、DARPAの「情報科学技術（ISAT）」研究グループのメンバーたちが、毎年恒例のブレインストーミング・セッションのために集まった。会議の雰囲気はそれまでの年と比べてかなりどんよりとしていた。議長が部屋に入り、合図を出すと、ユダヤ人や十字軍との戦いを呼びかけるウサマ・ビン・ラディンの一九九八年の勧告《ファトワー》が頭上の画面に映し出された。「みなさんの考えに影響を与えたくはないが、今年われわれが立ち向かっている敵はこの人物だ」と彼は科学者たちに呼びかけた。[40]

ＩＳＡＴは、戦略コンピューティング・イニシアティブの全盛期だった一九八〇年代、コンピューター科学に特化したＤＡＲＰＡの諮問グループとして設立された。ベトナムにマクナマラ線を築くお膳立てをしたエリート科学者集団「ジェイソン・グループ」とは異なり、ＩＳＡＴは独立したグループではなく、ＤＡＲＰＡへの助言を専門に行なっていた。[41]ＩＳＡＴのメンバーのひとりのエリック・ホービッツは、コンピューターを用いて大量のデータをふるい分け、未来の出来事を予測する方法についてすでに考察していた。しかしその年、マイクロソフトで働く人工知能の第一人者のホービッツは、自身の研究をデータマイニングやプライバシーの中核に活かす機会を見つけた。彼のビジョンは「選択的な開示」と呼ばれるものだった。

ホービッツの構想では、政府が諜報、警察、商業などのデータを収集し、一元的なデータベースに保管する。人間はこのデータベースに直接アクセスできない。代わりに、コンピューター・アルゴリズムが個人情報をえり分け、テロ攻撃の予兆となるパターンを探す。そのようなパターンが検出されたら、政府は個人情報の「選択的な開示」を可能にする捜査令状を取得する。「どうすれば干し草の山のなかから針を見つけ出すのに必要な分析を行ないつつ、個人情報の開示を必要最小限に抑えられるのか？　それがすべての考えの基本にあった」と彼は話す。[42]

このデータマイニング・システムは施錠されたブラックボックスの働きをする。このブラックボックスの内部では、「自動化されたコンピューター・エージェントが大量のデータを掻き分けることで、基本的にいつでも好きな情報を照会できる」とホービッツ。「データは収集するが、コンピューター・プログラムを除いて誰もそのデータを確認することはできない。そして、気がかりな情報が発見されたら、システムがオペレーターに〝問題のありそうなデータが発見されました〟と注意を促すわけだ」

必然的に、結果の確認は人間が行なうことになるのだが、システムが常に人間の行動を監視し、人間が内部をのぞくたびに行動を記録する。ホービッツは自身のコンセプトを「監視人を監視する」システムと表現している。つまり、ランダムな監査を通じて、データベースにアクセスできる人々自身を監視するのだ。いわば全員が全員を監視する「鏡の広間」のようなものだ。[43] ホービッツの「鏡の広間」のアイデアは、ＤＡＲＰＡの執務室に移転してきたばかりのジョン・ポインデクスターのデスクへとすぐさま届いた。ポインデクスターは全情報認知プログラムの一環としてプライバシー研究を援助し、データマイニング・システムに組みこめるセキュリティ対策について検討したいと考えていた。ホービッツの提案はまさしくそれを研究するものだった。

また、ホービッツのコンセプトは、ポインデクスターが思い描いていた全情報認知プログラムのデータベース検索の姿にかなり近かった。ポインデクスターは、必ずしも具体的なテロ事件だけでなく、テロリストがテロを準備していることを指し示す活動パターンも検出するコンピューター・アルゴリズムを思い描いていた。テロ事件はずばり予測するにはあまりにも例外的な出来事だからだ。外国諜報監視裁判所などの司法当局にわざわざ赴いて具体的な人物の情報を請求しなくても、警察や諜報当局は特定の活動パターンを検索する許可を求めることができる。「あるパターンを検索して一〇万件がヒットしたら、あまり特別なパターンとはいえない。その場合、パターンを絞りこみ、［司法当局の］承認を得る。今度はヒットが一〇件だったとしよう。そうしたら裁判所に戻り、自動化されたシステムを通じて、〝一〇件ヒットした。さて、このヒットした一〇件の詳細を調べるための許可をいただきたい〟と伝えるわけだ」とポインデクスターは説明した。[44]

ポインデクスターはプライバシー保護のメカニズムを組みこむことが自動検索にとって重要になると考えていたので、ＩＳＡＴの提案に資金提供を申し出たうえ、二〇〇二年夏にバージニア州アレクサンドリアの国防分析研究所のオフィスで開かれた研究会議にまで出席した。ＩＳＡＴはふたりのプライバシー擁護派の人物をオブザーバーとして会議に招いた。そのひとりが電子プライバシー情報センター所長のマーク・ローテンバーグだ。ふたりは、ポインデクスターがまだホワイトハウスにいて、ローテンバーグが議会スタッフとして働いていた一九八〇年代に大の天敵どうしだった。当時、バーモント州選出民主党上院議員のパトリック・リーヒの顧問を務めていたローテンバーグは、国家安全保障局（ＮＳＡ）から民間企業へのサイバーセキュリティに関する支援を定めたホワイトハウスの国家安全保障決定指令に反対した。ローテンバーグを含めた反対派たちは、それをＮＳＡによる不当介入だと考えていた。「ビッグ・ブラザー（政府）がみんなを見守っているってやつさ。戯言ばっかりだ」とポインデクスターは言う。[45]

そんなローテンバーグだが、二〇〇二年のＩＳＡＴの会議では黙って座り、休憩中にポインデクスターが声をかけたときも、愛想よく会話に応じた。ポインデクスターは出席に感謝を述べたあと、安全保障とプライバシーのバランスを取るための意見をぜひ寄せてほしいと伝えた。ポインデクスターによると、ローテンバーグは了解し、もう少し厳重な監視が必要だと思うとつけ加えたという。[46]ポインデクスターは彼の答えを明るい兆しととらえた。しかし、実際にはちがった。

ローテンバーグはその会議をまったく別の視点からとらえていた。彼から見れば、ポインデクスターやこのプロジェクトの関係者たちはプライバシーの意味をまったく理解していなかった。ポインデクスターらは、内部監査のメカニズムさえ導入すれば、つまり監視国家の国民がお互いを監視しあえば、プライバシーが守られると信じていた。一方のローテンバーグは、収集したデータの使用方法に関する決定権だけでなく、データ自体の所有権も国民が持つというのが一九七四年のプライバシー法の基本理念なのだと主張した。彼は全情報認知プログラムに関連する別の部会に出席すると、このプログラムに対する懸念をいっそう深めた。スタンフォード大学で開かれたその部会では、DARPAが提案する「eDNA」プログラムについて検討がなされた。eDNAは、インターネット上のあらゆるキー入力から具体的なユーザーをたどることを可能にするもので、ローテンバーグは「完全なる監視」と表現した。「そして、完全なる狂気だ[47]」

ローテンバーグがプライバシーに懸念を寄せても、DARPAの計画は進んでいた。DARPAは同じ年、情報認知室にとって関心のある分野で提案を公募した。そのなかにはポインデクスターのいう「プライバシー保護装置」も含まれた。そして9・11以降、テロ対策への支出が急増すると、ゼノア計画の予算だけで二〇〇二年の七〇〇〇万ドルから二〇〇三年の約一億五〇〇〇万ドルへと二倍以上になった。二〇〇二年前半、ポインデクスターは全情報認知プログラムの原型をつくり上げ、データ・ネットワーク上の「ノード」を設置するようさまざまな国防機関や諜報機関に依頼した。[48]中央ノードはDARPAが管理することになるが、ほかの機関は分散されたノードを通じてネットワークにアクセスし、全情報認知プログラムのツールを試すことができる。当然、もっとも多くのノードを有していたのはNSAだった。[49]

二〇〇二年晩夏になると、すべてのピースがはまりつつあった。が、外部から見た全体像はおそらく内部から見たものとは異なっていただろう。イラン・コントラ事件で国民を敵に回した情報認知室の室長。秘密結社「イルミナティ」ばりの陰謀論を象徴するシンボル。そして一元化データベースという野心的なビジョン。ついに国民へのお披露目を迎えた情報認知室が向かった先は、なんとディズニーランドだった。

一、二年に一回開催のDARPAのカンファレンス「DARPAテック」は、それまでデンバーやダラスなどの都市で開催されてきた堅苦しい技術会議だったが、トニー・テザー局長は話題づくりのため、二〇〇二年の開催地をカリフォルニア州のディズニーランドへと移した。「今回のシンポジウムの準備はたいへん楽しいものでした」とテザーは基調演説で語った。「各室が自分たちの活動をディズニーランド風のテーマで表現しました。それも楽しみのひとつでした」[50]（ちなみに、情報認知室のテーマは『スター・ウォーズ』に登場するアンドロイドのC－3POとR2－D2。）

クレジットカード会社から金融データを収集するというアイデアになんの疑問も抱かなかったテザーは、等身大のグーフィーやミッキーマウスが暮らす空想世界でポインデクスターに情報認知室のお披露目をさせることにもなんの疑問も抱かなかった。こうして二〇〇二年八月、DARPAが支援する研究者やジャーナリストの一団の前で、ポインデクスターは情報認知室をこう紹介した。

テロリストを発見し、追跡するために掘り起こさなければならない重要なデータソースのひとつが、取引履歴です。アメリカへの攻撃を計画して実行しようとするテロ組織も、さまざまな取引をする。すると、この情報空間にどうしても取引の痕跡が残ります。この取引カテゴリーのリストには、あらゆる対象が含まれます。現状、テロリストたちは自由自在に世界じゅうを動き回り、必要ならば身を隠し、スポンサーや支援者を見つけ、独立した小さな組織で活動し、単発的に攻撃を行ない、集団的な兵器やメディアの反応を利用して政府に影響を及ぼすことに成功しています。ですが、彼らの採用する戦術の一部は痛いほど明らかです。この低強度、低密度の戦争には情報の痕跡が残りますから。われわれはノイズのなかからそうしたシグナルを拾い出せるようにならなければなりません。よく点と点を結ぶという言い方をしますが、問題はどの点と点を結ぶかをきちんと理解することです。そのためには、容易に分析できる高度な意味的内容を含んだ大規模なデータの山のなかから、重要性の高い情報を抽出できるようにする必要があります。この取引データはわれわれの従来型の情報収集を補うことになるでしょう。[51]

ポインデクスターは演説のなかで、プライバシーに関する懸念は認めつつも、解決を約束した。「国民の権利やプライバシーを守りながら、国民全員の身の安全を向上させる技術はいくつもあります」と彼は聴衆に確約した。

DARPAテックはとどこおりなく終了し、数少ないメディア報道も、その大半がテザーの発表したDARPA後援の「ロボット・レース」、つまりカリフォルニア州の砂漠で開催される自動運転車のデモンストレーションについてのものだった。[52]新鮮味のないポインデクスターの演説に注目する者などひとりもいないようだった。その二年以上前のDARPAテック会議で、ブライアン・シャーキーは「全情報認知」に関する話をしたが、その当時はまだプログラムというよりもコンセプトに近かった。ポインデクスターに関していえば、彼が小さな国防会議に出席していることは、とりわけ科学や技術に関心を持つメディア関係者たちにとってはどうでもいいことだったようだ。

しかし、プライバシー擁護派のローテンバーグは、自身の抱く懸念について『ニューヨーク・タイムズ』紙のテクノロジー記者、ジョン・マルコフと話しあっていた。マルコフは一一月の記事で全情報認知プログラムについて、「アメリカを含む世界じゅうのテロリスト捜索の一環として個人情報を検索する巨大な電子捜査網」と表現した。記事はポインデクスターのディズニーランド演説とローテンバーグの言葉を引用しつつ、「アメリカ国民の全国的な監視システム」を構築するプログラムだと一蹴した。[53]

この記事でさえ反響は少なかった。翌週、『ニューヨーク・タイムズ』のコラムニストのウィリアム・サファイアは全情報認知プログラムをアメリカのライフスタイルへの侮辱と呼び、宣戦を布告した。「クレジットカードでの購入、雑誌の購読、薬の処方、ウェブサイトの閲覧、メールの送受信、学校の成績、銀行預金、旅行の予約、イベントへの出席――こうした取引や通信がすべて国防総省の〝仮想的で一元的な巨大データベース〟へと集められる」と彼は記した。「こうして民間から収集された国民の私生活に関するコンピューター・ファイルに、パスポート申請、運転免許証や橋の通行料の支払いの記録、裁判歴や離婚歴、お節介な隣人からFBIに寄せられた苦情、過去の遍歴、最近の監視カメラの映像といった政府の情報を加えれば、詮索好きたちの夢が実現する――アメリカの全国民に関する〝全情報認知〟という名の夢が」[54]

サファイアのコラムは事実と空想がごちゃ混ぜになっていた。全情報認知プログラムは架空のデータを用いた研究プロジェクトであり、最終的にこの技術が採用されたとしても、彼の挙げたようなデータの一部は法的な理由で除外される可能性が高かった。一方で、サファイアの説明は、ポインデクスターの野望の大きさをなかなか正確に描き出してもいた。このコラムが引き起こした典型的な炎上は、ワシントンの閉鎖的な環境によっていっそう増幅され、サファイアのコラムを引用する記事が雪崩のごとく発表された。ＤＡＲＰＡの報道官は、無視していればやがて炎上も収まるとテザー局長に助言した。ＤＡＲＰＡの関係者たちはポインデクスターの活動や全情報認知プログラムについて徹底して口をつぐんだ。それでも次々と批判記事が押し寄せると、テザーはショックを受けた。彼はＤＡＲＰＡの活動を世間がどうとらえるのか、まったく理解していなかったのだ。彼は全情報認知プログラムを単なる研究計画にすぎないと考えていたが、メディアの記事はこのプロジェクトがまるで国民全員の医療記録を収集している運用システムであるかのごとく報じていた。「記事を読んでいると、私は真の事情を知っているはずなのに、もしや私のまかり知らないことが裏で行なわれているのではないかという気分になってくるのだ！でも、私たちは無言を貫いた」と彼はのちに記者団に対して語った。「それがまずかった。きちんと腹を割り、〝おいおい、でたらめを言うな〟と言わなかった。堂々と表に出てわれわれの活動を理解してもらおうとしたころには、ほとんど手遅れになっていた」[55]

しかし、事態が悪化した原因は報道機関だけではなかった。議会がＤＡＲＰＡに概要説明を求めはじめると、まったく新たな問題が生まれた。過去に偽証の罪に問われたことのあるポインデクスターを議会へ送り、憤慨する議員たちの質問に答えさせるのは自殺行為だった。ポインデクスターは部下のボブ・ポップに概要説明を任せようとしたが、テザーは自分が行くと言い張った。それが災難の始まりだった。「テザーは詳しく説明できるほど情報認知室のプログラムについて理解していなかった」とポインデクスターは嘆いた。「そのせいで、私たちが隠し事をしていると疑われてしまったのだ。そのつもりはいっさいなかったのだが」[56]

批判者たちがポインデクスターを取り囲むと、全情報認知プログラムをめぐる論争は激化したが、テザーは一歩も動こうとはしなかった。結局、国防長官と副大統領が直々にＤＡＲＰＡをかばい、一時的にはペンタゴン上層部もＤＡＲＰＡの支持に回ったが、批判記事が増殖するにつれて、議会は情報認知室とその全プロジェクトに関する詳細な報告をペンタゴンに要求した。議会スタッフたちは報告書にくまなく目を通すと、特にひとつのプロジェクトに目を奪われた。自由市場の投資家たちの「群衆の知恵」を利用し、将来の政治的な出来事を予測する方法を模索する小規模な研究プロジェクト「フューチャーＭＡＰ」だ。フューチャーＭＡＰを発案したのは、公開市場の予測能力に関心を持つアメリカ国立科学財団のひとりの研究者だった。ＤＡＲＰＡは人々が将来の政治的な出来事に現金を賭けることで、正確な未来予測ができるかどうかを検証する予備的な研究に資金を提供した。[57]

参加企業のひとつ「ネット・エクスチェンジ」は、「アラファトの暗殺や北朝鮮によるミサイル攻撃」といった「派手な例」が満載のウェブサイトを作成した。[58] それはクラウドソーシングを使って未来予測を行なう最初期の試みであり、一〇年後にはごくありふれた光景となる「予測市場」と呼ばれるシステムのこと。おおぜいの人々が将来の出来事を対象に賭けを行なうことで、群衆の意見を総合して未来予測を行なう一種の先物市場。米国では大統領選挙の結果予想などによく活用され、世論調査などとともに重視される」。ポインデクスターと彼のプログラムを排除する口実を探していた議会にとっては、フューチャーMAPだけでも十分だった。「連邦政府が虐殺やテロリズムを対象とした賭場を開帳するなどバカげているし、おぞましい」とオレゴン州選出民主党上院議員のロン・ワイデンは述べた。[59]

フューチャーMAPの一件は、ベトナム戦争末期に巻き起こったアジャイル計画への反対運動の再演といっても過言ではなかった。当時も、議員たちは醜聞を見つけ出そうと鵜の目鷹の目でDARPAの報告書をチェックしたのだ。「このプログラムにもともと反対だった議員たちは、私が〝賭場〟を開帳しようとしていることに憤慨したのだ」とポインデクスターは語った。「その時点で私はテザーに辞意を伝え、そしてその言葉どおり辞職した」[60]

二〇〇三年八月、ポインデクスターはびっしり文字が詰まった五ページづつりの辞職願をテザーに提出し、そのなかでDARPAの起源、目的、功績について長々と説明した。彼は情報認知室の歴史を振り返り、その活動について悪びれる様子もなく詳しく弁解し、議論よりも「口先だけの言葉、印象操作、イメージがものをいうワシントンの感情的な政治環境」を批判した。と同時に、議会が情報認知室の活動の一部を救済することを期待した。

翌月、議会はDARPAの全情報認知プログラムと情報認知室の廃止を議決する。全情報認知プログラムは、少なくとも表向きには終わりを迎えた。しかし、実際にはちがった。それはまったく別の、そしてずっと悪質なプログラムへと生まれ変わろうとしていた。

DARPAでの最後の数日間へと話が及ぶと、ポインデクスターは三〇年前のイラン・コントラ事件の公聴会のときと同じように、いったん話をやめてトレードマークのパイプを吹かした。「議会は情報認知室と全情報認知プログラムを廃止したと言っていたが、現実には全情報認知プログラムの要素をひとつ残らずDARPAから諜報コミュニティへと移しただけだった。そして最終的には、国防総省の機密予算があてがわれることになった」とポインデクスターは言った。[61]

だとすれば、ポインデクスターが二〇〇二年にテザーに提案したとおり、全情報認知プログラムが大規模な闇プログラムの隠れ蓑だった可能性は？　ポインデクスターいわく、DARPAが闇プログラムを追求しないことに決めたのは、機密情報取扱許可を持たない大学研究者たちを取りこみたかったから、そして「そうした機密プログラムに必要な許可をすべて得るには時間がかかりすぎる」からだ。[62]　しかし、プログラムを諜報コミュニティに移行したのは、実質的には闇プログラムを追求したのとほぼ同じ意味だった。全情報認知プログラムは中止されたのではなく、当初ポインデクスターが提案したとおり、闇へと移行しただけなのだ。こうして、国家安全保障局（NSA）の一部である「高等研究開発活動」が、プライバシー保護研究を除く情報認知室の大半のプログラムを引き継いだ。「われわれを批判していた人々にとっては最悪の結果だ」とポインデクスターは指摘した。[63]

再三再四、ジョン・ポインデクスターは政府の狡猾な工作員の見本として描かれたし、いまだに描かれている。『ニューヨーク・タイムズ』のコラムニスト、ウィリアム・サファイアの表現を借りれば「士官学校あがりの一流ペテン師」だ。[64] 実際のポインデクスターは、確かにまったく反省の色こそ見せないが、誰にでも丁寧だし、批判者たちがつくり上げた悪魔のようなイメージとは似ても似つかない人物だった。彼のビジョンは、プライバシーの擁護派にとってどれだけ憂慮すべきものだったとしても、国家安全保障に対する（見当ちがいではあるが）切実な思いから生まれたものなのだ。

もしもDARPAで全情報認知プログラムが進められていたら、テロリスト探しの練習を積むための架空世界「バニラワールド」は拡大される計画だった。ポインデクスターは、何層もの複雑さやリアリズムを追加した「チェリー・バニラワールド」、そして次に「フレンチ・バニラワールド」の構築を思い描いていた。[65] しかし、DARPAの研究が単純化された架空世界の域を出ることはついになかった。「コンピューター・アルゴリズムを用いて、個人情報と公的データの組みあわせからテロ活動のパターンを見つけ出すことはできるか？」という根本的な科学的疑問は、少なくとも公式には実証されることはなかった。

ポインデクスターの一〇年後の主張によると、全情報認知プログラムは、諜報コミュニティによるデータの扱い方やその方向性を一変させたという点では成功だった。[66]「全情報認知プログラムは二〇〇三年に議会によって中止させられたが、さまざまな技術的アイデアを広め、のちのち改善可能なアイデアの原型を開発し、情報分析の新たなプロセスを考察するという当初の目標は、基本的に達成できたと思っている」とポインデクスターは述べた。

プライバシーと安全保障のバランスを取らなければならないというポインデクスターの信念は

まぎれもない本心だったが、彼の最大のミスは、大多数のアメリカ国民にとってプライバシーがどういう意味を持つのかを根本的に読みちがえたことだった。政府によるデータ収集、コンピューター、プライバシーに対する国民の不安は、はるか昔の一九七〇年代に始まり、データの増大とともに膨らんでいった。この騒動の直後、米国科学者連盟のプライバシー擁護者、スティーヴン・アフターグッドはこう記した。「人間が個人の記録やデータを共有したり調べたりすることは通常ないので、プライバシー侵害には当たらないという理屈をこねて、プライバシー問題を乗りきろうとする政府高官もいる。しかし、この主張は問題の核心をとらえていない。たとえ機械によるものであっても、不要な監視を受けた時点で、その人のプライバシーは侵害されるのだ[67]」

結果的に見ると、全情報認知プログラムはどのＤＡＲＰＡプログラムよりもずっと深い影響を後世に残した。このプログラムをめぐる論争は、関連するプライバシー研究に終止符を打っただけでなく、データマイニングを諜報コミュニティの極秘世界の奥深くへと追いやり、大規模な分析収集システムの知的な土台を築いた。そのシステムの全貌は、一〇年後にエドワード・スノーデンという国家安全保障局の関係者によって暴露されることとなる。

また、ＤＡＲＰＡにとってもこの論争の余波は長引いた。マクドナルドの科学者からＤＡＲＰＡのマネジャーに転身したマイケル・ゴールドブラットのスーパーソルジャー研究も、かつてはディック・チェイニー副大統領のお気に入りだったが、ＤＡＲＰＡの粗探しに躍起になる議会スタッフたちの集中砲火を浴びた。痛みのワクチンや無敵の兵士を開発する彼の研究は、狂気の科学者による陰謀ととらえられた。「私が人間をロボット化しようとしていると思われたのだ。完全な誤解だ」と彼は振り返る。「私はその件で猛批判にあった」。しかし、全情報認知プログラムと同様、彼の研究も終わらなかった。「幸い、私たちは名前を変えてプログラムを継続したけどね」とゴールドブラットは笑った。[68]

今でこそ笑い話のように語っているが、当時のゴールドブラットは絶望した。二年前にチェイニー副大統領も絶賛した未来の兵士の開発活動が、一転してDARPAのお荷物になったのだ。そして二〇〇三年、ポインデクスターが全情報認知プログラムを残して辞職したのと同じ年、ゴールドブラットもDARPAを辞職した。彼はロボット兵士をめぐる論争の責任をみずからすべてかぶった。そして、議会にこう伝えるようテザーに告げた。「われわれは頭のおかしなゴールドブラットを排除した。彼はわれわれを薬漬けにして殺そうと企む暴走カウボーイだったのだ[69]」

DARPA局長のテザー自身もすぐに危機を迎えた。論争の直後、元下院議長のニュート・ギングリッチがラムズフェルド直々のメッセージを携え、彼のもとを訪れた。ラムズフェルドがDARPA局長に直接メッセージを届けるのは異例中の異例だ。「(解雇を)覚悟しておくようにと伝言を頼まれました[70]」。テザーはなんとか生き延びたが、DARPAは「最大の戦略的エンジン」を失った[71]。それはまた、DARPAが少なくとも当面はテロとの戦いに関連する大々的な研究にかかわれないという意味でもあった。近未来の航空機を設計するのはかまわない。だが、DARPAのコンピューター科学の専門知識をテロ対策に活かすことは許されなかった[72]。

DARPAは一〇年先や二〇年先を見据えた未来志向の開発に専念すべきだと考える人々にとって、テロ対策という重要な目標を失ったことは悲劇でもなんでもなかった。しかし、大統領専用車の安全対策をものの数カ月で開発し、革新的な核実験探知システムを数年足らずで構築し、世界規模の対反乱作戦を率いた組織にとっては、身を大きくえぐり取られたも同然だった。全情報認知プログラムから生まれたＤＡＲＰＡは、その技術的な功績という点では讃えられるだろうが、国家安全保障活動の最前線からは大きく取り残されることになるだろう。批判を恐れながらも注目を求めていたＤＡＲＰＡが次に目を向けたのは、空想世界だった。

# 第18章 空想世界 2004―2008

泥沼化するイラク戦争と姿の見えない敵／自動運転車コンテスト／「増強認知」プログラム／翻訳機「フレーズレーター」

「DARPAの一流のプログラム・マネジャーはみな、まちがいなくSF作家になりたいという欲求を内に秘めていると思う」とDARPAの運営哲学についてたずねられたトニー・テザーは記した。「たとえば、一九一四年に原子力をテーマにした小説『解放された世界』を記し、原子爆弾に今日使われている名前を与えたH・G・ウェルズは、DARPAに来れば優秀なプログラム・マネジャーになっていただろう」[1]

SFへの情熱があったからこそ、トニー・テザーは一九八〇年代にトニー・デュポンの空想的なスペースプレーンの開発を推進したし、二〇〇一年にディック・チェイニー副大統領が視察にやってきたとき、マイケル・ゴールドブラットのスーパーソルジャーと心で動かす兵器をプレゼンの目玉に選んだのだ。テザー局長が好きなのはまさしくこうしたテクノスリラー的なネタだった。テザーはあるDARPAテックの演説で、ゴールドブラットの部局の研究についてこう説明した。「今から二五年後の世界を想像してください。私のような年輩者がメガネかヘルメットを着け、目を開けると、別の場所にいるロボットが目を開け、ロボットの見ているものがこちらに見えてくる。遠く離れた場所にいながら、洞窟を見下ろして、〝よし、あっちに下りていって遊ぼう〟と考えることができるのです[2]」

テザーは無類のディズニーランド好きだった。のちにＤＡＲＰＡ局長職の最長在任記録を更新するテザーは、ミッキーマウスやウォルト・ディズニーの「魅惑のチキルーム」の発祥の地が、彼のＤＡＲＰＡのビジョンをそっくりそのまま代弁すると信じていた。だからこそ、ディズニーランドは二〇〇二年のＤＡＲＰＡ全情報認知プログラムのお披露目の地として選ばれ、その後もＤＡＲＰＡの会合場所となってきた。八年間近い局長時代、テザーは四回のＤＡＲＰＡテック集会をすべてディズニーランドで開催し、演説の合間に『スター・ウォーズ』のテーマ音楽を流したり、ＤＡＲＰＡ柄のトランプ、ＤＡＲＰＡのロゴ入り特製ゴルフボール、武装無人機のイラスト入りＴシャツといったグッズを配ったりした。「ＤＡＲＰＡの世界へようこそ！」とトニー・テザーは言い、二〇〇四年三月の開会式の聴衆にニッコリと笑いかけた。「ここはＳＦが現実に化ける世界です[3]」

二〇〇四年三月の二回目のＤＡＲＰＡテックは、アメリカ主導のイラク侵攻からちょうど一年の節目に行なわれた。イラクの急速な再建が進むと期待されていたその年は、血みどろの紛争へと発展し、米軍は従来型の軍隊ではなく、ほとんど姿の見えない反乱勢力と対峙することになった。三月は特に悲惨をきわめた。ファルージャではアメリカのセキュリティ会社「ブラックウォーター・ワールドワイド」の四人の従業員が殺害され、彼らの黒こげ死体が路上を引きずり回された。バグダッド中心部のホテルでは数十人が爆弾により死亡。その月だけで五二人の米兵がイラクで死亡し、その多くが車両の運転中に即席爆発装置の被害にあった。この種の手製爆弾はますます使用頻度が高まっていた。

そのころディズニーランドでは、プログラム・マネジャーたちがＤＡＲＰＡの文字が入ったエムアンドエムズ・チョコレートを配るなど、陽気な雰囲気がただよっていた。テザーは、職員たちが「局長をいつも厄介事に巻きこむ」ようなＤＡＲＰＡの「かつての姿」を取り戻すことが自分の使命だと考えていた。ジョン・ポインデクスターと全情報認知プログラムはまさしくその典型だった。テザーは議会や国民の追及をなんとか耐え抜いたが、その代償としてテロ対策研究というＤＡＲＰＡの役割を諜報コミュニティに譲るはめになった。

トップレベルの国家安全保障問題に携わるという夢は断たれたものの、空想とスパイ世界を足して二で割ったような彼のもうひとつのビジョンのほうは成功を収め、まったく新しいＤＡＲＰＡのイメージをつくり出した。彼が資金を提供したアイデアのひとつが、音速の六倍のスピードで飛行できる極超音速無人戦闘機「ブラックスウィフト」、つまりかつて失敗した国家航空宇宙機の後継機だ。また、ハンヴィー（高機動多目的装輪車）の後ろから投げつけて敵をスリップさせる合成物質「ポリマー・アイス」などの斬新なアイデアもあった。[4] しかし、なかには科学的に怪しいアイデアもあった。たとえば、その一例が物議を醸した「ハフニウム爆弾」だ。[5] これは放射性物質を使用した爆弾で、従来の爆発物と比べて一グラムあたり数万倍も強力な可能性を秘めているが、その起爆方法を発見した科学者はひとりもいない。

テザーはジョージ・オーウェルばりのデータマイニング論争から立ち直るには何か大きなきっ

かけが必要だと考えた。彼はスキャンダルの渦中にいるときから、ＳＦ風の斬新なアイデアを考案していた。それはロボット・レースだ。このロボットカーのレース「グランド・チャレンジ」は、カリフォルニア州バーストーからラスベガスの六〇キロメートルほど手前のネバダ州プリムまで続く二四〇キロメートルの荒々しい砂漠コースで行なわれる。優勝賞金は一〇〇万ドル。大会の幕を開けるため、カリフォルニア州に移動する準備をしているあいだも、テザーはこのレースがＤＡＲＰＡの命運を分ける事業になると予感していた。成功すればしつこい批判者たちを追っ払えるだろうし、失敗すればＤＡＲＰＡの未来は暗いものになる。

二〇〇三年二月のある土曜日、トニー・テザーはグランド・チャレンジに参加してくれそうな人々が集まる「インダストリー・デイ」〔軍が兵器や車両の開発要件、入札方法などについて産業界の関係者に説明するために開催する集会〕に出席するため、ロサンゼルスへと向かっていたとき、ふいにパニックを起こした。レース開催は一世一代の大博打だった。ＤＡＲＰＡは巨額の経費をかけ、高級車やビンテージカーを何台も所蔵するウィルシャー大通り沿いのピーターソン自動車博物館をまるごと借りきっていたのだ。「たぶん、出席するのはうちの関係者くらいだろう。もし出席者がほかに五人くらいしかいなかったら、ロサンゼルスの路上からホームレスの人々でも引っ張ってきて、盛況に見せるしかない」とテザーは思った。[6]

テザーは、ジーン・ロッデンベリーの『スタートレック』を観て育ちながら、結局はロナルド・レーガンのスター・ウォーズ計画にかかわることになったエンジニアのひとりだった。彼はアポロ11号が月面に到達した一九六九年にスタンフォード大学で電気工学の博士号を取得した。

卒業後、大学が供給しきれないくらいのスピードでエンジニアを吸収し、みるみる膨れ上がっていた冷戦中の軍産複合体で職を得た。当時はまだ優秀な新卒生を奪いあうシリコンバレーもなく、高い給料、仕事、興奮は軍需産業や航空宇宙産業にあった。テザーはいくつかの軍需企業で働いたあと、ロナルド・レーガンが軍備増強を進めていた一九八〇年代にＤＡＲＰＡに就職し、ミサイル防衛に深く関与する戦略技術室を指揮した。

土曜日は平日のひとつといわんばかりの仕事人間だったテザーは、一九九〇年代にＤＡＲＰＡの局長になることを希望するも、政治的な思惑で選ばれた対立候補に敗北してしまう。二〇〇一年に次なるチャンスが巡ってくると、彼はチャンスに飛びついた。エンジニア風の特大メガネに、ポマードでなでつけた髪がトレードマークのテザーは、ワシントン界隈の技術産業界に難なく溶けこんだ。しかし、彼がまるで子どものように熱中していたのは、実は先進テクノロジーだった。その証拠に、彼は最初のＤＡＲＰＡ職員時代、トニー・デュポンのような人々やスペースプレーンのようなコンセプトを熱心に推進した。彼が興奮したものや驚いたものを表現するのによく使うお気に入りのフレーズは、「おやまあ！《ホーリー・カウ》」だった。[7]

テザーはＤＡＲＰＡの局長になる前、まだエンジニアにもなっていないころ、一時的に訪問販売員としてフルタイムで働き、一軒一軒家を回ってはパーソナルケア用品を販売していた。「いつも言うのだが、それが私にとって最高の教育だった」とテザーはのちにＤＡＲＰＡの嘱託インタビュアーに話した。「訪問販売員はドアをノックしたあと、ドアを開けようとしているのが誰なのか、どうすれば玄関に入れてもらえるかを判断するのに、一秒か二秒の猶予しかない」。訪問販売で大事なのは顧客の心を読むことだ。テザーの表現を借りれば、「適切なストーリーを語る」必要があるのだ。
テザーはグランド・チャレンジがその「適切なストーリー」になることを願ったが、兵器や軍と明確な関連性のないロボットカー・レースが反発を招くのではないか、少なくとも人々の参加を遠ざけるのではないかと密かに心配していた。スタンフォード大学の大学院に進学しながらも、テザーは西海岸を9・11後の世界情勢の変化すら理解できないリベラルたちの巣窟と見ていた。「アメリカ国民、特に西部の人々は、ニューヨークへのテロ攻撃を、『ゴジラ、ニューヨーク襲来』的な映画か何かとでも信じているのだろう。われわれが実は戦争状態にあることをまったく理解していなかった」[8]

しかし、自動車レースに関していえば、彼の不安は大げさだった。自動車博物館に着いてみると、ブロックをぐるりと回るほどの大行列ができていた。八〇〇〇人くらいいる。「おやまあ！」とテザーは思った。「こいつは本当にすごいことになりそうだ」

DARPAのグランド・チャレンジを発案したのは、DARPAの科学者ではなく、かつての主任法律顧問リチャード・ダンだ。彼は面倒な官僚制度をかいくぐる独創的な策を編み出すことにかけては天才的だった。特殊な契約で職員を雇うのであれ、政府の通常の手続きをショートカットして小企業と取引するのであれ、彼は面倒なお役所主義を回避してくれるDARPA内の〝お助けマン〟的な存在になっていた。グランド・チャレンジ、少なくともその骨組みは、ダンがかのオルティーグ賞を手本にして発明したものだ。オルティーグ賞とは、ニューヨークのホテル経営者、レイモンド・オルティーグが設けた賞で、初の大西洋単独横断飛行の成功者に二万五〇〇〇ドルの賞金を提供するものだった。

ダンは二〇〇〇年にDARPAを去る直前、DARPAに「奨励賞」を設ける権限を与えるよう議会を説得した。[9] コンテストの種類については指定されなかったが、ダンの記憶によると、最初に挙がった案のひとつがロボット、それもビルをよじ登れるロボットだった。[10] テザーはDARPAの局長に就任するなり、この権限が未使用のままになっていることに気づき、別のアイデアを思いついた。それがロボットカー・レースだ。「この国では誰もが車を持っている。コンピューターも買える」と彼は考えた。「センサーも買えるし、アクチュエーターだって障害者向けの市場で手に入る。だから、一般の男性でも気軽に参加できるはずだ」

当初、テザーはロサンゼルス大都市圏内にあるアナハイムをレース会場として想定していた。彼はロサンゼルスから一般幹線道路を通ってはるばるラスベガスへと至る全長四〇〇キロメートルの自動車レースを思い描いていた。[11] 一九三〇年代の大西洋横断飛行と同じく、理論上、自動運転車を開発するための個々の技術は揃っていたが、実際に組み立てるのは至難の業だったし、少なくとも前例がなかった。成功すれば技術的な前進だけでなく心理的な前進にもなるし、ロボット工学に全国的な関心が集まるだろうとテザーは期待した。しかし、大会の計画管理を任された空軍大佐は、ロサンゼルスにこれだけ近い幹線道路を封鎖するのは夜間でも難しいとテザーに告げ、代わりに低木やメタンフェタミン製造施設が点在するカリフォルニアの砂漠の真ん中にある寂れた町バーストーをレース会場として提案した。バーストーの道路の封鎖ならそう難しくはない。[12]

二〇〇四年三月一三日、一五の参加チームがスタートラインに車を並べた。全長二四〇キロメートルにおよぶモハーヴェ砂漠内の険しいコースを一等で完走したチームには、一〇〇万ドルの賞金が与えられる。全国の報道機関が歴史的なイベントを記録に収めるため、バーストーに殺到した。しかし、人々の期待は一〇キロメートルあまりでついえた。岩や盛り土に乗り上げて身動きの取れなくなる車。ソフトウェアの不具合に見舞われる車。フェンスに勢いよく突進する車。一台、また一台と車が脱落していった。大本命のハンヴィーがもっとも遠くまで走行したが、一二キロメートル弱の地点であえなく停止。『ポピュラー・サイエンス』誌は「砂漠の総崩れ」という見出しとともに、「傾斜の縁の部分に車のお腹が乗っかるような格好で停止し、炎を上げながら前輪がぐるぐると回転していた」と報じた。[13]

こうして、グランド・チャレンジは不吉なスタートを切った。賞金一〇〇万ドルの獲得者は現われなかった。そうはいっても、かのオルティーグ賞もチャールズ・リンドバーグが賞金を獲得するまで八年かかったのだ。唯一の救いは、何人もの命を奪ったオルティーグ賞とはちがって、この砂漠レースで死者が出なかったことだ。テザーはこの失敗にまったく気落ちせず、またグランド・チャレンジを開催することを約束した。そして、初回のレースをあまりにも大げさに騒ぎ立てたマスコミを批判した。「さんざん期待を煽ったのに、一〇キロメートルちょっとで終わってしまった。君たちはさぞ恥をかいたことだろう」と彼は言った。「だが、私たちはなんとも思っていない[14]」

テザー局長がグランド・チャレンジでロボット工学の新境地を開拓しようとしている一方で、DARPAの支援を受けた科学者たちはその裏の側面を味わわされていた。テザーは、DARPA元局長のジョージ・ハイルマイヤーと、彼がプログラム立ち上げの是非を評価するために使っていた七つの質問「教理問答《カテキズム》」に心酔するあまり、この問答集を包み紙に印刷したチョコレート・バーをDARPAテックで配ったことがあった。ハイルマイヤーと同様、テザーも予定どおりにブレイクスルーを実現することを求め、たとえば半年や一年といった期限内に具体的な目標に到達できなかったプログラムを即刻中止した。いちばんの打撃をこうむったのは、長期的な助成に慣れきっていた大学研究者だ。『ニューヨーク・タイムズ』紙は二〇〇五年、DARPAが学者向けのコンピューター科学関連の助成を大幅に削減したことを報じた。助成額は二〇〇一年の二億一四〇〇万ドルから、二〇〇四年には一億二三〇〇万ドルまで減少。[15]テザーはいつまでたってもコンピューター科学部門から斬新なアイデアが出てこないとして、予算の削減を擁護した。批判を浴びたテザーはこうやり返した。「批判の内容によくよく耳を傾けてみると、コンピューター科学業界は過去に大きな貢献をしたので、今までどおりの資金提供を受ける資格があるとでも言いたげだ[16]」

テザーが科学界と衝突したのはそれが初めてではなかった。二〇〇二年、彼は四〇年間にわたる独立系科学諮問グループ「ジェイソン」との関係を突如として解消し、資金提供を取り下げた。[17]テザーは関係解消の具体的な理由についてノーコメントを貫いているが、一説によると、年功序列のメンバー構成をめぐって対立があったようだ。ドナルド・ラムズフェルド国防長官は、彼がのちに『フォーチュン』誌のインタビューで語ったところによると、「シリコンバレーの三〇歳前後の若者数人」をジェイソン・グループのメンバーとして加えたかったのだが、長年メンバーの自選を誇りにしてきたジェイソン・グループはその要請を拒否した。そっちがそうならばとテザーは契約を打ち切った。[18]議会の抗議を受け、ペンタゴンの国防研究技術局長は資金提供を決めた。ジェイソン・グループは生き延びたが、ＤＡＲＰＡとの関係は永久に断絶した。

このジェイソン論争は、大学のコンピューター科学部門への助成削減と相まって、テザーの学者嫌いのイメージを強めた。しかし、テザーは大学への資金提供を削減したわけではなく、大きなブレイクスルーが見込める学際的な研究へと資金を回しただけだと主張した。彼が議会の公聴会で挙げた例のひとつが、人間の思考を読み取れるコンピューター、ＤＡＲＰＡの呼び名でいうと「増強認知」だ。

この「増強認知」という用語を考案したのは、全情報認知プログラムのプライバシー保護メカニズムである「鏡の広間」を理論化したマイクロソフトの科学者、エリック・ホービッツだ。二〇〇〇年、ＤＡＲＰＡの後援する会議で、ホービッツは人間の精神状態に直接順応できるコンピューターを提唱した。それはＪ・Ｃ・Ｒ・リックライダーの「人間とコンピューターの共生」という夢を拡張した概念だった。リックライダーはコンピューターに意思決定を支援させたいと考えていた。コンピューターなら人間の脳よりもすばやく計算ができるからだ。長年、コンピューターをより強力にすることが重視されてきた。そのあいだも、人間の脳は変わらないままだった。しかし、そうするうちにコンピューターはリックライダーの時代と比べてずっと高速で賢くなり、人間の脳はコンピューターについていけなくなった。ホービッツは、認知心理学とコンピューター科学を組みあわせ、人間の脳をコンピューターの力でより効率的に機能させる方法を見つけたいと考えた。

そこでホービッツが思い描いたのは、人間の疲労、過剰な負担、物忘れを検知し、たとえばディスプレイを変更したり、注意を促す音を出したりするコンピューターだ。このビジョンのデモンストレーションのため、ホービッツと「情報科学技術」研究グループの面々は、ある会議で「心を読み取る」ヘルメットまで用意し、増強認知のひとつの側面を実証した。センサーを用いた脳の信号の読み取りだ。まず、電極つきのヘルメットを人間の頭にかぶせて神経信号を検出したり、脳に赤外線センサーを当てて血流の変化を読み取ったりする。そうしたら、その情報を用いてコンピューターが提供する情報を調整するのだ。

DARPAの新プログラム・マネジャーのディラン・シュモローは増強認知のアイデアに興味を持ち、正式な研究に資金を拠出した。ホービッツは増強認知を基礎科学とエンジニアリングを融合させた包括的な研究プログラムとして思い描いた。人間は五感から入ってくる情報をどう統合するのか？　それを研究することで、重要な情報をハイライト表示してそのユーザーに合ったディスプレイを表示するなど、人間とコンピューターの対話方法を改善することができる。シュモローはこのアイデアを気に入ったが、もっと気に入ったのがヘルメットだった。こうして、DARPAの「増強認知」プログラムはたったひとつの応用に照準を絞ることになった。人間の認知状態を検出し、それに反応するデバイスだ。「それでも十分に面白いとは思ったが、ずいぶんと幅の狭い方針に驚いた」とホービッツ。「それでも、このプログラムはハードウェアやデバイス、そして人間の頭にキャップをかぶせることが好きなDARPAの琴線に触れたのだ」[19]

当初、ホービッツとシュモローは、増強認知にバイオサイバネティクスという前身があることに気づかなかった。一九七〇年代にジョージ・ローレンスが率いたそのDARPAの研究プログラムの噂を聞きつけると、シュモローはDARPAの資金提供を受けた初期のバイオサイバネティクス研究者のひとり、エマニュエル・ドンチンに連絡し、DARPAに来てかつての研究について説明してほしいと頼んだ。[20] 北バージニアにあるＤＡＲＰＡ本部にやってくると、ドンチンはショックを受けた。一九七〇年代、ドンチンは脳で動かすコンピューターについてローレンスと話しあうため、ＤＡＲＰＡに立ち寄ると、ついでにリックライダーの執務室に顔を出したり、同じ関心を持つプログラム・マネジャーたちと談笑したりした。当時のＤＡＲＰＡはオープンなオフィスビルで（少なくとも非機密のプロジェクトに関しては）、ある研究責任者に会いに来たら、ほかの関係者と会って意見交換するのが当たり前だった。「ディラン〔・シュモロー〕に会いに来たら、ロビーに警備員がたくさんいた」とドンチンは言った。「おかげでディラン・シュモロー以外とは何も話せなかった。ずいぶんと変わったものだよ」。ドンチンにとってもっとショッキングだったのは、ＤＡＲＰＡが過去にも似たような研究をしていたことを誰も知らなかったことだ。「バイオサイバネティクス・プログラムについてはまったく情報がなかった。ＤＡＲＰＡには組織の記憶というものがなかった。かなり奇妙に見えたよ」[21]

バイオサイバネティクスの目的はデバイスをつくることではなく、新しい科学分野に投資することだった。一九六〇年代終盤から七〇年代初頭にかけては、神経信号を検出する技術がまだ未発達だった。この最初のＤＡＲＰＡプログラムから四〇年がたち、技術そのものは進化したが、科学者たちは神経信号の解釈をめぐってまだ論争を続けていた。[22] たとえば、脳が具体的な視覚や音などの刺激を受けてから約三〇〇ミリ秒後に発生する脳信号「Ｐ３００」をより高精度で検出する手段は開発されたのだが、ＤＡＲＰＡの増強認知のビジョンでは、いまだ研究段階にすぎないその脳信号を使って、心を読み取る軍用キャップのようなものをすぐに開発できると仮定していた。それは文字どおりＳＦ世界のアイデアだった。

このビジョンをわかりやすく説明するため、ＤＡＲＰＡは『スタートレック』の新シリーズ「ディープ・スペース・ナイン」のテレビ監督として有名なアレクサンダー・シンガーの助けを借り、増強認知について描いた三〇分間のミニ映画を制作した。[23] スタートレックに登場するバーチャル・リアリティ装置「ホロデッキ」に着想を得たこの動画は、一流科学者たちの連続写真で幕を開けた。進化論の生みの親のチャールズ・ダーウィン。オペラント条件づけの研究で有名なＢ・Ｆ・スキナー。脳波記録法を発明したハンス・ベルガー。すると、次に増強認知の生みの親として、ＤＡＲＰＡのディラン・シュモローの写真へと画面が切り替わる。このＳＦ映画の主人公は、アフリカを混乱に陥れるサイバー攻撃を阻止するべく奮闘しているサイバーセキュリティ担当責任者のクローディアだ。彼女が自身の認知状態を監視するヘッドピースを着けると、コンピューターが情報を解析して彼女の意思決定をスムーズにする。ときおり、釣り休暇に出かけていたヨーダ風のサイバー責任者がテレビ会議に割りこんでくる。「異常なパターンが現われているかもしれない」と言い放つクローディア。

神経科学者でブレイン＝コンピューター・インターフェイスの長年の研究者であるアラン・ゲヴィンスは困惑した。ＤＡＲＰＡのバイオサイバネティクス・プログラム時代も含め、四〇年間のキャリアを持つゲヴィンスは、増強認知プログラムへの参加を打診されたのだが、実験よりもＳＦ風のビジョンを重視するＤＡＲＰＡの態度に幻滅した。「私はデータ人間であって哲学者ではない」と彼は言った。[24] ＤＡＲＰＡは研究者たちのことを「パフォーマー」と呼んでいたが、ゲヴィンスはまさしくそのとおりだと冗談をこぼした。ＤＡＲＰＡとの契約で働いている人々のなかには、まるでサーカスのパフォーマーのようにふるまう者も少なくなかったからだ。ゲヴィンスが覚えているのは、DARPAの資金提供を受けたある研究者が、脳の信号を用いてコンピューター画面上のカーソルを動かすデモンストレーションを行なっていたときの出来事だ。通常、こうした脳の信号を検出するには、測定機器の慎重な操作と知識が必要なのだが、研究者はいざカーソルを動かそうとするとき、足をドシンと踏み鳴らし、人為的なエラーを生じさせたのだ（皮肉にも、これはその三〇年前に自称超能力者のユリ・ゲラーが使ったとされるトリックと同じだ）。「微妙とかいうレベルではなく、まぎれもないフェイクだった」とゲヴィンス。「私はそれを指摘したが、まるで通じなかった。まったく驚いたよ」[25]。DARPAが査読などのプロセスをいっさい用いない怪しげな研究活動に膨大な予算を投じていることに啞然としたゲヴィンスは、すぐに増強認知プログラムから手を引いた。

増強認知プログラムの関心は、科学分野の開拓よりもむしろハードウェアの開発にあった。増強認知プログラムの第一段階の集大成が、脳波や瞳孔の動きといった約二〇種類の認知状態の尺度について検証する「増強認知技術統合実験」だった。被験者たちは、敵航空機への対応能力をテストする「ウォーシップ・コマンダー・タスク」というテレビゲームをプレイする様子を観察された。いわば昔ながらのシューティング・ゲームのようなもので、最大の目標は味方の航空機を撃ち落とすことなく敵の航空機を見つけて破壊すること。ゲーム中、センサーでプレイヤーの認知状態を監視し、脳に過度の負担がかかっていないかどうかを判断する。そして、もっとも効率的な方法で情報を解析するのだ。この実験について総括した論文のなかで、シュモローらは実験結果を「有望」と表現し、これらのセンサーを応用する「大きな可能性」があることを指摘した。

だが、これほど楽観的な見方ばかりではなかった。ヒューマン＝コンピューター・インターフェイスの専門家のメアリー・カミングスは、この二〇〇三年の実験を考察し、研究者たちが検証していた「負担」を示すシグナルが、三種類のテスト（研究者たちは航空機の数、難易度、権限を変えて実験を行なった）で一貫していない点を指摘した。そして、二種類のゲームで一貫していたふたつの測定可能なシグナル（マウスのクリック回数とプレッシャー）も、プレイヤーの認知状態とは間接的にしか関連していなかった。彼女はDARPAの成功の主張を批判する論文を発表し、実験の誤差、データの問題、そして何よりも、この軍事機器を開発することの不合理性について指摘した。[26]この機器を実戦で使うには、兵士が一五キログラム以上にもなる装置を持ち歩き、頭皮にゲル・センサーを装着した脳波計キャップをかぶる必要があるのだ。

カミングスの批判はとりわけ辛辣だった。彼女は海軍初の女性戦闘機パイロットのひとりとなったあと、システム工学の博士号を取得し、マサチューセッツ工科大学に勤めた。彼女は経験豊富なパイロット、そしてまたヒューマン＝コンピューター・インターフェイスの専門家として、科学的な裏づけがあり、なおかつ現実の軍事環境でも使用できる軍事技術の開発にかけては、誰よりも精通していた。そして、彼女はそのどちらの面でも、DARPAの増強認知プログラムに失望した。足を踏み鳴らすようなヤラセ丸出しのデモンストレーションを見たことは？　そう問われると、彼女は大笑いしてこう答えた。「どうかしら？」[27]

あるとき、彼女はDARPAから提供された数百万ドルの資金をアイトラッキング（視線やまばたきの速度を計測する手法）につぎこんできた企業から説明を受けた。アイトラッキングを使えば、コンピューター画面上の物体に対する被験者の注意力を測定したり、被験者が精神的な負担を感じているかどうかを判定したりできる。その企業の関係者は、アイトラッキングを使用することで反応時間が桁違いに改善したとアピールした。「それを聞いて、実験結果を見せてほしいと頼んだの。数百万ドルの提供の決め手になった実験結果を。そうしたら、被験者はたったのふたりだけだったとわかったの。このシステムを開発したふたりよ[28]」

増強認知プログラムは二〇〇七年になるとすっかり尻すぼみになっていたが、DARPAはふたつの関連技術について研究を継続した。ひとつは兵士の危険察知に役立つ脳を読み取るゴーグルで、もうひとつは情報アナリストが画像をすばやく精査するのに役立つ着用可能なヘッドギアだ。いずれのプログラムも、物体を無意識に認識したときに発生する神経信号「P300」を検出するものだった。ゴーグルは「第六感」のような働きをし、脳が狙撃手や爆弾をしかけようとしている人などを意識的に認識する前に、着用者に危険を知らせる。一方、情報アナリスト向けのヘッドギアは、着用者の無意識の思考を利用して無数の画像をすばやく精査する。

この情報アナリスト向けのヘッドギアの開発プログラムを指揮したDARPA職員、トッド・ヒューズは、この技術を応用するには多少の想像力が必要なことを認めた。この技術では電極をゲルで頭皮にくっつける必要があった。当然、ほとんどの政府職員はそんな働き方などしたくないだろう。ヒューズはこんなアナリストの特別チームを思い描いていたと冗談めかした。「頭を丸め、特殊な腕章を着けた十数人の男たちを別室に控えさせておく。どこか不明な場所で飛行機が墜落したら、彼らは研究室に駆けこんでヘッドギアを着け、墜落場所が見つかるまで画像を調べていく。そして部屋を出るころには英雄になっているわけだ[29]」

結局、DARPAは画像アナリスト向けのヘッドギア・プログラムをアメリカ国家地球空間情報局へと譲り渡し、脳を読み取るゴーグルは陸軍の夜間暗視研究所へと移った。形から見れば、このふたつのプログラムは軍へと無事に「移管」されたわけだが、いずれも研究段階で終了したようだ。

増強認知プログラムは名案だったとカミングスは言う。最大の問題は、研究者たちがまだ基礎研究の段階でしかなかった分野で具体的な成果を出すよう求められていたという点だ。「ＤＡＲＰＡがこのプログラムを応用し、実用的な成果を引き出そうとしたのはやりすぎだったでしょう」と彼女は話した。[30] 厳密な科学に欠かせない抑制と均衡を欠いたＳＦ世界の誘惑は、増強認知という前途有望な分野をウサギの巣穴へと導いた。[31] 果たしてロボットカーにも同じ結末が待ち受けているのだろうか？

一九八〇年代、ＤＡＲＰＡは戦略コンピューティング・イニシアティブの一環として、「スマート・トラック」と呼ばれる自律走行地上車両の開発に資金を提供した。歴史家のアレックス・ローランドが「巨大で不格好な箱形の怪物」と評したその車両は、前面にフロントガラスではなくロボット・センサーを搭載した「巨大なひとつ目」がついている。[32]『ターミネーター』よりも一九五〇年代のＳＦ映画に近い感じだが、外見は重要ではなかった。重要なのは、ファイバーグラスの車体の内部に積み重ねられている何列ものコンピューターと、外界を理解するとされるアルゴリズムだった。そのアルゴリズムはあまりうまく機能しなかった。

トラックはテレビカメラを備えており、車載コンピューターがその映像を分析し、コンピューターの画像処理分析機能を意味する「コンピューター視覚」をつくり上げる。人間の脳はこの機能を巧みにこなしており、たとえば樹木とその影を見分けることができる。スマート・トラックはこの区別が大の苦手で、研究者たちは影の出ない正午の日光のもとでテストするのが最適だと気づいた。[33] カーネギーメロン大学の研究者たちは、ピッツバーグのシェンリー・パークでこのトラックのテスト走行を行なったとき、ものの境目を示すマスキング・テープを使うはめになった。[34] トラックのコンピューター視覚は樹木の幹のような無生物の物体を車道の端と混同してしまうからだ。ロボットに車道を走行させようと思うなら、スマート・トラックよりも格段にコンピューター視覚を向上させる必要があった。

第一回のグランド・チャレンジの年、物理学者のラリー・ジャッケルがＤＡＲＰＡにやってきて、ロボット工学プログラムを引き継いだ。彼が真っ先に行なったのが、自律型掃除機「ルンバ」の購入だ。[35] ユーチューブには何千件ものルンバ動画が投稿されていて、その多くがルンバと自宅のペットとのほほえましいやり取りを収めていた。ルンバを開発した会社「アイロボット」は、軍用ロボットも開発しており、主力製品である「パックボット」はＤＡＲＰＡの資金提供により一九九〇年代に開発された。パックボットは二〇〇二年に洞窟探査の目的でアフガニスタンに投入されたが、あまり効果はなかった（通信が途絶え、パックボットは動けなくなった）。しかし、パックボットは爆発物の処理というずっと高度な使命を背負うことになる。最終的に、数千台の改造型パックボットが道路沿いの爆弾処理のため、イラクやアフガニスタンへと送りこまれた。しかし、民間向けのパックボットともいえるルンバは、ジャッケルを苛立たせた。ニュージャージーの彼の自宅に敷いてある毛足の長いじゅうたんに絡まって動けなくなることもあれば、コンピューター・コードに手こずることもあった。四本脚の椅子の下に潜りこむこともできないし、たまたま潜りこめたとしても、まるで見えない壁に囲まれた刑務所に閉じこめられたかのように立ち往生してしまう。彼はとうとう業を煮やし、ルンバからふつうの掃除機へと戻した。

ポップカルチャーでは、ロボット車両、そしてロボット兵士ですら、実現間近であるかのように描かれることが多い。武装したターミネーターの脅威は、まるでペンタゴンがすでにそういうロボットを量産しているかのような前提で議論される。しかし、DARPAのプログラムの大半は、戦争用ロボットの開発ではなく、ロボット工学のさまざまな側面を発展させることに主眼を置いていた。たとえば、ボストン・ダイナミクスはDARPAの支援を受け、険しい地形を移動するための四足歩行の車両「リトルドッグ」を開発した（実際には犬というよりは昆虫に近かったが）。お次が兵隊の物資を運搬できるリトルドッグの巨大版「ビッグドッグ」だ。いわばラバのロボットであり、技術系のブログや大衆誌は頭部のないビッグドッグを「戦争用ロボット」と呼んだが、実際には研究用ロボットと呼ぶほうが正しかった。ビッグドッグはあくまで特定の能力、この場合は険しい地形を移動する四足歩行ロボットの能力を実証するために開発されたもので、戦場に投入される予定はなかった。

議会でさえ二〇〇〇年、テクノロジーに対する楽観的な見方に取り憑かれ、二〇一五年までに軍用地上車両の三分の一を無人化すると法律で決定した。[36] それは大胆とはいえ理解不足もはなはだしい目標だった。議会の熱狂を生んでいたのは無人航空機の普及だった。二一世紀の最初の一〇年間で、有人機は急速に無人機へと置き換わりつつあったので、次は必然的に有人の地上車両が無人の地上車両に置き換わるだろうと考えたのだ。しかし、議会が見落としていたのは、無人の航空機と無人の地上車両のちがいだ。無人機、特に高高度を飛行する無人機の場合、最大の危険はほかの航空機との衝突だ。しかし地上車両の場合、あらゆる種類や大きさの障害物に対処しなければならない。岩とその影を見分けるのは、一九八〇年代のＤＡＲＰＡのスマート・トラックが実証したように、最先端のロボットにとっても時に難しい。二〇〇四年のグランド・チャレンジは、タイヤが炎上するほどの無惨な形で、テクノロジーの限界を私たちに見せつけたのだ。

しかし、グランド・チャレンジとは別個に、ＤＡＲＰＡの通常のロボット工学プログラムを指揮するジャッケルは、最先端の自律走行車の限界を日に日に学んでいた。ＤＡＲＰＡの資金提供で開発されたロボット「スピナー」は、特に険しい地形でも走行できる「究極の移動性」を備えたいわば巨大なＳＵＶ車だった。「ひっくり返っても上下逆さまで走行できるようになる予定だった」とジャッケルは話した。「貨物室に回転軸がついていて、車両が上下逆さまになっても、貨物室がひっくり返るようになっていた」[37]。誰もが名案と疑わなかったのは、砂漠でテストが行なわれるまでの話だった。重量四・五トンを超える車両がひっくり返ることなどまずなく、上下逆さまの運転を実現する複雑なメカニズムを組みこむ理由が見当たらなかったのだ。「そんな機能はずばり不要だった」と話すジャッケル。

ロボットにとって機敏性よりも大きな問題は脳だった。シェンリー・パークを走る一九八〇年代のＤＡＲＰＡのスマート・トラックをまごつかせたのは、視覚（の欠如）だった。それから二〇年がたっても、ＤＡＲＰＡは視覚でとらえたものを処理し、障害物を避ける能力をロボットに与えるという根本的な問題をいまだに解決できずにいた。その間、ロボット車両には、レーザーを照射して反射光によって物体を検知する「ライダー」など、さまざまなセンサーがつけ加えられてきた。それでも、ほとんどの地上ロボットは、椅子の脚のあいだに閉じこめられたジャッケル宅のルンバと同じように、障害物に遭遇してはバックし、別の障害物に当たっては前進し、を繰り返し、無限ループに陥ってしまう。

ジャッケルはもうひとつ、ロボットの走行を改善するためのプログラム「パーセプター」を引き継いだ。しかし、このプログラムにははっきりとした進展がなかった。そんなある日、ジャッケルが自宅の裏の林で二頭の飼い犬（ともにアメリカン・エスキモー）を散歩させていると、犬たちが前方に駆けていった。犬の立体視は人間に近く、おおよそ一二～一五メートルまでに限られる。しかし、飼い犬たちは何か面白いもの（たぶん動物）を見つけると、木々を自由自在によけながら全速力で駆けていった。彼はその光景に感動した。「私はそれを見たとき、〝ほほう、どういう原理かはわからないが、犬たちはライダーでも立体視でもない方法を使って走っている〟と直感した。つまり、なんらかの方法で目から入った画像を読み取っているのだ。犬はわざわざ、これが木だ、これがやぶだ、と分類していっているわけではない」

この経験をきっかけに、ジャッケルは機械学習に着目した新たなプログラム「地上車両への学習適用（ＬＡＧＲ）」を思いついた。ＬＡＧＲプログラムのロボットは、具体的な物体を一つひとつ識別するのではなく、経験を通じて目の前の地形の走行方法を学び、遠方までの道筋を描き出す。そのために、まずステレオ・カメラを用いて障害物を識別しやすい約九メートル前方までの三次元モデルを構築し、次に物体を識別しにくいより遠方の景色の色合いや陰影と比較した。そうすることで、ロボットは明確な道筋を特定することができるのだ。最終的に、ロボットの有効な視野は一〇〇メートルまで広がった。「犬と同じ水準までは到達していないが、開始時と比べれば大きな改善だ」とジャッケルは言った。

二〇〇五年、トニー・テザー局長は第二回グランド・チャレンジを開会するため、再びバーストーへと戻った。観客やメディアは今回も興奮していたが、テザーは二〇〇三年にピーターソン自動車博物館を訪れたとき以上に緊張していた。「DARPAの関係者には黙っていたが、私は今回こそ誰かにゴールしてもらわないといけない、少なくともゴール付近までは行ってくれないと困ると内心ビクビクしていたんだ」と彼はのちに振り返った。[38]

第一回大会の参加者の多くがリベンジを果たすためにやってきた。長年ロボット工学分野をリードしてきた優勝候補のカーネギーメロン大学は、二車両を送りこんだ。第二回大会は、岩肌と絶壁にはさまれたビール瓶状の隘路《あいろ》など、前回以上の難関コースが待ち受けていた。今大会の初参加チームのひとつが、ドイツ出身のコンピューター科学者、セバスチアン・スラン率いるスタンフォード大学のグループだった。スタンフォード大学チームの車両「スタンレー」は控えめな青のフォルクスワーゲン・トゥアレグで、ライダー、カメラ、GPS、慣性誘導システムを搭載していた。スランは数名のライバルとともに、ジャッケルのコンピューター視覚プログラムに参加していた。[39]

第一回大会と同様、DARPAはレースの直前にコース上の走行の道しるべとなるGPSの中継地点情報を参加者に提供した。しかし、GPSは岩、低木、砂漠上の障害物のあいだを進んだり、急カーブや崖を切り抜けたりするのにほとんど役立たなかった。一つひとつの障害物を識別しようとする車が少なくないなか、スタンレーのセンサーは道路をスキャンし、個々の物体に集中するだけでなく前方を確認して最適なコースを判断した。ジャッケルの飛び跳ねる犬と同じように、スタンレーはすべての障害物を識別する必要はなかった。ゆっくりとしたペースで進むのに適した道のりを選ぶだけでよかったのだ。スランのチームがずっと砂漠で練習していたのは、この機械学習の応用だった。「それが僕たちの秘密兵器さ」と彼は『ニューヨーカー』誌の記者に語った。[40]

それでも、第二回大会はスピード・レースとは程遠かった。スタンレーの平均速度は時速三〇キロメートル程度にすぎなかったが、カーネギーメロン大学の二台のライバルを引き離すには十分だった。結局、スタンレーが一着、カーネギーメロン大学が二着と三着でゴールし、ルイジアナ州の保険会社のIT責任者が率いるダークホースが四着に食いこんだ。[41] スタンレーがゴールラインを切ると、テザーは大きくため息をついた。「おやまあ、一安心だ」と彼は内心思った。[42]

こうして、スタンフォード大学チームが二〇〇万ドルの賞金を獲得し、前回の〇台から一気に増えて合計五台が完走した。完走チームはライバルと比べて何が勝《まさ》っていたのか？　正確に特定するのは難しい。ジャッケルによると、全チームが第一回大会を教訓にしていたし、二回目ということで要領もつかんでいた。ただ、完走チームのスタンフォード大学とカーネギーメロン大学が長年DARPAからロボット工学への大きな支援を得ていたという事実は無視できないだろう。[43]

グランド・チャレンジは新しいテクノロジーを生み出したわけではなく、自動運転車が実現可能だということを実証したにすぎない。それだけでも大きな成果だが、ジャッケルは手放しで喜んだりはしなかった。奨励賞を設けることには数々の利点があるが、研究助成の代わりにはならない、と彼は主張した。最初の二回の大会参加者は、自分で資金を工面するか、後援企業を見つけるしかなかった。こうした研究開発競争は長期的にどのような影響を及ぼすのか？　研究を支援する機関は生き残れるのか？　ジャッケルの懸念はそこにあった。「どこかの時点でこのシステムにお金が流れこむ必要があった」と彼は話す。[44]

　ジャッケルはたとえそれが全国的に有名な研究機関であっても、研究機関への支援がいかに不安定であるかをよく知っていた。というのも、ジャッケルはベル電話会社の伝説的な研究開発部門「ベル研究所」からのいわば難民だったからだ。親しみをこめて「マ・ベル」（＝ベル母さん）と呼ばれたその独占企業は、ベル研究所を半ば学術機関として運営し、所属する科学者たちに大幅な自由裁量を認めていた。科学者たちは電気通信業界が直面している問題に取り組むよう奨励されたが、その研究成果は生み出した利益の額ではなく科学的な価値で判断された。「要するに、アメリカ国民が電話料金を通じてベル研究所を助成していたわけだ」とジャッケル。

　ベル研究所はその最盛期に世界初のトランジスターを発明し、電子機器に革命をもたらしたばかりか、デジタル・コンピューターの開発に貢献した情報理論の父、クロード・シャノンなどの一流科学者を次々と輩出した。おおざっぱにいえば、マ・ベルにとってのベル研究所は、ペンタゴンにとってのＤＡＲＰＡ的存在であった。つまり、科学的・技術的な解決策を追い求める大幅な裁量を与えられた問題解決組織だったのだ。そして、その状態は現在のペンタゴンが軍の運営を独占的に行なっているように、ベルが電気通信業界を独占しているあいだは問題なく機能していた。しかし、ベルの独占状態が崩れると、ベル研究所も縮小し、その自治権もほとんど消失してしまった。

　確かにグランド・チャレンジはロボット工学やＤＡＲＰＡのいい宣伝にはなったが、ジャッケルはその影で長期的な研究支援の必要性が忘れられてしまうのを心配していた。初期の科学研究に資金が集まらなければ、グランド・チャレンジを開催する効果はそう大きくない。大会の経費は賞金の一〇〇万ドルや二〇〇万ドルだけではなかった。コストのもっとも大きな部分を占める運営費用もすべてDARPAが負担しなければならなかった。それでも、肝心の研究に回される資金はゼロだった。「とうてい持続可能とはいえない」とジャッケルは言った。「すでに存在するものだけで大会を続けることはできるが、ただ大会を開くだけなら、いつかは停滞してしまうだろう」

二〇〇七年、DARPAはカリフォルニア州ヴィクターヴィルの元軍事基地で、最終第三回目のグランド・チャレンジ、その名も「アーバン・チャレンジ」を開催した。参加チームは制限時間六時間以内で、単一の道路ではなく都市を想定したコースを完走することを求められた。今回は映画『ワイルド・スピード』のような高速レースではなく、交通規則を守りながら衝突を回避することに重点が置かれていたので、平均時速は二〇キロメートルあまりにとどまった。あるときなど、マサチューセッツ工科大学とコーネル大学の車がスローモーションで衝突し、時速たったの八キロメートルでノロノロと進むという不思議な光景も見られた。[45]

一着はカーネギーメロン大学だった。この時点で、グランド・チャレンジは雑誌の表紙やテレビのドキュメンタリー番組で取り上げられるなど、すでに国じゅうでセンセーションを巻き起こしていた。その一方で、悲劇的な偶然ではあるが、グランド・チャレンジは不吉な未来も予見していた。二〇〇七年を迎えるころには、道路脇の爆弾がイラクやアフガニスタンで戦う米軍や連合軍の最大の死亡原因となっていたのだ。「ロボットが運転する先導車があったらどれだけ助かるだろう」とテザー局長は述べた。[46]
グランド・チャレンジはロボット工学よりもむしろDARPAの未来を変えた。二〇〇三年、全情報認知プログラムのスキャンダルの真っ只中にいたDARPAは、議会から独立性を永久に剝奪される一歩手前にいた。「正直なところ、全情報認知プログラムはDARPAを消滅寸前まで追い詰めた」と話すテザー。「本当の意味でDARPAを救ったのはグランド・チャレンジだ」。[47]ほんの数年前、アメリカを「ジョージ・オーウェル風の世界」に導いたとしてカリフォルニア州選出の上院議員から猛批判を浴びたDARPAは、今や政治家、技術通、SFファンたちの英雄となっていた。[48]「グランド・チャレンジは史上最高の世界的なPR活動のひとつとなり、一瞬でDARPAの汚名を返上したのだ」とテザーは言う。
グランド・チャレンジはDARPAのイメージを回復させただけではない。DARPA創設以来最大の予算拡大ももたらした。テザーが二〇〇一年に局長職を引き継いだとき、DARPAの予算は年間二〇億ドル前後で安定していたが、ペンタゴンの予算と並行して二〇〇五年までに年間三〇億ドルまで急増していった。[49]元訪問販売員のテザーは見事に空気を読んだというわけだ。
二〇〇〇年代中盤になると、DARPAはひとつの矛盾に直面していた。戦死者が増加し、軍の指導者たちから早急な解決策を求める声が上がるなか、DARPAは悠然とSF組織を名乗りつづけていたのだ。グランド・チャレンジは確かにDARPA（少なくともそのイメージ）を救ったが、アフガニスタンやイラクの戦争に直接の影響を及ぼすことはなかったし、そうする意図もなかった。ロボットカーがレース場を抜け出すのはまだかなり先の話だったからだ。

ペンタゴンは主に手製爆弾による死亡者数の増加に早急に対処するため、「統合即席爆発装置対策組織」なる機関を設立した。ペンタゴンはなぜＤＡＲＰＡに助けを求めなかったのだろうか？　技術的な専門知識を持ち、官僚主義に縛られることなくすばやく行動できるＤＡＲＰＡは、爆弾対策には打ってつけの組織だったはずだ。しかし、ペンタゴンでは誰もこの選択肢を検討すらしなかったようだ。[50]

ＤＡＲＰＡはベトナム戦争中に社会科学者を戦場へと派遣したが、今回は国内の社会科学者たちを雇い、未来の紛争を予測するコンピューター・プログラムを設計していた。[51]陸軍は人類学者をイラクやアフガニスタンに派遣したが、ＤＡＲＰＡの支援や関与はいっさいなかった。ＤＡＲＰＡが戦争に貢献したのは確かだが、それは断片的な貢献にすぎなかった。そのひとつがバックパックにしまえる携帯用の無人機「ワスプ」だ。しかし、もっとも代表的なのは、二〇〇一年のアフガニスタン侵攻後、大急ぎでアフガニスタンに投入された携帯型翻訳機「フレーズレーター」だった。[52]その後の数年間の公聴会やインタビューで、テザーはＤＡＲＰＡが行なった戦場向けのイノベーションの代表例としてフレーズレーターを挙げた。フレーズレーターは実際には翻訳を行なうわけではなく、事前登録しておいたフレーズを英文の音声認識または手動選択によって呼び出す装置なのだが、技術系メディアからもＤＡＲＰＡの「万能翻訳機」として絶賛された。フレーズレーターは瞬く間に、アフガニスタンにおけるＤＡＲＰＡのもっとも名高い功績のひとつとなった。

ディズニーランドからおよそ一万三〇〇〇キロ先で、マサチューセッツ工科大学の工学博士ケン・ゼマックとともに徒歩でアフガニスタンの村々をパトロールしていた米兵たちは、村人にフレーズレーターを試してみようと決心した。ゼマックは、時に数年から数十年の時間を要する軍のお役所的な手続きをすっ飛ばして、一刻も早くアフガニスタンやイラクの兵士に技術を届ける目的で二〇〇二年に設立された陸軍の組織「緊急装備部隊」で働いていた。ゼマックらは知らず知らずのうちに、短期間で開発された技術をベトナムの交戦地帯で実地試験する一九六〇年代のDARPAプログラム「アジャイル計画」の活動を再現していたのだ。

フレーズレーターの戦地への旅路は9・11テロ攻撃の直後に始まった。テザーが戦場の部隊にすばやく配備できる技術を求めていたとき、自動音声認識の研究を行なっていたDARPAのプログラム・マネジャーから携帯型の翻訳機のアイデアを提案された。[53] DARPAはさっそくメリーランド州の会社「ヴォックステック」と一〇〇万ドルの開発契約を締結した。それがのちのフレーズレーターだ。二〇〇二年になると、その不格好な翻訳機はアフガニスタンに姿を現わしはじめ、テザーは二年後のDARPAテックで軍への最高の貢献例としてフレーズレーターを称賛した。

DARPAは再び技術を戦場に送りこもうとしていた。ただし、今回は現地に人員を派遣するわけでも、大きな戦略があったわけでもなかった。そして、ゼマックはたちまちアフガニスタンとイラクにおけるDARPA最大の技術的貢献とやらに幻滅を抱きはじめた。フレーズレーターはワシントンでは大成功と称されたが、ゼマックの評価はまったくちがった。「最悪だった」[54]

アフガニスタンの村のパトロール中、ゼマックは万能翻訳機というより『スタートレック』シリーズに登場するトライコーダーに似たその機器を掲げた。すると、フレーズレーターは現地の言葉で、これからいくつか質問するので「はい」なら片手、「いいえ」なら両手を挙げるよう目の前の男に指示した。一問目。指示は理解できたか？　そのアフガニスタン人は笑って片手を挙げた。[55]二問目。この村に外国人の戦士はいるか？　男は両手を挙げた。ノーだ。三問目。この村に地雷原はあるか？　男は両手を挙げた。またノーだ。

次に、ゼマックらは地元の通訳を呼んだ。すると突然、男の回答が変わった。この村に地雷原はあるというのだ。ゼマックは同じような経験を何度か繰り返したのち、アフガニスタン人は嘘をついているわけではなく、電子機器の質問に答えるのを気持ちよく思っていないのだと結論づけた。ゼマックが一〇年後に振り返った話では、同じようなことは行く先々の村で起こったという。

フレーズレーターは英語の一定のフレーズを認識し、パシュトー語、ダリー語、アラビア語といった別の言語に翻訳するよう設計されていた。最終的には相手の返答も翻訳できる双方向の翻訳機を目指していたが、フレーズレーターは単純な指示や質問だけを翻訳できる一方通行の翻訳機だった。こうした制約はありながらも、フレーズレーターはアフガニスタンの部隊に配備されたが、当のアフガニスタン人は自分の知らない方言で質問してくる機械にまごつくばかりだった。政府の庁舎という静まりかえった環境のなかでさえ、フレーズレーターは軍や法執行当局の関係者たちを困惑させた。[56]ある海軍の関係者は、五回試しても「英語を話せますか？」といった単純な質問が「ついてきてください」「武器を下ろせ」「歩けますか？」などと誤訳されることにイライラした。

何より、フレーズレーターには軍が本当に望む機能が欠けていた。フレーズレーターに事前登録されたフレーズの大半は、外国人の戦士がいるかどうかなどをたずねるイエスかノーの質問か、手を挙げろというような直接的な指示だった。しかし、軍が本当に求めていたのは、村々を捜索するときに村人との対立を和らげる単純な説明だった。「こっちはいわば侵略軍なわけだ」とゼマック。「武器を持って家族たちの目の前で男の家に押し入り、屋内を調べるのだから、男にとっては屈辱でしかない」

彼らにとって必要なのは、自分たちが米兵であり、村や屋内の捜索がどうしても必要なのだと説明するためのフレーズだった。もちろん、そういうフレーズもフレーズレーターに搭載しようと思えばできるのだが、それなら数千ドルの専用機器など必要ない。ゼマックは通訳に頼んでポケット・コンピューターにいろいろなフレーズを録音してもらい、ウェブページ・インターフェイスを使って必要に応じて音声を呼び出した。これならコストはかからないし、特別なテクノロジーも不要だ。「こんな大げさな機能などいらない」と彼はフレーズレーターについて述べた。「シンプルなもので十分だった」

それでも、フレーズレーターの導入から数カ月間、いや数年間、フレーズレーターにプログラムされている外国語を話せない人々や、フレーズレーターを現場で使ったこともないような人々が、議会の公聴会やペンタゴンの会議室でそのしゃべるフレーズ集を引っ張り出した。二〇〇九年、陸軍は戦場の兵士たちから感想を募ったが、肯定的な意見はひとつもなかった。「翻訳に時間がかかりすぎる」「誤訳が多い」「単語の訳が不適切」「緊急を要する場面で使えない」など、評価はさんざんだった。[57]

ゼマックによると、その数年後にイラクに配備されたＤＡＲＰＡの別の緊急対応技術でも同じような問題が発生したという。それは「ブーメラン」と呼ばれる音響狙撃手探知システムだ。「DARPAは七カ月間のテストで誤検出は一件もなかったと太鼓判を押した」とゼマック。「ところが、クウェートからイラクへと届けられるころには、五〇〇〇件以上の誤検出が発生していた」。DARPAは毎週アップデート・ファイルをダウンロードするよう勧めたが、当時の兵士の多くは簡単にインターネットにアクセスできる環境になかった。結局、DARPAはブーメランに修正を施したが、DARPAが戦争について無知だったせいで、そのプロセスは複雑をきわめた。「戦争がなんたるかもわかっていないお前たちに、こんなものを押しつけてくる資格はない」とゼマックはDARPAに言ってやりたかった。

実際には、DARPAが資金提供した二〇〇〇年代の自然言語処理プロジェクトのなかに、ひとつ大きな成功例がある。DARPAは「学習するパーソナル・アシスタント」プログラムのもとで幅広い人工知能研究を助成し、SRIインターナショナルの研究活動を支援した。軍が興味を示さなかったので、このDARPAプログラムは終了したが、SRIインターナショナルはこのテクノロジーを「Siri」という企業としてスピンオフした。Siriは最終的にアップルに買収され、iPhoneに組みこまれた。DARPAの自然言語処理プロジェクトは必ずしもアフガニスタン人と話す米兵の役には立たなかったが、最寄りのスターバックスを探すアメリカ人の役には立った。

ゼマックはDARPAがフレーズレーターのような研究を支援することに反対だったわけではない。ただ、戦場にはそぐわないと考えていたのだ。「戦争が始まると、DARPAはなんとか役に立たなければと焦った。これは問題だ。DARPAは役に立つのが下手だからね」とゼマックは締めくくった。
ゼマックのこの意見は二一世紀初頭のＤＡＲＰＡのイメージを如実に物語っていた。ＤＡＲＰＡはＳＦ組織としては優秀でも、ペンタゴンが戦時中に頼る組織ではなかったのだ。この見方はＤＡＲＰＡ設立直後の二〇年間とはだいぶ食い違っていたし、その後の年月でＤＡＲＰＡのイメージがどれだけ変容したかも示していた。米軍が直面する道路沿いの爆弾のような現代の脅威に関していえば、ＤＡＲＰＡの役割は些細なものであるか、もっぱら自動運転車のような技術開発に限られた[58]。そして、そうした開発が役立つのは何年も先のことだった。

二〇〇八年四月、ワシントン・ヒルトンで開催されたＤＡＲＰＡ創設五〇周年記念晩餐会で、イラク戦争の推進者のひとりであるディック・チェイニー副大統領が一六〇〇人の招待客の前でＤＡＲＰＡに祝辞を述べた。その時点で、チェイニーやラムズフェルドの政治的な支持を得ていたテザーは、すでに歴代最長在任局長となっていた。チェイニーは晩餐会の基調演説で、現政権のテロとの戦いのシンボルとなった無人機など、さまざまな分野でのＤＡＲＰＡの活動を称えた。「砂漠の嵐作戦で足りなかったものがひとつあるとすれば、それは無人航空機だ」とチェイニーは述べた。「しかし、ＤＡＲＰＡの尽力により、無人機技術は一九九〇年代初頭に急速に発展した。そして今では、アフガニスタンとイラクの両方で、偵察、遠隔測定、敵の攻撃にひっきりなしに利用されるようになった」

ワシントンの外では、ＤＡＲＰＡのイノベーション組織というイメージを決定づけたのは、無人機でもステルス機でもなくインターネットだった。ＤＡＲＰＡのもっとも重要な発明であるインターネットは、四〇年前の小さな活動から生まれたものだが、ＤＡＲＰＡの名を歴史に刻んだ。果たして二〇〇八年のＤＡＲＰＡには、ロバート・テイラーがＡＲＰＡＮＥＴのビジョンを発表した一九六八年と同レベルのイノベーションを生み出す能力があるのか？　この疑問について深い議論がなされることはなかった。過去を振り返らないというのが現代のＤＡＲＰＡの特徴なのだ。トニー・テザーはＤＡＲＰＡ創設五〇周年記念を祝うにあたり、ＤＡＲＰＡの成功をまとめた資料の作成を委託した。民間企業が作成したその資料には、軍需企業の有料広告がちりばめられていた。また、ＤＡＲＰＡは映像制作会社に存命中の歴代ＤＡＲＰＡ局長のインタビューを委託し、簡単なプロモーション・ビデオを制作した。情報公開法関連の訴訟を経てようやく公開された未編集のインタビューからは、ＤＡＲＰＡがこの数十年間で大きく変化したことをうかがい知ることができた。

テザーはテロとの戦い（二〇〇八年当時はその絶頂期だった）におけるＤＡＲＰＡの役割についてたずねられると、少しだけ言いよどんだように見えた。「われわれはテロを制圧しようとしているが、その一方で、戦地の三歳児や四歳児の心のなかに踏みこみ、〝いいかい、ムスリム以外の人々と接するのは悪いことじゃないんだよ〟と教えることも必要だ」と彼は言った。「この国では、基本的に『セサミストリート』のような番組がアメリカをひとつにするのに大きく役立ってきた。子どもたちは〝黒も白もピンクもみんなＯＫ！　一緒に遊んでいいんだ！〟と言いながら育ってきたのだ」

ごくごく単純化すれば、テザーはテロとの戦いの根本的な問題を突いていた。テクノロジーで戦争に勝つことはできないのだ。ＤＡＲＰＡのセンサーや無人機でテロリストを発見して殺害することはできても、過激主義への支持の広がりを食い止めることはできない。それでも、ＤＡＲＰＡは兵器や技術の開発以外に道を見出せなかったようだ。９・11以降のＤＡＲＰＡは、さまざまな装置や機器の開発で称賛を浴び、万能翻訳機、自動運転車、脳で動かす義肢を開発するクールなＳＦ組織としてメディアからもてはやされた。しかし、ＤＡＲＰＡはもうかつてのような国家レベルの問題を請け負う組織ではなくなっていた。かつてＤＡＲＰＡのリーダーたちが大統領や国防長官に助言を行ない、何百人という職員をタイ、ベトナム、レバノン、イランの支局に派遣し、ケネディ暗殺後に大統領専用車に装甲を施した事実など、すっかり忘れ去られていた。

　ＤＡＲＰＡにはいくつものクライマックスがあった。脳でカーソルを動かすサルの研究は、人間の心で動かす義肢の開発プログラムへと発展した。神経と接続できる義肢が開発されるのは遠い未来の話だが、ＤＡＲＰＡの資金提供を受けた研究者たちは、二〇〇八年時点で、胸の筋肉の収縮によって動かせるごく初歩的な義肢を開発しつつあった。ＤＡＲＰＡはそれまでに一億五〇〇〇万ドル以上を投じていたが、『スター・ウォーズ』のルーク・スカイウォーカーばりの義肢は完成する気配もなかった。[59] それでも、手足を失った数千人の人々がイラクやアフガニスタンから続々と帰還していることを考えると、ＤＡＲＰＡの義肢プログラムは理に適っていた。

　もう少し短期間で実を結んだのがグランド・チャレンジだ。二〇一二年、グーグルは二〇〇五年大会の優勝チームを率いたスタンフォード大学教授、セバスチアン・スランの研究に基づく自動運転車を初披露した。グランド・チャレンジは、大胆な目標を掲げ、それが実現可能なことを証明するというＤＡＲＰＡの期待どおりのことを成し遂げた。オルティーグ賞が大西洋横断飛行の時代を呼びこんだとすれば、グランド・チャレンジは自動運転車の時代の幕開けを導いたといっても過言ではないだろう。たとえイラクやアフガニスタンでは役立たなかったにせよ、それはテザーの最大の功績だった。
どんどんディズニー化していくＤＡＲＰＡの姿と現代の戦場の現実を両立させるのは難しかった。ＤＡＲＰＡは未来の戦争を担う機関として組織を位置づけ直し、数十年後に役立ちそうな技術を生み出していった。その試みは成功したが、ＤＡＲＰＡはもはやアメリカがイラクやアフガニスタンで直面しているタイプの戦争とは関係ない組織に変わっていた。議会で証言した最後の年、テザーが対反乱作戦へのＤＡＲＰＡの貢献内容として直接挙げたのは、翻訳技術だけだった。[60]
アメリカが直面するより大きな問題は、もう現代のＤＡＲＰＡの手に負えるものではなかった。「テロ対策は長い長い戦いになる」とテザーは内部のインタビューで答えた。「それが誰の仕事なのかはわからないが、基本的にわれわれの仕事は、テロリストを制圧する技術、世界規模のテロの脅威を制圧する技術を開発することだ」
そこまで言って、彼はこうつけ加えた。「われわれが行ってテロリストを皆殺しにすることなどできないのだから」

# 第19章　ヴォルデモートの復活　2009—2013

現代版「アジャイル計画」／クラウドソーシングとビッグデータ「ネクサス7」／即席爆発装置（ＩＥＤ）との戦い／アフガニスタンでの「モア・アイズ」と「モア・ノーズ」

アフガニスタン東部にある唯一のティキバーは、料金制度が少し変わっていた。ジャララバードのタージ・マハル・ゲストハウス内にあるそのバーに入ると、「データ提供でビール無料」という掲示がある。[1] つまり、外国人（アフガニスタンの人々は飲酒が禁止なので）なら誰でも、そのバーに設置された１ＴＢのハードディスクにデータをアップロードすれば、そのお返しにバーを運営するアメリカ市民団体「相助攻撃部隊」からビールを無料でもらえるというわけだ。

客は地図、パワーポイント・スライド、動画、写真など、どんなデータでも提供できる。また、ハードディスクからデータをコピーすることも可能だ。この「データでビール」プログラムの目的は、人道支援活動家、民間警備員、軍人などから収集したデータを統合することだ。相助攻撃部隊は軍の部隊でも、政府の一部門でも、民間企業でもない。そのティキバーがあるホテルを拠点として、時にはボランティアで開発計画に取り組む欧米人グループからなる組織だった。

相助攻撃部隊の「データでビール」プログラムは、その少し前にハッカー・コミュニティで生まれた無料の情報交換や市民のエンパワーメントといったテクノロジーの夢をまさしく体現するものだった。このユートピア世界が、アフガニスタンという国、よりにもよってウサマ・ビン・ラディンのかつての潜伏場所であるジャララバードの混沌のなかで生まれつつあることなど、誰も想像しなかっただろう。そしてそれ以上に、相助攻撃部隊がＤＡＲＰＡの注目を惹き、ＤＡＲＰＡ史上もっとも大胆で過激な戦時中の研究活動「アジャイル計画」を部分的によみがえらせようとしていることなど、誰も予想しなかっただろう。

ＤＡＲＰＡがオープンソース情報の可能性に興味を持ったのは、アフガニスタンの重要な転換期の最中だった。二〇〇九年一月、バラク・オバマがアメリカの第四四代大統領に就任し、アフガニスタン紛争は八年目に突入した。二〇〇一年のアメリカの侵攻によって急速に崩壊したタリバン政権が息を吹き返し、中央政府の権力が及ばない地方で抵抗を強めていた。こうして、数十年前のベトナムで推進された対反乱作戦という軍事ドクトリンが再び流行を取り戻した。

ベトナム戦争から四〇年近くがたち、デイヴィッド・ペトレイアス将軍の一派はＡＲＰＡの「輝かしい失敗」を現代版の対反乱作戦として復活させた。それは現地住民への安全の提供を重視する「民心獲得」作戦だった。ジャーナリストのフレッド・カプランによると、「ペトレイアスの思考に最大の影響を与えた」書物は、ＤＡＲＰＡが一九六〇年代初頭にアジャイル計画の一環として後援したフランス人士官ダヴィッド・ガルーラによる対反乱作戦関連の著書だった[2]。ペトレイアスは何十年も埃をかぶっていたガルーラの記述を引っ張り出し、その一部を新たな対反乱マニュアルへと組みこんだ。「目標は人民」というフレーズは、ＤＡＲＰＡが支援したガルー[3]

ラのアルジェリア研究からたびたび引用されることとなった。イラクでは対反乱作戦は成功と称され、ペトレイアスら新世代の「対反乱派」たちはロックスターに勝るとも劣らない名誉を得た。「二〇〇九年になると、対反乱作戦はアフガニスタンにおけるアメリカの苦境を打開する手段として称賛を浴びていた」と『ワシントン・ポスト』紙の記者、グレッグ・ジャフィーは記した。[4]

ＤＡＲＰＡも二〇〇九年に対反乱作戦へと回帰した。その年、ＤＡＲＰＡは過去一〇年間で組織のイメージを大きく傷つけたデータマイニングの分野で、野心的な取り組みを開始した。しかし今回、ＤＡＲＰＡが目を向けたのは、全情報認知プログラムのようにアメリカのテロリストを根絶やしにすることではなく、アフガニスタンだった。最終的に、ＤＡＲＰＡはふたつのデータマイニング・プログラムをアフガニスタンに持ちこんだ。ひとつは、アマゾンが顧客の購買行動の予測に使っているような「ビッグデータ」の科学に基づき、ゲリラ攻撃を予測する極秘のデータ分析プログラム。もうひとつは、社会的ネットワークという最新の科学に基づき、人道支援活動の名のもとでアフガニスタン市民を知らず知らずのうちに米軍のスパイへと翻らせるプログラムだ。こうして、ＤＡＲＰＡはベトナム戦争以来初めて、アフガニスタン唯一のティキバーでデータをビールと交換する善意のハッカー集団を戦地に送りこむことになった。

二〇〇九年二月、オバマの大統領就任の翌月、トニー・テザーはＤＡＲＰＡの局長職を新局長に譲るよう命じられた。テザーはすでにどの歴代局長よりも長く局長の椅子に座っていたが、それでも辞職の命令にはショックを受けたという。オバマが二〇〇九年七月に発表した新局長は、ＤＡＲＰＡのイメージにとって大きな転換点となった。レギーナ・ドゥーガンがＤＡＲＰＡ初の女性局長に就任したのだ。
一九九〇年代にＤＡＲＰＡのプログラム・マネジャーを務めたドゥーガンは、地雷原や戦闘地域を訪れて爆弾探知技術をテストするという大胆さ（一部の人に言わせれば無謀さ）で評判となった。ＤＡＲＰＡ局長としてワシントン界隈を回りはじめたときは、彼女の経歴と同じくらい、ミニスカート、ハイヒール、革のジャケットというファッションにも話題が集まった。[5]彼女はＤＡＲＰＡから爆弾探知器の開発を請け負っていた自身の家族の経営企業と金銭的なつながりを持つとして批判を浴びたが、あらかじめこの企業への関与を忌避する書類に署名していることを明かし、難を逃れた。[6]自称テクノロジー・マニアの彼女は、科学的探求と実践的応用を兼ね備えた理想的な研究活動を重視する方法論「パスツールの象限」など、イノベーション理論について話すのを好んだ。彼女の話し方は軍の伝統的な記者会見室よりも、人気のテクノロジー・カンファレンス「ＴＥＤ」の世界にふさわしかった。彼女の際立った施策転換のひとつが、テザー局長時代を象徴するディズニー・イベント「ＤＡＲＰＡテック」の中止だった。「空想が必要な時間や場所はあります。しかし、ＤＡＲＰＡはそのための場所ではありません」と彼女は議会に語った。「ＤＡＲＰＡは夢や空想を思い描く場所、自己満足的な願望や希望に浸る場所ではないのです」[7]
ドゥーガンが真っ先に取った行動のひとつが、カーネギーメロン大学の著名なコンピューター科学者、ピーター・リーにＤＡＲＰＡの主要な部局の指揮を一任することだった。同大学のコンピューター・サイエンス学部を率いるリーは、ドゥーガンとは親しい仲だったが、最初はあまり乗り気ではなかった。ＡＲＰＡＮＥＴを開拓した情報処理技術室は、かなり前からコンピューター科学の基礎研究の支援を打ち切り、無人機に搭載して都市全体を監視できる一・八ギガピクセル・カメラ「ARGUS‐IS」など、より従来型の兵器技術の開発を重視していた。[8] コンピューティング・コミュニティ・コンソーシアムのメンバーであるリーは、「DARPAの再生（Re-envisioning DARPA）」という論文を共同で執筆し、DARPAがARPANETやコンピューター・ネットワーキングといった黄金時代のルーツを取り戻すための策を提案した。リーによれば、ドゥーガンはDARPAの情報処理技術室の室長職を引き受けるよう彼に要請した。彼は了承したが、就任の一カ月前、ドゥーガンと夕食をとりながらDARPAの話をしたとき、彼女が別れ際にこう切り出した。「ねえ、ピーター。やっぱり情報処理技術室を引き継ぐのはよくないと思う。まったく新しい部局を立ち上げるのはどうかしら」。[9] ドゥーガンは「DARPAの真価を発揮する」部局ということ以外、それがどういう部局なのかは明かさなかった。[10] リーは意味がわからなかった。

するとDARPAで仕事を開始する前週、ドゥーガンから急に電話があり、今すぐワシントンDCに来るよう言われた。彼女はDARPA本部を訪れるロバート・ゲーツ国防長官に彼を会わせたがっていた。ピッツバーグからワシントンへと車で向かうあいだ、リーは不安になった。彼はDARPAに今後の方針を助言する論文を書いただけの象牙の塔のなかの学者にすぎず、いざDARPAの幹部に就任するとなると、何をしていいものかさっぱりわからなかった。道中、スピード違反で車を停められると、彼はいっそう不安になった。違反点数の累積で免許停止になる光景が頭に浮かんだ。「なんてことだ。これからピッツバーグとワシントンDCをしょっちゅう行き来することになるのに、免許がなかったら悪夢だ」と彼は思った。[11]

しかし、このスピード違反の一件で彼は新しい部局のアイデアを思いついた。最近、彼はGP

Sを使ってスピード違反の取り締まり区間の情報を共有できるスマートフォン・アプリ「トラップスター」のことを知った。情報提供者たちの力を借りて、警察が待ち伏せしているエリアのリアルタイム・マップを作成するアプリだ。ソーシャル・ネットワーキング技術とスピード違反の取り締まりの回避に興味があったリーは、とうとう国防長官が興味を持ちそうなアイデアを思いついた。スピード違反の取り締まり区間をマッピングする代わりに、アフガニスタンの爆弾攻撃地点を追跡できるトラップスター風のアプリケーションを開発するというアイデアだ。データのクラウドソーシングを利用すれば、何百万という人々がリアルタイムでさまざまな出来事を監視できる。実際、人々はすでにオンラインで協力して核拡散を追跡し、北朝鮮の潜在的な核実験場を発見していたし、人道支援活動家たちは選挙の監視や自然災害への対応にクラウドソーシングを活かしていた。クラウドソーシングでスピード違反の取り締まりや選挙の不正を発見できるなら、交戦地帯でも使えるかもしれない。リーがこのアイデアを提案すると、国防長官は気に入ったようだった。ドゥーガンもアイデアを気に入り、リーにやってみるよう勧めた。こうして「変革集約技術室」が誕生した。このぎこちない名称は、極秘プログラムの隠れ蓑としてはぴったりだった。

ドゥーガンがリーのアイデアを熱烈に歓迎したのには明確な理由があった。クラウドソーシングは「ビッグデータ」という急成長分野の一部だった。ジョン・ポインデクスターの全情報認知プログラムのスキャンダル以来、DARPAは一〇年近くビッグデータ分野から遠のいており、ポインデクスターの研究はDARPAにとってのヴォルデモート、つまりドゥーガンいわく「名前を口にしてはならないプログラム」になっていた[12]『ハリー・ポッター』シリーズに登場するヴォルデモート卿のことで、名前を出すのもはばかれる人物、悪の象徴などの意味で英語では日常的に使われる」。「DARPAの活動がぽっかりと抜けている分野でした。ナンセンスですよ」と彼女は言った。「爆発的に成長している分野でしたから」

実際、ビッグデータは、民間部門で消費者のレンタルする映画や購入する書籍を予測するのに使われていただけでなく、軍でもイラクやアフガニスタンを監視するセンサーが拾い上げた大量のデータを解析するのに使われていた。ボブ・ウッドワードが著書『内部の戦争（*The War Within*）』で漠然と説明しているある機密プログラムは、データを分析してイラクの「要人の所在を突き止め、標的にし、殺害していた」という。ウッドワードはインタビューでこの技術を「超機密」としながらも、イラク戦争における「真のブレイクスルーのひとつ」と称賛した。彼はのちの著書で、このNSAのコンピューター・プログラムについて、「リアルタイム広域ゲートウェイ（RTRG）」という名称も含めた詳細を明らかにした[13]。RTRGプログラムの目的は、盗聴した電話の内容から爆弾攻撃の情報まで、膨大な量の情報を集約・分析することで、ゲリラのネットワークを特定し、攻撃を予測することだった[14]。

ウッドワードがRTRGについて暴露すると、諜報関係の上級幹部たちもこの最高機密プログラムの詳細をこぼしはじめた。この技術の開発に貢献した退役空軍大佐のペドロ・〝ピート〟・ルスタンによると、RTRGはもともと電話を盗聴して三角測量によってゲリラの位置を追跡するイラクの諜報プログラムとして始まった。このシステムは一連のデータをリアルタイムで収集および分析し、ゲリラの所在をピンポイントで特定することができた。「すべてのデータをリアルタイムで組みあわせるだけの知恵があれば、誰がどこにいるかまで特定できる」と当時国家偵察局に所属していたルスタンは述べた。「奴は二三街区にいて、これから爆弾をしかけると話していた、という具合にね」[15]

ＤＡＲＰＡにやってきたリーにとって、ゲリラを追い詰めるというのは遠い先の目標で、彼はまだ自身のアイデアを軌道に乗せるべく奮闘していた。彼がＤＡＲＰＡに着くなり、「怪しげな防衛関連の請負業者がアイデアを携えて次から次へと私の小さな執務室に押し寄せてきた」という。それは「目の回る時期」だったようだ。[16]

幸運にも、リーは執務室の外に列をなす調子のいい防衛関連の企業幹部たちに代わる貴重な戦力を手に入れた。ドゥーガン局長は「軍幹部フェロー・プログラム」と呼ばれる職業インターンシップ制度の一環として一時的にＤＡＲＰＡで働く軍の士官たちを、リーの部局に配属させたのだ。通常、士官たちは軍の研究所を回る以外、本格的な活動はあまり行なわないのだが、ドゥーガンは彼らにリーと協力してプロジェクトを立ち上げてもらおうと考えた。さっそく、リーと士官たちはＤＡＲＰＡグランド・チャレンジを手本にしたコンテストを考案した。ただし、今回はロボットカーのレースではなく、ソーシャル・メディアを利用したいわば全国的な宝探しだ。士官たちは、アメリカ全国で放たれた赤い気象観測気球の位置を突き止める競争を開催することを提案した。リーは半信半疑だった。国民に気球探しを競わせるというのは、いかにＤＡＲＰＡでも少しおかしなアイデアだ。が、ドゥーガンは太鼓判を押した。「確かに少しくだらないアイデアだけど、それが昨日出した結論なら、やってみるといいわ」とリーは彼女に言われたという。[17]

そのコンテストはグランド・チャレンジにならって「ネットワーク・チャレンジ」と名づけら

れたが、規模は小さめだった。賞金は四万ドル。指定された日、全国に配置された一〇個の赤い気象観測気球の所在を最初にすべて突き止めたチームに賞金が贈られる。参加チームはソーシャル・メディアを利用して気球の位置を特定する。この大会では、偽の目撃情報をうまく除外しながら、ネットワークを活かしてほかのチームよりも早く宝探しの仲間を集める能力が試される。二〇〇九年一二月五日、大会当日、リーの最大の不安はどのチームもすべての観測気球の位置を突き止められず、大会の主旨が損なわれることだった。結局、マサチューセッツ工科大学のチームがわずか九時間で観測気球をすべて特定し、優勝した。彼らは気球を発見した人々だけでなく、気球の発見者を誘った人々にも報酬を支払うというスライド制の報奨システムを使ってライバルたちを出し抜いた。優勝チームを率いたマサチューセッツ工科大学のコンピューター科学教授、アレックス・〝サンディ〟・ペントランドは、「朝飯前」だったと述べた。[18]

ペントランドが自信満々だったのにはワケがあった。彼はすでに国内随一の「ビッグデータ」科学者として名声を築いていたのだ。グーグルグラスが登場するずっと前から、彼はユーザーが見聞きしたり体験したりしたものをすべて記録できるウェアラブル・センサーについて記していた。彼の専門はデータをふるい分けて人間の行動パターンを予測することで、彼はこの分野を「ソーシャル物理学」と名づけた。[19] ペントランドのチームは、人々の行動が純粋な金銭的利益だけでなく、自身の社会的ネットワーク内の地位を高めるようなやり取りから得られる無形の利益によっても決定づけられるという仮定のもと、斬新な金銭的インセンティブ制度を考案した。「軍、企業、経済学のインセンティブ・モデル、または管理モデルを見てみると、どれも個人的なインセンティブを重視するばかりで社会構造を無視している。赤い気球に関して私がついさっき述べたのは、経済学ではなく社会構造が重要だということなのだ」とペントランドは語った。[20]

ペントランドは、その人のネットワーク内での地位、つまり社会的地位が最大の行動要因になるという説を立てた。彼の見立てによると、人々は必ずしも小遣い稼ぎのためでなく、自身の社会構造を強化するために行動する。「私があなたのために何かをする。そうしたらいつかあなたが私のために何かをしてくれるかもしれない。根底にあったのはこういう心理だ」とペントランド。「従来とはまったく異なる考え方だ。個人ではなく関係性に注目しているのだ」

リーの次のステップは、ネットワーク・チャレンジの教訓をDARPAの正式なプログラムへと置き換えることだった。すると、またしてもリーにちょっとした幸運が舞い降りた。その少し前、ビッグデータについて研究するNSA職員のランディ・ギャレットがDARPAに移ってきていたのだ。NSAで、ギャレットはイラクのゲリラ兵の発見と殺害に貢献したRTRGプログラムに深くかかわっていたうえ、諜報機関が吸い上げるリアルタイム・データ内の検索を実現するデータ・クラウドの開発にも取り組んでいた。[21] ギャレットいわく、このクラウドには「実在するほとんどの種類のデータ」が含まれるという。[22] このNSAの研究とネットワーク・チャレンジにはいくつか明白な共通点があった。ギャレットのNSAの研究は大量のデータをリアルタイムで統合し、ゲリラ兵など関心の対象を発見するものだったが、ネットワーク・チャレンジはそれとほぼ同じことをソーシャル・メディアのデータと赤い気球を使って行なった。国家安全保障組織は莫大な量のリアルタイム・データを保有しているが、その最大の供給源はもちろん、メールやスカイプ通話などのインターネット・トラフィックに加えて、世界中の無数の電話を日々傍受しているNSAだ。アフガニスタンは一〇年間の戦争を経て、NSAの電話盗聴の最大の標的のひとつとなった。[23]その大量のデータの一部が、今やＤＡＲＰＡの手に渡ろうとしていた。

「ＤＡＲＰＡがアフガニスタンから届く何百という諜報関連のデータフィードにほぼリアルタイムでアクセスできるようになるかもしれないことに誰かが気づき、私に知らせてくれた」とリーは振り返る。「とても面白いと思った。データフィードの大部分は機密といってもせいぜいふつうの機密レベルだったからね。機密扱いでないものすらあった。すぐにこんな疑問が浮かんだ。そうしたデータフィードのすべてに対して大規模なデータマイニングを実行したら、何ができるだろう？」[24]。リーは彼の知るデータマイニングの専門家全員に接触しはじめた。そのひとりがアマゾンの最高技術責任者のワーナー・ヴォゲルスだ。「彼はこの問題への取り組み方に関していろいろな骨組みを提案してくれた。アマゾンが顧客に対して行なっているタイプのデータマイニングとよく似ているからだ」

最終的に、リーは商業部門で行なわれている最新の予測分析研究に基づくデータマイニング・プログラムを策定した。唯一のちがいは使われるのがアフガニスタンの軍事データという点だ。「たとえば、アマゾンが自社のウェブサイト上のクリック行動と衣料品、ハンドバッグ、コンピューターの売上増とのあいだに相関関係があるかどうかを知りたいと思うのと同じように、われわれはアフガニスタンの市場のジャガイモ価格とその後のタリバンやゲリラの活動とのあいだに相関関係があるかどうかを理解しようとしていた」とリーは言う。[25]

ビッグデータは、アフガニスタンの特定の村がタリバンに占領されつつあるのかどうかや、ゲリラが次の攻撃をいつ実行しようと計画しているのかを予測するプログラムに取り入れられようとしていた。そして何より、ビッグデータは再びＤＡＲＰＡを戦争へと引き戻そうとしていた。

二〇一〇年二月、リーの赤い気球コンテストのわずか二カ月後、ドゥーガンはベトナム戦争以後のDARPA局長としては前例のない行動を取った。DARPAが貢献できそうな分野を見極めるため、交戦地帯を訪れたのだ。爆弾と戦うペンタゴンの機関「統合即席爆発装置対策組織」の代表であるマイケル・オーツ陸軍中将は、ドゥーガンを三日間のアフガニスタン視察に招いた。軍関係者たちは彼女に会うと驚いた様子だった。彼女によると、「DARPAの人間が何をしに来たんだ。三年とか五年を要する問題が見つかったらお呼びするよ」とでも言いたげな雰囲気だったという。[26]

ワシントンDCに戻るなり、ドゥーガンは各室の室長と副室長を集め、アフガニスタンの戦争にすぐさま貢献できる技術を一カ月以内に考えるよう通達した。ドゥーガン自身にもすでに温めてあるアイデアがあった。彼女は自身の創設した家族経営企業「レッドエックスディフェンス」で、「ブックエンズ」(=本立て)と呼ばれる爆弾探知理論を考案した。「ブック」(=本)の部分に当たるのがゲリラの使用する兵器で、「エンズ」(=両端)の部分に当たるのが爆弾を製造して設置するテロ組織だ。即席爆発装置に勝つためには、爆弾を探知するだけでなく爆弾のメーカーや製造施設を特定しなければならないというのが彼女の理論だった(これは特別ユニークな理論ではない。ペンタゴンの爆弾対策機関のスローガンは「ネットワークを打破せよ」だった)。アフガニスタンから帰国すると、ドゥーガンは自身のアイデアの概略をまとめたスライドを作成した。

大発見……ブックエンズ理論は本にあたる部分での戦い方がまちがっていることを示唆している……この部分で有効なのは人間または犬だけである……本にあたる部分で成果を上げるのに重要な要素が、標的に向けられた「目」を増やすことだとしたら？　「鼻」を増やすことだとしたら？[27]

ドゥーガンは同じ概要説明のなかでアフガニスタン向けのDARPAプログラムをいくつか提案した。そのひとつ「モア・ノーズ」（＝もっと鼻を）プログラムは、センサーやGPS追跡装置を装着した数百頭の犬を戦地に送りこむという計画だ。[28]通常、爆弾探知犬は、爆発物の匂いを嗅いだらその場にお座りし、主人に危険を知らせるよう訓練されている。ドゥーガンが提案したプログラムでは、数百頭の犬がアフガニスタンの特定の地域に広がり、自由に動き回りながら爆弾を嗅ぎ分けていく。犬が爆弾を探知し、その場に座りこんだら、犬に装着されているセンサーから遠隔でデータを監視している人物に信号が送信される。犬にセンサーを装着するのが「モア・ノーズ」プログラムなら、人間にセンサーを装着するのが「モア・アイズ」（＝もっと目を）プログラムだ。人々（具体的にはアフガニスタン人）にスマートフォンを配付し、危険情報を送信してもらう。ドゥーガンの言葉を借りれば、「最新のソーシャル・ネットワーキング」手法を用いて「一般市民による報告機能」を生み出すプログラムだ。モア・アイズはモア・ノーズとセットで、即席爆発装置を発見する「攻撃的」システムを構築するのだ。[29]

二〇一〇年四月になると、DARPAは戦争に対して即効性のありそうな十数のプロジェクトを特定し、ドゥーガンがそれを最終候補まで絞りこんでいた。兵士のヘルメットに埋めこんで即席爆発装置による爆風を検出する風圧計から、アフガニスタンの三次元マップの作成に利用できる「高高度ライダー運用実験」と呼ばれる画像センサーまで、さまざまな技術があったが、ドゥーガンのいちばんのお気に入りは、リーのビッグデータ研究をもとにアフガニスタンの反乱の発生を予測する新プログラム「ネクサス7」だった。八月、ドゥーガンは統合参謀本部議長と面会し、DARPAのアフガニスタン計画について説明した。このデータマイニング・プロジェクトは「大規模な計算処理手法や社会科学に関する国内随一の研究者チームを結集する」もので、彼女は「大成功の可能性を秘めている」と自負した。

ネクサス7チームの主要メンバーを占めるのは、マサチューセッツ工科大学のサンディ・ペントランド率いるヒューマン・ダイナミクス・ラボの面々だった。彼らは気球コンテストでペントランドのチームを優勝に導いたアイデアを社会全体に応用した。ペントランドによれば、彼の貢献は非公式的なもので、彼は具体的な研究というよりはむしろ知的な枠組みを提供したにすぎないのだという。「ネクサス7が立ち上げられたとき、私の学生の何人かがプログラムに参加した」と彼は言う。「私の役割は、今までとは性質的にまったく異なるやり方がありうるということをみんなに理解させることだった」[30]

四〇年前、こちらもマサチューセッツ工科大学の科学者のイシエル・プールは、科学を使えば反乱のメカニズムを理解できるとDARPAに確約した。ドゥーガンは気づいていなかったかもしれないが、DARPAはサイマルマティクスの一九六〇年代の「人間マシン」の改良版を生み出したのだ。ペントランドはそれを「計算対反乱作戦」と名づけた。

二〇一〇年夏、映画『ブレードランナー』に登場する人型ロボットにちなんで名づけられたデータマイニング・プログラム「ネクサス7」が、NSAの元職員を代表に据えて開始された。ギャレットの目標は、NSA時代の研究と同様、「ビッグデータの集約環境であるクラウドを実際に構築し、その使い道を検証する」ことだった。[31] ネクサス7の立ち上げにかかわったある科学者の話によると、ネクサス7はNSAで開始された研究をそっくりそのまま引き継いだものだという。[32]

予算書では、ネクサス7はデータ分析や予測を社会的ネットワークの分析と組みあわせるプログラムであると説明された。「社会的ネットワークは、地理的な共通点ではなくむしろ連携した活動への参加を通じて結びついているテロ組織、ゲリラ・グループ、無国籍の犯罪者たちを理解するための有望なモデルを軍に提供する。ネクサス7は従来型の諜報、監視、偵察が及ばない地域や作戦に対し、従来型と非従来型のデータソースを用いて新たな軍事活動をサポートする」[33]

DARPAはネクサス7プログラムにかかわる二〇名あまりのコンピューター科学者、社会科学者、経済学者、対反乱作戦の専門家を集め、DARPA本部の一〇階を借りきってブレインストーミングを実施した。会議ではサンディ・ペントランドをはじめとするビッグデータの第一人者たちが技術的な助言をし、退役陸軍士官のL・ニール・コスビーが実戦的な視点を提供した。「最大の疑問は、刻一刻とフォート・ミード〔にあるNSA〕などに流れこんでくるデータをどう活用し、アフガニスタンなどの村の実際の安全性を評価するかだ」とコスビーは述べた。[34]

NSAとDARPAが直接タッグを組んだのは、ネクサス7プログラムの特徴のひとつだったが、その一方で最大のボトルネックでもあった。NSAのデータを利用するには、政府機関どうしのデータの共有や集約を妨げる迷路のような法的要件をクリアする必要があったからだ。そこまでしてなぜDARPAはNSAのデータを求めたのか？ コスビーは有名な銀行強盗ウィリー・サットンの台詞を引用した。「なぜ銀行強盗をするのか？ そこにカネがあるからだ」。NSAはまさにその銀行だった。そこにはすべてのデータがあった。

ドゥーガン局長は活動を交戦地帯に限定することで、二〇〇三年にDARPAを国民的なプライバシー論争へと引きずりこんだ全情報認知プログラムの二の舞を避けられると考えた。[35]全情報認知プログラムはアメリカ国内に潜伏するテロリストを発見しようとしたので、必然的にプライバシー擁護派の不安をあおることとなった。一方、ネクサス7のターゲットはアフガニスタンのみだったし、何よりドゥーガンはプログラム全体を機密扱いにした。ひとつ下の階のDARPA職員たちは、突然DARPA本部に店を構えはじめた若いコンピューター科学者たちが何をしているのか、見当がつかなかった。「ワシントン界隈の人々が私の執務室を訪れるためにやってきて、この修羅場のような光景を通り過ぎるときのため、作り話を用意しておく必要があった」とリーは話す。[36]

ネクサス7プログラムはいろいろな点でふつうのDARPAプロジェクトとはちがった。ふつう、DARPAは研究を大学や企業に委託するのだが、ネクサス7ではこのプログラムを考案したピーター・リー変革集約技術室長が中心となり、自身の執務室から活動を監督した。「文字どおり私の執務室の外の廊下にまで、机、ラップトップ、セキュリティ保護されたコンピューターがずらりと並んでいた」とリー。「まるで動物園だった」

しかし、すべての活動がDARPAで行なわれたわけではない。DARPAは、ペトレイアス将軍を含めた数々のアメリカ政府の高官にアドバイスを行なってきたオーストラリア人の対反乱作戦の専門家、デイヴィッド・キルカレンを雇った。二〇一〇年の時点で、キルカレンは民間部門へと移り、カイロス・アソシエイツという会社の代表として政府系の顧客にサービスを販売していた。彼は輸送コストや外国産野菜の価格といった指標を使って、反乱の起こりやすさを測定できると考えていた。[37] ネクサス7は彼のこの信念とうまく嚙みあった。

DARPAは一〇年前のジョン・ポインデクスターの全情報認知プログラムよりもはるかに壮大な諜報プログラムを築き上げようとしていた。当時の活動は、大規模なテロ事件、つまり複雑な長期計画を必要とする策略を予測することが目的だった。一方のネクサス7は、日常生活のパターンを調べ、アフガニスタンの戦地に関して具体的な予測を出すべく懸命に取り組んでいた。「われわれは準実験デザインや機械学習の分野における最新の研究や、何百という諜報関連のフィードに基づくデータマイニングを使用して、次の出来事を予測しようとしていた」とリーは語った。

ドゥーガンによると、ネクサス7プログラムの開始から八二日目に「最初の発見」、つまり重要な予測が出揃いはじめた。その週末、ドゥーガンは統合参謀本部副議長のジェームズ・カートライト海兵隊大将に報告を行ない、ネクサス7プログラムとその人員をアフガニスタンに投入する正式なゴーサインを得た。技術通のカートライトは彼女のアイデアとアプローチをたいそう気に入った。「どんどんやってくれ」とドゥーガンは彼に言われたという。[38]

ネクサス7がアフガニスタンで稼働する前、発案者のピーター・リーがマイクロソフトの研究部門を指揮するため、一年足らずで突然DARPAを辞めた。二〇一〇年九月、彼が新天地に向からためにシアトルへと発ったその日、二〇代半ばの若いメンバーもちらほらと見受けられるネクサス7チームがアフガニスタンに向けて出発した。「本来なら私も一緒に行くべきだったのだが」と彼は悔いた。[39]

最終的に、DARPAはネクサス7などの技術プログラムにかかわる一〇〇名以上の人員をアフガニスタン全土に送りこむことになる。「ベトナム戦争以来となるDARPAからの派遣団だった」とドゥーガンはのちに振り返った。[40]さらに、ネクサス7プログラムはドゥーガンの最優先事項となり、彼女自身がカートライト海兵隊大将とともにアフガニスタンへと頻繁に行き来した。二〇一一年の議会の証言で、ドゥーガンはネクサス7という名称こそ出さなかったが、「クラウドソーシングやソーシャル・ネットワーキング技術」を研究する科学者や対反乱作戦の専門家たちによる「九〇日間のスカンクワーク活動」について説明した。[41]

ネクサス7プログラムはたった数カ月で立ち上げから本格始動まで進んだが、すべてが順風満帆というわけではなかった。ネクサス7の開始当時、アフガニスタンで国際治安支援部隊を指揮していたスタンリー・マクリスタル陸軍大将は、DARPAが推進するデータ活用プログラムに興味を持った。ところが二〇一〇年、『ローリング・ストーン』誌にホワイトハウス上層部を批判するマクリスタルと彼の補佐官の記事が出ると、彼は国際治安支援部隊の司令官を辞任させられた。ペトレイアス将軍が彼の跡を継いだが、彼はネクサス7にあまり興味がなかった。ペトレイアス将軍とドゥーガンによるアフガニスタンでの話しあいは物別れに終わり、ネクサス7は中止の危機に陥った。比喩的な意味でも文字どおりの意味でも、対反乱作戦に関する本を書いたのは自分だと自負するペトレイアス将軍にとって、DARPAのアルゴリズム計画はすんなりと受け入れられるものではなかった。

しかしその時点ではもう、ネクサス7プログラムは統合参謀本部副議長のカートライト海兵隊大将の支持を得ていた。そしてすぐに、ドゥーガンが「DARPAのテクノロジー・オタク集団」と呼ぶDARPAチームがアフガニスタンに現われはじめた。若く軍事的な経験も持たない彼らはたちまちカルチャーショックを受けた。カブールの軍関係者たちは、大学院を出たばかりのコンピューター科学者となかなか情報を共有したがらず、やっと提供されたデータも消費者データのように整然とはしていなかった。アフガニスタンに着くと、アナリストたちはNSAの通話記録、軍のレーダー情報、諜報関連の報告など、情報を集められるだけ集めはじめた。が、ネクサス7のもとに届くデータの大部分は量的ではなく質的なもので、コンピューター・プログラムにすんなりと流しこめなかった。[42] レーダー情報のように量的なデータであっても、長時間にわたって同一の場所をカバーしたものはほとんどなかった。

二〇一〇年終盤になると、DARPAはペンタゴン内でネクサス7プログラムの成功を盛んにアピールしていたが、その具体的な成果ははっきりとしなかった。[43] ネクサス7チームのメンバーたちが基地で軍や諜報関連のデータフィードを処理するあいだ、DARPAのもうひとつの請負チーム「相助攻撃部隊」は、データとビールを交換し、赤い気球探しで磨いたクラウドソーシングの手法を用いて、アフガニスタンの地方で活動を行なっていた。

相助攻撃部隊は、かねてから正式な組織というよりもコンセプトに近かった。[44] 人道支援活動家、ハッカー、技術オタクという不思議な取りあわせの面々が、アフガニスタンのジャララバード、以前はオーストラリア人傭兵たちが入居していた「タージ・マハル・ゲストハウス」（通称「タージ」）に拠点を構えていた。この多様な集団のなかには、シリコンバレー精神をアフガニスタンに広めたいと考えるテクノロジー・マニアたちもいた。毎年恒例のお祭「バーニング・マン」〔砂漠などの無の荒野に巨大な街を築き、一週間にわたって参加者が自給自足に近い共同生活を送りながら、各々が歌や踊り、アートなどの自由な自己表現を楽しむアメリカの巨大イベント〕の参加経験者（通称「バーナー」）たちも数人いたが、科学者や護衛官、そして自家製で太陽光発電やWi-Fiネットワークなどの技術を構築することを目指すマサチューセッツ工科大学ファブラボ（ファブリケーション・ラボラトリーの略）のグループも参加していた。[45]

しばらくのあいだ、タージはアフガニスタンにいる欧米人たちが自主的に集う場所となった。相助攻撃部隊のメンバーのスマウリ・マッカーシーはインタビュー動画で、その場所を「宇宙の最果てにあるティキバー」と表現した。[46] 情報公開活動家を自称するマッカーシーは、タージについてこう述べた。「ジャラランバードの片隅にあるこの小さなオアシスには、軍人、民間の護衛官、NGO関係者、そして余暇を利用してインフラの構築に励む変わり者たちなど、ふつうなら絶対に出会うことのない不思議な取りあわせの人々が集まっている」

相助攻撃部隊がタージに入居すると、おそらくナンガルハール州で唯一のバーであるという理由からか、そのティキバーにはたちまち社会のはみ出し者、芸術家、慈善家たちが集まりはじめた。「万能オタク集団」とも評された彼らは、アフガニスタンの人々のため、自作のWi-Fiネットワークの構築など小規模な技術プロジェクトを開始した。[47] 彼らを結びつけていたのは、オープンソース技術が世界を救うとまではいかないにせよ、世界を大幅に改善するという信念を置いてほかにないだろう。
二〇一〇年、DARPAがアフガニスタンのデータマイニングについて思案していたころ、相助攻撃部隊のリーダーのひとりであるトッド・ハフマンがワシントンでたまたまDARPA職員と知りあった。[48] ハフマンは、二〇一〇年のハイチ地震の被災者の捜索に貢献したオープンソース地図作成組織「ウシャヒディ」に協力するためにハイチにおり、少し前に帰国したばかりだった。[49]「バーニング・マン」の大ファンで、日によって赤や黄色に染められる髪の毛と立派な髭がトレードマークのハフマンは、ハイチでのクラウドソーシング活動や、アフガニスタンの選挙中に行なった同様の活動について語りはじめた。彼の話はDARPAの「モア・アイズ」プロジェクトの内容と重なるようだった。すぐに、アフガニスタンに新設されたDARPAの現地ユニットを指揮するライアン・パターソンがタージを訪れ、バーナーやアナキストたちと一カ月間を過ごした。[50] 彼はバーテンダーまでこなした。
相助攻撃部隊はおそらく「データでビール」プログラムでもっとも有名だったが、アフガニスタンでは選挙の不正を暴くクラウドソーシング活動も行なっていた。軍事基地にこもってネクサス7のデータをふるい分けていた若いコンピューター科学者たちとはちがい、相助攻撃部隊は現場で、つまり文字どおり鉄条網の外側でアフガニスタン人とともにデータを収集していたのだ。「私たちはDARPAのヘンな奴らと呼ばれていた」とモア・アイズ・プロジェクトのある地域コーディネーターは話した。「DARPAにとっては最高の褒め言葉さ」[51]
さっそく、DARPAはアフガニスタンでネットワーク・チャレンジのミニチュア版を後援することにした。こうして二〇一一年、相助攻撃部隊のメンバーたちは「モア・アイズ」プログラムのもと、アフガニスタンじゅうに散らばり、ナンガルハール州とバーミヤン州の地図作成コンテストの参加者に携帯電話を手渡していった。人道支援や開発援助コミュニティの人々が多くを占めるアフガニスタン人の参加者たちは、GPS搭載の携帯電話を渡され、建物や道路の位置をマークしていくよう指示された。[52] 赤い気球コンテストと同様、実験の多くには金銭的なインセンティブもあった。優勝チームはそのまま携帯電話を持ち帰ることができたのだ。参加者は軍への情報提供が目的だとは知らされず、DARPAもこのプログラムを決して公表しなかった。

なかには政治や医療に関する情報を収集する実験もあったが、最大の目的は軍事作戦に役立つデータを集めることだった。ワシントン界隈のある防衛関連企業は、日付不明の報告書でこう指摘した。「全般的に、米軍は携帯電話による通話を盗聴し、われわれの諜報フレームワークに組みこむという点では大成功を収めてきた。しかし、こうした作戦はクラウドソーシングなどの協力手法を通じて実現できることのほんの一部にすぎない」[53]

ハイチのウシャヒディのような団体が推進するクラウドソーシング・プロジェクトは、時に軍と共同で行なわれる人道支援作戦に特化していた。しかし、モア・アイズ・プログラムはクラウドソーシングと情報収集の共通点を明らかにした。DARPAのパターソンが記した未公表のホワイトペーパーによると、クラウドソーシングによって、たとえばアフガニスタン市民が車列攻撃を報告することが可能になるという。その報告を受けた無人機が最終的に軍事攻撃を行なうこともできるだろう。またパターソンは、モア・アイズ・プログラムのチームが国防情報局と直接タッグを組み、「アフガニスタンの動向」プロジェクトを実施していた事実も指摘した。[54] その目的は「厳選した現地住民に日常生活の出来事を受動的に観察してもらい、見聞きしたものを報告してもらう」ことだった。

パターソンいわく、モア・アイズは「複数のレベル（地方、州、郡、村）で情勢が安定しているかどうかを評価するのに役立つ〝混じりけなし〟のデータを生み出すよう現地住民に促す」ための手段だった。[55] この混じりけなしのデータの利点は、真っ黒な諜報の世界とは異なり、「部外者の影響に染まっていない現地住民の手によって自発的に生み出される」という点だ。つまり、モア・アイズ・プログラムはいわば自覚のないスパイを雇っていたわけだ。

明らかに、DARPAはアフガニスタン市民に情報を提供させる行為が市民スパイ活動とみなされるのを危惧していた。モア・アイズ・プログラムの文書は、「外国人との共謀をうかがわせ、現地のゲリラから目をつけられるような派手な見た目や高度な機能を持つ」携帯電話は使わないよう警告した。また、DARPAのホワイトペーパーは、ユーザー自身または遠隔でデータを消去できるアプリケーションを携帯電話に搭載するよう提案した。おそらく情報がゲリラに見られるのを防ぐためだろう。タージの相助攻撃部隊のメンバーのなかには、日々の体験をブログで日常的に配信する者もいたが、決して国防総省の名は出さなかった。[56] たぶん、相助攻撃部隊のハッカーや技術オタクたちの多くは、開発活動家という自己像と軍の請負人という事実との折りあいをつけるのが難しかったのだろう。

相助攻撃部隊は不思議な文化の融合だった。世界じゅうのハッカーたちが「ウィキリークス」などの情報公開組織を厳しく取り締まるアメリカ政府に怒りを抱く一方で、相助攻撃部隊の情報活動家たちはアフガニスタンで国防機関や諜報機関によるデータ収集に協力するプロジェクトに取り組んでいた。彼らは「アフガニスタンの自家製インターネットが戦争で引き裂かれた町にウェブを提供」といった見出しで自身の活動をアピールし、ＤＡＲＰＡの資金で現地の大学にソーラーパネルを設置したが、モア・アイズ・プログラムの本当の目的は情報収集だった。[57]「データでビール」プログラムは正式にはＤＡＲＰＡプログラムの一部ではなかったものの、相助攻撃部隊は喜んで１ＴＢのハードディスクをペンタゴンに差し出した。彼らの構築した自家製インターネットさえ、データマイニングの絶好の機会を提供した。このプロジェクトを指揮したある科学者の言葉を借りるなら、それはＮＳＡにとって、アフガニスタンのインターネット・トラフィックが詰まった宝の山だった。このプログラムでは、とある州知事のために遠隔アクセスの可能なラップトップが購入された。「モア・アイズ・プログラムは果たして成功だったのだろうか？」と先ほどの科学者は大げさに問いかけた。「どれどれ。ついさっき知事の寝室に外国の電子センサーを取りつけたんだ[58]」

しかし、このプログラムは結局、アフガニスタンでクラウドソーシングの威力を証明するという期待には応えられなかった。ＤＡＲＰＡのライアン・パターソンのホワイトペーパーによると、一連の実験の結果、モア・アイズ・プログラムはアフガニスタン市民のインターネット・アクセスの能力や、アフガニスタンの携帯電話サービスの普及率を過大評価していたことがわかった。「モア・アイズ・チームは活動を始めてすぐ、インターネットに接続して活用できるだけのアクセスとスキルを持つ人々は人口の四パーセント程度にすぎないと知った」と彼は記した。「農村部はそれ以下だった[59]」。ＤＡＲＰＡの契約は二〇一一年末にかけて更新されないまま満了した。

相助攻撃部隊とティキバーの「オアシス」もすぐに終わりを迎えた。ジャララバードでは二〇一〇年から一一年にかけて暴力が着実に悪化した。タージで外国人と協力または交流したアフガニスタン人は殺害の脅迫を受け、バーを訪れる欧米人たちが未然に食い止めようとしていた反乱勢力がこの施設に牙を剝いた。二〇一二年八月一一日、多くのモア・アイズ・プログラムの参加者たちと親しくしていたタージの支配人、メフラブ・サラジの運転する車が、オートバイに乗ったふたり組の男に止められた。[60] ソ連の侵攻、タリバンの支配、アメリカの侵攻とことごとく難局を生き抜いてきたサラジは、胸を撃たれて死亡した。

ウィリアム・ゴデルが戦略村計画のデータ収集のためにベトナムを訪れ、返り討ちにあってからおよそ五〇年。今度はハッカーや人道支援活動家たちがアフガニスタンの地図作成を試みたが、またもや返り討ちにあった。ゴデルはデータと引き換えに金品を与えたが、相助攻撃部隊は無料のビールと携帯電話を提供した。しかし、アフガニスタンにおけるＤＡＲＰＡの活動で目を惹くのは、ベトナム戦争のときと比べたスケールの小ささだ。ＤＡＲＰＡがアフガニスタンに人員を派遣したという点は、アジャイル計画と似ていたが、その規模は遠く及ばなかった。そして忘れられているのは、ゴデルの対反乱作戦の目的が、現地の軍を支援することで米軍を派遣しなくてすむようにするという点にあったことだ。アフガニスタンの場合、対反乱作戦やＤＡＲＰＡの活動は、すでに外国の戦争にどっぷりとつかっていた米軍を支援するための戦術とみなされていたのだ。

数年のあいだ、ペトレイアス将軍が復活させた対反乱作戦は、少なくともイラクでは成功と評されていた。しかし、その評価も短命だった。ベトナムと同じく、イラク政府の統治能力の低さが反乱の火に油をそそぐ結果となった。中央政府の力がさらに弱いアフガニスタンの場合、二〇一三年を迎えるころには対反乱作戦は失敗した戦略として広く失笑を買っていた。結局、ペトレイアスの戦略はベトナム戦争末期の対反乱作戦と同じ致命的な弱点に苦しんだ。最終的に国の治安を維持しなければならないのは外国の軍ではなく現地の政府なのだ。イラクとアフガニスタンの対反乱作戦は本来の対反乱作戦とは正反対のものだった。

ＤＡＲＰＡがモア・アイズ・プログラムについて公に論じることはなかった。ペンタゴンはのちにネクサス７を成功と評したが、軍の作戦にプラスの影響を与えたという証拠はない。ある匿名の関係者は『ワイアード』誌に対し、「モデルもアルゴリズムも、そんなものは存在しない」と語り、アフガニスタンのネクサス７プログラムについて不満をこぼした。[61]『ウォール・ストリート・ジャーナル』紙に掲載された評価はもう少し前向きで、アフガニスタン内の攻撃に関するネクサス７の予測の六、七割は正しかったという匿名の元関係者の言葉を引用した。「究極の相関ツールだ」とその関係者は同紙に語った。「文字どおり未来予測ができるのだ」。[62]どちらの証言にも具体的な根拠はなかったが、ひとつだけ確かなことがあった。マクナマラ線と同様、ネクサス７も戦争の方向性を変えることはなかった。[63]

二〇一二年三月、ドゥーガンはＤＡＲＰＡを辞職し、グーグルのモトローラ部門へと移り、社内にＤＡＲＰＡ風の組織を築きはじめた。彼女が局長職を務めたのは三年足らずで、前任のトニー・テザーと比べると短かったとはいえ、とりわけ短期間というわけではなかった。ペンタゴンの監察官が、ＤＡＲＰＡから契約を受注していたドゥーガンの家族経営の爆弾探知会社「レッドエックスディフェンス」と彼女との金銭的な癒着関係について調査を始めると、彼女の辞任に疑惑の目が向けられた。二年後に発表された監察官の報告書は、ドゥーガンが同社の独占的な業務を推進し、倫理に違反したと結論づけたが、彼女が同社にＤＡＲＰＡの資金を回そうとした証拠は発見されなかった。[64]

二〇一三年になると、ＤＡＲＰＡのアフガニスタン活動も終わりが近づいていた。科学を対反乱作戦に役立てるという試みは結果的に失敗に終わったものの、モア・アイズ・プログラムのかつての拠点だったタージは、そのＤＡＲＰＡの善意の活動を象徴するシンボルとして残った。タージは名ばかりの営業を続け、ごくごくたまにやってくる客にしっけたコーンフレークをふるまっていた。宿泊客たちはひび割れたコンクリートの上に置かれた錆だらけのローンチェアに寝そべりながら、久しく水を張っていないプールを見下ろした。プールの片隅に設置されたソーラーパネルは、どこに電力を供給するわけでもなく、ただ悲しげに太陽へと顔を向けていた。アフガニスタン唯一のティキバーに残ったのは、朽ちゆく名刺の山と、木片に留められた「相助攻撃部隊」のパッチだけ。それはビールと交換にデータを集めた欧米人客たちの最後のなごりだった。テクノロジーに対するＤＡＲＰＡの楽観的な見方を物語るこのかつてのオアシスの外では、アフガニスタン人が一〇〇〇年以上にわたって暮らし、必死に戦いを繰り広げてきた。そのがらんとしたバーは、戦争の性質を変えることはできても戦争自体を終わらせることはできない科学の虚しさを語る生き証人なのだ。

# エピローグ　輝かしい失敗、冴えない成功　2013—

政府のイノベーションの見本？／国家安全保障問題からの締め出し／膨れ上がる官僚主義／DARPAの行く末

軍事作戦の諜報的側面はどんどん膨れ上がり、今では自分自身の重量と扱いにくさのせいで崩壊必至の状態になっている。この分野では科学技術が暴走しているように見える。そして、スーパーコンピューターをも埋め尽くす膨大な量の情報が、アナリストたちを混乱させ、消費者の信頼を奪い、システムの理解能力を半ば破壊していることを否定できる根拠はまったくないのだ。[1]

——ウィリアム・H・ゴデル

二〇一三年二月、私はDARPA局長のアラティ・プラバカーと会うために新しい本部ビルを訪れると、ペンタゴンからの距離に驚いた。バージニア州アーリントンのノース・ランドルフ・ストリートに面するそのビルは、DARPAの第四代の本部にあたる。移転のたび、DARPAはペンタゴン上層部から物理的にも心理的にも遠ざかっていった。

ＤＡＲＰＡの最初の本部は、ペンタゴンの名誉あるＥリング、国防長官室の数歩先にあった。二番目がバージニア州ロズリンのアーキテクツ・ビルディングのなかで、ペンタゴンからはそう遠くない。三番目がバージニア・スクエアで、ワシントンメトロでさらに数駅先。そして二〇一二年、ＤＡＲＰＡは完成に数年を要したボールストン駅近くのカスタム・デザインのビルへと移転した。新しいビルは高度なセキュリティが特徴で、一階に特製のカンファレンス・センターがあり、ＤＡＲＰＡの各室がひとつの階を占有している。最上階にはＤＡＲＰＡの局長やスタッフたちのための重役室があり、すりガラスのドアで仕切られている。巨大プロジェクトではありがちなように、このビルの建設でも数々の混乱の噂が飛び交った。トイレのドアは閉まらず、機密資料を守るためのスモーク・ウィンドウが最初は正常に機能しなかった。入居した一部の職員たちからは、ビルのセキュリティが強すぎて職員どうしや外部の研究者との交流が少なくなったとの不満の声も上がった。

ＤＡＲＰＡのこれまでのオフィスは、過去数十年間でもっとも風変わりな技術を生み出してきた機関にしては地味で、おんぼろとさえいえるものばかりだった。数十年間、ＤＡＲＰＡ（少なくともそのオープンな世界）を訪れるのはわけもなかった。歩いてビルに入り、オフィスまで上がればすむ話だ。しかし一九八〇年代、ひとりの男性が路上から歩いてビルに入り、あるオフィスに侵入していきなりズボンを下げ、ＤＡＲＰＡ職員にいきなり尻見せをするという事件が起こると、その時代も終わりを告げた。[2]

そんな古きよき時代は、ＤＡＲＰＡだけでなくどの政府機関にとっても遠い昔の話だった。9・11以降、政府機関を訪れるには金属探知器やＸ線検査をくぐり抜け、多くの場合は電子機器をすべて預ける必要があった。ＤＡＲＰＡを訪れた私にも、何重ものセキュリティ、ＩＤバッジ、禁止事項といったワシントン界隈で働く人々にとってはすっかりおなじみの洗礼が待ち受けていた。私は電子機器が詰まったかばんを空っぽにさせられた。

「カメラをオフにさせていただきます」と警備員は言い、私のｉＰａｄをチェックしはじめた。私は、彼が私のｉＰａｄに二度と元に戻せないような処理を施すのではないかと心配になった。なんといっても、彼はインターネットの礎を築き、いくつもの機密サイバープログラムを実行する機関の警備員なのだ。私が作業の様子をじっと観察していると、警備員はカメラレンズをテープで隠し、ｉＰａｄを私に返却した。

「裏にもカメラがついていますけど」と私は申告した。

「じゃあそっちにも貼っておきますね」と彼は言い、裏のカメラにもテープを貼った。

最上階の局長室に着くと、アラティ・プラバカーが会議用テーブルに座るよう促した。彼女は局長になって一年足らずだったが、職員から大きな人気と尊敬を集めていた。特に、レギーナ・ドゥーガン率いる激動の数年間のあとだから余計にそうだった。プラバカーへの批判があるとすればただひとつ、彼女のビジョンがよく見えないという点だった。そこで、私はＤＡＲＰＡの現在の目標についてたずねてみた。「今までと変わりません」と彼女は答えた。「今までどおり、技術的なサプライズを未然に防ぐとともに、生み出していくことです」[3]

しかし、彼女はＤＡＲＰＡの目標設定が近年ますます難しくなっていることを認めた。一九八〇年代半ば、彼女が初めてＤＡＲＰＡの職員になった当時、軍は冷戦が永遠に続くという前提でソ連に照準を合わせていた。「国家の存亡を脅かす脅威、ひとつの巨大な脅威に直面したことで、残りの国家安全保障の複雑な問題がすべて掻き消されてしまったわけです」とプラバカー。「もちろんDARPAも、そのたったひとつの脅威だけにほぼ専念していました。世界が今より複雑でなかったとは言いませんが、私たち自身が世界をいくぶん単純にとらえていたのです」[4]。彼女の見方は理解できる。彼女がDARPAに勤めていた一九八〇年代中盤、DARPAはすでに年々縮小路線をたどっていたのだ。

皮肉なのは、DARPAの役割が縮小していく一方で、その評価はうなぎのぼりになっていったという点だ。インターネットやステルス機の基礎を築いたDARPAは、今では「ペンタゴンの珠玉」[5]、政府のイノベーションの見本と評され、民主党員と共和党員のどちらからも等しく絶賛されている。プラバカーはまた、DARPAの方針転換を図る危険性も身にしみて知っていた。一九八〇年代、DARPAがガリウム砒素企業に出資し、ベンチャーキャピタル会社のような役割を果たそうとしてスキャンダルとなった際、彼女は知らず知らずのうちに片棒を担がされた。DARPA史上唯一の局長解雇へと発展したこの一件についてたずねられると、プラバカーはそそくさと話題を変えた[6]。

今日のDARPAが直面している危機は、国家安全保障問題からの締め出しだ。二〇〇三年、イラク駐留の米軍が、最大の脅威は戦車でもミサイルでもなく道端の爆弾であると気づいたとき、ペンタゴンはかつてのように一流の技術者や数十年間の爆弾探知の経験を持つDARPAには頼らず、まったく新しい組織をつくった[7]。その結果は驚くべくもない。数十億ドルが投じられたが、爆弾による死亡者は増加しつづけた。

今日の戦場を見ると、DARPAの過去の投資が実っていることがわかる。無人機「アンバー」から派生した「プレデター」により、アメリカはエアコンの効いた自国の快適なトレーラーから遠隔操作ボタンひとつで敵を殺害できるようになった。ＤＡＲＰＡの発明したステルス機は、国境を越えた精密攻撃や機密作戦の実行に使われている。コンピューター・ネットワークは「キルチェーン」〔標的の特定から、派兵、攻撃の決定、標的の破壊に至るまでの一連のプロセス〕をわずか数秒まで短縮し、精密誘導兵器は人口の過密な市街地も含め、どこでも攻撃を行なうことを可能にした。

しかし、最大の疑問は、こうした発明がＤＡＲＰＡの本来の目的を達成できているのかという点だ。ＤＡＲＰＡの本来の目的は、アメリカが戦争に関与しなくてすむ技術、そして仮に関与することになったとしてもすばやく勝利をもぎ取る技術を開発することだった。この食い違いをもっともよく物語っているのは、おそらく一九六〇年代の対反乱作戦への研究投資だろう。その目的はいわゆる「限定戦争」への大規模な通常戦力の投入を避けることだったが、二〇〇六年になると、その目的とは逆に、対反乱作戦の理論は通常戦力で反乱勢力と戦うための道具としてよみがえった。科学技術を戦争に応用することの魅力こそが、武力紛争に関与したいという誘惑を強くし、そしてアメリカを「永遠の戦争」へと巻きこんでいるのだ。

報道の見出しだけを見るかぎり、ＤＡＲＰＡに関する懸念など的外れに思えてくるし、ＤＡＲＰＡは今が最盛期のようにも思える。雑誌や技術系ウェブサイトは、ＤＡＲＰＡの自動運転車などのプロジェクトをこぞって取り上げ、精神疾患を治療する脳インプラント計画について息をのむ記事を書いている。この一〇年間、議会の公聴会はＤＡＲＰＡへの絶賛の嵐だ。共和党員も民主党員も一様に政府系イノベーションの見本としてＤＡＲＰＡを称賛しているし、政治家、経済学者、技術専門家たちはたびたび「ＤＡＲＰＡモデル」をもてはやしている。だが、それがどういうモデルなのかは釈然としない。

実際、歴代局長たちはＤＡＲＰＡとその膨れ上がった官僚主義に不安を抱いている。一九五八年の設立当時、ＤＡＲＰＡに専用のビルなどなかった。幹部たちにはペンタゴン内のいくつかの執務室が割り振られ、技術スタッフには内側の窓のない部屋が与えられた。最初の数年間、職員名簿は標準的なインデックス・カード一枚に収まる程度だったが、現在では小さめの電話帳サイズにもなる。ＤＡＲＰＡは技術スタッフがたった一四〇名の科学者で成り立っていることをアピールしているが、実際には正社員同然のおおぜいの契約スタッフの手を借りている。これはＤＡＲＰＡの本来の姿とはいいがたい。そして、ＤＡＲＰＡの新たな本部さえもが、かつての臨機応変でミニマリスティックな姿に逆行しているように見える。

ＤＡＲＰＡの元局長のヴィクター・レイスは、パーキンソンの法則のバリエーションのひとつを引きあいに出した。「仕事は与えられた時間に合わせて量が膨らんでいく」というのが一般的なパーキンソンの法則だが、彼が述べたのは組織の衰退と「完璧」な本社ビルの建設とのあいだにある相関関係のほうだ。たとえば、ペンタゴンが完成したのは第二次世界大戦がほぼ終わりかけていた時期だったし、バチカン市国にあるサン・ピエトロ大聖堂は建設に一〇〇年以上を要し、ようやく竣工したころには教皇の影響力にすっかり陰りが見えていた。「本格的なビルが完成したときには、その組織はすでに終わっている」とレイスは言った。[8]

レイスが本部ビル以上に懸念を抱いていたのは、ＤＡＲＰＡの絶え間ない実績自慢だ。私がワシントンＤＣのダウンタウンにあるレイスの控えめな執務室を訪れると、彼はこう言った。「ＤＡＲＰＡが自慢話を始めると少し危ない。わかるだろう？」

しかし、ＤＡＲＰＡの名声は今やあまりにも揺るぎないので、政府は近年、ほかの政府機関でもＤＡＲＰＡのモデルを〝再現〟しようと無駄な試みを続けている。[9] 国土安全保障省はＡＲＰＡの国家安全保障版をつくろうとしたが失敗し、今や名ばかりの組織となってしまっている。エネルギー省のＡＲＰＡともいうべきＡＲＰＡ‐Ｅは、ＤＡＲＰＡと比べると雀の涙ほどの予算しか与えられていない。諜報部門のＡＲＰＡであるＩＡＲＰＡは、官僚主義に縛られている。その名前に見合う規模や目標を持った組織はひとつもない。

こうしたＤＡＲＰＡを再現する試みは、経営科学に関して夢のような教訓を引き出そうという期待が見当ちがいであることを暴いている。組織はＤＡＲＰＡと同じように職員全員を三～五年で入れ替えるべきなのか？　科学機関はＤＡＲＰＡがよくするように、革命的なアイデアを追求するために査読を廃止するべきなのか？　分析をたった数個の箇条書きへと集約し、知性を単純化するＴＥＤトークをもてはやし、パワーポイントを崇拝する現代文化では、すべてを組織図に還元することはできないという点を覚えておくことが重要だ。ＤＡＲＰＡをどんな組織でもたちどころにイノベーティブな組織に変えられる魔法の経営ツールととらえるべきではないのだ。

ＤＡＲＰＡをひとつの単純な型へとはめこみたくもなる。しかし現実には、ＤＡＲＰＡの遺産をすぐに使える「イノベーション・キット」のようなものへとパッケージ化するのは易しくない。ＤＡＲＰＡの成功や失敗は、国家安全保障の問題解決組織という歴史的な役割から生じた独特の官僚機構の産物なのだ。組織図内の枠、あるいはオフィス内の間仕切りを移動させるだけでは、次なるＡＲＰＡＮＥＴは生まれないだろう。研究を指揮する技術スタッフと局長がいることを除けば、ＤＡＲＰＡには固定的な組織構造はないのだ。

それどころか、ＤＡＲＰＡのスタイルは「コラボレーション」というあいまいな経営理論に反することも多い。ＤＡＲＰＡでは和気藹々とした場面は珍しい。いくつかの目立った例外を除けば、プログラム・マネジャーたちはほかの部局の同僚たちの仕事の内容を知らないことが多い。あるプログラム・マネジャーから聞いた話なのだが、あるとき彼はペンタゴンのシャトルバスでまったく知らない人物と会った。ところが話をしてみると、ふたりとも数年前からＤＡＲＰＡで働いていたことがわかり、彼はびっくりした。数千人が働く組織なら、こういうことはよくあるだろうが、比較的小さな組織にしては珍しい。ある元局長の表現を借りれば、ＤＡＲＰＡは「共通の旅行代理店で結ばれている一四〇人のプログラム・マネジャーの集まり」なのだという。[10]

ＤＡＲＰＡから引き出せる経営の教訓がひとつあれば、必ずその逆の教訓もある。ＤＡＲＰＡは地震学の分野を現代へと導いた画期的な核実験探知システムを開発した。それは巨大なプログラムで、ホワイトハウス上層部から注目を集めた。一方、ＡＲＰＡＮＥＴはＤＡＲＰＡの上層部が特に注目していない研究プログラムを実施するために雇われた心理学者によって開始された。彼はひとりきりで「銀河間コンピューター・ネットワーク」の壮大なビジョンを追求した。それが現代のインターネットの前身であるＡＲＰＡＮＥＴへとつながった。経営やイノベーションに関するシンプルな答えを探している人は、このふたつの正反対のプログラムが同じ機関のなかで共存できたという事実を肝に銘じておくべきだろう。

バージニア州北部、ＤＡＲＰＡの数キロメートル先に、バークロフト湖を望むスティーヴン・ルカジクの自宅がある。およそ五〇年前、ウィリアム・ゴデルの幼い娘たちが、東南アジアの水路で使うための「神様の靴」を履いて水上を歩こうとしたあの湖だ。このバークロフト湖地域のルカジクの隣人のひとりに、トニー・テザーがいる。そのふたりの元局長はよき隣人ではあったが、決して友人と呼べる間柄ではない。

ルカジクはたまたまテザーと会ったとき、こう訊いてみた。「君はＤＡＲＰＡで何をしようとしているんだ？」

「敵を見つけて殺す。そのためにＤＡＲＰＡを立て直したいんです」とテザーは答えた。

たぶん、テザーは冗談を言いたい気分だったのだろう。テザーが指揮するＳＦ版ＤＡＲＰＡでさえ、目的は殺戮マシンの開発という単純なものではなかった。だが、彼の返答はルカジクの根本的な不安を突いていた。本来ＤＡＲＰＡが解決すべき最重要問題について、彼は何も考えていないようだった。ＤＡＲＰＡはただ技術を生み出すばかりだったのだ。

ルカジクは過去四〇年間、国家安全保障分野のＤＡＲＰＡの遺産について考えつづけてきた。彼の地下室の壁には、スターリン主義からサイバー戦争までさまざまなテーマの本が整然と並べられている。どこを見ても見当たらないのが経営理論の本だ。多くの人々はＤＡＲＰＡの元局長と経営理論について話したがるが、それはルカジクが堂々と侮辱する話題だ。今や八〇代を迎えたルカジクは、孫の友人たちが自分のことをＤＡＲＰＡの元局長だと知って目を爛々と輝かせることにときどき戸惑いを覚える。ＤＡＲＰＡの発明は、未来の兵器を特集する刺激的なテレビ番組にたびたび登場する。ルカジクはＤＡＲＰＡの遺産に誇りを抱いているが、自分の形づくった組織がSF風のガジェット工場とみなされていることに失望を隠せない。DARPAは重要な国家安全保障問題を解決する機関であるというのが、ルカジクが今でも抱いているビジョンなのだ。「私がますますDARPAに不満を感じているのはその部分だ」とルカジクは話した。「それはDARPAが組織として重要性を失ったからではなく、この国の安全のために本来すべきことをしていないからなのだ」

DARPAは今までどおりすばらしい組織だと主張する幹部たちもいる。そして、科学技術の質という点では確かにそのとおりかもしれない。しかし、過去一〇年間、DARPAがテロや反乱を中心とする国家安全保障の議論の蚊帳の外に置かれていたという事実は否めない。二〇一四年終盤、ルカジクは自分の局長時代と同じように、DARPAに未来の国防技術について検討する新たな長期戦略計画研究を開始させるよう国防総省に助言した。ペンタゴンは同意し、「長期研究開発計画プログラム」という当時の名称まで採用した（ただし「長期研究開発計画」と略された）[11]。ところが、DARPAの現実を物語るかのように、この新たな研究はDARPA抜きで開始された。

現在のDARPAは、技術的な問題だけに特化しすぎている。そのため、アフガニスタンでコンピューター・アルゴリズム以上に独創的なものをつくれたとは考えにくい。確かにネクサス7プログラムは、最先端の科学技術を活かして戦争や反乱といった最新の問題を解決しようとしたという点では意義があった。そして、ベトナム戦争以来、DARPAが初めて交戦地帯に人員を派遣した例でもあった。それでも、その活動範囲の狭さはDARPAの変容ぶりを浮き彫りにしている。ベトナム戦争の場合、DARPAは社会の成り立ちや反乱の原因を理解しようとした。

しかし二〇一一年、DARPAがアフガニスタンでしようとしていたのは、即席爆発装置による次なる攻撃を予測することだけ。科学技術といえばおみくじマシンのように予測を吐き出すコンピューター・プログラムを開発することだと思いこんでいる今のDARPAにとって、J・C・R・リックライダーの雇用につながった包括的な人間の行動調査を行うことなど考えにくいだろう。「これはエントロピー過程に少し似ている」とルカジク。「いったん細部へと目が向きはじめると、そのプロセスは一方通行的に進んでいく。こうなると、組織が価値を失うリスクは高まる。なぜなら、技術的な卓越性や重要な問題の解決ではなく、世渡り能力で生き残りが決まるからだ[12]」

このエントロピー過程の証拠が浮き彫りになったのが、二〇一三年六月のことだった。『ガーディアン』紙と『ワシントン・ポスト』紙がエドワード・スノーデンの漏洩文書に基づいて発表したNSAに関する報告で、NSAによる9・11以降の国民監視の規模や範囲が明らかになったのだ。ルカジクは、DARPAがジョン・ポインデクスターのデータマイニング・プログラム「全情報認知」を手放したことがこの大失態の一因であると非難した。ルカジクは自身の回顧録のなかで、本来堂々と行なえるはずだった、そして行なうべきだった研究が、「国民のプライバシーを侵害する政府政策へと変えられてしまった」と記した[13]。

DARPAの最初の対反乱作戦を立ち上げたウィリアム・ゴデルなら、今のDARPAをどう思うだろう？　土の家が多くを占める国で米軍が戦っているとき、ガラス張りの高層ビルをよじ登れる装置をプレスリリースで自慢しているような組織について、彼ならどう思うだろうか？ゴデルにとって、技術とは幅の狭い作戦上の戦術ではなくて、もっと大きな戦略の一部だった。

確かにアジャイル計画は失敗に終わったが、それはチャールズ・ハーツフェルド元局長の言葉を借りれば「輝かしい失敗」だった。対して、ネクサス7が失敗したのは、技術が不完全だったからではなく、解決しようとしていた国家安全保障の問題（つまり反乱）が、どんなに優秀なアルゴリズムでも決して解決しえないものだったからだ。仮に成功したとしても、それは冴えない成功にしかならないだろう。

9・11テロ攻撃から一五年以上、そして冷戦の終結から二〇年以上がたち、DARPAはひとつの難題を抱えている。過去の輝かしい成功にふさわしい、そして過去の暗い失敗を踏まえた新しい目標を見つけるには？　二〇一四年、DARPAは神経科学に重点を置く「生物技術室」の新設を発表した。DARPAが一九六〇年代から支援してきた研究に基づく同室の新たな研究は、ホワイトハウスの脳科学イニシアティブの一環であり、大きな注目を集めた。生物技術室の崇高な目標のひとつが、外傷性脳損傷の深刻な影響から兵士を救うというものだ。まさにDARPAに打ってつけの研究であり、現在DARPAが追求しているもっとも刺激的な研究分野のひとつといえる。

私が二〇一六年にジャスティン・サンチェス副室長代行にインタビューを行なうと、彼はこの分野におけるDARPAの過去の研究について鮮明に理解していた。彼によると、バイオサイバネティクスの時代から四〇年間にわたり、科学技術はDARPAの目的とともに進化してきたのだという。過去のDARPAは、脳で兵器を直接コントロールする方法を開発するのが目標だと公言していた。しかし現在のDARPA職員たちは、自分たちの研究を医療への応用という観点から語るべく慎重に言葉を選んでいる。目的は「戦争で損傷を負った兵士たちの回復」だと彼は言う。「近年、私たちが脳の機能研究について理解しようとしているのは、そうした動機からだ」[14]

DARPAの「能動記憶回復」プログラムは、損傷した脳の修復に役立つ神経機能代替装置、いわゆる「神経インプラント」を開発している。DARPAはわずか二年間で医療器具を試作し、人間の被験者を含めた研究へと進んだ。「われわれはすでに神経機能代替装置との接続が記憶の形成や想起能力に及ぼす影響を確かめる初期の実験を行なっている」とサンチェスは言う。また、「新規治療法のためのシステムベースのニューロテクノロジー（SUBNETS）」プログラムは、PTSDからうつまで、さまざまな神経精神症状に苦しむ人々のための移植可能な医療装置を開発している。この分野でもやはり、サンチェスは前進をアピールした。「こちらもやはり人間の被験者を対象に研究を行なっている。そして、不安に関連する神経信号を理解し、脳の不安を調節することができるという予備的な証拠もあがっている」

神経インプラントを使った人間の脳の調節は、さまざまな病気や障害を治療できる可能性を秘めているが、当然ながら倫理学者たちは、ペンタゴンが人間性の根幹にかかわる研究を行なうことの危険性を訴えている。たとえば、DARPAが機密のニューロテクノロジー研究への資金提供を検討する可能性はないのか？　私がそうたずねると、サンチェスは慎重にこう答えた。「現時点で機密扱いのものはいっさいないと言えると思う。われわれは常に状況を注視し、この分野で不意打ちを食らうことがないようにしたい。積極的に状況を見守り、チャンスをうかがうつもりだ。ニューロテクノロジーの進展について理解を深めつつ、そうした決断をしていかなければならないと思う」

ペンタゴンの人体実験の歴史を知っている人なら誰でも、機密の神経科学研究が行なわれる可能性に戸惑いを覚えるはずだ。さらに、サンチェスやＤＡＲＰＡの職員たちは、神経科学の研究が兵器に発展する可能性を軽視しているが、現在の研究が成功すれば、おそらく軍事分野に応用されるであろうという現実を無視することはできない。世界はいまだ無人機革命に適応する途上にある。果たして脳で操縦する航空機など受け入れられるだろうか？　こうした技術が実現するのは何十年も先だろうが、考慮すべき問題はほかにもある。もしＤＡＲＰＡの研究が成功すれば、まちがいなく神経科学に革命を巻き起こすだろう。しかし、研究が失敗すれば、または人体実験の失敗といったスキャンダルが発生すれば、ＤＡＲＰＡへの批判は全情報認知プログラムのときと同じくらい深刻な影響を及ぼすかもしれない。

この研究に関する究極の疑問は、ＤＡＲＰＡの多くの研究と同じように、ＤＡＲＰＡがこれほどハイリスクな研究を行なうことが果たして許されるのか、あるいは許されるべきなのか、という点だ。対反乱作戦からコンピューター・ネットワーキングまで、ＤＡＲＰＡが過去に追求してきた数々の野心的な分野と同様、ＤＡＲＰＡの神経科学研究は、医療に革命を巻き起こして世界を変える可能性もあれば、未来の戦争の方法を一変させる兵器へとつながる可能性もある。果たして世界は今より住みよい場所になるのだろうか？　それは、わからない。

# 謝辞

ＤＡＲＰＡの歴史をまとめるというアイデアを思いついたきっかけをひとつだけ挙げるとしたら、それはおそらく二〇〇四年、友人のロバート・ウォールとワシントンＤＣで交わした会話だと思う。私たちはＤＡＲＰＡを詳しく考察したら、ＤＡＲＰＡの遺産について何が明らかになるかを話しあった。ＤＡＲＰＡは天才工場なのか？　ペンタゴンの箱物組織なのか？　変人たちの避難場所なのか？　それから一〇年以上がたち、まだ決定的な答えは見つかっていない。ただ、私が本書で提起している疑問の多くが、ロバートとの最初の会話から導き出されたことは確かだ。

そのアイデアをカフェでの雑談から正式な本の企画書へと変えてくれたのが、私のすばらしきエージェント、ミッシェル・テスラーだ。彼女は思いのたけを紙の上につづってみてはどうかと私に優しく勧めてくれた。その企画書をきちんとした本へと変えてくれたのが、出版社アルフレッド・Ａ・クノップの担当編集者、アンドリュー・ミラーだ。彼はたび重なる推敲を通じて、伝説の組織ＤＡＲＰＡに関する物語をまとめる手助けをしてくれた。それから、原稿を読んで貴重な意見を寄せてくれた同社編集助手のエマ・ドライズにも感謝したい。

ロバートに加えて、たくさんの友人や同僚たちが原稿を読んで意見を寄せ、連絡先を提供し、私を正しい方向へと導いてくれた。ガーウィン・ファンクラブの終身共同代表を務めている友人のアン・フィンクバイナーは、草稿を読んで客観的な意見を寄せてくれた。スティーヴン・

リー・マイヤーズはつらい時期に私を支えてくれ、完成原稿に入念な編集を入れてくれた。そして、数えきれないくらいお世話になったリチャード・ホイットルと、私の永遠の相棒ともいうべきノア・シャットマンにも、深くお礼を言いたい。

数年がかりの本書の執筆中、私はワシントンDC、ポーランドのクラクフ、ニューヨーク市、マサチューセッツ州ケンブリッジを転々とした。ワシントンでは、ペンシルベニア大学のジョナサン・モレノとの会話がとてもためになった。また、国防分析研究所のマーク・ルイス、リチャード・ヴァン・アッタ、デイヴィッド・スパローや、米国科学者連盟のスティーヴン・アフターグッドとの個人的なやり取りもおおいに参考になった。ワシントン一フレンドリーで聡明な国家安全保障専門の記者のひとり、シェーン・ハリスは、惜しみなく知識や連絡先を教えてくれた。友人のアスコルド・クルシェルニツキーとイレナ・ハルーパは、私がワシントンを出たあと、保管記録の調査のため何度か戻ってきた私を手厚く迎えてくれた。また、数々の支援をしてくれた国際報道プロジェクトのジョン・シドロフスキーと、そして何より私の情報公開法訴訟を勝利に導いてくれたワシントンの勇敢な弁護士、ジェフリー・D・ライトに感謝したい。

クラクフでは、マレク・ヴェトゥラニは私のアイデアを聞いて貴重な意見を寄せてくれ、ヴォイチェフ・コラースキーとアガータ・コラースカは市《まち》での生活を居心地のよいものにしてくれた。ニューヨークでは、『ニューズウィーク』誌のニナ・バーレイは私が引きこもり作家にならないよう常に気にかけてくれた。また、『インターセプト』のみなさんにも感謝したい。特に編集長のベッツィー・リードは、私が原稿を完成させるため、九カ月間マサチューセッツ州ケンブリッジに潜伏するお膳立てを整えてくれた。ケンブリッジでは、本書の話題にアイデアと関心を寄せてくれたマサチューセッツ工科大学のスブラタ・ゴシュロイとハーバード大学のケヴィン・キット・パーカーにお礼を申し上げる。最後に、本書のインタビューの大部分を書き起こしてくれたロレッタ・オリバーに感謝したい。彼女は長い旅の友のような存在だ。

私の家族は大きな意味でもさりげない意味でも常に支えになってくれた。私がカリフォルニアでインタビューをしているときに励ましてくれたマークと彼の妻のケイシー、そしてふたりの読書好きな子どもたち、エリとタリアに感謝したい。いつか私の本も読みたいと言ってくれるといいのだが。そして、アイデアを愛するよう教えてくれた父に本書を捧げたい。

また、本書の重要な書きはじめの段階で助言や励ましを与えてくれたネイサン・ホッジと、ベトナムの軍事顧問時代の記憶や考えを打ち明けてくれた彼の父のブライアン・ホッジに深くお礼を申し上げる。ネイサンは、アメリカのアフガニスタン活動の失敗を象徴するシンボル、タージ・ゲストハウスとそのティキバーの悲しい運命を記録した写真やメモも送ってくれた。

本書は、大統領図書館も含めたアメリカ国立公文書記録管理局の優秀なスタッフのみなさんと密接にかかわる初めての機会となった。多くの方々にお世話になったが、とりわけ私の情報公開請求に対処してくれたカレッジパークの国立公文書館のデイヴィッド・フォートに感謝したい。また、キャスリーン・〝ケイ〟・ゴデル゠ゲンゲンバッハは、DARPAに関連する父親の未公表の回顧録の大部分を見せてくれた。また、彼女の父親のキャリアについて数え切れない質問に答え、私ひとりではとうてい見つからなかった情報源を教えてくれた。歴史的な記録や父親の遺産を守ろうとするケイの熱意には頭が下がる思いだ。ゴデル一家のプライバシーの尊重と、DA

RPAの歴史に対するゴデルの隠れた貢献を明らかにする義務とを両立させるのは難しかったが、そのふたつの折りあいをなるべくつけるよう努力したつもりだ。

京都シンポジウム協会のディック・デイヴィスと稲盛財団のジェイ・スコーヴィーは、私が日本の京都賞シンポジウムに出席し、アイバン・サザランドにインタビューするお膳立てを整えてくれた。また、東京にあるテンプル大学現代アジア研究所所長のロバート・デュジャリックと、長崎の被爆者にインタビューするよう提案してくれた英日通訳のユリ・オオタにも感謝したい。DARPAの戦略通信部門を率いるリチャード・ウェイスは、話の体裁よりも中味のほうが重要だということを知っている。

DARPAの数多くの元職員の方々が、本書がDARPAの歴史やその遺産について客観的につづった本になると知りながらも、率直に私のインタビューに答えてくれたことに感謝している。一九七五年にDARPAの歴史を共同で記したリー・ハフをはじめとして、私がインタビューした何人かの方々が本書の完成を見ずして亡くなったのは残念でならない。亡くなる間際まで私にできるかぎりの情報を提供してくれたシーモア・ダイチマンのことは生涯忘れないだろう。最後に、本書に自分の意見や考えがきちんと反映されるかどうかなど気にするそぶりも見せず、ほかのどのDARPA職員よりも長い時間を割いてくれたスティーヴン・ルカジクには、感謝してもしきれない。一九七五年のDARPAの歴史の編纂を委託した人物と、本書に大きく貢献してくれた人物が同じであるというのは、決して偶然ではない。

また、ふたつのすばらしい機関、「研究者のためのウッドロウ・ウィルソン国際センター」とハーバード大学の「ラドクリフ高等研究所」からも厚いご支援をいただいた。本書に関する研究とインタビューの大部分は、私がウィルソン・センターのフェローを務めていた二〇一二年から二〇一三年にかけて行なわれた。同センターのスタッフのみなさん、特に私のプロジェクトの価値を信じてくれたケント・ヒューズとロバート・リトワクにお礼を言いたい。また、同センターの私のインターン生であるコール・トーマスとライアン・リックスは、調査に多大な貢献をしてくれ、その年の私の同僚であるラウラ・ゴメス＝メラはよき友人として常に心の支えになってくれた。

ラドクリフ研究所は、本書の執筆の最終段階、二〇一五年から二〇一六年にかけて私をフェローとして迎えてくれた。ディレクターのジュディス・ヴィクニアックと学長のリザベス・コーエンを含めたスタッフのみなさんは、学者、作家、アーティストたちのためにほかにはない雰囲気をつくり出してくれている。ラドクリフ研究所では、一流の調査パートナーに恵まれた。特にポール・バンクスは、入念な事実確認を通じて私を数々の恥ずかしいミスから救ってくれた（もちろん、まだミスが残っているとすればそれはすべて私の責任だ）。また、私のほかのパートナー、ケイレブ・ルイス、パット・オハラ、ジョーダン・フェリーにも感謝したい。

そして、ラドクリフ研究所の私の友人や同僚たち、特に二階の〝カクテル・パーティ〟仲間、アーシャ・チョードリー、エリオット・コラ、アン＝クリスティン・デュハイム、ウェンディ・ガン、サラ・ハウ、ウィリアム・ハースト、ラウル・ヒメネス、フィリップ・クライン、ヴァレリー・マサディアン、スコット・ミルナー、マイケル・ポーラン、リーチャ・ヴェルデに感謝したい。みなさんはアラビア語の詩から高分子物理学までいろいろな話題について教えてくれ、情熱を追いかけるよう励ましてくれた。そして何よりも、いっぱい笑わせてくれた。その九カ月間、私が誰よりもお世話になったのはあなたたちだろう。

二〇一六年三月、マサチューセッツ州ケンブリッジにて

シャロン・ワインバーガー

# 訳者あとがき

国防高等研究計画局（ＤＡＲＰＡ）といえば、インターネットやＧＰＳ、さらには音声アシスタント「Ｓｉｒｉ」、お掃除ロボット「ルンバ」など、私たちの身近にある数々の技術や製品の原型となるプロジェクトを手がけ、アメリカでは政府系イノベーションの手本としてもてはやされている伝説的な組織だ。しかし、ＤＡＲＰＡの持つ別の顔のほうはあまり知られていない。近年になってようやく機密解除された膨大な量の文献をひもといてみると、その陰には数々の成功と失敗、そして語られざる歴史があった……。

本書『ＤＡＲＰＡ秘史』は、Sharon Weinberger著、*The Imagineers of War: The Untold Story of DARPA, the Pentagon Agency That Changed the World*（Knopf, 2017）の全訳であり、シャロン・ワインバーガーの著書としては初の邦訳となる。一九五八年、ソ連による史上初の人工衛星「スプートニク」に対抗するために創設されたＤＡＲＰＡ（当時ＡＲＰＡ）が、アメリカ初の宇宙機関から、ミサイル防衛、核実験探知、対反乱作戦といった国家安全保障問題の解決請負組織、そして現在のような軍事技術の開発組織へと変遷していく過程を克明に描き出した本だ。本書は決してＤＡＲＰＡ礼賛の物語ではない。形骸化しつつあるＤＡＲＰＡへの皮肉もところどころ交えつつ、ＤＡＲＰＡという組織の光と闇の両面にスポットライトを当てている。ＤＡＲＰＡの歴史を綴った本としては、アニー・ジェイコブセン著『ペンタゴンの頭脳』（加藤万里子訳、太田出版、二〇一七年）と双璧をなす作品といえそうだ。

そんな一〇年がかりの労作を書き上げたシャロン・ワインバーガーとは、どんな人物なのか？彼女は国防・国家安全保障問題に精通するジャーナリストとして、オンライン・ニュース・メディア「インターセプト」の国家安全保障担当編集者を務め、『ネイチャー』『スレート』『ワイアード』『ワシントン・ポスト』等々に記事を寄稿している軍事科学技術の専門家だ。二〇〇六年の著書*Imaginary Weapons: A Journey Through the Pentagon's Scientific Underworld.*（未邦訳）では、やはりペンタゴンの空想的な兵器やトンデモ系のプロジェクトについて分析している。

彼女は本作『ＤＡＲＰＡ秘史』の執筆にあたり、ＤＡＲＰＡのプロジェクトにかかわった一〇〇名以上のペンタゴン当局者や科学者への個人的なインタビュー、近年ようやく機密解除となった無数の文書、情報公開法の下で入手した情報、関係者から入手した独占資料などに基づき、ＤＡＲＰＡの歴史を丹念にひもといていっている。なかにはＤＡＲＰＡやペンタゴンにとって都合のよくない情報もあっただろうが、アメリカ国立公文書記録管理局に何度も足を運び、情報公開請求を繰り返しながら、事実をコツコツと積み上げていく彼女のジャーナリストらしい姿勢、勇気や労力には、訳していて感心させられた。

本書を読んでいると、私たちの身近にある技術や製品の多くが、元をたどれば戦争から派生したという事実に、改めて驚かされる。イノベーションが競争から生まれるとすれば、ベトナム戦争、冷戦、テロとの戦いなど、常に戦争という究極の競争を繰り広げてきたアメリカから数々のイノベーションが生まれたことは自然にも思える。

また、本書を通じて、イノベーションというものが必ずしも一本道のプロセスではないということも教えられた。インターネットやGPSなどの原型を開発した組織と聞けば、革命的な技術をお茶の子さいさいに生み出すスーパーイノベーション組織をイメージしてしまう。実際、DARPAの公式サイトにあるイノベーション年表から、DARPAの過去の発明が一覧できる。これを見るかぎり、DARPAはまるで狙い撃ちのごとく定期的に偉大な発明を行なってきた印象を受ける。

だが、本書で描かれている歴史はもっと複雑だ。その陰には、数々の失敗があり、回り道があり、暗い歴史がある。戦争という特殊な時代背景や巨額の予算が可能にしたプロジェクトも少なくない。たとえば、本書にも登場する高エネルギー電子シールド、ミサイル破壊ビーム、機械のゾウ、超能力研究、スーパーソルジャーのような道半ばで終わった空想的な研究計画。ウィリアム・ゴデルというひとりの男の奔走。空中核爆発や人体実験といった現代では考えられないような機密プログラム。そして、枯葉剤のような負の遺産も。

そうした紆余曲折のなかから、一部のものは無人機やステルス機のような軍事技術となり、一部のものはインターネットやGPSのような民間の技術へと枝分かれしていった。そしてDARPA自体も、前進と後退を繰り返し、時には脇道に逸れながら、今のような形になったということなのだろう。

本書の物語は決して小説のように整然としているわけではないし、出来事と出来事の因果関係が明確なわけでもない。読めば読むほど何が正しいのかわからなくなってくる部分もある。でも、事実というのはえてしてそういうものなのかもしれない。

今後、そんなＤＡＲＰＡはどこに向かうのか？　ＤＡＲＰＡの公式サイトを見てみると、二〇一八年六月時点で、ＤＡＲＰＡには「生物技術室」「国防科学室」「情報イノベーション室」「マイクロシステム技術室」「戦略技術室」「戦術技術室」の六つの部局があり（各室の日本語名称はいずれも訳者が直訳したもの）、一〇〇名近いプログラム・マネジャーの指揮の下、合計予算三〇億ドル超、およそ二五〇の研究開発プログラムが進行しているようだ。ほんの一例を挙げると、「先進植物技術（ＡＰＴ）」プログラムでは、環境刺激に対して反応する植物生来のメカニズムを活かし、化学、生物、放射性物質、核、爆発物の脅威を検出して報告する植物センサー技術を開発している。「スペースプレーン実験機」（ＸＳ－１）プログラムでは、わずか数日間の準備により、低コストで宇宙まで往復できる極超音速機を開発しており、二〇一九年までの製造、そして二〇二〇年の初飛行を目指している。本書のエピローグでも紹介されている「新規治療法のためのシステムベースのニューロテクノロジー（ＳＵＢＮＥＴＳ）」プログラムでは、手術、投薬、心理療法といった従来の治療法では根治が難しいＰＴＳＤ、重度のうつ、薬物乱用や依存症などを治療する神経インプラント技術を開発している。

こうした技術は、未来をどう変えるのだろう？　世界の平和、旅行、医療に革命を巻き起こすのだろうか？　新たな戦争のスタイルを生み出すのだろうか？　それとも、クローン技術などのように国際的な物議を醸すことになるのだろうか？　「それは、わからない」と著者は本書を締めくくっている。本書を読んだあとになっては、この言葉こそが平凡ながらももっとも誠実な答えに思えてならない。

なお、日本語版の刊行にあたっては、読みやすさを踏まえた修正や補足をさせていただきました。巻末の注は原著のページ番号方式から章単位の通し番号方式に変更し、本文の該当箇所に小さく注番号を挿入しました。また、本書には数多くの人物が登場し、特にカタカナ表記だと人名を覚えておくのが難しいことから、すでに紹介ずみの人物にも、そのつど肩書きや階級などを補うよう心がけました。この点を少ししつこく感じる方がいましたら、それは原書の問題ではないということをここでお断りしておきたいと思います。

最後になりましたが、訳者の入れた膨大な量の赤字にも嫌な顔ひとつせず、細部にいたるまで丁寧な編集をしていただいた光文社翻訳編集部の小都一郎さんに、深くお礼を申し上げます。

二〇一八年六月

## エピローグ　輝かしい失敗、冴えない成功

1　Buhl, *An Eye at the Keyhole.*
2　著者によるラリー・リンのインタビューより。
3　著者によるプラバカーのインタビューより。
4　同上。
5　著者によるウィリアム・ペリーのインタビューより。
6　これは確かにセンシティブな話題だった。というのも、彼女はDARPAにやってくる前、シリコンバレー企業「USベンチャー・パートナーズ」にいたからだ。同社の投資ポートフォリオのなかには、政府から5億ドルの融資保証を受けながら破綻した太陽光発電関連の新興企業「ソリンドラ」が含まれていたのだ。
7　Gates, *Duty*, 147.
8　著者によるレイスのインタビューより。「計画した設計図を完成させられるのは、崩壊寸前の組織だけだ」とパーキンソンは記した。「刺激的な発見や前進の最中には、本社の完成にかまっている暇などない。そうする時間がやってくるのは、重要な仕事がすべて終わったあとだ。完成というのは最終形であり、最終形は死なのだ」。Cyril Northcote Parkinson, *Parkinson's Law, and Other Studies in Administration*（Boston: Houghton Mifflin, 1957）, 60–61.
9　2013年、レギーナ・ドゥーガンはグーグル社内にDARPA風の組織を構築する試みについて説明した。彼女の「DARPAモデル」は「大胆な目標」「一時的なプロジェクト・チーム」「独立性」というたった3つの要素まで凝縮された。しかし、彼女はDARPAモデルの肝心な部分を省いていた。ただちに商業化できる見込みのない技術を積極的に導入する「顧客」だ。この肝心の要素がなければ、彼女が例に挙げているステルス機や衛星航法などの技術は試作段階を出なかっただろう。潤沢な予算を抱えるグーグルでさえ、商業的な応用が何十年も先になる技術に投資するとは考えにくい。Regina Dugan, "'Special Forces' Innovation: How DARPA Attacks Problems," *Harvard Business Review*, Oct. 2013.
10　この台詞は少なくとも1980年代からDARPA職員にたびたび引用されてきた。最近では、トニー・テザーが2002年のインタビューでこの表現を使った。William New, "Defense Research Agency Seeks Return to 'Swashbuckling' Days," *Government Executive*, May 13, 2002.
11　Amaani Lyle, "DoD Seeks Future Technology via Development Plan," *DoD News*, Defense Media Activity（U.S. Department of Defense）, Feb. 3, 2014.
12　著者によるルカジクのインタビューより。
13　Lukasik, "Advanced Research Projects Agency."
14　著者によるサンチェスのインタビューより。

July 1, 2013.

46 McCarthy, interview with Vinay Gupta, Taj Beer for Data, youtube.com.

47 Matthew Borgatti, "The Synergy Strike Force at STAR-TIDES," Oct. 10, 2011, GWOB.org.

48 著者によるハフマンのインタビューより。

49 Anand Giridharadas, "Africa's Gift to Silicon Valley: How to Track a Crisis," *New York Times*, March 13, 2010.

50 著者によるゴーマンのインタビューより。

51 著者によるモア・アイズ・プロジェクトの地域コーディネーターのインタビューより。

52 同上。

53 Jeffrey E. Marshall, "All Source Intelligence and Operational Fusion: Fusing Crowd Sourcing and Operations to Strengthen Stability and Security Operations"（unpublished report for Thermopylae Sciences and Technology, n.d.）.

54 Ryan Paterson et al., "Getting 'More Eyes' in Afghanistan: Experiments in Promoting Indigenous Self-Reporting of Local Conditions and Sentiment," May 11, 2011. 匿名の情報筋から著者に提供された未公表のDARPAホワイトペーパー。

55 同上。

56 モア・アイズ・プログラムのある関係者の説明によると、援助や開発の世界では、軍の契約と名前が結びついてしまった人間は「出世」の道が閉ざされるのだという。著者による匿名協力者のインタビューより。

57 Sebastian Anthony, *Extreme Tech*, June 22, 2011.

58 著者によるモア・アイズ・プロジェクトの匿名科学者のインタビューより。

59 Paterson et al., "Getting 'More Eyes' in Afghanistan."

60 Peretz Partensky, "Basketball Diaries, Afghanistan," *N+1*, Dec. 5, 2012. サラジの殺害理由は不明だが、タリバンは外国人に協力した人間なら誰でも標的にすることが多い。アメリカ政府からどういう仕事を請け負ったのか、民間人なのか軍人なのか、といった細かい部分は関係ないのだろう。

61 Shachtman, "Inside DARPA's Secret Afghan Spy Machine."

62 Gorman, Entous, and Dowell, "Technology Emboldened the NSA." 正式なデータや公表された結果がないため、この発言は鵜呑みにはできない。

63 2012年に著者が国防総省に要求したネクサス7文書の情報公開請求は、まだ完了していない。2013年の著者によるインタビューで、アラティ・プラバカーは機密性を理由にこのプログラムについては多くを語らなかった。

64 ドゥーガンはすでに政府を去っていたので、監察官はこの報告書の結論に基づいて行動を起こすべきではないと勧告した。

20 同上。
21 J. Nicholas Hoover, "NSA Using Cloud Model for Intelligence Sharing," *Information Week*, July 20, 2009.
22 Gorman, Entous, and Dowell, "Technology Emboldened the NSA."
23 2014年、エドワード・スノーデンが暴露した文書によって、NSAがアフガニスタンのほとんどの携帯電話の通話を盗聴、記録、保存していたことが判明。"WikiLeaks Statement on the Mass Recording of Afghan Telephone Calls by the NSA," May 23, 2014, wikileaks.org.
24 著者によるリーのインタビューより。
25 同上。
26 著者によるドゥーガンのインタビューより。
27 Department of Defense Inspector General, "Report of the Investigation: Doctor Regina E. Dugan, Former Director, Defense Advanced Research Projects Agency," April 9, 2013.
28 理由は不明だが、モア・ノーズ・プログラムは計画段階を出なかった。著者によるリチャード・ウェイス（DARPA広報担当）の2014年11月14日のインタビューより。「モア・ノーズはアイデアの段階にとどまった」とウェイスは話した。
29 Department of Defense Inspector General, "Report of the Investigation: Doctor Regina E. Dugan, Former Director, Defense Advanced Research Projects Agency."
30 著者によるペントランドのインタビューより。
31 著者による匿名社会科学者のインタビューより。
32 同上。
33 *Department of Defense Fiscal Year（FY）2014 President's Budget Submission, DARPA, Justification Book*, vol. 1, April 2013.
34 著者によるコスビーのインタビューより。
35 ドゥーガンはプライバシー委員会も設置した。著者によるドゥーガンのインタビューより。
36 著者によるリーのインタビューより。
37 Kilcullen, *Counterinsurgency*, 60.
38 著者によるドゥーガンのインタビューより。
39 著者によるリーのインタビューより。
40 著者によるドゥーガンのインタビューより。
41 Statement by Regina E. Dugan, director, Defense Advanced Research Projects Agency, Submitted to the Subcommittee on Emerging Threats and Capabilities, U.S. House of Representatives, March 1, 2011.
42 Noah Shachtman, "Inside DARPA's Secret Afghan Spy Machine," *Wired News*, July 21, 2011.
43 同上。
44 著者によるショーン・ゴーマンのインタビューより。
45 Brian Calvert, "The Merry Pranksters Who Hacked the Afghan War," *Pacific Standard*,

## 第19章　ヴォルデモートの復活

1　著者による匿名科学者のインタビューより。
2　Kaplan, *Insurgents*, 17.
3　ペトレイアスが読んだ本は、カプランによるとGalula, *Counterinsurgency: Theory and Practice*であり、アジャイル計画の一環ではなかった。しかし、彼のより充実した著書*Pacification in Algeria, 1956–1958*はDARPAの支援によって記された。彼の記述は、ARPA後援の1962年の対反乱作戦会議からも大きな影響を受けた。Ann Marlow, *David Galula: His Life and Intellectual Context*（Carlisle, Pa.: Strategic Studies Institute, 2010）, 7–9, 48.
4　Greg Jaffe, review of *The Insurgents*, by Fred Kaplan, and *My Share of the Task*, by Stanley A. McChrystal, *Washington Post*, Jan. 6, 2013.
5　ドゥーガンは「威風堂々としていてスタイリッシュ。ふさふさの黒髪に鋭い眼光。ジーンズ、革のジャケット、スカーフといったファッションを好む」と評された。Miguel Helft, "Google Goes DARPA," *Fortune*, Aug. 14, 2014.
6　Noah Shachtman and Spencer Ackerman, "DARPA Chief Owns Stock in DARPA Contractor," *Wired News*, March 7, 2011.
7　Statement by Dr. Regina E. Dugan, director, Defense Advanced Research Projects Agency, Submitted to the Subcommittee on Emerging Threats and Capabilities, U.S. House of Representatives, March 1, 2011. 皮肉にも、ドゥーガンは惑星旅行を目指すDARPAの気まぐれなプロジェクト「100年宇宙船」は支持した。
8　著者によるリーのインタビューより。この見解は著者によるほかのインタビューでも表明されている。
9　同上。
10　同上。
11　同上。
12　著者によるドゥーガンのインタビューより。
13　"Transcript: Bob Woodward Talks to ABC's Diane Sawyer About 'Obama's Wars,'" *ABC News*, Sept. 27, 2010.
14　Siobhan Gorman, Adam Entous, and Andrew Dowell, "Technology Emboldened the NSA: Advances in Computer, Software Paved Way for Government's Data Dragnet," *Wall Street Journal*, June 9, 2013.
15　ベン・イアノッタによるルスタンのインタビューより。Ben Iannotta, "Change Agent," *Defense News*, Oct. 8, 2010.
16　著者によるリーのインタビューより。
17　同上。
18　Andy Greenberg, "Mining Human Behavior at MIT," *Forbes*, Aug. 12, 2010.
19　著者によるペントランドのインタビューより。

48 Cynthia L. Webb, "Someone to Watch Over Us," *Washington Post*, Nov. 21, 2002.

49 *Department of Defense Fiscal Year（FY）2005 Budget Estimates February 2004, Research, Development, Test, and Evaluation, Defense-Wide*, vol. 1, *Defense Advanced Research Projects Agency*. DARPAの予算はペンタゴン全体の予算と関連していたので、軍の予算がテロとの戦いによって増加しはじめると、DARPAもその追い風に乗った。

50 ドナルド・ラムズフェルドの政府時代の書簡のオンライン・アーカイブ「ラムズフェルド・ライブラリー」には、DARPAの話はほとんど登場しない。

51 人類学者をイラクやアフガニスタンに派遣するペンタゴンの9/11以降のプログラム「ヒューマン・テレイン・システム」は、DARPAのベトナム戦争時代の活動を彷彿とさせるが、なんの関係もない。このプログラムを考案したモンゴメリー・マクフェイトは、DARPAがこの活動に関与しなかった理由を問われるとこう答えた。「ご存知のとおり、DARPAは独特の組織文化を持ち、トニー・テザー局長時代は社会科学にかなり否定的だった。DARPAはプログラム・マネジャーのボブ・ポップのもと、政治不安の予測モデルを開発する"紛争前の予測および形成"という名の社会科学プログラムを運営していた。トニー・テザーはあまり支持しているとはいえなかった」。著者によるマクフェイトとの書簡のやり取りより。

52 DARPATech 2004でのトニー・テザーのスピーチより。

53 "Transforming the Defense Industrial Base: A Roadmap," Office of the Deputy Undersecretary of Defense, Industrial Policy, 2003, B-125.

54 著者によるゼマックのインタビューより。

55 同上。

56 Kevin Geib and Laurie Marshall, "Voice Recognition Evaluation Report"（prepared for Office of Science and Technology National Institute of Justice, Washington, D.C., Oct. 7, 2003）, 44.

57 James D. Walrath, "Phraselator Questionnaire Responses, Army Research Laboratory," ARL-TN-0350, May 2009.

58 イラクの戦争が本格的な反乱へと変わり、道路際の爆弾が米軍の最大の死因になったとき、DARPAは即席爆発装置の問題を解決するうえで「大きな役割を果たせる可能性はあったが、果たすことはなかった」とDARPA元副局長のロバート・ムーアは主張した。代わりに、陸軍は独自のチーム「緊急装備部隊」を結成し、のちに国防長官室は爆弾対策専門の組織「統合即席爆発装置対策組織」を設立した。著者によるムーアとのメールのやり取りより。

59 Michael Chorost, "A True Bionic Limb Remains Far Out of Reach," *Wired*, March 20, 2012.

60 Statement by Tony Tether, director, Defense Advanced Research Projects Agency, Submitted to the Subcommittee on Terrorism, Unconventional Threats, and Capabilities, House Armed Services Committee, U.S. House of Representatives, March 13, 2008.

栄えのよいマーケティング動画を制作するようになっている。

24 著者によるゲヴィンスのインタビューより。

25 同上。

26 M. L. Cummings, "Technology Impedances to Augmented Cognition," *Ergonomics in Design* 18, no. 2（Spring 2010）: 25.

27 著者によるカミングスのインタビューより。

28 同上。

29 著者によるヒューズのインタビューより。

30 著者によるカミングスのインタビューより。

31 おそらくDARPAの増強認知プログラムのもっとも奇妙な部分は、まったく同じ建物のなかで、マイケル・ゴールドブラットの防衛科学研究室が、実物のセンサーを脳に埋めこむというまったくアプローチの異なるブレイン＝コンピューター・インターフェイスの研究を後援していた点だろう。関連しているように思えるこのふたつのプログラムには、お互いにつながりや連携があったのだろうか？　ゴールドブラットはそう問われると、「ノーとだけ言っておく」と答えた。著者によるゴールドブラットのインタビューより。

32 Roland, *Strategic Computing*, 226.

33 Pollack, "Pentagon Wanted a Smart Truck."

34 Roland, *Strategic Computing*, 230.

35 著者によるジャッケルのインタビューより。

36 Section 220 of the Defense Authorization Act for Fiscal Year 2001（H.R. 4205/P.L. 106-398）, Oct. 30, 2000.

37 著者によるジャッケルのインタビューより。

38 ウィリアムズおよびジェラードによるテザーのインタビューより。

39 著者によるジャッケルのインタビューより。スランはグランド・チャレンジに専念するため、第一段階をもってLAGRプログラムを脱退した。

40 Burkhard Bilger, "Auto Correct: Has the Self-Driving Car at Last Arrived?," *New Yorker*, Nov. 25, 2013.

41 Lee Gomes, "Team of Amateurs Cuts Ahead of Experts in Computer-Car Race," *Wall Street Journal*, Oct. 19, 2005.

42 ウィリアムズおよびジェラードによるテザーのインタビューより。

43 カーネギーメロン大学はLAGR用車両を開発し、スタンフォード大学のスランは助成を受けた研究チームのメンバーだった。

44 著者によるジャッケルのインタビューより。

45 Michael Belfiore, "Slow-Motion Train Wreck at Auto-Bot Race," *Wired News*, March 3, 2007.

46 Gerry J. Gilmore, "Research Agency Showcases Robot-Driven Vehicles at Pentagon," American Forces Press Service, April 11, 2008.

47 ウィリアムズおよびジェラードによるテザーのインタビューより。

March 26, 2004.

6 ウィリアムズおよびジェラードによるテザーのインタビューより。

7 同上。インタビュー中、テザーは12回も「おやまあ」と言った。

8 同上。『*New York Times*』の論説から議論が始まったことを考えると、全情報認知プログラムをめぐるプライバシー問題の発端が戦争の現実を理解できない西海岸のリベラルたちだけだというテザーの見解には同意しがたい。

9 科学的または技術的な功績に懸賞金を支払うという考えは新しいものではない。18世紀のイギリス政府は、航海に役立つ経度の測定法を考案した人物に懸賞金を贈呈すると発表。懸賞金を受け取ったひとりが、クロノメーターを開発したジョン・ハリソンだった。ただし、アメリカ政府にかぎっていえば懸賞金の前例はなかった。

10 著者によるダンのインタビューより。

11 ウィリアムズおよびジェラードによるテザーのインタビューより。

12 同上。

13 Joseph Hooper, "From DARPA Grand Challenge 2004: DARPA's Debacle in the Desert," *Popular Science*, April 6, 2004.

14 ウィリアムズおよびジェラードによるテザーのインタビューより。

15 John Markoff, "Pentagon Redirects Its Research Dollars," *New York Times*, April 2, 2005.

16 U.S. House, *The Future of Computer Science Research in the U.S.*, 41.

17 もともと物理学者が大半だったジェイソン・グループは、次第に多様化し、生物学、化学、コンピューター科学といった学問分野のメンバーを加えていった。ところが、若いメンバーは年輩のメンバーと比べて忙しいことが多く、あまり目立たなかったため、ジェイソン・グループは国防総省にとって興味のある分野とかけ離れた年寄りグループというイメージがついた。それでも聡明というイメージは残っていたが、傲慢との印象もあった。

18 著者によるフェルナンデスのインタビューより。

19 著者によるホービッツのインタビューより。

20 ローレンスは退職パーティでテザーと出くわした。彼がバイオサイバネティクスの話題を持ち出すと、テザーは彼の話に驚き、DARPAに来てそのプログラムについて話してほしいと頼んだ。「あとでDARPAを訪れると、私を侮辱するような反応が待ち受けていた」とローレンスは話す。「まるで私が裏口から忍びこもうとしている業者か何かとでもいわんばかりに、"ドクター・テザーはあなたになんと言ったのか？　それはどういう意味で？　どれくらい前のこと？　テザーは今忙しい"と言われた」。著者によるローレンスのインタビューより。

21 著者によるドンチンのインタビューより。

22 著者によるメアリー・カミングスのインタビューより。

23 冷戦時代、軍は実際の実験の映像や堅苦しい軍士官のナレーション入りで、野心的なプロジェクトの情報映画を制作することがよくあった。近年では、DARPAや軍は専門のPR会社に依頼し、本物の役者、アニメーション、特殊効果を使った見

60 著者によるポインデクスターのインタビューより。

61 ポインデクスターの全情報認知プログラムの皮肉な点は、彼自身が初期の電子通信から収集された証拠に基づいて罪に問われた最初の人々のひとりだったという事実だ。1986年11月にイラン・コントラ事件の捜査が始まると、ポインデクスターは5000件以上の電子的メッセージを削除した。しかし、メッセージは2週間分のバックアップ・システムから回収され、彼の裁判で重要な証拠となった。Lawrence E. Walsh, *Final Report of the Independent Counsel for Iran/Contra Matters*, vol. 1, *Investigations and Prosecutions*（Washington, D.C.: Government Printing Office, 1993）を参照。

62 著者によるポインデクスターとの書簡のやり取りより。

63 著者によるポインデクスターのインタビューより。NSAへの移管については、Harris, *Watchers*, 246でも詳述されている。

64 Safire, "You Are a Suspect."

65 著者によるポインデクスターのインタビューより。

66 ポインデクスターの影響を定量的に述べるのは難しいが、もっとも見事に表現しているのがハリスだ。彼は、現代のデータ収集システムを開拓した人々にとって、ポインデクスターが「哲学的な重力源」だったと評している。Harris, *Watchers*, 363.

67 著者によるアフターグッドとの書簡のやり取りより。

68 著者によるゴールドブラットのインタビューより。

69 Garreau, *Radical Evolution*, 270.

70 ウィリアムズおよびジェラードによるテザーのインタビューより。テザーはインタビューで、ラムズフェルドは決まってギングリッチのような仲介者を通して話をしてきたと語っている。全般的にラムズフェルドがDARPAに興味を抱いていなかったことは、彼の政府時代の文書のオンライン・アーカイブに資料が少ないことからもわかる。ラムズフェルドの1期目の国防長官時代に少しだけDARPAの局長を務めていたジョージ・ハイルマイヤーも似たような見解を示している。

71 ウィリアムズおよびジェラードによるテザーのインタビューより。

72 9/11以降、DARPAは戦地に派遣された部隊を支援する一連の緊急対応プロジェクトに資金を提供したが、そのほとんどは狙撃手探知システムなどの戦術技術だった。

## 第18章　空想世界

1 DARPA広報を通じた著者によるテザーの2007年のインタビューより。

2 DARPATech 2002でのテザーのスピーチより。

3 DARPATech 2004でのトニー・テザーの開会スピーチより。

4 このアイデアを考案したDARPAプログラム・マネジャーのミッチェル・ザーキンは、「われわれは建物の階段をすべり落ちる敵を想像した」と話した。テザーはすぐに承認したという。著者によるザーキンのインタビューより。

5 Sharon Weinberger, "Scary Things Come in Small Packages," *Washington Post Magazine*,

*Times*, Feb. 13, 2002.

35 著者によるポインデクスターのインタビューより。

36 Harris, *Watchers*, 197.

37 著者によるルカジクのインタビューより。

38 著者によるポインデクスターおよびルカジクのインタビューより。

39 *Surveillance Technology: Joint Hearings Before the Subcommittee on Constitutional Rights of the Committee on the Judiciary and the Special Subcommittee on Science, Technology, and Commerce of the Committee on Commerce*, 5に引用がある。

40 著者によるエリック・ホービッツのインタビューより。

41 2002年まで、DARPAがジェイソンの予算の大部分を提供していた。ジェイソン・グループは独立しており、ほかの機関と研究を行なうこともできたが、ISATはDARPAが運営しており、DARPAとのみ仕事を行なう。

42 著者によるホービッツのインタビューより。

43 ホービッツのコンセプトは実際にはパノプティコン（全展望監視システム）に近いのだが、画像の混乱や歪みを示唆する「鏡の広間」という表現のほうが、プライバシー問題に対する誤解を表わすのにちょうどいいともいえる。

44 著者によるポインデクスターのインタビューより。

45 同上。

46 同上。

47 著者によるローテンバーグとの書簡のやり取りより。

48 Harris, *Watchers*, 176.

49 同217.

50 DARPATech 2002でのトニー・テザーの基調演説より。

51 DARPATech 2002でのポインデクスターのスピーチより。DARPAのウェブサイトからは削除されているが、米国科学者連盟のウェブサイトなど、ウェブ上の複数の場所にアーカイブされている。

52 Scott Burnell, "DARPA to Fund All-Terrain Robot Race," UPI, Aug. 2, 2002.

53 John Markoff, "Pentagon Plans a Computer System That Would Peek at Personal Data of Americans," *New York Times*, Nov. 9, 2002.

54 William Safire, "You Are a Suspect," *New York Times*, Nov. 14, 2002.

55 国防作家団体（Defense Writers Group）による2003年10月22日のテザーのインタビューより。

56 著者によるポインデクスターのインタビューより。

57 ポインデクスターによると、このプログラムのもうひとつの側面は、政府職員が使えるお金以外のなんらかの報酬を見つけることだった（政府職員が現金を用いるのは許されないと考えられていたため）。著者によるポインデクスターとの書簡のやり取りより。

58 Robin Hanson, The Policy Analysis Market（and FutureMAP）Archive, mason.gmu.edu.

59 "Amid Furor, Pentagon Kills Terrorism Futures Market," CNN.com, July 30, 2003.

なっていたオーローラは、動かそうと考えただけでカーソルとロボットアームを操作しつづけた。

10 Noah Shachtman, "Be More Than You Can Be," *Wired*, March 2007.

11 同上。ウィリアムズおよびジェラードによるテザーのインタビューより。

12 *9/11 Commission Report*, 266–73.

13 同396.

14 ウィリアムズおよびジェラードによるテザーのインタビューより。

15 2011年9月11日、著者がペンタゴンで個人的に観察した様子より。

16 著者によるジョン・ポインデクスターのインタビューより。Harris, *Watchers*, 93にも詳細がある。

17 著者によるポインデクスターのインタビューより。

18 同上。ポインデクスターの記憶によると、同室の予算は2002年が7500万ドル、2003年が1億5000万ドル。

19 ウィリアムズおよびジェラードによるテザーのインタビューより。

20 著者によるポインデクスターのインタビューより。

21 同上。

22 David Johnston, "Poindexter Is Found Guilty of All 5 Criminal Charges for Iran-Contra Cover-Up," *New York Times*, April 8, 1990.

23 Harris, *Watchers*, 20–24.

24 ペンタゴンで人数が急増していたSETA契約者は、下は行政的支援から上は技術的助言まであらゆるサービスを提供する。ポインデクスターの場合もそうだった。

25 著者によるポインデクスターのインタビューより。

26 同上。

27 同上。

28 同上。

29 ポインデクスターは著者によるインタビューで、彼が提案していたのはあくまでも「パターン分析」であり、悪い意味合いを持つようになった「データマイニング」ではないと主張した。しかし、ポインデクスター自身のものも含めて当時の説明資料を見るとデータマイニングとなっている。よって、ここではデータマイニングという言葉を使うのがよさそうだ。

30 著者によるポインデクスターのインタビューより。

31 From Poindexter, "A Manhattan Project for Combating Terrorism," Oct. 2001. 著者はポインデクスターよりこのプレゼンテーションのコピーを提供された。

32 著者によるポインデクスターのインタビューより。シャーキーがDARPAに戻りたがらなかったという件については、O'Harrow, *No Place to Hide*, 183（邦訳：ロバート・オハロー『プロファイリング・ビジネス』中谷和男訳、日経BP社、2005、271ページ）にも記述がある。

33 Belfiore, *Department of Mad Scientists*, 192.

34 John Markoff, "Chief Takes Over New Agency to Thwart Attacks on U.S.," *New York*

57　"Warbreaker Tabbed for About $600 Million in FY '94–99," *Defense Daily*, Oct. 6, 1992, 28.

58　著者によるコスビーのインタビューより。

59　Harris, *Watchers*, 179.

60　Tom Armour, "Asymmetric Threat Initiative."（2000年9月8日のDARPATech 2000でのプレゼンテーション）

61　著者によるフランク・フェルナンデスのインタビューより。

## 第17章　バニラワールド

1　ウィリアムズおよびジェラードによるテザーのインタビューより。

2　同上。

3　再飛行は2年後だったが、その時点でDARPAはダークスターを空軍に譲り渡そうとしていた。1999年、ペンタゴンはダークスター計画を中止。「設計に難があったと言っておこう」とDARPA元局長のゲアリー・デンマンは話した。著者によるデンマンのインタビューより。

4　ウィリアムズおよびジェラードによるテザーのインタビューより。

5　同上。

6　著者によるゴールドブラットのインタビューより。

7　同上。ゴールドブラットが人間の増強に興味を持ったのは、個人的な理由からだった。彼の娘は、発達中の脳の損傷によって引き起こされる脳性麻痺を患っていたのだが、彼はハーバード大学医学大学院の友人に治療法はないと言われて憤激していたのだ。

8　DARPAのブレイン＝コンピューター・インターフェイスは『ファイヤーフォックス』などのSFに刺激を受けたと考えられてるが、実際には『ファイヤーフォックス』が1970年代のDARPAのプログラムに刺激を受けた可能性のほうが高い（小説『ファイヤフォックス』が刊行されたのは1977年で、ペンタゴンの機密ステルス機の噂が報道機関にリークした少しあとだった。また、ジョージ・ローレンスのバイオサイバネティクス・プログラムと「思考で操る兵器」という概念が広まりはじめた時期とも重なる）。

9　Nicolelis, *Beyond Boundaries*（邦訳：ミゲル・ニコレリス『越境する脳』鍛原多恵子訳、早川書房、2011）を参照。ゴールドブラットの部局はデューク大学の神経生物学者、ミゲル・ニコレリスに資金を提供していた。彼はテレビゲームが大好きな「オーロラ」という名前のサルの脳に電極を埋めこんだ。2003年、ニコレリスのチームは、ジュースをご褒美にして、オーロラに自分の腕を動かそうと思っただけでロボットアームを動かさせることに成功したと発表した。オーロラはジョイスティックを用いてコンピューター画面上のカーソルや別の部屋のロボットアームを操作するよう訓練を受けた。しばらくしてジョイスティックを取り上げられると、すっかりジョイスティックとカーソルの動きを関連づけられるように

30 Richard Dunn, "A History of the Defense Advanced Research Projects Agency," 2000, unpublished history. Courtesy of Richard Dunn.
31 *Defense Daily*, April 26, 1990, 150.
32 ウィリアムズおよびジェラードによるフィールズのインタビューより。
33 John Ronald Fox, *Defense Acquisition Reform, 1960–2009: An Elusive Goal*（Washington, D.C.: Government Printing Office, 2012）, 140.
34 Herzfeld, *Life at Full Speed*, 231.
35 この作戦については数々の見事な記述がある。Richard Mackenzie, "Apache Attack," *Air Force Magazine*, Oct. 1991.
36 著者によるマクブライドのインタビューより。
37 同上。
38 James P. Coyne, "A Strike by Stealth," *Air Force Magazine*, March 1992.
39 Paul Eng, "High-Tech Radar Plane for Gulf Ground War," *ABC News*, March 20, 2003.
40 Peter Grier, "Joint STARS Does Its Stuff," *Air Force Magazine*, June 1991.
41 著者によるレイスのインタビューより。
42 著者によるマクブライドのインタビューより。
43 著者によるレイスのインタビューより。
44 著者によるソープのインタビューより。
45 同上。
46 同上。
47 著者によるレイスのインタビューより。
48 同上。
49 SIMNETがオンラインゲームにどれくらい貢献したかについては議論の余地がある。SIMNETとオンラインゲームの技術は並行して開発されていたからだ。たとえば、シアトルのソフトウェア会社「Rtime」は、SIMNETの研究に基づいて分散ゲーム技術の特許を取得した。Teresa Riordan, "Patents: A Dangerous Monopoly?," *New York Times*, Feb. 1, 1999.
50 『*Wired*』誌はふたつの記事でSIMNETとジャック・ソープの特集を組んだ。そのひとつは創刊第2号だった。Bruce Sterling, "War Is Virtual Hell," *Wired*, March/April 1993; Frank Hapgood, "SIMNET," *Wired*, April 1997.
51 マクレガーは73イースティングの戦いでの勝利は技術ではなく人間への投資の結果だと述べている。特に、ドイツでの実弾演習やサウジアラビアでの7週間の集中的な訓練を要因に挙げた。著者によるマクレガーとの書簡のやり取りより。
52 著者によるゴーマンのインタビューより。
53 著者によるマクブライドのインタビューより。
54 "DARPA chief spells out new initiatives," *Defense Daily*, March 20, 1992, 475.
55 Neyland, *Virtual Combat*, 58–59. また、Denise Okuda, quoted in "High Tech Comes to Life," *Science Friday*, NPR, Aug. 27, 2010も参照。
56 著者によるマーフィーのインタビューより。

9　ウィリアムズおよびジェラードによるフィールズのインタビューより。
10　ローランドによるクーパーのインタビューより。
11　このプログラムの責任者は著名な未来学者、ハーマン・カーンのいとこにあたるロバート・カーンであり、ヴィントン・サーフと共同で現代インターネットの基礎となる通信プロトコルを開発した。彼はコンピューター科学に革命を起こす可能性のあるリックライダーの基礎研究のビジョンをよみがえらせるため、1979年にDARPAへと戻り、情報処理技術室の室長を務めた。
12　ローランドによるクーパーのインタビューより。
13　Roland, *Strategic Computing Initiative*, 283–84.
14　次期DARPA局長のレイ・コラデイは、彼の就任時点ですでに弱体化していた戦略コンピューティング・イニシアティブとほとんどかかわりがなかったものの、「大成功」と評した。理由は不明。Andrew Pollack, "Pentagon Wanted a Smart Truck; What It Got Was Something Else," *New York Times*, May 30, 1989.
15　同上。驚くべくもなく、1983年にクーパーが議会の支持を得るために吹聴した日本の脅威というのも、結局は幻想にすぎなかった。
16　Figures from U.S. Census Bureau, trade in goods with Japan, 1989, www.census.gov.
17　James Fallows, "Containing Japan," *Atlantic Monthly*, May 1989.
18　コンソーシアムの会費とDARPAからのおよそ5億ドルにもおよぶ資金提供を財源としていたセマテックは、アメリカのチップ製造基盤を救ったとされる。
19　Andrew Pollack, "America's Answer to Japan's MITI," *New York Times*, March 5, 1989.
20　しかし、統計からは彼の見解は裏づけられないという批判もあった。消費者家電市場はアメリカの半導体生産高のほんの一部（一部報告によると5パーセント）しか占めておらず、HDTVにいたってはわずか1パーセントだった。より楽観的な予測を前提にしても、ペンタゴンによる消費者市場の助成が本当に半導体産業を押し上げるとは考えづらかった。Marc Busch, *Trade Warriors: States, Firms, and Strategic-Trade Policy in High-Technology Competition*（Cambridge, U.K.: Cambridge University Press, 2001）, 104.
21　著者によるコラデイのインタビューより。
22　George Whitesides, "Gallium Arsenide: Key to Faster, Better Computing," *Scientist*, Oct. 31, 1988.
23　NASAは過去に「その他の取引の権限」を利用したことがあったが、ペンタゴンはなかった。著者によるダンのインタビューより。
24　同上。
25　同上。
26　国防総省のプレスリリース。
27　Andrew Pollack, "Pentagon Investment Made in Chip Company," *New York Times*, April 10, 1990, D1.
28　同上。
29　著者によるダンのインタビューより。

62 Larry Schweikart, "The Quest for the Orbital Jet: The National Aero-Space Plane Program (1983–1995)," *The Hypersonic Revolution: Case Studies in the History of Hypersonic Technology, Vol. 3* (Bolling Air Force Base, Washington, D.C.: Air Force History and Museums Program, 1998), 155.

63 アレックス・ローランドによるクーパーのインタビューより。

64 U.S. General Accounting Office, *National Aero-space Plane: Restructuring Future Research and Development Efforts.*

65 James A. Abrahamson and Henry F. Cooper, "What Did We Get for Our $30-Billion Investment in SDI/BMD?" (Washington, D.C.: National Institute for Public Policy, 1999).

66 Office of the Assistant Secretary of Defense (Comptroller), National Defense Budget Estimates FY1986, March 1985.

67 アトキンスによると、7人の乗組員全員が死亡した1986年1月28日のスペースシャトル「チャレンジャー」の事故がDARPAのステルス・ヘリコプター「Xウイング」に終止符を打ったのだという。事故のあと、NASAはリスクのある飛行テスト、ましてや機密の軍用機の隠れ蓑であるプロジェクトなどにかかわりたくなかったのだ。著者によるアトキンスのインタビューより。一方、レイ・コラデイはXウイングに空気力学的な欠陥があったと述べている。著者によるコラデイとの書簡のやり取りより。

## 第16章　バーチャル戦

1 冷戦時の軍事アナリストは戦車の数に執拗なこだわりを持っていた。この数字には異論もあったが、ワルシャワ条約機構が数という点で優位だったことはまちがいない。Jack Mendelsohn and Thomas Halverson, "The Conventional Balance: A TKO for NATO?" *Bulletin of the Atomic Scientists* 45, no. 2 (1989): 31.

2 著者によるソープのインタビューより。

3 Captain Jack Thorpe, "Future Views: Aircraft Training, 1980–2000," Air Force Office of Scientific Research (Sept. 15, 1978), Bolling Air Force Base, Washington, D.C.

4 著者によるソープのインタビューより。

5 John Rhea, "Planet SIMNET," *Air Force Magazine*, Aug. 1989.

6 U.S. Cong., Office of Technology Assessment, *Distributed Interactive Simulation of Combat* (Washington, D.C.: Government Printing Office, 1995).

7 フィールズのDARPA在籍期間の長さについては、批判がないわけではなかった。1970年代に情報処理技術室の室長を務めた科学者のアラン・ブルーは、フィールズの在籍期間の長さについて、「犯罪に等しい」と指摘した。ウィリアム・アスプレイによるブルーのインタビューより。Charles Babbage Institute.

8 Michael Schrage, "Will Craig Fields Take Technology to the Marketplace via Washington?," *Washington Post*, Dec. 11, 1992, D3.

29 同上。
30 同上。
31 同上。
32 アトキンスによると、ひとつ学んだのは硬いブレードの重要性だった。ブレードのスラップ音は存在を知らせる決定的な情報になるからだ。同上。
33 同上。
34 同上。ロシアの前進翼機スホーイSu-37も同じく試作機の段階を出なかった。
35 著者によるテグネリアのインタビューより。
36 著者によるアトキンスのインタビューより。
37 同上。
38 John Cushman Jr., "In Budget War, Some Fall Amid Din and Others Go in Silence," *New York Times*, Feb. 24, 1988.
39 同上。著者によるアトキンスのインタビューより。
40 同上。
41 著者によるトニー・デュポンのインタビューより。
42 Heppenheimer, *Facing the Heat Barrier*, 215.
43 同上。
44 さかのぼること1958年、機動式回収可能宇宙船（MRS-V）はDARPAが宇宙開発計画を手放したことにより、コンセプトの段階で終了した。同時期、空軍のX-20ダイナソアも最終的に中止となった。
45 David Schneider, "A Burning Question," *American Scientist*, Nov.–Dec. 2002.
46 著者によるトニー・デュポンのインタビューより。
47 同上。
48 同上。
49 同上。
50 U.S. House, *Department of Defense Authorization of Appropriations for Fiscal Year 1986*, 661.
51 同上。
52 Heppenheimer, *Facing the Heat Barrier*, 217.
53 同218.
54 ウィリアムズおよびジェラードによるコラデイのインタビューより。
55 Ronald Reagan, State of the Union address, Feb. 4, 1986.
56 著者によるキャロル・デュポンのインタビューより。
57 著者によるアトキンスのインタビューより。
58 著者によるトニー・デュポンのインタビューより。この出来事は国家航空宇宙機のいくつかの歴史でも裏づけられている。
59 U.S. General Accounting Office, *National Aero-space Plane: Restructuring Future Research and Development Efforts*（Washington, D.C.: USGAO, 1992）.
60 著者によるトニー・デュポンのインタビューより。
61 Heppenheimer, *Facing the Heat Barrier*, 219.

9 テラーの計画は、レーガンが発表前の数週間から数カ月間にかけて受け取ったアイデアのひとつだった。FitzGerald, *Way Out There in the Blue*, 206.

10 ローランドによるクーパーのインタビューより。

11 FitzGerald, *Way Out There in the Blue*, 142–43.

12 ローランドによるクーパーのインタビューより。

13 ウィリアムズおよびジェラードによるクーパーのインタビューより。

14 著者によるカーンのインタビューより。

15 指向性エネルギー室の面々の見方を説明するため、カーンは朝食のハムエッグについて話しあう「ニワトリとブタ」の寓話を引きあいに出した。「ニワトリは卵を産むだけだが、身を削るのはブタだ」とカーン。「指向性エネルギー室は身を削っていた。いずれにしてもプログラムに参加することになる。彼らの技術だからね。彼らはいわばブタの側だった」。同上。

16 おそらく、クーパーがウェストバージニア州で会議を開いたのは、どちらかというと情報収集のためだったのだろう。クーパー局長時代のDARPA副局長で、のちに局長までのぼり詰めたラリー・リンは、「室長たちがARPAを民主的な組織だと考えていたとすれば、それは議論が闊達だったからであって、投票で物事を決めていたからではない」と述べた。著者によるリンとの書簡のやり取りより。

17 ウィリアムズおよびジェラードによるクーパーのインタビューより。

18 General Accounting Office, *Aquila Remotely Piloted Vehicle: Recent Developments and Alternatives*（Washington, D.C.: General Accounting Office, 1986）.

19 イスラエル空軍のウェブサイトhttp://www.iaf.org.il/4968-33518-en/IAF.aspxより。

20 著者によるアトキンスのインタビューより。

21 Van Atta and Lippitz, *Transformation and Transition*, vol. 2. DARPA職員は「ティール・レイン」プログラムのもとで開発された具体的な航空機についてはいまだ触れようとしないが、ふたりの職員が目的はU-2やSR-71といった航空機を最終的に置き換えることだったと述べた。

22 有人機プログラムと同様、一部の公開プロジェクトは実は機密プロジェクトの隠れ蓑だった。たとえば、DARPAはボーイング製の巨大無人機「コンドル」の開発を公然と支援した。コンドルは高高度飛行、長時間滞空が可能な航空機で、翼幅はボーイング747に匹敵する60メートル級だ。しかし、製造された試作機は1機のみ。この航空機は中止された機密の軍事計画の隠れ蓑だったと思われる。

23 Richard Whittle, "The Man Who Invented the Predator," *Air & Space Magazine*, April 2013.

24 同上。

25 著者によるチャック・ヒーバーのインタビューより。

26 著者によるアトキンスのインタビューより。

27 Whittle, *Predator*, 310.（邦訳：リチャード・ウィッテル『無人暗殺機　ドローンの誕生』赤根洋子訳、文藝春秋、2015、392ページ）

28 著者によるアトキンスのインタビューより。

手にロッキードと契約するはずがないだろう。

38 著者によるカリーのインタビューより。ジョーンズへのオファーは一種のはったりだった。カリーはどちらにせよ国防長官肝いりのプロジェクトであるF-16を支持しただろうと話した。

39 この会話は、ハイルマイヤー、ムーア、カリー、マイヤーズとのインタビューおよび書簡のやり取りに基づいて再現した。「母性」という言葉はStevenson, *$5 Billion Misunderstanding*, 21にあるマイヤーズの発言より。

40 著者によるハイルマイヤーのインタビューより。

41 著者によるブラウンのインタビューより。

42 Aronstein and Piccirillo, *Have Blue and the F-117A*, 9.

43 著者によるブラウンのインタビューより。ユフィンチェフのステルス技術への貢献度については今でも論争が続いている。オーバーホルザーは、ユフィンチェフの理論はハブ・ブルーの初期設計の完成後に「エコー」コンピューター・プログラムに組みこまれたと話している。Aronstein and Piccirillo, *Have Blue and the F-117A*, 72. しかし少なくとも、ユフィンチェフの理論が早くも1974年か1975年にはオーバーホルザーの考えに影響を与えていたことは確かだ。Stevenson, *$5 Billion Misunderstanding*, 17も参照。

44 著者によるブラウンのインタビューより。

45 Stevenson, *$5 Billion Misunderstanding*, 22.

46 著者によるハイルマイヤーのインタビューより。

47 同上。

48 著者によるブラウンのインタビューより。

49 著者によるマイヤーズのインタビューより。

50 Secretary of Defense Harold Brown, "Statement on Stealth Technology," Defense Department News Conference, Washington, D.C., Aug. 22, 1980.

51 著者によるテグネリアのインタビューより。

## 第15章　極秘飛行機

1 Ronald Reagan, VFW Convention, Chicago, Aug. 18, 1980.

2 アレックス・ローランドによるクーパーのインタビューより。

3 同上。

4 同上。

5 戦略防衛構想について発表するロナルド・レーガンの1983年3月23日のテレビ演説より。

6 FitzGerald, *Way Out There in the Blue*, 15.

7 Beason, *E-Bomb*, 97.

8 Hans Mark, "The Airborne Laser from Theory to Reality: An Insider's Account," *Defense Horizons*, April 2002, 2.

カジクは、1975年冒頭にみずから辞職し、その数カ月後にハイルマイヤーが後任についた。著者によるルカジクのインタビューより。

23 著者によるハイルマイヤーのインタビューより。

24 「ARPA指令は情報源として役立たない。あれは頭のいい人間がバカな人間、つまり書類にサインする官僚たちをだますため、あるいは疑いを持たれないようにするためだけに書くものだ」とルカジク。「見え透いたセールストークだよ」。著者によるルカジクのインタビューより。

25 著者によるハイルマイヤーのインタビューより。

26 アスプレイによるハイルマイヤーのインタビューより。Charles Babbage Institute.

27 新局長の就任直後、リックライダーはハイルマイヤーとの会話をまとめ、「われわれはARPAと情報処理技術室の歴史の分岐点にいると思う」と記した。J. C. R. Licklider to Allen Newell, e-mail, "Subject: Request for Advice," April 1, 1975, Carnegie Mellon University Libraries Digital Collections.

28 著者によるハイルマイヤーのインタビューより。ハイルマイヤーの問答集にはいくつかの言い回しがあるが、いずれもこの7つの疑問を言い換えたものである。ここに掲載したのは、著者によるハイルマイヤーのインタビューをそのまま文字起こししたもの。

29 ウィリアムズおよびジェラードによるハイルマイヤーのインタビューより。

30 著者によるムーアとの書簡のやり取りより。

31 著者によるムーアのインタビューより。ステルスという概念をめぐる混乱はその名前にも見られた。ステルス機の初期の研究を「ハーヴェイ」と呼んでいる記述もあるが、DARPAはハーヴェイという名称を正式にはいっさい使用しなかったようだ。マイヤーズはDARPAがハーヴェイの研究を行なうものと信じていたが、当のDARPAは最初から別の方向へ進んでいた。

32 著者によるカリーのインタビューより。

33 Stevenson, *$5 Billion Misunderstanding*, 19.

34 Rich and Janos, *Skunk Works*, 23.（邦訳：ベン・R・リッチ『ステルス戦闘機：スカンク・ワークスの秘密』増田興司訳、講談社、1997、51ページより引用）ステルス機の開発競争の初期段階についてのリッチの記述には、時系列的な事実に一部間違いがあるため、彼が最初に誰からステルス機の開発競争に関する話を聞いたのかは釈然としない。このDARPAの研究プログラムはその時点では機密扱いではなかったので、複数の情報源から噂が漏れていた可能性が高い。

35 同23.（邦訳：同52ページより引用）

36 同24.（邦訳：同55ページ）

37 著者によるアトキンスのインタビューより。リッチは著書『ステルス戦闘機』のなかで、1ドル・オファーを出したのはジョージ・ハイルマイヤーであり、しかも彼は断ったのだと述べている。おそらく、どの説明にもある程度の真実はあるだろう。ハイルマイヤーがプログラムの責任者であるパーコに相談もなくロッキードに契約を打診するわけがないし、パーコもまたハイルマイヤーの承認なしで勝

47　著者によるカリーのインタビューより。

## 第14章　見えない戦い

1　著者によるブラウンのインタビューより。

2　Johnson, *Kelly*, 122–23.

3　著者によるアレン・アトキンスのインタビューより。

4　同上。アラン・ブラウンの記憶もほぼ同じだが、彼は当局の表向きのストーリーがどういうものなのかは知らなかったし、病院職員になんと伝えられたのかは正確にはわからなかったという。ただ、職員が話を疑っていたことは確かなようだ。著者によるブラウンのインタビュー、および個人的な書簡のやり取りより。

5　UPI, "Crash of Plane Admitted, but Other Details Lacking," *Eugene Register-Guard*, May 12, 1978, 16C. 当時の報道機関はパイロットの名前を「パークス」と誤って報じた。

6　UPI, "Pentagon Plays Down Plane Crash," *Milwaukee Sentinel*, May 13, 1978, 2.

7　UPI, "Chief Stealth Fighter Pilot Tells of Initial Test Flights," *Lodi News-Sentinel*, Sept. 30, 1989, 5.

8　TR-1および高高度航空機というのはおそらく表向きのストーリーだったのだろう。UPI, "Did a Secret U.S. Spy Plane Crash?," *Montreal Gazette*, May 13, 1978, 12.

9　"Stealth Airplane Lost in Nevada," *Flight International*, May 27, 1978, 1591.

10　著者によるテグネリアのインタビューより。

11　著者によるロバート・ムーアおよびチャック・マイヤーズとの書簡のやり取りより。出会った場所がDARPAなのかペンタゴンなのかに関して、ふたりの記憶に若干の食い違いがある。

12　著者によるマイヤーズとのメールのやり取りより。

13　正確な数と原因についてはいまだ論争中。ただし、戦闘機が失われた主な理由についてはおおむね見解が一致している。Simon Dunstan, *The Yom Kippur War: The Arab-Israeli War of 1973*（Oxford: Osprey, 2007）, 30.

14　著者によるマイヤーズとの書簡のやり取りより。

15　著者によるムーアおよびマイヤーズとの書簡のやり取りより。

16　著者によるムーアのインタビューより。

17　著者によるアトキンスのインタビューより。

18　同上。

19　著者によるムーアやアトキンスのインタビュー、マイヤーズとの書簡のやり取りに基づく。

20　ムーアはDARPAのある海軍将校との会話のあと、「ステルス」という単語を採用したのだという。また、彼はハーヴェイに関する自身の一部書類でも「ステルス」という単語を使用した。著者によるムーアのインタビューより。

21　Aronstein and Piccirillo, *Have Blue and the F-117A*, 26.

22　著者によるカリーのインタビューより。自分が切られるという話を聞きつけたル研究者ともかかわったにもかかわらず、彼は当時パンドラ計画について知らなかったと述べた。ただ、パンドラ計画は極秘だったので、この主張には信憑性がある。

21 "Request and Travel Authorization for TDY Travel of DoD Personnel," July 3, 1975, George H. Lawrence personal collection.

22 Donald Moss, ed., *Humanistic and Transpersonal Psychology: A Historical and Biographical Sourcebook*（Westport, Conn.: Greenwood, 1998）, xix.

23 Fields to Lawrence, March 21, 1970, Lawrence personal collection.

24 この結論はARPAの研究に基づいてローレンスが出したもので、1975年6月29日から7月3日にかけて開催されたストレスに関するNATOの会議で発表された。George Lawrence, "Use of Biofeedback for Performance Enhancement in Stress Environments," in *Stress and Anxiety*, vol. 3, ed. Irwin G. Sarason and Charles D. Spielberger（New York: Hemisphere/Wiley）, 1976.

25 同上。

26 "Boom Times on the Psychic Frontier," *Time*, March 4, 1974.

27 著者によるローレンスのインタビューより。

28 著者によるパソフとの書簡のやり取りより。

29 同上。

30 著者によるローレンスのインタビューより。

31 著者によるヴァン・デ・キャッスルのインタビューより。

32 同上。

33 この日の出来事について詳しくは、Hyman to Charles Anderson（president of SRI）, April 5, 1973, Lawrence personal collectionで述べられている。

34 "The Magician and the Think Tank," *Time*, March 12, 1973.

35 Hyman to Charles Anderson, Lawrence personal collection.

36 著者によるパソフとの書簡のやり取りより。

37 この日の出来事については、John L. Wilhelm, *Search for Superman*（New York: Pocket Books, 1976）でも述べられている。

38 著者によるローレンスのインタビューより。

39 著者によるルカジクのインタビューより。

40 Jacques Vidal, "Toward Direct Brain-Computer Communication," *Annual Review of Biophysics and Bioengineering* 2（June 1973）: 157–80.

41 John Hebert, "Man/Machine Interface Utilizes Human Brain Waves," *Computerworld*, June 28, 1976, S/2.

42 George Lawrence, "Biocybernetics: Program Plan," Lawrence personal collection.

43 George Lawrence, ARPA, Dec. 1975 program summary, Lawrence personal collection.

44 著者によるローレンスのインタビューより。

45 スタンフォード研究所から生まれた最終的なプロジェクトは、CIAではなく軍の諜報機関と国防情報局の手に渡った。

46 著者によるローレンスのインタビューより。

## 第13章　ウサギと魔女と司令室

1　Marshall Kilduff, "SDS to Hold Rally," *Stanford Daily*, Jan. 29, 1969, 1.

2　全容については、C. Stewart Gillmor, *Fred Terman at Stanford: Building a Discipline, a University, and Silicon Valley*（Stanford, Calif.: Stanford University Press, 2004）を参照。

3　Leonard Kleinrock, "The Day the Infant Internet Uttered Its First Words," www.lk.cs.ucla.edu.

4　ARPANET構築の根底にある複雑な動機について、見事に説明しているものとして、Stephen Lukasik, "Why ARPANET Was Built," *IEEE Annals of the History of Computing*, July–Sept. 2011, 4–21がある。

5　Waldrop, *Dream Machine*, 278.

6　University of Illinois Archives（RS41/66/969）from *A Byte of History: Computing at the University of Illinois* exhibit, March 1997.

7　Hafner and Lyon, *Where Wizards Stay Up Late*, 228–29.

8　U.S. House, *Department of Defense Appropriations for 1972*, 323.

9　著者によるルカジクのインタビューより。

10　同上。

11　Tim Weiner, "Sidney Gottlieb, 80, Dies; Took LSD to C.I.A.," *New York Times*, March 10, 1999.

12　Seymour Hersh, "Family Plans to Sue C.I.A. over Suicide in Drug Test," *New York Times*, July 10, 1975.

13　U.S. Cong., Select Committee on Intelligence, *Project MKULTRA, the CIA's Program of Research in Behavioral Modification: Joint Hearing Before the Select Committee on Intelligence and the Subcommittee on Health and Scientific Research of the Committee on Human Resources*, U.S. Senate, 95th Cong., 1st sess., Aug. 3, 1977（Washington, D.C.: Government Printing Office, 1977）.

14　著者によるルカジクのインタビューより。

15　同上。

16　Sheila Ostrander and Lynn Schroeder, *Psychic Discoveries Behind the Iron Curtain*（Englewood Cliffs, N.J.: Prentice-Hall, 1970）, 7.（邦訳：シーラ・オストランダー&リーン・スクロウダー『ソ連・東欧の超科学』照洲みのる訳、たま出版、1990、68ページ）

17　著者によるハル・パソフとの書簡のやり取りより。

18　著者によるルカジクのインタビューより。

19　著者によるヤングのインタビューより。

20　著者によるローレンスのインタビューより。ローレンスがウォルター・リード陸軍研究所、そしてARPAで働いていた時期は、パンドラ計画の行なわれていた時期と重なっていたし、のちにパンドラ計画の支援を受けたロス・エイディなどの

46 チャールズ・ハーツフェルドは回顧録*A Life at Full Speed*で、ARPAの先進センサー室が橋を破壊したレーザー誘導爆弾の開発にかかわったと述べている。しかし、この主張を裏づけるARPAや空軍の幹部、文書は皆無だ。ARPAがベトナム戦争中にレーザー誘導爆弾について研究したのはまちがいないが、入手可能な情報源からは、ARPAがこの作戦で使われた爆弾に直接関与したとはいえない。

47 ウィクナーはその割合が5割を超えていたと述べている。通常、死者数の統計は師団ごとに報告されるため、数値を裏づけるのは難しいが、地雷やブービートラップによる死者が5割をゆうに超える師団はまちがいなくあった。

48 著者によるウィクナーのインタビューより。

49 結局、総合技術評価局は廃止となり、アンドリュー・マーシャルを局長とする1973年設立の総合評価局に組みこまれた。

50 Lewis Sorley, ed., *Press On! Selected Works of General Donn A. Starry* (Fort Leavenworth, Kans.: Combat Studies Institute Press, 2009), 1:23.

51 Donn Starry, "Opening Remarks," in *China's Revolution in Doctrinal Affairs: Emerging Trends in the Operational Art of the Chinese Liberation Army*, ed. James Mulvenon and David Finkelstein (Alexandria, Va.: CNA, 2005), 374.

52 著者によるウィクナーのインタビューより。

53 同上。

54 同上。

55 著者によるルカジクのインタビューより。

56 Ghamari-Tabrizi, *Worlds of Herman Kahn*, 354.

57 ウォルステッターを伝記風に描いたものとしては、Abella, *Soldiers of Reason*を参照。

58 Albert Wohlstetter, "The Delicate Balance of Terror," *Foreign Affairs*, Jan. 1959.

59 研究には、ウォルステッターに加えて物理学者のジョセフ・ブラドックとドン・ヒックスもかかわっていた。ふたりは核政策についてペンタゴンにたびたび助言を行なっていた。

60 著者によるルカジクのインタビューより。

61 Defense Advanced Research Projects Agency, Defense Nuclear Agency, *Summary Report of the Long Range Research and Development Planning Program*, DNA-75-03055, Feb. 7, 1975. Declassified Dec. 31, 1983.

62 Van Atta and Lippitz, *Transformation and Transition, Vol. II*, IV-15.

63 アサルト・ブレイカーが本格始動しても、陸軍は戦術核兵器に見切りをつけたわけではなかった。1983年、陸軍がアサルト・ブレイカー・ミサイルに戦術核兵器を搭載しようとしていることが判明した。これでは、核兵器依存を減らすというこのシステムのそもそもの目的が破綻してしまう。『*The Washington Post*』紙は、「わざわざ両手を後ろで縛る必要はない」というある陸軍将校の言葉を掲載した。

64 著者によるウィクナーのインタビューより。

65 著者によるルカジクのインタビューより。

Archives, College Park.

25 Delavan P. Evans (director) to Chief, ARMISH/MAAG, memo, "Subject: Continuation of ARPA Effort with CREC," March 16, 1970, RG 330, National Archives, College Park.

26 Abbas Milani, *The Shah* (New York: Palgrave Macmillan, 2012), 36.

27 "Technical Program Plan Military Systems Analysis," rev. Aug. 26, 1970.

28 Large to Tachmindji, June 10, 1972, Project AGILE, RG 330, National Archives, College Park.

29 同上。

30 Tim Weiner, "Robert Komer, 78, Figure in Vietnam, Dies," *New York Times*, April 12, 2000.

31 著者によるプレクトのインタビューより。

32 "The Iranian Deals" (pt. 3 of the BAE Files), *Guardian*, June 8, 2007.

33 Harold C. Kinne, Memorandum for the Record, Aug. 19, 1972, Project AGILE, RG 59, National Archives, College Park.

34 John H. Rouse Jr. to Douglas Heck (minister-counselor, American embassy, Iran), Dec. 19, 1972, RG 59, National Archives, College Park.

35 著者とコーデスマンの電話での会話より。コーデスマンは彼の活動に関する機密解除された保管文書を送られたあとも、ノーコメントを貫いた。

36 著者によるカリーのインタビューより。

37 Dario Leone, "Thirty Minutes to Choose Your Fighter Jet: How the Shah of Iran Chose the F-14 Tomcat over the F-15 Eagle," *Aviationist*, Feb. 11, 2013.

38 Patricia Sullivan, "Robert Schwartz; Defense Official Was Hostage in Hijacking," *Washington Post*, June 18, 2007.

39 著者によるスタークのインタビューより。

40 Henry Precht, Memorandum, "Subject: ARPA," March 7, 1974, RG 59, National Archives, College Park.

41 J. G. Dunleavy, J. H. Ott, S. Goddard, and R. D. Minckler, "A Status Report on Equipment and Devices for Disposal of Improvised Explosive Devices in Urban Environments," sponsored by the Overseas Defense Research Office, Advanced Research Projects Agency, Sept. 1971, Project AGILE, RG 330, National Archives, College Park.

42 Sandra Erwin, "Technology Falls Short in the War Against IEDs," *National Defense*, Oct. 20, 2010.

43 著者によるルカジクのインタビューより。

44 戦術技術室には前身があった。数年前、ミサイル防衛研究がDARPAの手元を離れたとき、前局長が戦略技術室をつくった。ARPAの歴史によれば、その目的はレーザーや粒子ビームといった「常識破りな兵器のコンセプト」を生み出すことだった。予算7000万ドル弱の戦略技術室は、その前のディフェンダー計画と同様、当時のARPAの最大の予算を占めていた。

45 著者によるルカジクのインタビューより。

## 第12章　アジャイル計画の隠蔽

1　Huff and Sharp, *Advanced Research Projects Agency*, VI-7.

2　U.S. House, *Hearings Before a Subcommittee of the Committee on Appropriations, Department of Defense Appropriation for 1965*, 154.

3　著者によるルカジクのインタビューより。

4　著者によるルカジクとのメールのやり取りより。

5　Huff and Sharp, *Advanced Research Projects Agency*, IX-23.

6　「DARPA」のD（Defense＝国防）はARPAが国防分野への応用に乗り出すことを示すために追加されたという説がたびたび唱えられるが、それはまちがいだ。当時の職員へのインタビュー、ARPAの歴史、当時の記録はいずれも、行政上の変更であることを示している。

7　ルカジクによると、1975年にジョージ・ハイルマイヤーが局長に就任するまで、略称が「ARPA」に変わることはなかったという。著者によるルカジクのインタビューより。

8　Huff and Sharp, *Advanced Research Projects Agency*, I-1.

9　著者によるルカジクとのメールのやり取りより。

10　同上。

11　Thomas O'Toole, "'Walking' Truck Is Drafted by U.S. Army," *New York Times*, March 30, 1966, 22.

12　Huff and Sharp, *Advanced Research Projects Agency*, VI-42.

13　Bell Aerosystems, *Individual Mobility System*, undated pamphlet, Jet Belt, RG 330, National Archives, College Park.

14　Steve Lehto, *The Great American Jet Pack: The Quest for the Ultimate Individual Lift Device* (Chicago: Chicago Review, 2013), 91.

15　James R. Chiles, "Air America's Black Helicopter," *Air & Space Magazine*, March 2008.

16　著者によるルカジクとのメールのやり取りより。

17　著者によるルカジクのインタビューより。

18　2014年、ペンタゴンはイラク侵攻後に設立された爆弾対策組織「統合即席爆発装置対策組織」の名称を変更すると発表。これは組織排除の典型的な第一歩だ。

19　著者によるルカジクのインタビューより。

20　ウィリアムズおよびジェラードによるルカジクのインタビューより。

21　著者によるルカジクのインタビューより。

22　Lukasik to Secretary of Defense, memo, "Taking Stock," Dec. 26, 1972, Gerald R. Ford Library.

23　ARPA Research in Iran, April 26, 1970, Project AGILE, RG 330, National Archives, College Park.

24　October 1969 Summary for Ambassador MacArthur, Project AGILE, RG 330, National

40 ナイト・パンサーは昼夜利用可能なテレビカメラなどのセンサー、移動する標的を追跡するレーダー、レーザー目標指示装置を搭載していた。その後、ARPAはやはり先進センサー室が開発した係留気球を用いて、QH-50からの動画を中継する実験も行なった。ARPAは単独または軍との共同で、Desjez（Destroyer Jezebelの略）やBlow Low（機密の電気光学センサーを使用）といった名称の合計9種類のQH-50を開発した。Michael J. Hirschber, "To Boldly Go Where No Unmanned Aircraft Has Gone Before: A Half-Century of DARPA's Contributions to Unmanned Aircraft," *48th AIAA Aerospace Sciences Meeting Including the New Horizons Forum and Aerospace Exposition, 4–7 January 2010, Orlando, Florida*（American Institute of Aeronautics and Astronautics, 2010）.

41 Reed, Van Atta, and Deitchman, *DARPA Technical Accomplishments*, 1:17-1-2.

42 Huff and Sharp, *Advanced Research Projects Agency*, VIII-53.

43 Tietzel, "Summary of ARPA-ASO, TTO Aerial Platform Programs."

44 ナイト・ガゼルの正確な末路については不明だが、スティーヴン・ルカジクやピーター・パパダコスのインタビューによると、墜落したという線が濃厚だ。

45 著者によるルカジクのインタビューより。

46 Tietzel, "Summary of ARPA-ASO, TTO Aerial Platform Programs."

47 著者によるダイチマンのインタビューより。

48 ひとつ目はキャンプ・センティネルII、残りの5つのレーダーはキャンプ・センティネルIII。Reed, Van Atta, and Deitchman, *DARPA Technical Accomplishments*, 1:15-2-5.

49 著者によるウィクナーのインタビューより。実際には、6つ前後のレーダーがベトナムに送られたので、ウィクナーのコメントは重要ではあるが鵜呑みにするべきではない。

50 Marlene Cimons, "Infertility Doctor Is Found Guilty of Fraud, Perjury," *Los Angeles Times*, March 5, 1992. こうしたジェイコブソンのその後の悪事とかつての国務省の調査は無関係だという意見もあるが、放射線調査をめぐる秘密主義と他者による評価の欠如が、ずさんな結果を招いたのは事実だ。少なくとも、ジェイコブソン医師ののちの研究を見るかぎり、彼の分別には疑問が残る。

51 Associated Press, "Tracking the Microwave Bombardment."

52 『*New Yorker*』誌のライターのポール・ブローダーは、著書『死の電流』（荻野晃也監訳・半谷尚子訳、緑風出版、1999）で、モスクワ・シグナルにはなんの効果もなかったと言い張るマキルウェインを不可解だと一蹴している。だが、マキルウェインの見解にとりわけ不可解な点などない。彼は素直に計算を行なっただけなのだ。

53 Associated Press, "Tracking the Microwave Bombardment."

54 著者によるルカジクとの書簡のやり取りより。

55 著者によるパパダコスのインタビューより。

56 著者によるハーツフェルドのインタビューより。

射線が含まれていた。ただし、マイクロ波や行動に関する実験が行なわれたかどうかは不明。U.S. Senate, *Select Committee to Study Governmental Operations with Respect to Intelligence Activities* (Washington, D.C.: Government Printing Office, 1976), bk. 1, 390.

27 Jack Anderson, "The Strange Secret of 'Operation Pandora,'" *Florence Times Daily*, May 10, 1972, 4.

28 実際には、実験結果はセザーロの主張よりもずっとあいまいだった。のちに機密解除された文書を見ると、サルは毎日10時間仕事をしていた。12日目に仕事の効率が落ちると、セザーロは疲れではなくマイクロ波の影響だと結論づけた。サルが仕事をやめると、それから2日間にわたって照射が継続され、それから停止された。3日間照射をやめると、サルは再びふつうどおりに仕事を始めた。ここでもやはり、セザーロは5日間の休息の結果ではなく照射を中止した結果だと述べている。サルは通常の仕事を再開すると、マイクロ波の照射なしで5日間働きつづけたが、そこで再び8日間の照射を再開すると、サルの仕事の効率は低下しはじめた。セザーロはこれも照射の中断の影響だとしている。簡単な計算をすれば、これが論理の飛躍だとわかる。1巡目の実験では、サルにマイクロ波を継続的に照射したところ、12日目および13日目に仕事の効率が低下した。2巡目の場合、サルは5日間照射なし、8日間照射ありで仕事を続け、13日目に効率が低下した。つまり、照射があろうとなかろうと、12日または13日目でサルの仕事の効率が悪化するという点は変わらないのだ。この実験に関する説明は、U.S. Senate, *Radiation Health and Safety*にある。

29 R. Cesaro, "Memorandum for the director, defense research and engineering, Subject: Project BIZARRE."

30 同上。

31 Institute for Defense Analyses, Minutes of Pandora Meeting of May 12, 1969, in *Operational Procedures for Project Pandora Test Facility*.

32 U.S. Senate, *Radiation Health and Safety*, 1199.

33 同上。

34 著者によるマキルウェインのインタビューより。

35 U.S. Senate, *Radiation Health and Safety*, 1189.

36 著者によるルカジクとの書簡のやり取りより。

37 Koslov to Lukasik, "Review of Project Pandora Experiments," Nov. 4, 1969.

38 *Hearings on Research, Development, Test, and Evaluation Program for Fiscal Year 1971 Before Sub-committee of Committee on Armed Services*, House of Representatives, March 25, 1970 (Washington, D.C.: Government Printing Office, 1970), 8500.

39 Peter Papadakos, "QH-50 Evolution," www.gyrodynehelicopters.com. そうならなかったのは、海軍作戦部長であり数少ない無人機の推進派だったアーレイ・バーク提督の要請で開発されたQH-50が退役したためだ。彼がいなくなると、QH-50への熱意も失われた。

## 第11章　サル知恵

1 Adam Nossiter, "Are Mississippi Deaths Linked to N-Bomb Tests?," *Tuscaloosa News*, May 17, 1990, 7B.
2 著者によるベイツのインタビューより。
3 同上。
4 U.S. House, *Department of Defense Appropriations for 1968. Part III*, 143.
5 このレーダーは太平洋地域電磁シグネチャー研究を支えた。
6 著者によるルカジクとの書簡のやり取りより。
7 Herzfeld, *Life at Full Speed*, 140.
8 Huff and Sharp, *Advanced Research Projects Agency*, VIII-52に引用されたもの。
9 同上。
10 Associated Press, "Tracking the Microwave Bombardment," *Spartanburg Herald Tribune*, June 12, 1988, A20.
11 U.S. Senate, *Radiation Health and Safety*, 269.
12 Barton Reppert, "The Zapping of an Embassy: The Mystery Still Lingers," *Spartanburg Herald Tribune*, June 12, 1988, A19.
13 コズロフの転属の日付も含めた個人的な経歴は、U.S. Senate, *Joint Hearing Before the Subcommittees on Military Construction of the Committee on Appropriations and the Committee on Armed Services, Military Construction Appropriations for 1974*（Washington, D.C.: Government Printing Office, 1973）より。
14 著者によるフロッシュとの書簡のやり取りより。
15 John L. Sloop, *Liquid Hydrogen as a Propulsion Fuel, 1945–1959*, Scientific and Technical Information Office, National Aeronautics and Space Administration, 1978.
16 著者によるジョージ・ローレンスのインタビューより。
17 著者によるルカジクとの書簡のやり取りより。
18 著者によるクレサのインタビューより。
19 著者によるハフのインタビューより。
20 Robert Cooksey and Des Ball, "Pine Gap's Two Vital Functions," *Age*, July 2, 1969, 6.
21 著者によるルカジクのインタビューより。
22 R. Cesaro, "Memorandum for the director, defense research and engineering, Subject: Project BIZARRE," Sept 26, 1967. この覚書は、*Operational Procedures for Project Pandora Test Facility*とともに、マイケル・ドロズニンによる情報公開請求（80-FOI-2208）に基づいて公開された。
23 同上。
24 著者によるルカジクのインタビューより。
25 著者によるローレンスのインタビューより。
26 チャーチ委員会の報告書によると、MKウルトラ計画の当初の憲章には実際に放

Garry L. Quinn, Program Manager. Subject: ARPA Contractors," n.d., Project AGILE, RG 330, National Archives, College Park.

38 同上。

39 De Grazia to Deitchman, June 27, 1967, de Grazia archive.

40 McMillan to Deitchman, Dec. 9, 1967, "Termination of Simulmatics Research Activities in Republic of Vietnam," Project AGILE, RG 330, National Archives, College Park.

41 Deitchman to Colonel W. B. Arnold, Sept. 8, 1967, Project AGILE, RG 330, National Archives, College Park.

42 プールは政治的なコネを使ってホワイトハウスに直接陳情し、ベトナム化政策の名のもとでベトナムに社会科学研究所を開設するよう高官たちに働きかけた。当然、そうなればサイマルマティクスが研究所の筆頭請負業者になる。プールによる手書きの予算書では、間接費が経費の大部分を占めていた。目的を達成するため、サイマルマティクスはベトナム人司祭のホック神父に研究所の開設を要望するチュー大統領の政治顧問の署名入りの手紙を代筆させた。同社代表のグリーンフィールドでさえそれはやりすぎだと感じた。「策略だと見破られてしまうだろう。文章の主がホックだとばれてしまう要素がたくさんある」とグリーンフィールドはプールに宛てて記した。「その痕跡に感づかれればたいへんなことになるかもしれない」。結局、契約は成立しなかった。Greenfield to Pool, Aug. 15, 1968, Pool Papers, MIT Archives.

43 The Landon Chronicles.

44 Deitchman to George Tanham, personal, May 14, 1968, Project AGILE, RG 330, National Archives, College Park.

45 同上。

46 Deitchman, *Best-Laid Schemes*, 319.

47 Rohde, "Last Stand of the Psychocultural Cold Warriors," 233. ロードの記事はサイマルマティクスのベトナムでの受難についてもっとも詳しく記している。

48 Deitchman, *Best-Laid Schemes*, 447.

49 著者によるダイチマンのインタビューより。

50 U.S. House, *Department of Defense Appropriations for 1968*, 168.

51 Hickey, *Window on a War*, 242.

52 ハーツフェルドは、「タイが国家の統一性を守ることができた」のはARPAのおかげだと主張している。タイで対反乱作戦の確立に協力したリー・ハフは、反乱勢力を制圧したのは主にタイ政府だと考えていた。「アメリカの高官は協力相手の貢献を過小評価する傾向がある」と彼は述べた。著者によるハーツフェルドとハフのインタビューより。

53 著者によるダイチマンとの書簡のやり取りより。

54 Huff and Sharp, *Advanced Research Projects Agency*, VIII-50. ハーツフェルドは2013年の著者との会話で「輝かしい失敗」という言葉を繰り返した。

13 Lewis Sorley, *Vietnam Chronicles: The Abrams Tapes, 1968–1972*（Lubbock: Texas Tech University Press, 2004）, 201.

14 著者によるダイチマンのインタビューより。

15 著者によるモレルのインタビューより。

16 Elliott, *RAND in Southeast Asia*, 89.

17 同103.

18 同125–26.

19 著者によるダイチマンのインタビューより。

20 キャメロット計画のエピソードは多くの場所で語られており、誤ってARPAのプロジェクトとされるケースもある。当時の記述としては、George E. Lowe, "The Camelot Affair," *Bulletin of Atomic Scientists*, May 1966がある。

21 Deitchman, *Best-Laid Schemes*, 312.

22 同上。

23 Thomas B. Morgan, "The People-Machine," *Harper's*, Jan. 1961, 53.

24 The Simulmatics Corporation, *Human Behavior and the Electronic Computer*, information brochure, n.d., Pool Papers, MIT Archives.

25 Pool to Warren Stark, draft letter, Advanced Research Projects Agency, Feb. 1, 1966, Pool Papers, MIT Archives.

26 Hoc to Deitchman, Feb. 1, 1966, Pool Papers, MIT Archives.

27 Simulmatics Corporation, "Continuation of Psychological Warfare Weapons Project," Feb. 14, 1968, Pool Papers, MIT Archives.

28 サイマルマティクスの報告書によると、観察者の報告は英語に翻訳され、時には機密扱いとなり、「さまざまな反応や発言の頻度に関する統計表が作成された」という。こうした結果の詳細は報告書の草案では明かされなかった。

29 Joseph Hoc, "Testing New Psychological Warfare Weapons in Viet Nam," Simulmatics Corporation, 1968, Pool Papers, MIT Archives.

30 Quinn to Pool, Oct. 2, 1968, Pool Papers, MIT Archives.

31 Hoc to Pool, Oct. 19, 1968, Pool Papers, MIT Archives.

32 Alfred de Grazia, "A Brief Biography, 29 December 1919 to 31 August 2006," grazian-archive.com.

33 Seymour Deitchman, Memorandum for the Record, "Subject: Simulmatics Corporation," Nov. 29, 1967, Project AGILE, RG 330, National Archives, College Park.

34 L. A. Newberry, Research Development Field Unit–Vietnam, "Memorandum for the Record: Meeting at Simulmatics Village with Mr. Los, Mr. Nhon, and Dr. Melhado About TV Study," Dec. 17, 1967, Project AGILE, RG 330, National Archives, College Park.

35 Colonel William B. Arnold, "Memorandum for W. G. McMillan, Subject: Simulmatics Corporation," Nov. 21, 1967, Project AGILE, RG 330, National Archives, College Park.

36 同上。

37 Colonel John V. Patterson Jr.（director, ARPA Field Unit, Vietnam）, "Memorandum for

94　Buhl, *An Eye at the Keyhole.*

95　Tim Weiner, "Robert S. McNamara, Architect of a Futile War, Dies at 93," *New York Times*, July 6, 2009, A1.

96　Deitchman, "'Electronic Battlefield' in the Vietnam War."

## 第10章　占い頼み

1　Walter Slote, "Observations on Psychodynamic Structures in Vietnamese Personality: Initial Report on Psychological Study—Vietnam," 1966, Simulmatics Corporation, Pool Papers, MIT Archives.

2　同上。

3　同上。

4　Deitchman to Peter Hayes, e-mail, Feb. 23, 2002.

5　マクナマラは1961年に国防長官に指名されると、オペレーションズ・リサーチの手法と、軍の改革を決意した「天才児《ウィズキッズ》」と呼ばれる優秀なスタッフをペンタゴンに持ちこんだ。Kaplan, *Wizards of Armageddon*, 256を参照。

6　ボブ・シェルドンによるダイチマンのインタビューより。*Military Operations Research* 15, no. 2（2010）.

7　Huff and Sharp, *Advanced Research Projects Agency*, VII-21.

8　S. W. Upham to H. H. Hall, Aug. 25, 1965, Project AGILE, RG 330, National Archives, College Park.

9　ARPAが通常こうした提案と距離を置いていたのは、アイデアが非現実的だったり、バカげていたりしたからという場合もあったが、多くの場合はゴデルが有望でないと判断したからだった。あるときゴデルは、嘘発見器よりも、ベトナム人の社会規範やさまざまな尋問手法への感受性に関する社会科学研究を支援するほうが望ましいと記した。嘘発見器に関するゼネラル・エレクトリックの提案書に添えられたゴデルの日付不明の覚書より。Project AGILE, RG 330, National Archives, College Park.

10　著者によるダイチマンのインタビューより。

11　著者によるスタークのインタビューより。

12　Herman Kahn and Garrett N. Scalera, *Basic Issues and Potential Lessons of Vietnam: A Final Report to the Advanced Research Projects Agency*, vol. 5, *A Summary of Economic Development Projects That Might Have or Might Still Be Helpful in Vietnam*（Croton-on-Hudson, N.Y.: Hudson Institute, 1970）, 50A. 戦略村を守る「障壁」として機能する濠を築くというアイデアだった。ゲリラ戦というよりはゾンビ対策にふさわしそうなカーンの提案は、「小型の浚渫機を使ってメコンデルタ内の平和な戦略村の周囲に濠の障壁を構築したり、既存の濠をせき止めて戦略村と隣接する畑を取り囲む防御線をつくったりする」というものだった。その時点で戦略村計画が大失敗していたことを踏まえると、仮にバリケードがつくれたとしても効果があったかどうかは不明だ。

Park.

74 Telegram sent by Harold Tabor in March 1967, Project Star, RG 330, National Archives, College Park.

75 著者によるブラウンとの書簡のやり取りより。

76 H. A. Ells and R. E. Kay, "Applicability of Olfactory Transducers to the Detection of Human Beings: Final Report, Advanced Research Projects Agency, Feb. 1, 1965–July 31, 1966," Project AGILE, RG330, National Archives, College Park.

77 Hughes Aircraft Company, "Proposal for a Study of Non-lethal Decay Mechanisms, an Unsolicited Proposal to the Advanced Research Projects Agency," June 23, 1964, Project AGILE, RG 330, National Archives, College Park.

78 1967年当時、枯葉剤はまだアジャイル計画の活動と分類されていた。

79 ARPA, "Excerpts from Recent Trip Report: For Follow-Up Action Where Indicated," n.d., Project AGILE, RG 330, National Archives, College Park.

80 Author unknown, "Dr. Herzfeld's Trip Actions," n.d., Project AGILE, RG 330, National Archives, College Park.

81 Stark, *Many Faces, Many Places*, 93.

82 ARPA, "Task Force 'Isolation in South Vietnam.'" この報告書自体には日付がないが、添付の書簡には、ARPAがハロルド・ブラウン国防研究技術局長向けに記した「調査報告書」との説明がある。Major General R. H. Wienecke, "Memorandum for Brigadier General John Boles, director, JRATA（Subject: Border Security—S. Vietnam)," March 27, 1964, Project AGILE, RG 330, National Archives, College Park.

83 同上。その報告書には手書きのリストが添えられていた。

84 ハロルド・ブラウンの対反乱作戦担当補佐官であるシーモア・ダイチマンは提案を吟味すると、「費用がはるかに過小評価されていると思う」と記した。"Memorandum for the Director, ARPA," March 24, 1964, Project AGILE, RG 330, National Archives, College Park.

85 Headquarters, Strategic Air Command, "History of Strategic Air Command, Jan.–June 1966," September 19, 1997, 118–19.

86 "Forest Fire as a Military Weapon, Final Report July 1970," U.S. Department of Agriculture, Forest Service, sponsored by the Advanced Research Projects Agency, Remote Area Conflict, Defense Technical Information Center.

87 "History of Strategic Air Command, Jan.–June 1966," 118–19.

88 Deborah Shapely, "Technology in Vietnam: Fire Storm Project Fizzled Out," *Science*, July 21, 1972, 239–41.

89 同上。

90 Finkbeiner, *Jasons*, 62–89.

91 同77.

92 著者によるルカジクのインタビューより。

93 著者によるテグネリアのインタビューより。

イル計画のファイルでは、ARPAのインド活動をめぐる論争については漠然としか言及されていない。同ファイル内のほかのメモによると、国務省が外交問題に首を突っこむARPAに懸念を抱いていたようだ。

61 著者によるヘスのインタビューより。

62 著者によるスタークのインタビューより。

63 Memorandum for Mr. Godel, "Subject: Insurgency-U.S. Style," June 8, 1964, Project AGILE files, National Archives, College Park.

64 1963年12月3日、ペンタゴンのハロルド・ブラウンのオフィスがARPAに正式な覚書を発行した。

65 著者によるフロッシュのインタビューより。ブラウンは著者への書簡で、「そんなことも言ったかもしれないが、決してふざけていたからではない」と述べた。

66 ウィリアムズおよびジェラードによるスプロールのインタビューより。

67 Herzfeld to Director of Defense Research and Engineering, memo, "Congressional Query Regarding Star," Sept. 4, 1964, Project Star, RG 330, National Archives, College Park.

68 「STAR」というコードネームは1975年のARPA史の脚注で軽く触れられているが、国立公文書館が著者の要請を受け、大統領の保護に対するARPAの貢献内容を詳しくまとめた記録を公開したのは、2013年11月のことだ。

69 ARPA職員たちはだんだんシークレットサービスに辟易としはじめた。彼らには専門知識がなかったので、ARPAは群衆に紛れた暗殺者をただちに動けなくする非致命的な兵器など、漫画の世界から飛び出してきたような兵器ばかりを提案するようになった。ARPA職員は財務省の思い描いた兵器をいくつかテストしたが、たとえば鋭利な部分が高速で飛び出す忍者風の警棒は、現場で役立たないことが判明した。警棒が数回の使用で故障したか、警棒を利用する人々が興味をなくしたとされる。

70 H. Morris and G. J. Zissis to H. Tabor, memo, "An Examination of a Few Protective Concepts," March 9, 1964, Project Star, RG 330, National Archives, College Park.

71 「ジョン」なる人物がアリス（おそらくアジャイル計画の長年の事務員であるアリス・ペコーズ）に提出した1964年4月16日の未署名の覚書。ARPA職員が出したさまざまなアイデアについて説明されている。Project Star, RG 330, National Archives, College Park.

72 ほかにも、たとえば催涙ガスを放つエアゾール銃は、使用者が事前に防護マスクを着けていないと使用者自身が被害を受ける危険性があった。しかし、不満を抱えていたのはARPAだけではない。財務省は、技術的には実現可能でも現場で役立たないジェームズ・ボンド風の提案ばかり出してくるARPAを批判した。たとえば、大統領専用リムジンのクロムめっきの部分に電流を流し、群衆に車をひっくり返されないようにするというアイデアが出た。財務省は、装甲車は重すぎてどっちみちひっくり返せないと反論した。

73 Colonel Harry Tabor to Dr. R. L. Sproull, memo, "Advice to Treasury Department on Non-lethal Weapons," Jan. 21, 1965, Project Star, RG 330, National Archives, College

ン・グループを代表して記していたことがわかる。

40 Herzfeld to Foster, memo, Nov. 23, 1966, Project AGILE, RG 330, National Archives, College Park.

41 Foster to Christofilos, Nov. 22, 1966, Project AGILE, RG 330, National Archives, College Park.

42 Lieutenant Colonel Thomas F. Doeppner, memo, Nov. 8, 1966, Project AGILE, RG 330, National Archives, College Park.

43 ARPAのファイルを読むかぎり、このアイデアが追求されたのかどうかは不明だが、ジョン・フォスターはのちのインタビューで、「新しい周波数、高調波」を使って酸化物を探知するARPAのプロジェクトについて述べている。ウィリアムズおよびジェラードによるフォスターのインタビューより。

44 Stark, *Many Faces, Many Places*, 114.

45 JASON Summer Study, meeting minutes, "The Thailand Study Group," June 26, 1967, Project AGILE, RG 330, National Archives, College Park.

46 Finkbeiner, *Jasons*, 101–2.

47 Daniel E. Harmon, *Ayatollah Ruhollah Khomeini*（Philadelphia: Chelsea House, 2005）, 38.

48 ホメイニーの演説の翻訳版より。IRIB World Service, worldservice.irib.ir.

49 Norman H. Jones Jr., "Support Capabilities for Limited War in Iran," study, Rand, Dec. 1963.

50 John A. Reed Jr. to Colonel Jordan, memo, Aug. 11, 1967, RG 59, National Archives, College Park.

51 George J. Wren, *Jersey Troopers II: The Next Thirty-Five Years*（*1971–2006*）（Bloomington, Ind.: iUniverse, 2009）, 34.

52 後年、シュワルツコフがジャンダルメリーの成功を活かし、CIAによるクーデター成功を後押ししたことが明らかになった。J. Dana Stuster, "The Craziest Detail About the CIA's 1953 Coup in Iran," *Passport*（blog）, *Foreign Policy*, Aug. 20, 2013.

53 著者によるハーツフェルドのインタビューより。

54 同上。

55 Herzfeld, *Life at Full Speed*, 153.

56 Gerald Sullivan, Memorandum for the Record, "Subject: Brief on RDFO（ME）Activities," Nov. 5, 1971, Project AGILE, RG 330, National Archives, College Park.

57 著者によるハーツフェルドのインタビューより。

58 同上。

59 Advanced Research Projects Agency, Report, "ARPA Research in Iran," April 26, 1970, Project AGILE, RG 330, National Archives, College Park. この報告書はイランのみに特化していたが、ARPAの「MEAFSA（中東、アフリカ、南アジア）」プログラムについてもつづっている。

60 ハーツフェルドは回顧録で、合意が破棄された原因は、印パ間の緊張に対するリンドン・ジョンソン大統領の懸念だったと振り返っている。国立公文書館のアジャ

13　同上。
14　同上。ハーツフェルドはベトナムの木々が病気になった理由については語らなかったが、ARPAによる2年間もの枯葉剤散布の影響かもしれない。
15　著者によるハーツフェルドのインタビューより。
16　同上。
17　著者によるスタークのインタビューより。
18　同上。
19　Circular 515-6, Department of Defense Research and Development Activities in U.S. Southern Command, July 13, 1965, Project AGILE, RG 330, National Archives, College Park.
20　著者によるスタークのインタビューより。
21　Stark, *Many Faces, Many Places*, 100.
22　R. H. Wienecke to Director, Program Management, memo, "Subject: Counterinsurgency Information Analysis Center," June 2, 1964, Project AGILE, RG 330, National Archives, College Park.
23　Advanced Research Projects Agency, Project AGILE, Semiannual Report, 1 July– 31 Dec. 1963, Project AGILE, RG 330, National Archives, College Park.
24　*U.S. House, Department of Defense Appropriations for 1966. Part 5: Research, Development, Test, and Evaluation*, 137.
25　Stark to Director, Remote Area Conflict, memo, Feb. 18, 1963, Project AGILE, RG 330, National Archives, College Park.
26　この言葉は、回顧録、著者によるインタビュー、ARPAの歴史などで、いろいろと表現を変えて現われている。この引用は、Stark, *Many Faces, Many Places*, 123より。
27　Huff and Stark, *Advanced Research Projects Agency*, VI-40.
28　Robert A. Kulinyi, "Program Review of the Southeast Asia Communications Research Project," in J. R. Wait et al., *Workshop on Radio Systems in Forested and/or Vegetated Environments*（Fort Huachuca, Az: Army Communications Command, 1974）, 20.
29　Huff and Stark, *Advanced Research Projects Agency*, VI-41.
30　著者によるスタークおよびダイチマンのインタビューより。
31　Herzfeld, *A Life at Full Speed*, 137.
32　Stark, *Many Faces, Many Places*, 122.
33　Huff and Sharp, *Advanced Research Projects Agency*, VIII-47.
34　同上。
35　同VIII-48.
36　著者によるスタークのインタビューより。
37　同上。
38　Stark, *Many Faces, Many Places*, 110.
39　Christofilos to Foster, Aug. 29, 1966, Project AGILE, RG 330, National Archives, College Park. レターヘッドから、クリストフィロスが国防分析研究所の運営するジェイソ

もののｌ、枯葉剤については、「道路や国境地帯を切り開き、ベトコンの食料源を破壊するために使用された。限定的な実地テストが行なわれたが、はっきりとした成果は出なかった」としか述べられていない。Huff and Sharp, *Advanced Research Projects Agency*, V-42.

64　ゴデルはのちにアジャイル計画最大の成功と称されたAR-15でさえ、対反乱作戦にとっては失敗だったと考えていた。米陸軍のAR-15導入をめぐる議論は、南ベトナム軍に武器を提供し、みずからジャングルで戦わせるという計画を横道に逸らしただけだった。AR-15を米軍向けの武器へと変えたことで、すべてが台無しになったのだ。「陸軍のニーズなど知ったことではないし、どうでもいい」とゴデルは話した。ハフによるゴデルのインタビューより。

65　同上。

66　著者によるハーツフェルドのインタビューより。

## 第9章　巨大実験室

1　U.S. House, *Department of Defense Appropriations for 1966. Part 5: Research, Development, Test, and Evaluation*, 565

2　National Academy of Sciences, *Biographical Memoirs, Volume 80*（Washington, D.C.: National Academy Press, 2001）, 162. チャールズ・ハーツフェルドの祖父のカール・ハーツフェルドも改宗し、「医学部随一の反ユダヤ主義者」になったようだ。Walter Moore, *Schrödinger: Life and Thought*（Cambridge, U.K.: Cambridge University Press, 1992）. また、Arthur Schnitzler, *My Youth in Vienna*（New York: Holt, Rinehart and Winston, 1970）, 307も参照。

3　Herzfeld, *A Life at Full Speed*, 93.

4　著者によるハーツフェルドのインタビューより。

5　同上。

6　同上。ハフとシャープの記した歴史でも同じ見方がなされている。

7　同上。

8　Huff and Sharp, *Advanced Research Projects Agency*, VI-21.

9　同VII-19.「1966年末になると事実上、包括的核実験禁止条約に向けた取り組みは国家的な優先事項ではなくなっていた」とある。

10　1988年のインタビューで、ネットワーキングの視察についてたずねられると、ハーツフェルドはマサチューセッツ工科大学に何度か足を運んだほか、戦略航空軍団の軍用コンピューターを視察したと振り返ったが、アジャイル計画の具体的な部分は彼の管轄外だった。彼は回顧録のなかで、コンピューター・ネットワーキングについては2ページも記していない。この分野で彼はかなりの影響力を握っていたが、それだけの時間を捧げたわけではなかった。

11　著者によるハーツフェルドのインタビューより。

12　同上。

AGILE Program Managers," May 22, 1964, Project Agile, RG 330, National Archives, College Park.

43 Wolfgang W. E. Samuel, *American Raiders: The Race to Capture the Luftwaffe's Secrets* (Jackson: University Press of Mississippi, 2004). たとえば第二次世界大戦後、A級工作員はアメリカに連れられてくるドイツ人科学者たちに現金を手渡すために使われた。彼らがソ連の手に渡らないようにするためだ。

44 ゴデルおよびワイリーの裁判記録より。

45 同上。

46 同上。

47 Karnow, *Vietnam*, 325–26.

48 Taylor, *Swords and Plowshares*, 301.

49 著者によるサミュエル・ボーガン・ウィルソンのインタビューより。

50 ゴデルおよびワイリーの裁判記録より。

51 著者によるフロッシュのインタビューより。

52 ゴデルの裁判について直接言及している文章は、すべてゴデルおよびワイリーの裁判記録より。同じく起訴されたペンタゴン幹部のジョン・ロフティスは、別個の裁判を要求し、認められた。

53 同上。

54 同上。

55 "South Viet Nam: Forecast: Showers & a Showdown," *Time*, May 21, 1965.

56 ゴデルおよびワイリーの裁判記録より。

57 同上。

58 ドロシー・モーテンソン・ランドンおよびケネス・ペリー・ランドンの口述歴史記録Landon Chroniclesより。息子のケネス・ペリー・ランドン・ジュニア（1976〜1989）が記録。Margaret and Kenneth P. Landon Papers, Wheaton College Archives.

59 著者によるウォーレン・スタークのインタビューより。公判前の記録には、ワイリーが精神疾患を盛んに主張していた様子が詳しく記されている。

60 著者によるカチェリスのインタビューより。

61 *Veterans and Agent Orange: Health Effects of Herbicides Used in Vietnam*（Washington, D.C.: National Academy Press, 1994).

62 枯葉剤計画のもっとも詳しい技術的評価は、Jeanne Mager Stellman et al., "The Extent and Patterns of Usage of Agent Orange and Other Herbicides in Vietnam," *Nature*, April 17, 2003, 681–87にある。著者らは国立公文書館の記録に基づき、枯葉剤の使用について再考察している。記録に残っているのは調達量のみで、必ずしも実際の散布量と等しくないため、正確な使用量を突き止めるのは難しいと結論づけられている。

63 現在のARPAは、ベトナムのジャングル内を歩く機械のゾウなど、自身の失敗をしばしばジョークのネタにしているが、ことオレンジ剤に関しては公式の資料でまったく触れられていない。ARPAの初期の歴史については詳しく描かれている

19 Hickey, *Window on a War*, 92.

20 同99. ハロルド・ブラウンはヒッキーの概要説明を思い出せないと記しつつも、「私や政府の大半の人間がベトナム戦争の性質や見通しについて甘い考えを持っていたという点は、彼の言うとおりだ」と述べた。著者によるブラウンとの書簡のやり取りより。

21 Stephen T. Hosmer and S. O. Crane, *Counterinsurgency: A Symposium, April 16–20, 1962*（Santa Monica, Calif.: Rand, 1962）.

22 Grinter, "Population Control in South Viet Nam, the Strategic Hamlet Study."

23 ランスデールは、ヌーが実質的にジエムの諜報作戦を取り仕切っていたことを1955年まで知らなかったと認めた。

24 Sheehan, *Bright Shining Lie*, 265.（邦訳：ニール・シーハン『輝ける嘘』菊谷匡祐訳、集英社、1992、第4部）

25 著者によるシーモア・ダイチマンのインタビューより。「ベトナムでは、犬は単なる穀潰しであってペットにされることはなかった」とダイチマン。「そして、犬は食料とみなされていた」

26 Associated Press, "Attempt to Strip Jungles in Viet Nam a Flop So Far," *Tuscaloosa News*, March 30, 1962, 16.

27 「空き容器から発生した蒸気によって、敷地の周囲1、2キロメートル圏内の植物が全滅した」とダイチマンは話す。著者によるダイチマンのインタビューより。

28 同上。

29 同上。

30 ハフによるゴデルのインタビューより。

31 Advanced Research Projects Agency, Final Report, OSD/ARPA Research and Development Field Unit– Vietnam, Aug. 20, 1962, Defense Technical Information Center.

32 Reed, Van Atta, and Deitchman, *DARPA Technical Accomplishments*, vol. 1, 14-4.

33 殺傷性に関する議論は40年以上あとも続いた。イラクやアフガニスタンの兵士たちがこの武器の性能について疑問視したのだ。Anthony F. Milavic, "The Last 'Big Lie' of Vietnam Kills U.S. Soldiers in Iraq," *American Thinker*, Aug. 24, 2004.

34 ハフによるゴデルのインタビューより。

35 Cosmas, *MACV*, 51.

36 ジエムとロッジの電話のやり取りについては、Gravel, Chomsky, and Zinn, *Pentagon Papers*に記録されている。

37 Herzfeld, *Life at Full Speed*, 126–27.

38 Charles Maechling, "Camelot, Robert Kennedy, and Counterinsurgency: A Memoir," *Virginia Quarterly*（Summer 1999）.

39 ゴデルおよびワイリーの裁判記録より。

40 同上。

41 Corson, *Betrayal*, 249.

42 "Memorandum for General Wienecke: Subject: Analysis of RAC Proposed Tasks by

3　ロバート・H・ジョンソンからウォルト・ロストウに送られた1961年9月20日付の覚書より。1961年9月13日の報告書を同封。Kennedy Library.

4　George Rathjens and William Godel, research and development app. of the Taylor report, Nov. 3, 1961, Kennedy Library.

5　同上。

6　Major William A. Buckingham Jr., "Operation Ranch Hand: Herbicides in Southeast Asia," *Air University Review*, July–Aug. 1983.

7　C. E. Minarek, Memorandum for the Record, "Subject: Meeting with Mr. William Godel on 4 December 1961," Defense Technical Information Center.

8　Cecil, *Herbicidal Warfare*, 31.

9　同上。

10　同32.

11　William H. Godel, Deputy Director, Vietnam Combat Development and Test Center, ARPA, Progress Report: Vietnam Combat Development and Test Center, Sept. 13, 1961, Kennedy Library.

12　Department of Army pamphlet, *Area Handbook for South Vietnam*, April 1967.

13　ARPAの戦闘開発試験センターを指揮したベトナム人大佐のクアン・チャックとベトナム諜報機関トップの補佐官であるクアン・ヴァンの裁判所の証言によると、ジエムは1961年7月に初めてゴデルと会ったとき、戦略村計画には懐疑的で、村のリーダーたちを説得できるかどうかを確かめる調査を求めたという。そのためには、農民の移住を了承してもらうための「プレゼント」、正確にいえば賄賂が必要だった。

14　戦略村計画について専門的に扱ったどの文献も見ても、ジエムが小規模ではすでに失敗していた計画を大規模に実行するリスクを冒した理由については、ほとんど論じられていない。ベトナム戦争関連の記述のなかには、CIAの関与を指摘するものもあるが、この主張を裏づける記録はほとんどない。一方、ジエムの弟の差し金だと主張する者もいる。「明確に述べられているわけではないが、戦略村計画がジエム大統領の弟、ゴ・ディン・ヌーの個人的なアイデアだと考える十分な理由があるようだ」。Milton E. Osborne, *Strategic Hamlets in South Vietnam: A Survey and a Comparison*（Ithaca: Cornell University Press, 1965）, 26. ただし、この説を裏づける証拠は、戦略村計画はヌーのアイデアであると主張する南ベトナム政府発行のパンフレットのみである。

15　Gravel, Chomsky, and Zinn, *Pentagon Papers*, 128–59.

16　ARPA, "Research and Development Effort in Support of the Vietnamese Rural Security Program"（Washington: ARPA, 1962）, 12. Thomas Thayer Collection, U.S. Army Center of Military History, Washington, D.C.

17　同上。

18　John C. Donnell and Gerald C. Hickey, *The Vietnamese "Strategic Hamlets": A Preliminary Report*（Santa Monica, Calif.: Rand, 1962）.

33 同上。

34 リックライダー時代、行動科学室は東南アジアに関与しなかった。1964年、ARPAのタイの代表だったリー・ハフが同室を引き継ぎ、行動科学分野の研究に資金提供を始めた。著者によるハフのインタビューより。また、Huff and Sharp, *Advanced Research Projects Agency*, VI-52-3も参照。

35 アスプレイおよびノーバーグによるリックライダーのインタビューより。Charles Babbage Institute.

36 Huff and Sharp, *Advanced Research Projects Agency*, V-49.

37 "NORAD/CONAD Historical Summary," Jan.–June 1960, Directorate of Command History, Office of Information Headquarters, NORAD/CONAD, 1.

38 アスプレイおよびノーバーグによるリックライダーのインタビューより。

39 Licklider to Members and Affiliates of the Intergalactic Computer Network, memo, Advanced Research Projects Agency, April 25, 1963.

40 Huff and Sharp, *Advanced Research Projects Agency*, Figure VII-Iを参照。

41 ウィリアムズおよびジェラードによるスプロールのインタビューより。

42 同上。

43 著者によるサザランドのインタビューより。

44 著者によるクロッカーのインタビューより。

45 ウィリアム・アスプレイによるサザランドのインタビューより。Charles Babbage Institute.

46 著者によるハーツフェルドのインタビューより。

47 ウィリアム・アスプレイによるテイラーのインタビューより。Charles Babbage Institute.

48 オニールによるバランのインタビューより。Charles Babbage Institute.

49 フィンクバイナーによるルイナのインタビューより。

50 ARPAに大幅な自由が与えられていたのはさも当然の事実のごとく語られることも多いが、当時のARPAはまだ設立から数年であり、決まりきったことなどほとんどなかった。当時はARPAにとって独特の時代だったとルイナは懐かしむ。「私には大幅な自由裁量があった。チャタヌーガからシアトルまで橋をつくりたいと思えばつくれただろう」と彼は約50年後のインタビューで振り返った。「当時を思い返すと、私は自分に与えられていた自由を十分に理解していなかった。この国のため、そしてARPAのためにいくらでもいいことをするチャンスがあったのにね。私は当時がどれだけ特別な時代かに気づいていなかったのだ」。著者によるルイナのインタビューより。

## 第8章　ベトナム炎上

1 Karnow, *Vietnam*, 270.

2 同270–71.

川書房、2013）など、近年でもいまだに見られる。

13 コンピューター・ネットワーキング誕生の歴史についてまとめた『インターネットの起源』の著者のケイティ・ハフナーは、「ARPANETもその子孫であるインターネットも、戦争の支援や生き残り戦略とは無縁なところで誕生」したと記している。Hafner and Lyon, *Where Wizards Stay up Late*, 10.（邦訳：ケイティ・ハフナー＆マシュー・ライアン『インターネットの起源』加地永都子・道田豪訳、アスキー、2000、2ページより引用）しかし、この見解が成り立つのは、ペンタゴンがARPANETを支援した裏の理由を無視した場合だけだ。

14 "POW Who Changed His Mind Meets Family in Capital," *Niagara Falls Gazette*, Nov. 21, 1952, 1.

15 Fred L. Borch, "The Trial of a Korean War 'Turncoat': The Court-Martial of Corporal Edward S. Dickenson," *Army Lawyer*, Jan. 2013.

16 Consultation with Edward Hunter, Committee on Un-American Activities, House of Representatives, 85th Cong., March 13, 1958（Washington, D.C.: Government Printing Office, 1958）.

17 Charles Bray, "Toward a Technology of Human Behavior for Defense Use," 538.

18 Ellen Herman, *The Romance of American Psychology: Political Culture in the Age of Experts*（Berkeley: University of California Press, 1995）, 128.

19 Bray to Licklider, May 24, 1961, Record Unit 179, Research Group in Psychology and the Social Sciences Records, 1957–1963, Smithsonian Institution.

20 J. C. R. Licklider, "The Truly SAGE System; or, Toward a Man-Machine System for Thinking," manuscript, Aug. 20, 1957, Licklider Papers, MIT Libraries.

21 J. C. R. Licklider, "Man-Computer Symbiosis," *IRE Transactions on Human Factors in Electronics*（March 1960）: 4–11.

22 スチュワート・ブランドによるバランのインタビューより。Stewart Brand, "Founding Father," *Wired*, March 2001.

23 同上。

24 ジュディ・オニールによるバランのインタビューより。Charles Babbage Institute.

25 ブランドによるバランのインタビューより。Brand, "Founding Father."

26 同上。

27 ハフによるゴデルのインタビューより。

28 著者によるブラウンとの書簡のやり取りより。

29 J. C. R. Licklider, Program Plan 93, Computer Network and Time-Sharing Research, April 5, 1963, RG 330, National Archives, College Park.

30 アスプレイおよびノーバーグによるリックライダーのインタビューより。Charles Babbage Institute.

31 同上。

32 ウィリアム・アスプレイによるルイナのインタビューより。Charles Babbage Institute.

68 Kai-Henrik Barth, "The Politics of Seismology: Nuclear Testing, Arms Control, and the Transformation of a Discipline," *Social Studies of Science* 33, no. 5 (Oct. 2003): 743–81.

69 カイ＝ヘンリク・バースによるオリバーのインタビューより。

70 Lynn Sykes, "Seismology, Plate Tectonics, and the Quest for a Comprehensive Test Ban Treaty, a Personal History of 40 Years at LDEO," in *International Handbook of Earthquake and Engineering Seismology* (Amsterstam: Academic Press, 2002), 1456.

71 John Dumbrell, *President Lyndon Johnson and Soviet Communism* (Manchester, U.K.: Manchester University Press, 2004) で指摘されているように、ジョンソン大統領は核拡散防止条約をめぐる交渉の最中、過去最大の1.3メガトンの地下核実験「ボックスカー作戦」を承認した。

72 著者によるルカジクのインタビューより。

## 第7章　非凡な天才

1 Dobbs, *One Minute to Midnight*, 22.（邦訳：マイケル・ドブズ『核時計零時1分前』布施由紀子訳、日本放送出版協会、2010、32ページより引用）

2 同上。

3 同16.（邦訳23〜24ページ）

4 Department of Defense, *National Military Command and Control in the Cuban Crisis of 1962* (Washington, D.C.: DTIC, 1965), 50.

5 J・ウィリアム・アスプレイおよびアーサー・Lによるリックライダーのインタビューより。Charles Babbage Institute.

6 Licklider to General H. H. Wienecke (director for Remote Area Conflict), memo, April 16, 1964, Project AGILE, RG 330, National Archives, College Park.

7 リックライダーが言っていたのはおそらく、小型のロケット弾を発射できる実験的な兵器、ジャイロジェット・ピストルのことだろう。ARPAは村の防衛に利用するため、この兵器に資金提供していた。Advanced Research Projects Agency, "Caliber .50 Gyrojet Hand Pistol," Oct. 25, 1962, Project AGILE, RG 330, National Archives, College Park.

8 アスプレイおよびノーバーグによるリックライダーのインタビューより。このインタビューではラファイエット広場についての説明はされていないが、おそらくリックライダーの予算がほかのプロジェクトの秘密資金を隠す目的で使われていたという意味だろう。それは当時のARPAの常套戦術だった。

9 Waldrop, *Dream Machine*, 2.

10 著者によるヘスのインタビューより。

11 Huff and Sharp, *Advanced Research Projects Agency*, V-52.

12 ARPAの研究を核攻撃に対する生存能力と直接結びつけるニュース記事が最初に現われるのは1990年代半ばのことだ。しかしこの種の誤解は、ジョージ・ダイソンの洞察力豊かなコンピューター史『チューリングの大聖堂』（吉田三知世訳、早

47 同上。

48 Edward Teller and Albert Latter, "The Compelling Need for Nuclear Testing," *Life*, Feb. 10, 1958, 70.

49 Lawyer, Bates, and Rice, *Geophysics in the Affairs of Mankind*, 132.

50 著者によるチャールズ・ベイツのインタビューより。ハフとシャープの記したARPAの歴史でも同様の見方がなされている。

51 最終的にもっとも重要な部分を占めたのはヴェラ・ホテルとヴェラ・ユニフォームのふたつだった。地上センサーで宇宙の核実験を探知するヴェラ・シエラは、最終的にヴェラ・ホテルへと組みこまれた。ヴェラ研究のなかには、斬新な科学がいっさい不要なものもあった。たとえば、海中の爆発を探知するのに新たな研究はほとんど不要だった。ARPAは「CHASE」というコードネームで、従来の爆発物を使った海中の実験を何度か行なった。Huff and Sharp, *Advanced Research Projects Agency*, VII-15.「海中の探知システムはまったく問題ではなかった」とフロッシュは述べた。著者によるフロッシュのインタビューより。

52 著者によるフロッシュのインタビューより。

53 同上。

54 同上。

55 Huff and Sharp, *Advanced Research Projects Agency*, V-33.

56 Lawyer, Bates, and Rice, *Geophysics in the Affairs of Mankind*, 122, 178.

57 カイ＝ヘンリク・バースによるピーターソンのインタビューより。American Institute of Physics.

58 バースによるルイナのインタビューより。American Institute of Physics.

59 カイ＝ヘンリク・バースによるエヴァーンデンのインタビューより。American Institute of Physics.

60 ロムニーは、見方が変わったのはシステムの欠陥のせいではなく、データが豊富になったためだと主張した。それまで、彼はソ連の過去の大規模な核実験のデータを参考に、地震と混同されやすい小規模な実験の探知に関する推定を行なっていた。「この変更はわれわれが手に入れた新たな情報の結果だ」とロムニーは主張した。著者によるロムニーのインタビューより。

61 The President's Deputy Special Assistant for National Security Affairs to President Kennedy, memo, Washington, July 20, 1962, Kennedy Library.

62 Secretary of Defense McNamara to President Kennedy, memo, Washington, July 28, 1962, in *Foreign Relations of the United States, 1961–1963*, vol. 7, *Arms Control and Disarmament*, doc. 204.

63 バースによるルイナのインタビューより。American Institute of Physics.

64 バースによるルイナのインタビューより。American Institute of Physics.

65 Seaborg, *Kennedy, Khrushchev, and the Test Ban*, 145.

66 Huff and Sharp, *Advanced Research Projects Agency*, VII-29.

67 同VI-8.

28 John Wheeler, app. A-4, in *Study No. 1*, "Identification of Certain Current Defense Problems and Possible Means of Solution" (Institute for Defense Analyses, Advanced Research Projects Agency, 1958).

29 「ホイーラーは喫緊の脅威は過ぎ去ったと判断した。そして、軽微な脅威に対応するのは学者の仕事ではないと考えたのだ」。Aaserud, "Sputnik and the 'Princeton Three,'" 224.

30 Finkbeiner, *Jasons*, 38.

31 同40.

32 同39–40. ゴデルはハフによるインタビューのなかで、金羊毛という冗談は、ジェイソン・グループのメンバーたちがARPAに自分のプロジェクトを盛んに売りこみはじめたことからも来ていると主張した。有力メンバーのひとりであるウィリアム・ニーレンバーグのファイルを見てみると、ジェイソン・グループの会合に関するメモと、海に浮かぶ基地の開発というARPAへの提案がごちゃ混ぜになっている。この開発は彼のスクリップス海洋研究所が行なう予定だった。Nierenberg to Craig Fields, April 16, 1987, Scripps Institution of Oceanography Archives.

33 Finkbeiner, *Jasons*, 50.

34 フィン・オーセルーによるルイナのインタビューより。American Institute of Physics, Aug. 8, 1991.

35 Huff and Sharp, *Advanced Research Projects Agency*, IV-23.

36 同IX-31.

37 同IV-23.

38 フィンクバイナーによるルイナのインタビューより。

39 フィン・オーセルーによるレクティンのインタビューより。American Institute of Physics.

40 著者によるクレサのインタビューより。

41 同上。

42 同上。実際、ジェイソン・グループの面々はこのレーザー・プログラムを継続するよう提言した。JASON, Project Seesaw (Alexandria, Va.: Institute for Defense Analyses, 1968), 3.

43 シーソー計画の開始を1958年とすると、1972年まで13年間にわたって資金が拠出されたことになる。これはARPAのプログラムとしては最長不倒記録だろう。

44 Huff and Sharp, *Advanced Research Projects Agency*, V-19.

45 「アレシボ天文台は完全にオープンな純然たる科学施設なので、機密研究を行なうことは認められないし、そんなことを要請すること自体がおこがましい、とハーツフェルドにきっぱりと告げられた」とNSAの暗号学者のネイト・ガーソンはのちに振り返った。N. C. Gerson, "SIGINT in Space," *La Physique au Canada*, Nov./Dec. 1998, 357. (Previously published in *Studies in Intelligence* 28, no. 2.) このやり取りはBamford, *Puzzle Palace*でも引用されている。

46 同上。

8 Brown, *Star Spangled Security*, 92.

9 フィンクバイナーによるルイナのインタビューより。ナイキ・ゼウスは1962年いっぱいまで研究開発プログラムとして継続されたが、実際に配備されることはなかった。陸軍はナイキXプログラムを追求した。より効果的な追跡レーダーを用いたシステムだったが、まちがいなく実現性は低かった。

10 ウィリアムズおよびジェラードによるルイナのインタビューより。

11 Huff and Sharp, *Advanced Research Projects Agency*, IV-42.

12 フィン・オーセルーによるルイナのインタビューより。American Institute of Physics.

13 バースによるルイナのインタビューより。American Institute of Physics.

14 U.S. House, *Department of Defense Appropriations for 1962, Part 4: Research, Development, Test, and Evaluation*, 82.

15 Associated Press, "Defense Agency to Study Missile-Defense Measures," *Pacific Stars and Stripes*, March 2, 1959, 3.

16 Huff and Sharp, *Advanced Research Projects Agency*, V-18.

17 Bruno W. Augenstein, "Evolution of the U.S. Military Space Program, 1945–1960: Some Key Events in Study, Planning, and Program Development"（Rand Corp., Sept. 1982）, 16.

18 York, *Race to Oblivion*, 131. ヨークはBB弾をちりばめたクモの糸、つまりBAMBIを酷評したが、力の場の概念を検証するための3度の高高度核爆発についてはみずから指揮した。

19 「バンビを殺せ」はペンタゴン関係者の定番のジョークとなった。Brown, *Star Spangled Security*, 33.

20 Huff and Sharp, *Advanced Research Projects Agency*, V-19.

21 U.S. House, *Department of Defense Appropriations for 1962, Part 4: Research, Development, Test, and Evaluation*, 82.

22 同上。

23 Jacques S. Gansler, *Ballistic Missile Defense: Past and Future*（Washington, D.C.: Center for Technology and National Security Policy, 2010）, 38.

24 Huff and Sharp, *Advanced Research Projects Agency*, V-19.

25 国防総省やARPAにとっての米国高等研究計画研究所は、原子力エネルギー委員会にとっての核研究所のようなもので、いわば科学的な才能やアイデア創造の宝庫となる予定だった。ホイーラーは、この研究所が「ロスアラモスやリバモアよりもずっと大規模になる」と見ていた。Aaserud, "Sputnik and the 'Princeton Three.'" を参照。

26 York, *Making Weapons, Talking Peace*, 212.

27 目的は核武装潜水艦に核ミサイルの発射命令が出たことを知らせることだった。このプログラムは当初「バスーン計画」と呼ばれ、2.5kmにもおよぶアンテナとウィスコンシン州の大部分が必要だった。

William H. Godel, JFKNSF-203-005: Research and Development in Vietnam and the Pacific Theater, NSF, box 203, Folder: Vietnam, Subjects: Taylor Report, 11/3/61, Rostow Working Copy, Tabs 6–8.

57 Minutes of a meeting with Viet-Nam Task Force, in U.S. Department of State, *Foreign Relations of the United States, 1961–1963*, vol. 1, *Vietnam, 1961*, doc. 96.

58 *Hearings Before the Special Subcommittee on the M-16 Rifle Program*, House of Representatives, Committee on Armed Services, Special Subcommittee on the M-16 Rifle program, Washington, D.C., May 15, 1967.

59 Buhl, *An Eye at the Keyhole*. 制約はそれだけではなかった。受信可能な範囲内にいる人が無線で音声を拾う必要があったのだ。

60 同上。

61 Godel to Lansdale, memo, "Task Force Report on Establishment of a Combat Development and Test Center," July 12, 1961.

62 NSF 194: Sept 20, 1961, memo forwarded by Robert H. Johnson to Walt Rostow containing a Sept. 13, 1961, report, Kennedy Library.

63 著者によるブラウンのインタビューより。

64 Stark, *Many Faces, Many Places*, 96.

65 著者によるルイナのインタビューより。

66 同上。

67 同上。

68 ハフによるゴデルのインタビューより。

## 第6章　平凡な天才

1 Kempe, *Berlin 1961*, 257.

2 Remarks of Senator John F. Kennedy in the U.S. Senate, National Defense, Feb. 29, 1960, Kennedy Library.

3 ケネディは1960年7月にアレン・ダレスCIA長官から諜報に関する概要報告を受けた。当時、CIAはU-2偵察機を通じて諜報を効率化しようとしていた。Dwayne A. Day, "Of Myths and Missiles: The Truth About John F. Kennedy and the Missile Gap," *Space Review*, Jan. 3, 2006.

4 Richard Reeves, "Missile Gaps and Other Broken Promises," *New York Times*, Feb. 10, 2009.

5 カイ＝ヘンリク・バースによるルイナのインタビューより。American Institute of Physics.

6 ルイナは複数のインタビューで一貫してこの話を繰り返している。著者によるルイナのインタビューより。ケネディとの会合については、Harold Brown, *Star Spangled Security*, 91にも同様の記述がある。

7 ウィリアムズおよびジェラードによるルイナのインタビューより。

35 チュオン・クアン・ヴァンの証言。ゴデルおよびワイリーの裁判記録より。

36 *Foreign Relations of the United States, Vietnam, 1961–1963*, doc. 96.

37 Lawrence Grinter, "Population Control in South Viet Nam, the Strategic Hamlet Study," unpublished paper, May 1966, Pool Papers, MIT Archives. インドシナでは、フランス軍が1951年に初めて再定住を試した。カンボジアのカンポット州とタケオ州でおよそ50万人の農民を移住させた。

38 William Godel, "Progress Report: Vietnam Combat Development and Test Center," Advanced Research Projects Agency, Sept. 13, 1961, Kennedy Library.

39 Walt W. Rostow, "Guerrilla and Unconventional Warfare, 7/1/61–7/15/61," National Security Files, Kennedy Library.

40 Gravel, Chomsky, and Zinn, *Pentagon Papers*, 128–59.

41 Advanced Research Projects Agency, "Research and Development Effort in Support of the Vietnamese Rural Security Program" (prepared in Vietnam by the Rural Security Study Team under Project AGILE, Dec. 19, 1962), 11.

42 "The Strategic Hamlet Program, 1961–1963," in Gravel, Chomsky, and Zinn, *Pentagon Papers*, 128–59.

43 The Kennedy Commitments and Programs, 1961, in Gravel, Chomsky, and Zinn, *Pentagon Papers*, 40–98.

44 裁判所の証言で、ゴデルはQボートという名前が「ドイツの」Qボートにちなんで名づけられたと述べているが、単に言いまちがえただけかもしれない。または、ドイツ語を話せるゴデルにとってはドイツのQボートのほうがなじみ深かったという可能性もある。

45 ゴデルおよびワイリーの裁判記録より。

46 Buhl, *An Eye at the Keyhole.*

47 同上。

48 同上。

49 テッド・ギッティンガーによるランスデールのインタビューより。Sept. 15, 1981, National Archives, Lyndon B. Johnson Library.

50 同上。

51 Sorensen, *Kennedy*, 633.

52 Buhl, *An Eye at the Keyhole.*

53 同上。

54 William Godel to Brigadier General E. G. Lansdale, memo, Task Force Report on the Establishment of a Combat Development and Test Center, Vietnam, July 12, 1961, Project Agile, RG 330, National Archives, College Park.

55 Nashel, *Edward Lansdale's Cold War*, 54–55.「戦う司祭」は、ランスデールがケネディ大統領の要請を受け、1961年5月の『*The Saturday Evening Post*』誌にこの村に関する報告を匿名で発表すると、たちまち世界の注目を集めた。

56 Appendix 8 to the Taylor Report, Research and Development, by George W. Rathjens and

8 Godel to Lansdale, Feb. 10, 1956, Hoover Institution Archive, Stanford. ゴデルとランスデールは第二次世界大戦時代からの友人で、いずれも軍情報部で働いていた。著者によるキャスリーン・ゴデル＝ゲンゲンバハとのメールのやり取りより。

9 Lansdale, *In the Midst of Wars*, 72.

10 元CIA長官のウィリアム・コルビーは、ランスデールをスパイ十傑に挙げている。Nashel, *Edward Lansdale's Cold War*, 16.

11 Lansdale, *In the Midst of Wars*, 226–27.

12 同333.

13 同330.

14 Godel to Diem, Feb. 10, 1956, Hoover Institution Archive.

15 ウィリアムズおよびジェラードによるベッツのインタビューより。

16 ウィリアムズおよびジェラードによるヨークのインタビューより。

17 ウィリアムズおよびジェラードによるベッツのインタビューより。

18 同上。

19 著者によるウィルソンのインタビューより。

20 同上。

21 ゴデルおよびワイリーの裁判記録より。

22 Godel, *Report on R & E Far East Survey, October–December, 1960*, 2.

23 同3.

24 "The Kennedy Commitments and Programs, 1961," in Gravel, Chomsky, and Zinn, *Pentagon Papers*, 1–39.

25 Schlesinger, *A Thousand Days*, 320.

26 Langguth, *Our Vietnam*, 114–15.

27 Hugh Sidey, "The President's Voracious Reading Habits," *Life*, March 17, 1961, 59.

28 皮肉にも、ランスデールがアメリカ随一の対反乱作戦の専門家として名をあげたのは、彼が1955年のグレアム・グリーンの著書『おとなしいアメリカ人』でオールデン・パイルとして描かれていることとおおいに関係がある。この本では、ベトナムで援助活動家として働く若き理想主義のCIA職員を描き出している。

29 *Foreign Relations of the United States, 1961–1963*, vol. 1, *Vietnam, 1961*, doc. 52.

30 Captain Lawrence Savadkin to Godel, memo, "Subject: Project AGILE, a Joint Operation," Advanced Research Projects Agency, April 23, 1963, RG 330, National Archives, College Park. サヴァドキンは、「南ベトナムの共産主義支配を回避するための行動計画」をアジャイル計画開始の根拠として挙げている。

31 ゴデルおよびワイリーの裁判記録より。

32 ハフによるゴデルのインタビューより。

33 この文章は著者によるボブ・フロッシュ、ドン・ヘス、ハロルド・ブラウンのインタビューに基づく。3人ともARPAまたはペンタゴンで管理的な立場にあったが、ゴデルのプログラムについてはほとんど理解していなかったことを認めた。

34 President Kennedy, Address to Congress on Urgent National Needs, May 25, 1961.

1966), 1.

49 一説によると、エンジニアはネズミの本物の糞を置いたという。Edward Miller and George Christopher, "The Spitsbergen Incident," in *Intelligence Revolution 1960: Retrieving the Corona Imagery That Helped Win the Cold War*, ed. Ingard Clausen and Edward A. Miller (Chantilly, Va.: Center for the Study of National Reconnaissance, 2012), 97.

50 Owen, "U.S. Missile Tour," 580.

51 Dwayne A. Day, "Has Anybody Seen Our Satellite?," *Space Review*, April 20, 2009.

52 同上。

53 Miller and Christopher, "The Spitsbergen Incident," 97.

54 Buhl, *An Eye at the Keyhole.* ゴデルはリー・ハフによる未公表のインタビューで、ソ連はカプセルを見つけていないという主張を繰り返した。その後もソ連がカプセルを発見したという証拠はあがっていない。

55 Day, Logsdon, and Latell, *Eye in the Sky*を参照。

56 ドウェイン・デイはコロナ計画に関してARPAには実質的な権限がなかったと主張している。ただし、その情報源は空軍だという。著者によるデイとの書簡のやり取りより。

57 Perry, *A History of Satellite Reconnaissance*, vol. 1, NRO, 264.

58 Kistiakowsky, *A Scientist in the White House*, 91.

59 United Press International, "Convair Research Chief Named ARPA Director," *St. Petersburg Times*, Nov. 5, 1959, 2A.

60 "Critchfield Declines Space Job Appointment," *Washington Star*, Nov. 15, 1959.

61 ハフによるゴデルのインタビューより。

62 ジョンソンの最終的な覚書は、ウィリアム・ゴデルとARPA管理部長のローレンス・ガイスが見直し、完成させた。Huff and Sharp, *Advanced Research Projects Agency*, III-71.

## 第5章　ジャングル戦

1 Buhl, *An Eye at the Keyhole.*

2 ロバート・アシネリによるメルビーのインタビューより。Ontario, Canada, Nov. 14, 1986, Harry S. Truman Library.

3 President Eisenhower, News Conference, April 7, 1954.

4 派遣の翌年、ジョン・メルビーに対する調査が開始された。彼はたび重なるCIA批判により、短気で有名なアイゼンハワー政権下のCIA長官、ベデル・スミスの反感を買ったのだ。アシネリによるメルビーのインタビューより。

5 以降の引用はゴデルの未公表の回顧録にもある。Buhl, *An Eye at the Keyhole.*

6 ハフによるゴデルのインタビューより。

7 ゴデルおよびワイリーの裁判記録より。

22 Buhl, *An Eye at the Keyhole.*

23 テープの最初の声はフォート・モンマスのSCOREチームのメンバーだったという説もある。Brigadier General Harold McD. Brown, "A Signals Corps Space Odyssey," *Army Communicator*（Winter 1982）.

24 ハフによるゴデルのインタビューより。

25 Buhl, *An Eye at the Keyhole.*

26 Barbree, *Live from Cape Canaveral*, 20.

27 少なくとも1つの報道機関は、大統領の声が放送されるという噂を事前に入手していたようだ。United Press International, "Eisenhower's Voice May Be Beamed to Earth Stations from Outer Space," *Rome News-Tribune*, Dec. 17, 1958, 1.

28 Buhl, *An Eye at the Keyhole.*

29 Associated Press, "Atlas Voices Ike's Yule Wish," *Pittsburgh Post-Gazette*, Dec. 20, 1958, 1.

30 "U.S. Orbits Biggest Moon," *Milwaukee Sentinel*, Dec. 19, 1958, 1–2.

31 Associated Press, "Ours Is Giant Size!," *Daytona Beach Morning Journal*, Dec. 18, 1958, 1.

32 ハフによるゴデルのインタビューより。

33 著者によるヨークのインタビューより。

34 U.S. Senate, *Investigation of Governmental Organization for Space Activities*, 249.

35 Huff and Sharp, *Advanced Research Projects Agency*, III-79.

36 John W. Finney, "Pentagon Lacks Firm Space Plan," *New York Times*, May 27, 1959, 18.

37 Johnson to Gale, note, Washington Journal, Eisenhower Library.

38 Bilstein, *Stages to Saturn*, 39.

39 Huff and Sharp, *Advanced Research Projects Agency*, III-41.

40 York, *Making Weapons, Talking Peace*, 176.

41 ハフによるゴデルのインタビューより。

42 Ford Eastman, "Gen. Schriever Asks for ARPA Abolishment," *Aviation Week*, May 4, 1959, 28.

43 "Demise of ARPA Urged by Furnas," *Aviation Week*, June 1, 1959, 37.

44 Kenneth Owen, "U.S. Missile Tour," *Flight*, April 24, 1959, 579.

45 Alfred Rockefeller Jr., "Historical Report, Weapon System 117L, 1 January–31 December 1956"（Western Development Division Headquarters, Air Research and Development Command）, 1.

46 Perry, *A History of Satellite Reconnaissance*, XV.

47 実際、ソ連は1960年にU-2を撃墜。パイロットのゲーリー・パワーズはパラシュートでソ連の地上に降下してきたところを勾留された。

48 2組目の4匹のネズミにも同じくらい残酷な運命が待ち受けていた。カプセル内部の湿度センサーが異常を示すと、打ち上げはいったん中止されかけたが、ネズミがケージの下に設置されているセンサーの上におしっこをしていたことが判明したため、打ち上げは強行された。しかし、カプセルは生きたネズミもろとも海に墜落した。National Reconnaissance Office, "Early 'Discoverer' History"（Oct. 20,

5 ハフによるゴデルのインタビューより。

6 著者によるハフのインタビューより。

7 ペンタゴンの特殊作戦局にてゴデルのもとで働き、ゴデルに続いてARPAにやってきたランド・アラスコグによると、ゴデルは「諜報関係のルートを通じてARPAに加わった」のだという。ロシア語を流暢に話すアラスコグは、弱冠26歳だったが、すでにNSAで2年間、カプースチン・ヤールから打ち上げられるソ連のミサイル情報を傍受していた。ARPAの設立直後、アラスコグはソ連の技術についてロイ・ジョンソンに報告するよう依頼された。アラスコグに感銘を受けたジョンソンは、昇進を餌にARPAへの異動を打診。アラスコグの主な仕事は、ARPAにソ連の最新のミサイル技術の情報を提供することだったが、ほどなくしてジョンソンのスピーチライターも務めた。著者によるアラスコグのインタビューより。

8 Buhl, *An Eye at the Keyhole.* ゴデルは誰の指名かは明かしていない。

9 ハフによるゴデルのインタビューより。

10 同上。

11 Buhl, *An Eye at the Keyhole.*

12 "The Big Bird Orbits Words," *Life*, Jan. 5, 1959.

13 Buhl, *An Eye at the Keyhole.*

14 Huff and Sharp, *Advanced Research Projects Agency*, III-24.

15 Buhl, *An Eye at the Keyhole.*

16 マーティン・コリンズによるヨークのインタビューより。American Institute of Physics. ヨークや報道機関の記事はSCOREをジョンソンの発案としているが、バーバー・アソシエイツの歴史やゴデル自身の回顧録ではゴデルのアイデアだと明言されている。プロジェクトの開始直後、『Life』誌は14ページにおよぶSCOREプロジェクト特集を組み、独占写真や関係者の証言を伝えた。同誌によると総勢150名の記者や写真家が協力したという。

17 Buhl, *An Eye at the Keyhole.*

18 同上。ゴデルによれば、サリバンがARPA入局に同意したのは、フーヴァーFBI長官が彼をスパイとしてキューバに送ろうとしていたからだという。サリバンはその命令だけは是が非でも避けたいと考えた。

19 打ち上げ後、空軍は35人しか知らなかったと主張したが、この人数は現実的にありえない。実際のところ、ゴデルによれば人数は打ち上げ当日までに200人を超えていたようだ。

20 Buhl, *An Eye at the Keyhole.*

21 ゴデルはRCAという社名を出していないが、バーブリーの記憶はこのプログラムにかかわったエンジニアの直接の証言によって裏づけられている。M. Walter Maxwell, *Reflections: Transmission Lines and Antennas* (Newington, Conn.: American Radio Relay League, 1990). マクスウェルはこう記している。「ARPAはアトラス搭載の通信パッケージ全体の設計および製造をニュージャージー州プリンストンのRCA研究所に外注した。一方、SDRLのエンジニアたちはその過程を見守った」

26 York, *Making Weapons, Talking Peace*, 149.

27 D'Antonio, *A Ball, a Dog, and a Monkey*, 207.

28 アーガス作戦の詳細は、Defense Nuclear Agency, "Operation Argus 1958: United States Atmospheric Nuclear Weapons Tests Nuclear Test Personnel Review"（DNA 6039F, April 30, 1982）より。

29 Killian to the president, memo, "Subject: Preliminary Results of the Argus Experiment," Nov. 3, 1958, Eisenhower Library.

30 Walter Sullivan, "Called 'Greatest Experiment,'" *New York Times*, March 19, 1959, 1.

31 Kistiakowsky, *Scientist in the White House*, 72. ヨークの主張によるとリークしたのは海軍の物理学者だという。フィンクバイナーによるヨークのインタビューより。

32 York, *Making Weapons, Talking Peace*, 131.

33 U.S. Senate, *Investigation of Governmental Organization for Space Activities*, 125.

34 Dyson, *Project Orion*, 2.

35 U.S. Senate, *Investigation of Governmental Organization for Space Activities*, 135.

36 Dyson, *Project Orion*, 230.

37 同221.

38 Huff and Sharp, *Advanced Research Projects Agency*, III-39.

39 ロジャー・ビルステインおよびジョン・ベルツによるフォン・ブラウンのインタビューより。Glen E. Swanson, ed., *"Before This Decade Is Out⊠": Personal Reflections on the Apollo Program*（Washington, D.C.: National Aeronautics and Space Administration, NASA History Office, Office of Policy and Plans, 1999）. フォン・ブラウンはNASAのために記した文章のなかで、あまりARPAの功績を認めていない。ブースターは彼のチームのアイデアであり、ペンタゴンは彼らのアイデアを支援する「気分」だったにすぎないと主張した。Wernher von Braun, "Saturn the Giant," in *Apollo Expeditions to the Moon*（Washington, D.C.: NASA's Scientific and Technical Information Office, 1975）.

40 Huff and Sharp, *Advanced Research Projects Agency*, III-9.

41 同III-27.

42 同II-20.

## 第4章　打倒ソ連

1 「極秘」指定されたNSA長官宛ての文書 "Monthly Activity Digest," Nov. 7, 1957より。FOIA Case No. 75066Aのもとで著者に開示。この文書によると、ゴデルがロバートソン委員会の委員長を務めた。

2 *60 Years of Defending Our Nation*（Fort Meade, Md.: National Security Agency, 2012）.

3 *Cryptologic Almanac 50th Anniversary Series*（Fort Meade, Md.: National Security Agency, 2000）.

4 著者によるヘスのインタビューより。

## 第3章　狂気の科学者

1　Gale, Washington Journal, Jan. 4, 1958, Eisenhower Library.
2　ウィリアムズおよびジェラードによるヨークのインタビューより。
3　フィンクバイナーによるヨークのインタビューより。
4　John W. Finney, "Atomic Inventor Was Held a Crank," *New York Times*, Feb. 14, 1958, 1, 8.
5　York, *Making Weapons, Talking Peace*, 130.
6　同131.
7　フィン・オーセルーによるロベール・ル・ルヴィエのインタビューより。American Institute of Physics.
8　Gale, Washington Journal, Jan. 15, 1958, Eisenhower Library.
9　Huff and Sharp, *Advanced Research Projects Agency*, II-25.
10　「政権幹部たちはARPAが生き残るとは考えてもいなかった」とゴデルはのちに振り返った。「ペンタゴンとホワイトハウスのプレッシャーを和らげるための応急措置にすぎなかった」。ハフによるゴデルのインタビューより。
11　Ben Price, "ARPA Chief Is a Relatively Unknown Man," *Daytona Beach Morning Journal*, Aug. 3, 1958, 7A.
12　Huff and Sharp, *Advanced Research Projects Agency*, II-21.
13　著者によるハフのインタビューより。
14　Gale, Washington Journal, Feb. 13, 1958, Eisenhower Library.
15　アン・フィンクバイナーによるヨークのインタビューより。
16　Roy Johnson, address to the ARPA-IDA Study Group, National War College, Washington, D.C., July 14, 1958, RG 330, National Archives, College Park.
17　著者によるアラスコグのインタビューより。
18　ジェラードおよびウィリアムズによるヨークのインタビューより。
19　Robert L. Perry, *Management of the National Reconnaissance Program, 1960–1965*（Chantilly, Va., NRO History Office, 1961）. 実はトゥルアックスはCIA作戦担当副長官のリチャード・ビッセルの技術顧問を務めていた。ゴデルから「ロケット・マニア」と評された彼は、退役後も個性的な人生を送った。スタントマンのエベル・ナイベルがアイダホ州のスネーク川を飛び越えるスタントを行なう際には協力した。
20　著者によるヘスのインタビューより。
21　William Guier and George Weiffenbach, "Genesis of Satellite Navigation," *Johns Hopkins APL Technical Digest* 19, no. 1（1998）: 14–71.
22　ARPAと国防分析研究所の研究グループに向けたジョンソンのスピーチより。
23　ジェラードおよびウィリアムズによるヨークのインタビューより。
24　フィンクバイナーによるヨークのインタビューより。
25　Loper to Brigadier General A. D. Starbird, Philip Farley, and Spurgeon Keeny, memo, "Subject: ARGUS Experiment," April 21, 1958, Eisenhower Library.

要性すら感じずにパーティをあとにしたと断言している。
17 Roger D. Launius, "Sputnik and the Origins of the Space Age" (NASA, 1997), history.nasa.gov.
18 Cyrus F. Rice, "Today We Make History," *Milwaukee Sentinel*, Oct. 5, 1957, 1.
19 National Security Council, "Discussion at the 339th Meeting of the National Security Council, Thursday, October 10, 1957," Oct. 11, 1957, NSC Series, box 9, Eisenhower Papers, 1953–1961, Ann Whitman File, Eisenhower Library.
20 McDougall, *Heavens and the Earth*, 145.
21 Lyndon Johnson, *The Vantage Point* (New York: Holt, Rinehart and Winston, 1971), 272.
22 Dickson, *Sputnik*, 117.
23 McDougall, *Heavens and the Earth*, 184. マクドゥーガルは、実際のところソ連は大型ブースターと宇宙医学以外の全分野で遅れを取っていたと記している。
24 Dwight D. Eisenhower, President's News Conference, Oct. 9, 1957.
25 同上。
26 Drew Pearson, "Space Talk Taboo for the Air Force," *Tuscaloosa News*, Oct. 20, 1957, 4.
27 McDougall. *Heavens and the Earth*, 142にこうある。「真珠湾攻撃以来、国民生活にこれだけの影響をもたらした出来事はなかった」
28 Huff and Sharp, *Advanced Research Projects Agency*, II-2.
29 同上。
30 Procter & Gamble, "A Company History 1837–Today" (2006).
31 U.S. House, *Department of Defense Ballistic Missile Programs*, 7.
32 Wang, *In Sputnik's Shadow*, 94.
33 ARPAの発案者はジェームズ・キリアンであるという説もあるが、誤りだ。どの証拠もARPAがマッケロイのアイデアであることを示している(彼がキリアンとアイデアについて話しあったのは事実だが)。Huff and Sharp, *Advanced Research Projects Agency*, II-4.
34 Dwight D. Eisenhower, Memorandum for the Secretary of Defense, March 24, 1958, Eisenhower Library.
35 Huff and Sharp, *Advanced Research Projects Agency*, II-13.
36 "A New Realm of Flight," *Flight*, Oct. 18, 1957, 511.
37 "Setback for U.S. Prestige—the Satellite Effort That Failed," *New York Times*, Dec. 8, 1957, 1.
38 打ち上げ時の様子はAssociated Press, "Rocket Strains, Takeoff Fails," *Salt Lake Tribune*, Dec. 7, 1957, 1–2より。
39 Department of Defense Directive, "Subject: Advanced Research Projects Agency," Feb. 7, 1958, No. 5105.15.
40 Dwight D. Eisenhower, State of the Union address, Jan. 9, 1958.

June 25, 1956.

32 Sarah-Jane Corke, *US Covert Operations and Cold War Strategy* (New York: Routledge, 2007), 202.

33 ハフによるゴデルの未公表のインタビューより。

34 同上。

35 Wilson to Hoover, July 11, 1957, Department of Defense, Office of the Secretary of Defense, *Security Division Personal Interview, Mr. Raymond A. Loughton with William Godel*, Nov. 27, 1953. Freedom of Information Act Request 13-F-0963.

36 ハフによるドナルド・ヘスのインタビューより。また、ハフによるゴデルのインタビューより。

37 Quoted in Ward, *Dr. Space*, 96.

38 McDougall, *Heavens and the Earth*, 117. また、著者によるランド・アラスコグのインタビューより。

## 第2章　パニック

1 Oliver M. Gale Papers, box 1, Washington Journal, vol. 1, July 1957 to Dec. 1958, Dwight D. Eisenhower Presidential Library.

2 United Press, "Ike to Name Ohioan as Chief of Defense," *Milwaukee Journal*, Aug. 7, 1957, 1.

3 Associated Press, "Ike Names Neil McElroy, Head of Soap Firm, Defense Secretary," *Lewiston Morning Tribune*, Aug. 8, 1957, 1.

4 Gale, Washington Journal, Sept. 17, 1957, Eisenhower Library.

5 同上。

6 同上。

7 Medaris, *Countdown for Decision*, 153.

8 Sheehan, *Fiery Peace in a Cold War*, 324.

9 Gale, Washington Journal, Oct. 4, 1957, Eisenhower Library.

10 同上。

11 ロケット打ち上げをめぐる政治的な闘争については、McDougall, *Heavens and the Earth*を参照。

12 Huff and Sharp, *Advanced Research Projects Agency*, II-1.

13 Medaris, *Countdown for Decision*, 155.

14 同上。

15 同上。

16 カクテル・パーティと夕食会に関するメダリスとゲイルの記述を読み比べると面白い。事実関係という点ではほとんど同じなのだが、その夜、メダリスは自分とフォン・ブラウンが衛星の打ち上げを進めることをマッケロイに納得させたと考えていた。一方のゲイルは、マッケロイが何も決断せずに、あるいは決断する必

8 Chertok, *Rockets and People*, 2:242.

9 Quoted in G. A. Tokaty, "Soviet Rocket Technology," *Technology and Culture* 4, no. 4, *The History of Rocket Technology*（Autumn 1963）: 523.

10 「ドイツの工場や研究所の調査中は、彼らの知的な功績にうっとりしていてはいけない。とにもかくにも、工作機械、産業工学装置、機器類の種類や数をリストにまとめることが先決だ」との命令が出された。Chertok, *Rockets and People*, 2:218.

11 Paul H. Satterfield and David S. Akens, *Historical Monograph: ArmyOrdnance Satellite Program*（Fort Belvoir, Va.: Defense Technical Information Center, 1958）.

12 Tokaty, "Soviet Rocket Technology," 523.

13 William Godel, compiled military service record, National Archives, St. Louis.

14 著者によるキャスリーン・ゴデル＝ゲンゲンバハとのメールのやり取りより。

15 Godel, compiled military service record, National Archives, St. Louis.

16 同上。

17 著者によるキャスリーン・ゴデル＝ゲンゲンバハとの書簡のやり取りより。

18 Redmond, *From Whirlwind to MITRE*を参照。

19 McDougall, *Heavens and the Earth*, 97.

20 Ward, *Dr. Space*, 70.

21 同73.

22 York, *Making Weapons, Talking Peace*, 69.

23 Rhodes, *Dark Sun*, 508.（邦訳：リチャード・ローズ『原爆から水爆へ』小沢千重子・神沼二真訳、紀伊國屋書店、2001、下巻777ページより引用）

24 大気圏に火がつく可能性は、初期の技術報告書で指摘された。E. J. Konopinski, C. Marvin, and E. Teller, "Ignition of the Atmosphere with Nuclear Bombs"（Los Alamos National Laboratory, LA-602, 1946）. しかし、テラーはのちにこの可能性を否定した。アーサー・コンプトンは自身の回顧録*Atomic Quest: A Personal Narrative*（New York: Oxford University Press, 1956）のなかで、爆発によって海洋で連鎖反応が生じるという考えについて論じた。

25 Dwight D. Eisenhower, "I Shall Go to Korea Speech," Oct. 25, 1952.

26 McDougall, *Heavens and the Earth*, 113.

27 *Preliminary Design of an Experimental World-Circling Spaceship*（Santa Monica, Calif.: Rand, 1946）に続く報告書。

28 著者によるゴデル＝ゲンゲンバハとの書簡のやり取りより。また、ハフによるゴデルのインタビューより。

29 W. H. Lawrence, "Board to Conduct Psychology War: Gordon Gray Will Head Group to Direct Open and Covert Strategy of 'Cold War,'" *New York Times*, June 21, 1951.

30 Frank Pace Jr.（secretary of the army）to Raymond B. Allen（director, Psychological Strategy Board）, April 15, 1952, Harry S. Truman Library.

31 Executive Assistant to the Director（name excised by the CIA）, CIA Memorandum for the Record, Conversation with Mr. Godel, Department of Defense, Re: Mr. John Drew,

# 注

## プロローグ　銃とカネ

1　ゴデルおよびワイリーの裁判記録より。*United States of America v. William Hermann Godel, John Archibald Wylie, and James Robert Loftis*, R. Criminal No. 4171, National Archives, Atlanta.
2　ウィリアム・モスによるバンディのインタビューより。John F. Kennedy Library.
3　著者によるハフのインタビューより。
4　この数字は著者が入手した1968年当時のARPA関係者の名簿より。国立公文書館に所蔵の資料もこの数字を裏づけているが、先述の名簿がもっとも具体的。
5　David Galula, *Pacification in Algeria, 1956–1958*（Santa Monica, Calif.: Rand, 1963）. ランド研究所はガルーラの対反乱作戦の研究に関心が集まったことを受けて、2006年に新版を刊行。初版と再版のいずれも、高等研究計画局（ARPA）が研究を支援したことを認めている。
6　J. Ruina, ARPA Order 471, April 15, 1963; J. C. R. Licklider, ARPA Program Plan 93, April 5, 1963. 特筆すべきことに、カレッジパークの国立公文書館がオンラインで公開したこれらの文書は、まだ機密解除されていない一連の記録の一部である。
7　著者によるハフのインタビューより。
8　著者によるジョージ・ハイルマイヤーのインタビューより。

## 第1章　知識は力なり

1　著者による池田のインタビューより。
2　もっとも信憑性の高い推定によれば、21キロトン。John Malik, *The Yields of the Hiroshima and Nagasaki Nuclear Explosions*（Los Alamos, N.M.: Los Alamos National Laboratory, 1985）.
3　U.S. Strategic Bombing Survey, *The Effects of Atomic Bombs on Hiroshima and Nagasaki*（Washington, D.C.: Government Printing Office, 1946）.
4　推定人数は資料によって大幅に異なり、正確な数値は不明。この数値は Department of Energy's *Manhattan Project: An Interactive History*, www.osti.govより。
5　Alvarez（Headquarters Atomic Bomb Command） to Ryokichi Sagane, Aug. 9, 1945.
6　Statement by President Harry Truman, White House, Aug. 6, 1945.
7　York, *Making Weapons, Talking Peace*, 25.

## 写真クレジット

35頁　National Archives and Records Administration, St. Louis.
65頁　Getty Images
69頁　Lawrence Livermore National Laboratory
88頁　Getty Images
90頁　Getty Images
121頁　3枚ともNational Archives and Records Administration, College Park
154頁　Karen Tweedy-Holmes
178頁　Seymour Deitchman Family
212頁　National Archives and Records Administration, College Park
213頁　Seymour Deitchman Family
223頁　DARPA
227頁　2枚とも　National Archives and Records Administration, College Park
239頁　DARPA
243頁　3枚ともNational Archives and Records Administration, College Park
247頁　Seymour Deitchman Family
263頁　Charles Bates
286頁　Stephen J. Lukasik
289頁　2枚とも　National Archives and Records Administration, College Park
291頁　National Archives and Records Administration, College Park
330頁　George H. Lawrence Family
343頁　Allen Atkins

DARPA《ダーパ》秘史《ひし》
世界《せかい》を変《か》えた「戦争《せんそう》の発明家《はつめいか》たち」の光《ひかり》と闇《やみ》

2018年9月30日　初版1刷発行

著者 ———— シャロン・ワインバーガー
訳者 ———— 千葉敏生《ちばとしお》
カバーデザイン ———— 華本達哉（aozora）
発行者 ———— 田邉浩司
組版 ———— 慶昌堂印刷
印刷所 ———— 慶昌堂印刷
製本所 ———— ナショナル製本
発行所 ———— 株式会社光文社
〒112-8011　東京都文京区音羽1-16-6
電話 ———— 翻訳編集部 03-5395-8162
書籍販売部 03-5395-8116
業務部 03-5395-8125

落丁本・乱丁本は業務部へご連絡くだされば、お取り替えいたします。


ISBN978-4-334-96223-4 Printed in Japan

■好評既刊

**パティ・マッコード** 著　**櫻井祐子** 訳

# NETFLIXの最強人事戦略

**自由と責任の文化を築く**

四六判・ソフトカバー

**「シリコンバレー史上、最も重要な文書」**

DVD郵送レンタル→映画ネット配信→独自コンテンツ制作へと、業態の大進歩を遂げたNETFLIX。「業界最高の給料を払う」「将来の業務に適さない人を速やかに解雇する」「有給休暇・人事考課の廃止」など、その急成長を支えた型破りな人事と文化を、同社の元最高人事責任者が語る。ネットで一五〇〇万回以上閲覧されたスライドNETFLIX CULTURE DECK 待望の書籍化。